深智數位
股份有限公司

深智數位
股份有限公司

前言

人類在工業革命之前，經歷了近數千年的黑暗時代。雖然有無數科學家不斷提出新的數學、物理理論，但能讓這些理論造福人群的發明卻寥寥可數。一直到工業革命之後，我們才能真正享受科技帶來的便利——人力與獸力被機器所取代。

我們身在這個時代何其幸運，先後見證多次可與工業革命比肩的重大變革：電腦的出現、網際網路的誕生、行動裝置的普及，以及可說是超越工業革命的更重大變革——AI 的到來。

不同於以往以物理力量取代人力與獸力，AI 的出現直接觸及人類「思考」本身，甚至是取代人類的思考能力。而在更抽象的實作表達方法出現之前，AI 多半仍以一行一行的程式碼實作。

是的，就是程式碼。

你還記得寫程式時的焦慮吧！面對空白螢幕不知從何下手，數百頁的官方文件有如無字天書，上網搜尋半天沒有答案，甚至在 Stack Overflow 上被冷嘲熱諷。在傳統的開發世界裡，總是在與時間賽跑，在複雜的程式碼迷宮中尋找出口，更別說打字、除錯、測試、重構、部署等繁瑣流程。

但是，一切都變了。

Vibe Coding 的出現，讓整個開發世界徹底翻轉。你不再需要不斷打字、複製貼上、到處查資料；透過自然語言對話，談笑間專案就能完成。這個比傳統開發快上 50 到 100 倍的新範式，徹底解放了人類在物理世界中被束縛的雙手和大腦。然而針對這麼強大的神祕力量，要控制並操作它，似乎也需要更強大的能力。

這就是為什麼 Cursor 的出現，正是進入 Vibe Coding 高維空間的關鍵密技。

Cursor 不只是一個編輯器，更像一位真正了解你的「背後靈」。他熟悉你的開發習慣，看過你所有的目錄檔案，理解所有最新官方文件內容，會上網搜尋資料，也能熟練地使用工具操作世界，你更可以規範他的行為讓他乖乖聽話。有了 Cursor，你從「劇務」變成了「導演」，而 Cursor 呢？他就是你的「演員、攝影師、剪輯師、編劇、化妝師……」等所有工作人員。

本書誕生於一個簡單的信念：每個人都應該在一天內完成原型及產品的開發，而不是被技術的複雜性所困擾。Cursor 讓 Vibe Coding 成為可能——那種順暢、直覺、和電腦對話的寫程式體驗，再加上偵錯，重構，發佈，協作等。這已經不是開發程式，而是一己之力就可以創造一個新的世界。

Cursor 很清楚當今 AI 範式的重要性。我們從 Feature、Architecture、Objective、Prompt 一路走來，如今已經是 Context 的天下；而 Cursor 正是 Context Engineering 的最佳實踐者。

本書共分為四大部分、二十一章，完整呈現 Cursor 最重要的 Vibe Coding 功能，而非著重於 VS Code 的一般功能介紹。內容涵蓋多種 AI 模式與操作、可擴充的 Rules、Indexing、Tab、Inline Edit、@ 符號、Background Agent、模型選擇、PRD、GPT-5、Cursor CLI、MCP Server 等重點。將這些功能結合起來，你會明白為何 Cursor 雖需付費，卻仍是全球最多人使用的 AI IDE。筆者自 VS Code 轉換至 Cursor 後，才真正見識到屬於另一個向量空間的自己，竟是如此豐富且強大。

準備好看看這一個新世界的你活得有多精彩嗎？想體驗什麼叫做真正的 Vibe Coding 嗎？在這裡，寫程式不再是痛苦的工作，而是一種自然流暢的創作過程。你會驚訝：自己的想法竟能在轉眼之間發佈成產品；而且這個產品的程式碼水準，足以比擬世界頂尖工程師——甚至在你還沒見過程式碼長相之前。Cursor，就是幫助你通往另一個平行宇宙的蟲洞。

　　歡迎來到 Cursor 的世界，歡迎來到你的平行宇宙。

胡嘉璽

於荷蘭 Amstelveen

2025 年 8 月

目錄

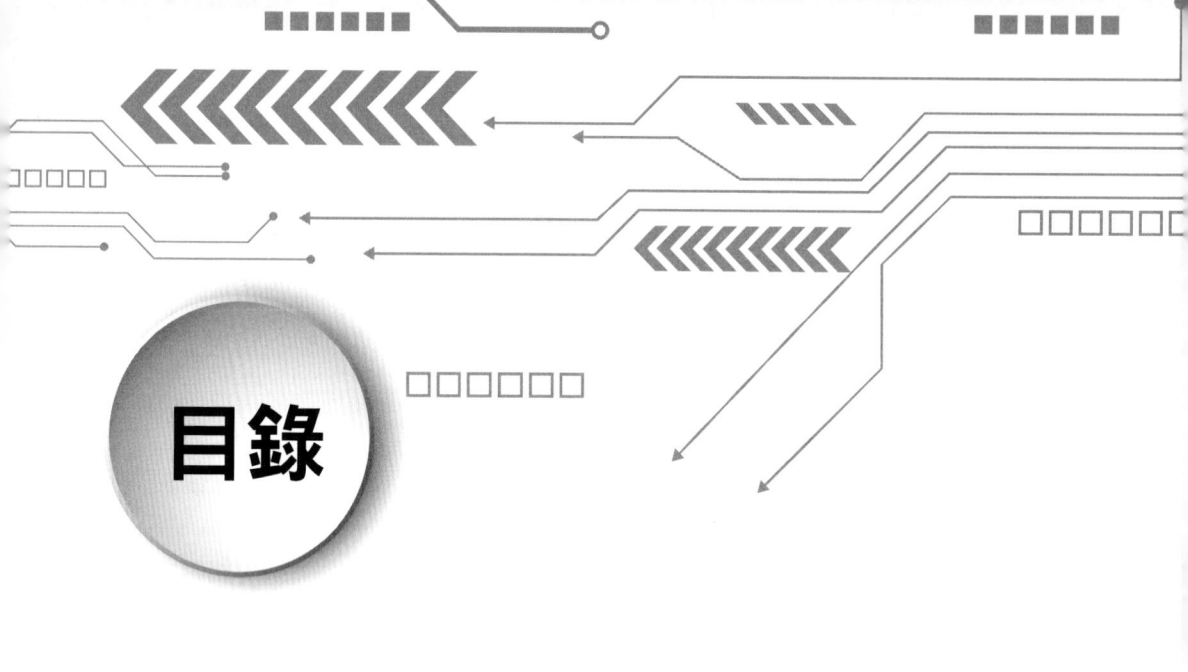

第一部分：基礎篇

第 0 章 Vibe Coding 嘗鮮一下

0.1 開發第一個應用程式 0-2
    0.1.1 建立工作目錄並用 Cursor 開啟 0-2
    0.1.2 開始開發應用程式 0-4
    0.1.3 神奇的事發生了 0-5
    0.1.4 執行程式碼 0-7
    0.1.5 檢視結果 0-8
    0.1.6 修正程式碼 0-8
0.2 本章小結 0-9

第 1 章 Vibe Coding 必備的基礎知識

1.1 什麼是 Vibe Coding 1-1
    1.1.1 Vibe Coding 的由來 1-2
    1.1.2 Vibe Coding 的核心：LLM 1-3

	1.1.3	選擇好的開發工具 1-4
1.2	LLM 的基礎 1-5
	1.2.1	什麼是 LLM 1-5
	1.2.2	什麼是機率分佈空間 1-6
	1.2.3	LLM 的產生為何這麼難 1-7
	1.2.4	LLM 為什麼會寫程式 1-8
1.3	目前 Vibe Coding 的問題 1-10
	1.3.1	寫不出程式 1-10
	1.3.2	卡在錯誤訊息中 1-11
	1.3.3	總是使用舊 API 或舊語法 1-12
	1.3.4	寫出來的程式碼無法維護 1-12
	1.3.5	無法處理手動的設定 1-13
	1.3.6	版本控制和團隊協作困難 1-14
	1.3.7	安全性和隱私問題 1-14
1.4	Cursor 解決這些問題的關鍵 1-15
	1.4.1	寫不出程式怎麼解決 1-15
	1.4.2	卡在錯誤訊息中怎麼解決 1-15
	1.4.3	寫出來的程式碼無法維護怎麼解決 1-16
	1.4.4	無法處理手動的設定怎麼解決 1-17
	1.4.5	版本控制和團隊協作困難怎麼解決 1-17
	1.4.6	安全性和隱私問題怎麼解決 1-18
1.5	Spec Driven Development 的興起 1-18
	1.5.1	如何進行 SDD 的開發 1-19
	1.5.2	專案文件 1-19
1.6	本章小結 1-20

第 2 章 前置工作及安裝 Cursor

2.1 先設定 git 及 GitHub 2-1
    2.1.1 安裝 git 及 git-lfs 2-3
    2.1.2 設定 GitHub 的連線 2-5
    2.1.3 將程式碼備份到 GitHub 2-10
2.2 開始安裝 Cursor 2-13
    2.2.1 系統需求檢查 2-13
    2.2.2 下載安裝程式 2-14
    2.2.3 安裝 Cursor 2-15
2.3 帳號註冊與登入 2-16
    2.3.1 建立新帳號 2-17
    2.3.2 方案選擇 - 直接升級 Pro 以上帳號不要想太多 2-18
2.4 第一次啟動 Cursor 2-22
    2.4.1 基本設定 2-22
    2.4.2 VS Code 設定匯入 2-24
2.5 Cursor 最好用的設定先弄好 2-26
    2.5.1 語言設定 2-26
    2.5.2 將活動列設定成垂直 2-28
2.6 本章小結 2-30

第 3 章 前置工作及安裝 CursorCursor 核心介面與基本操作

3.1 一定要懂的 Cursor 概念：AI 輔助 3-1
    3.1.1 Tab 自動補全 3-2
    3.1.2 Agent 智慧助理 3-3
    3.1.3 Background Agent 背景助理 3-4

	3.1.4	Inline Edit 行內編輯 3-4
	3.1.5	Chat 聊天介面 3-5
3.2	一定要懂的 Cursor 概念：上下文及模型 3-6
	3.2.1	Rules 規則設定 3-6
	3.2.2	Memories 記憶功能 3-7
	3.2.3	Codebase Indexing 程式碼庫索引 3-8
	3.2.4	MCP 模型上下文協議 3-8
	3.2.5	Context 上下文 3-9
	3.2.6	Models 模型 3-10
3.3	先了解整個 Cursor 的介面 3-11
	3.3.1	活動列 3-12
	3.3.2	側邊欄 3-13
	3.3.3	編輯器區域 3-13
	3.3.4	面板區域 3-14
	3.3.5	狀態列 3-14
	3.3.6	AI 交談區 3-15
3.4	Cursor 的設定部分 3-16
	3.4.1	命令面板 3-16
	3.4.2	設定介面 3-17
3.5	Cursor 專屬的設定 3-18
	3.5.1	General 一般設定 3-19
	3.5.2	和 AI 有關的設定 3-19
3.6	如何使用 Cursor 管理專案 3-20
	3.6.1	單一資料夾的方式 3-22
	3.6.2	工作區 - 單根工作區 3-23
	3.6.3	工作區 - 多根工作區 3-24
3.7	本章小結 3-26

第二部分：進階篇

第 4 章 前置工作及安裝 CursorTab 自動完成功能

4.1 Tab 自動完成的基本概念 4-1
    4.1.1 Tab 自動完成的特色 4-2
    4.1.2 Tab 使用的模型 4-3
    4.1.3 建議的顯示方式 4-3
4.2 Tab 的跳轉功能 4-4
    4.2.1 檔案內跳轉 4-4
    4.2.2 跨檔案跳轉 4-4
    4.2.3 Tab 在 Peek 視圖中的使用 4-5
4.3 Tab 的進階功能 4-5
    4.3.1 自動匯入功能 4-5
    4.3.2 部分接受功能 4-6
4.4 Tab 的設定與控制 4-6
    4.4.1 主要設定項目 4-7
    4.4.2 切換功能 4-7
    4.4.3 常見問題解答 4-8
4.5 Tab 功能實作範例 4-8
    4.5.1 建立專案結構 4-8
    4.5.2 對應的 HTML 檔案 4-13
    4.5.3 Tab 功能示範說明 4-14
4.6 本章小結 4-15

第 5 章 Agent 基礎功能

5.1 Agent 概述 5-2

		5.1.1	模式選擇（Mode Selection）.. 5-2
		5.1.2	工具使用（Tool Use）... 5-3
		5.1.3	應用變更（Apply）.. 5-4
		5.1.4	檢視差異（Review Diff）... 5-4
		5.1.5	聊天分頁（Chat Tabs）.. 5-4
		5.1.6	檢查點（Checkpoints）... 5-5
		5.1.7	終端整合（Terminal Integration）.. 5-5
		5.1.8	聊天歷史（Chat History）.. 5-6
		5.1.9	匯出聊天（Export Chat）... 5-6
		5.1.10	規則（Rules）.. 5-6
	5.2	聊天管理功能... 5-7
		5.2.1	分頁管理... 5-7
		5.2.2	檢查點功能... 5-7
		5.2.3	匯出與複製功能... 5-8
		5.2.4	歷史記錄管理... 5-8
	5.3	摘要功能... 5-9
		5.3.1	訊息摘要機制... 5-9
		5.3.2	檔案與資料夾壓縮... 5-9
		5.3.3	摘要功能的使用... 5-10
	5.4	本章小結... 5-11

第 6 章 Agent 進階功能

	6.1	Agent 自動產生待辦清單（Planning）.. 6-1
		6.1.1	觸發方式... 6-2
		6.1.2	實際操作方法... 6-3
		6.1.3	實際範例... 6-3
		6.1.4	重要注意事項... 6-4

		6.1.5	待辦清單導出功能 6-5
		6.1.6	訊息佇列系統 6-7
6.2	工具組 6-8
		6.2.1	搜尋工具 6-9
		6.2.2	編輯工具 6-12
		6.2.3	執行工具 6-13
		6.2.4	進階選項 6-14
6.3	程式碼套用 6-16
		6.3.1	應用系統 6-16
		6.3.2	一鍵應用 6-16
		6.3.3	多檔案處理 6-17
6.4	差異檢視與審查 6-17
		6.4.1	清楚顯示變更 6-17
		6.4.2	審查流程 6-18
		6.4.3	精細控制 6-20
		6.4.4	選擇性接受 6-20
		6.4.5	完整檢視 6-20
6.5	本章小結 6-21

第 7 章　Agent 進階功能 AI 聊天功能與應用

7.1	聊天介面詳解：你的 AI 互動控制台 7-2
		7.1.1	聊天面板佈局與核心元素 7-2
		7.1.2	提出你的第一個指令 7-4
		7.1.3	聊天面板中的實用功能按鈕 7-8
		7.1.4	管理多個聊天分頁（Chat Tabs）：同時處理不同任務 7-11
7.2	探索聊天模式：與 AI 的多種互動方式 7-13

		7.2.1	代理模式（Agent Mode）：讓 AI 成為你的自主開發夥伴 7-13
		7.2.2	提問模式（Ask Mode）：你的程式碼顧問 7-16
		7.2.3	手動模式（Manual Mode）：精準控制你的 AI 工具人 7-18
		7.2.4	自訂模式（Custom Modes）：打造你的專屬 AI 助手 7-21
		7.2.5	實際範例：「React 重構助手」模式 7-25
	7.3	與 AI 高效溝通的藝術：提問的技巧 7-30
		7.3.1	指令要清楚、明確、具體 7-31
		7.3.2	善用 @ 符號：給 AI 最精準的上下文 7-32
		7.3.3	追問、澄清與逐步引導：讓 AI 更懂你 7-34
		7.3.4	提供範例（Few-shot Prompting）：讓 AI 模仿你的風格 7-37
	7.4	聊天記錄的管理與應用：累積你的 AI 知識庫 7-41
		7.4.1	儲存、搜尋與匯出聊天記錄 7-41
		7.4.2	從過去的對話中學習與複用 7-42
		7.4.3	共享聊天記錄（如果支援）.. 7-43
	7.5	使用 Tools 功能：擴展 AI 的能力 7-44
		7.5.1	什麼是 Tools 7-44
		7.5.2	常用的 Tools 類型 7-44
		7.5.3	如何讓 AI 使用 Tools 7-45
		7.5.4	Tools 的實際應用場景 7-46
		7.5.5	Tools 使用的最佳實踐 7-46
		7.5.6	Tools 的限制與注意事項 7-47
	7.6	使用 Apply 功能：快速套用 AI 的程式碼建議 7-47
		7.6.1	工作原理 7-48
		7.6.2	套用步驟 7-48
		7.6.3	接受或拒絕變更 7-48
		7.6.4	常見情境 7-48
		7.6.5	最佳實踐 7-49

xi

	7.6.6	優勢與限制 7-49
7.7	本章小結 7-50

第 8 章 背景代理（Background Agent）

8.1	如何使用背景代理 8-2
	8.1.1	開啟控制面板 8-2
	8.1.2	選擇和管理代理 8-3
8.2	什麼時候需要用背景代理 8-3
	8.2.1	長時間運行的任務 8-4
	8.2.2	需要特定環境的開發 8-4
	8.2.3	團隊協作 8-5
	8.2.4	資源限制 8-6
	8.2.5	為什麼不用本機代理 8-7
8.3	背景代理的環境設定 8-8
	8.3.1	GitHub 連線設定 8-9
	8.3.2	基礎環境設定 8-11
	8.3.3	機密資訊管理 8-11
8.4	環境設定檔案 8-12
	8.4.1	environment.json 的結構 8-13
	8.4.2	維護指令 8-13
	8.4.3	啟動指令 8-14
8.5	背景代理的模型支援 8-14
8.6	安全性考量 8-16
	8.6.1	隱私模式 8-16
	8.6.2	安全風險 8-16
	8.6.3	重要安全資訊 8-17
8.7	背景代理範例 8-17

8.7.1	先下載程式碼	8-18
8.7.2	設定背景代理	8-19
8.7.3	開始使用	8-21
8.7.4	完成工作	8-24
8.7.5	將完成的程式碼備份到 GitHub	8-26
8.7.6	將修改併入主分支	8-28
8.8	本章小結	8-31

第三部分：上下文工程篇

第 9 章 行內編輯（Inline Edit）

9.1	核心操作模式	9-2
	9.1.1 編輯與產生（Edit and Generate）	9-2
	9.1.2 快速提問（Quick Question）	9-3
	9.1.3 處理大規模修改（Handling Large-Scale Edits）	9-4
9.2	迭代式互動與智慧上下文	9-6
	9.2.1 透過後續指令精煉結果	9-7
	9.2.2 自動納入的預設上下文	9-8
	9.2.3 使用聊天視窗進行複雜任務	9-10
9.3	終端機整合（Terminal Integration）	9-11
9.4	本章小結	9-13

第 10 章 Rules 功能 - 讓 AI 乖乖聽話

10.1	System Prompt	10-2
10.2	三種 Rules 類型：各司其職的規則管理	10-4
	10.2.1 Project Rules：專案層級的規則	10-5

xiii

	10.2.2	User Rules：全域個人偏好	10-5
	10.2.3	.cursorrules（舊版）	10-5
10.3	Rules 的工作原理：持久化上下文		10-6
	10.3.1	最簡單的 Users'Rules	10-6
	10.3.2	建立 Users'Rules	10-7
10.4	Project Rules：專案層級的規則		10-9
	10.4.1	專案規則建立方式	10-9
	10.4.2	巢狀規則：階層式組織	10-14
10.5	產生規則：從對話直接建立		10-14
10.6	最佳實務：撰寫有效的規則		10-14
10.7	規則範例：實際應用案例		10-15
	10.7.1	前端組件和 API 驗證標準	10-15
	10.7.2	範本規則：Express 服務和 React 組件	10-16
	10.7.3	開發工作流程自動化	10-16
10.8	常見問題解答		10-17
	10.8.1	為什麼我的規則沒有套用？	10-17
	10.8.2	規則可以引用其他規則或檔案嗎？	10-17
	10.8.3	我可以從聊天中建立規則嗎？	10-17
	10.8.4	規則會影響 Cursor Tab 或其他 AI 功能嗎？	10-17
10.9	記憶（Memories）		10-17
	10.9.1	記憶的產生方式	10-18
	10.9.2	記憶管理	10-19
10.10	誰說 Rules 要自己寫的？		10-20
10.11	本章小結		10-22

第 11 章　程式碼庫索引與忽略檔案

| 11.1 | 程式碼庫索引基礎 | 11-2 |

		11.1.1	索引運作原理	11-2
		11.1.2	索引設定與設定	11-3
		11.1.3	索引的效能與限制	11-4
11.2	多根工作空間支援			11-4
11.3	PR 搜尋功能			11-5
		11.3.1	PR 搜尋運作原理	11-8
		11.3.2	使用 PR 搜尋	11-9
11.4	忽略檔案設定			11-10
		11.4.1	忽略檔案的用途	11-10
		11.4.2	設定 .cursorignore 範例	11-11
11.5	常見問題			11-12
11.6	本章小結			11-13

第 12 章 @ 符號的上下文管理

12.1	@ 符號的技術原理			12-3
		12.1.1	上下文視窗的重要性	12-3
		12.1.2	動態過濾機制	12-4
		12.1.3	可用的 @ 符號清單	12-4
12.2	檔案引用技術（@Files）			12-5
		12.2.1	檔案搜尋和預覽系統	12-5
		12.2.2	拖放整合功能	12-6
		12.2.3	長檔案的智慧分割處理	12-7
12.3	資料夾引用技術（@Folders）			12-7
		12.3.1	資料夾結構分析	12-7
		12.3.2	深層資料夾導覽	12-8
12.4	程式碼片段引用（@Code）			12-8
		12.4.1	符號索引技術	12-8

XV

	12.4.2	程式碼預覽和選擇	12-8
	12.4.3	從編輯器直接引用	12-9
12.5	文件引用系統（@Docs）		12-10
	12.5.1	內建文件資源	12-10
	12.5.2	自訂文件新增技術	12-11
	12.5.3	文件管理介面	12-13
12.6	Git 整合技術（@Git）		12-13
	12.6.1	提交狀態分析（@Commit）	12-14
	12.6.2	分支差異分析（@Branch）	12-14
12.7	對話歷史引用（@Past Chats）		12-15
	12.7.1	對話摘要技術	12-15
	12.7.2	上下文連貫性	12-15
12.8	規則引用系統（@Cursor Rules）		12-16
	12.8.1	規則應用機制	12-16
	12.8.2	規則優先級	12-16
12.9	網路搜尋整合（@Web）		12-17
	12.9.1	智慧搜尋引擎	12-17
	12.9.2	PDF 文件處理	12-18
	12.9.3	啟用設定	12-19
12.10	連結處理技術（@Link）		12-19
	12.10.1	自動連結識別	12-19
	12.10.2	內容解析技術	12-19
	12.10.3	連結控制選項	12-19
12.11	變更追蹤系統（@Recent Changes）		12-20
	12.11.1	變更排序演算法	12-20
	12.11.2	忽略檔案處理	12-20
12.12	語法檢查整合（@Lint Errors）		12-20

12.12.1　語言伺服器支援 12-21

　　　12.12.2　錯誤分析技術 12-21

12.13　輔助引用功能 12-22

　　　12.13.1　檔案上下文（#Files） 12-22

　　　12.13.2　快速指令（/Commands） 12-22

12.14　最佳實踐和效能最佳化 12-23

　　　12.14.1　上下文選擇策略 12-23

　　　12.14.2　效能考量 12-24

　　　12.14.3　團隊協作建議 12-24

12.15　本章小結 12-24

第 13 章　Context 上下文管理

13.1　為什麼上下文這麼重要 13-2

　　　13.1.1　什麼是上下文視窗 13-3

　　　13.1.2　上下文的兩種類型 13-4

13.2　Cursor 怎麼處理上下文 13-4

　　　13.2.1　自動收集的上下文 13-5

　　　13.2.2　為什麼需要手動指定上下文 13-6

13.3　@ 符號：精確告訴 AI 要看什麼 13-6

　　　13.3.1　@code：指定特定程式碼 13-7

　　　13.3.2　@file：指定整個檔案 13-8

　　　13.3.3　@folder：指定整個資料夾 13-8

13.4　Rules：AI 的工作守則 13-9

　　　13.4.1　什麼時候需要建立 Rules 13-10

　　　13.4.2　從對話中產生 Rules 13-10

　　　13.4.3　管理你的 Rules 13-11

13.5　MCP：連接外部世界 13-11

xvii

	13.5.1 MCP 的主要用途	13-12
	13.5.2 設定 MCP 的基本概念	13-12
13.6	讓 AI 自己收集資訊	13-13
	13.6.1 除錯時的自動資訊收集	13-14
	13.6.2 安全考量	13-14
13.7	上下文管理的實戰技巧	13-15
	13.7.1 不同任務用不同策略	13-15
	13.7.2 避免「資訊過載」	13-15
	13.7.3 建立良好的工作習慣	13-16
13.8	本章小結	13-17

第 14 章 讓 Cursor 飛起來 - 模型上下文協議（MCP）

14.1	為什麼需要 MCP？	14-3
	14.1.1 MCP 解放了開發者	14-4
	14.1.2 為什麼是 MCP？	14-5
14.2	大概介紹一下 MCP 的原理	14-7
	14.2.1 資源的使用者	14-8
	14.2.2 兩者的橋接器	14-8
	14.2.3 使用者要存取的資源	14-9
	14.2.4 之間怎麼溝通？	14-10
	14.2.5 MCP 的標準架構	14-10
	14.2.6 MCP 的三種傳輸方式	14-12
	14.2.7 如何認證？	14-13
14.3	在 Cursor 中安裝 MCP Server	14-13
	14.3.1 遠端的 MCP Server	14-15
	14.3.2 本機的 MCP Server	14-18

	14.3.3	專案等級的 MCP Server 14-20
14.4	本章小結 14-20

第 15 章 Cursor 的超強外掛 -33 個最重要的 MCP 伺服器

15.1	檔案系統管理類 MCP 15-2
	15.1.1 File System MCP- 檔案管理專家 15-2
15.2	開發工具與版本控制類 MCP 15-4
	15.2.1 Docker/Podman MCP- 容器化部署助手 15-4
	15.2.2 GitHub MCP- 版本控制中樞 15-6
15.3	團隊協作類 MCP 15-7
	15.3.1 Linear MCP- 現代專案管理 15-8
15.4	網路與自動化測試類 MCP 15-9
	15.4.1 Firecrawl MCP- 智慧網頁爬取 15-9
	15.4.2 Playwright MCP- 自動化測試專家 15-11
	15.4.3 Browserbase MCP- 雲端瀏覽器控制 15-13
	15.4.4 Cloudflare MCP- 全球網路加速 15-14
15.5	資料庫與知識管理類 MCP 15-16
	15.5.1 PostgreSQL MCP- 資料庫管理專家 15-16
	15.5.2 Notion MCP- 知識庫管理 15-17
	15.5.3 Brave Search MCP- 網路資訊搜尋 15-19
15.6	文件查詢與 AI 助手類 MCP 15-20
	15.6.1 Context7 MCP- 文件查詢助手 15-20
	15.6.2 Memory Bank MCP-AI 記憶管理 15-22
15.7	整合使用策略 15-23
	15.7.1 日常開發工作流 15-23
	15.7.2 專案部署流程 15-24

	15.7.3 品質保證工作流	15-24
15.8	最受歡迎的 20 個 MCP 伺服器	15-24
15.9	MCP 集散地	15-26
	15.9.1 MCP.so	15-26
	15.9.2 https://github.com/modelcontextprotocol/servers	15-27
	15.9.3 https://github.com/docker/mcp-servers	15-28
	15.9.4 https://github.com/apappascs/mcp-servers-hub	15-29
15.10	本章小結	15-30

第 16 章 Cursor 的模型選擇與設定

16.1	模型選擇策略	16-2
	16.1.1 根據任務類型選擇模型	16-2
	16.1.2 模型效能考量	16-3
16.2	進階模型功能	16-3
	16.2.1 Max Mode 最大模式	16-3
	16.2.2 Auto 自動模式	16-4
16.3	模型設定與組態	16-5
	16.3.1 模型設定介面	16-5
	16.3.2 API 金鑰管理	16-5
16.4	常見問題與解決方案	16-6
	16.4.1 模型回應問題	16-6
	16.4.2 設定問題	16-6
16.5	Cursor 支援的模型一覽表	16-7
16.6	模型選擇的基本概念	16-8
	16.6.1 模型有何不同	16-9
	16.6.2 為什麼這很重要	16-9

16.7	模型的行為模式與選擇策略	16-9
	16.7.1　思考型模型	16-10
	16.7.2　非思考型模型	16-10
	16.7.3　根據風格選擇	16-10
	16.7.4　如何選擇模型	16-10
16.8	實用的選擇技巧	16-11
	16.8.1　選擇決策樹	16-11
	16.8.2　Auto 模式	16-12
	16.8.3　儲存有效設定	16-12
	16.8.4　重要要點	16-12
16.9	GPT-5 模型的加入	16-12
	16.9.1　模型介紹	16-13
	16.9.2　Cursor 的支援	16-14
16.10	本章小結	16-15

第四部分：實戰篇

第 17 章　叫 Cursor 乖乖聽話：AI 專用 PRD 的重要性

17.1	AI 主導，不是輔助開發	17-2
	17.1.1　什麼是產品需求文件	17-2
	17.1.2　Cursor 遵守 PRD 的指導	17-3
17.2	建立針對 AI 的 PRD	17-3
	17.2.1　使用清楚的章節結構	17-4
	17.2.2　撰寫清晰的使用者故事	17-5
	17.2.3　明確的驗收標準	17-6
	17.2.4　明確標示限制條件	17-6

xxi

		17.2.5	包含技術規格與商業邏輯	17-7
17.3	完整的傳統 PRD 範本			17-8
		17.3.1	PRD 範本摘要表	17-9
17.4	完整的 AI 專用 PRD 範本			17-9
		17.4.1	AI 專用 PRD 的核心結構	17-10
17.5	在 Cursor 中實際運用 AI 專用 PRD			17-10
		17.5.1	檔案組織與放置策略	17-10
		17.5.2	建立 AI 規則與自動化	17-12
		17.5.3	實際開發流程與指令	17-12
		17.5.4	CI/CD 整合與品質控制	17-12
		17.5.5	維護與更新策略	17-13
		17.5.6	完成第一個 AI 驅動 Commit	17-13
17.6	本章小結			17-14

第 18 章 用 ChatGPT 產生產品的 PRD

18.1	使用 ChatGPT 來產生第一版的 PRD		18-2
	18.1.1	清楚你的需求	18-2
	18.1.2	為何不在 Cursor 中產生 PRD	18-3
18.2	產生 PRD 的過程		18-4
18.3	本章小結		18-36

第 19 章 利用 PRD 建立完整系統

19.1	事先的預備工作		19-2
	19.1.1	安裝本機必要的套件	19-2
	19.1.2	需要額外設定的部分	19-3

		19.1.3	需要安裝的 MCP Server	19-3
19.2	建立專用的模式與 Rules			19-4
	19.2.1	建立模式		19-4
	19.2.2	建立 Rules		19-4
	19.2.3	將 PRD 放在 docs 目錄下		19-5
19.3	開始實作			19-5
	19.3.1	與 Cursor 對話		19-5
	19.3.2	自動執行		19-8
	19.3.3	網站出現了		19-11
19.4	修正錯誤			19-14
	19.4.1	放入真正的電影資料		19-15
	19.4.2	使用 TMDB API Key		19-15
	19.4.3	實作電子郵件認證		19-18
19.5	功能驗證			19-23
	19.5.1	手動驗證		19-23
	19.5.2	登入與註冊功能驗證		19-30
	19.5.3	忘記密碼功能驗證		19-35
	19.5.4	後台管理		19-39
19.6	在你的電腦上執行這個程式			19-42
	19.6.1	修改 .env 檔案		19-43
19.7	用 TDD 的方式開發專案			19-44
	19.7.1	什麼是 TDD？		19-44
	19.7.2	傳統開發方式 vs TDD		19-45
	19.7.3	要求 Cursor 撰寫測試用例		19-46
	19.7.4	在開發前就寫測試用例		19-46
19.8	本章小結			19-46

第 20 章　Cursor 的實際應用與多語言支援

20.1　網頁開發的完整流程 20-2
  20.1.1　開發流程的視覺化管理 20-2
  20.1.2　UI 組件開發的最佳做法 20-3
  20.1.3　Issues 的概念與應用 20-3
  20.1.4　Linear 專案管理工具 20-4
  20.1.5　設計工具的順暢整合 20-4
  20.1.6　Figma 設計工具 20-4
  20.1.7　Figma 與 Cursor 的整合 20-5

20.2　架構圖表與系統設計 20-5
  20.2.1　認識 Mermaid 圖表 20-5
  20.2.2　序列圖的應用 20-8

20.3　多層級架構的 C4 模型 20-9
  20.3.1　System Context（系統上下文圖）...20-10
  20.3.2　Container Diagram（容器圖）...20-11
  20.3.3　Component Diagram（組件圖）..20-12
  20.3.4　Code Diagram（程式碼圖）...20-13

20.4　大型程式碼庫的管理策略 20-16
  20.4.1　理解與實作的循環工作流程 20-16
  20.4.2　Ask 與 Agent 模式的協作 20-17
  20.4.3　規劃提示的範例 20-18
  20.4.4　VS Code 前端服務的開發準則 20-18
  20.4.5　TypeScript 專案的格式化標準 20-19

20.5　文件工具的靈活運用 20-19
  20.5.1　文件工具的選擇策略 20-19
  20.5.2　各工具的使用心理模型 20-21

		20.5.3	@Docs 工具的使用範例	20-21
		20.5.4	@Web 工具的搜尋應用	20-22
20.6	Python 開發環境的設定			20-22
		20.6.1	Python 開發工具的安裝	20-22
		20.6.2	Cursor 中的 Python 設定	20-22
		20.6.3	偵錯輸出的使用	20-23
20.7	JavaScript 與 Swift、Java 開發支援			20-24
		20.7.1	Swift 開發環境設定	20-24
		20.7.2	Java 開發環境驗證	20-24
		20.7.3	Chat 工具的多樣化應用	20-25
20.8	Rules 自動化與工作流程最佳化			20-26
		20.8.1	應用程式分析自動化	20-26
		20.8.2	Express 服務範本提供	20-26
		20.8.3	自訂模式的設定	20-27
20.9	深度連結與安裝自動化			20-27
20.10	上下文管理的進階技巧			20-27
		20.10.1	上下文流程的理解	20-28
		20.10.2	.cursorignore 的進階用法	20-28
20.11	本章小結			20-29

第 21 章　極簡快速的開發方式 - Cursor CLI

21.1	安裝 Cursor CLI		21-3
	21.1.1	為什麼要用 CLI，用 Cursor 不就好了？	21-3
	21.1.2	安裝指令	21-4
	21.1.3	使用者登入	21-6
21.2	基本的使用		21-7

XXV

	21.2.1	非互動模式	21-7
	21.2.2	互動模式	21-10
	21.2.3	會話管理功能	21-11
21.3	進階用法		21-11
	21.3.1	MCP 模型上下文協定支援	21-12
	21.3.2	使用 Rules	21-13
	21.3.3	導覽與歷史記錄	21-14
	21.3.4	指令核准機制	21-15
21.4	Agent 模式的重點：AGENT.md		21-16
	21.4.1	AGENT.md 檔案	21-16
	21.4.2	AGENT.md 的範例	21-16
21.5	使用 Agent 模式開發應用程式		21-19
	21.5.1	Cursor CLI 建立專案	21-19
	21.5.2	使用 Agent 建立 3D 應用程式	21-25
21.6	本章小結		21-27

後記 21-28

PART 1

基礎篇

在開始學習 Cursor 和 Vibe Coding 之前,我們需要先建立穩固的基礎知識。本部分將帶你從零開始,逐步了解這個革命性的程式開發方式,並學會如何設定和使用 Cursor 這個強大的 AI 輔助開發工具。

章節介紹

第 0 章：Vibe Coding 嘗鮮一下

透過 YouTube 影片下載器專案，讓你親身體驗 Vibe Coding 的神奇之處。示範如何使用自然語言描述需求，讓 AI 自動產生完整的程式碼。

第 1 章：Vibe Coding 必備的基礎知識

深入探討 Vibe Coding 的核心概念，包括大型語言模型（LLM）的運作原理、Vibe Coding 的由來與發展現況，以及目前使用時常見的問題和解決方案。

第 2 章：前置工作及安裝 Cursor

先做好版本控制和雲端備份的準備工作，設定 Git 和 GitHub，然後完成 Cursor 的下載安裝、帳號註冊，以及重要的基本設定。

第 3 章：Cursor 核心介面與基本操作

詳細介紹 Cursor 的介面結構和 AI 功能，包括 Tab 自動補全、Agent 智慧助理、Background Agent 背景助理、Inline Edit 行內編輯，以及 Chat 聊天介面。

透過這四個章節的學習，你將建立起完整的 Vibe Coding 基礎知識，並能夠熟練地使用 Cursor 進行程式開發。這些基礎將為後續進階功能的學習奠定穩固的根基。

0

Vibe Coding 嘗鮮一下

　　如果你購買了這本書,相信你一定聽過 Vibe Coding 這個新的開發方式。但不管你有沒有聽過 Vibe Coding,它已經取代了傳統程式的開發方式,而 Cursor 正是這個新時代範式的奠基者之一。這個用「自然語言」寫程式的方式,讓即使不熟悉某個程式語言的人,也能夠開發出網頁、App、應用程式,甚至產生任何內容(包括書籍)。在接下來整本書中,全面熟悉 Cursor 的完整使用之前,我們先帶讀者來看一下 Vibe Coding,也就是以 AI 為主要開發者的全新世界。在這第 0 章,如果對操作過程有疑問是正常的,我們在後續的章節會更完整地解釋 Cursor 所有的功能,在真正熟悉之前,就先來感受一下 Vibe Coding 的神奇之處。

第 0 章　Vibe Coding 嘗鮮一下

0.1 開發第一個應用程式

　　NVIDIA 的創辦人黃仁勳說過：「English is the new programming language（英文是最新的程式語言）」。「英文」換成「中文」「日文」「韓文」也一樣，AI 的程式語言就是你的自然語言！接下來我們就開發一個簡單的應用程式，應該說是讓 AI 把你的想法或點子轉換成應用程式。這邊就來開發一個簡單的爬蟲程式，將某個特定網址的 YouTube 頻道下載回來，轉換成視訊格式存檔，接下來就開始吧！

0.1.1 建立工作目錄並用 Cursor 開啟

　　這邊假定你已經安裝好了 Cursor，並且也成功登入了 GitHub 的帳號。我們會在第二章詳細介紹如何使用 Cursor 及 GitHub，接下來就開啟 Cursor。直接進入 Cursor 的主畫面，這個畫面應該是空白的，沒有任何檔案。接下來就開始開發第一個應用程式。

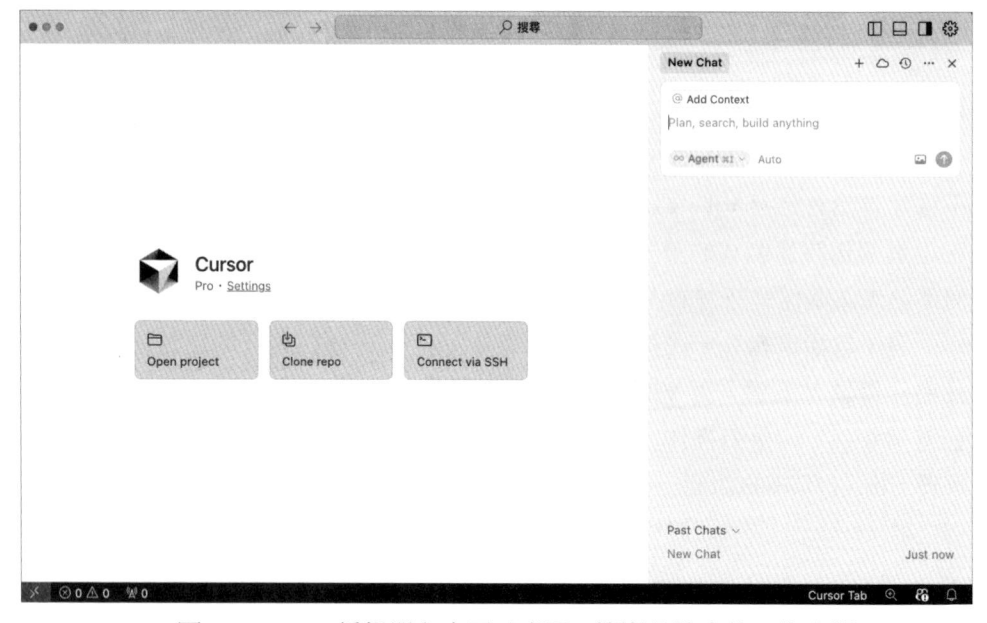

圖 0-1 Cursor 編輯器主介面示意圖 - 簡潔且強大的工作空間

0.1 開發第一個應用程式

我們先在電腦上建立一個工作目錄,這個目錄可以放在任何地方,假設我們建立在家目錄的 workspace/Crawler 目錄下。接下來在 Cursor 中開啟這個目錄,這樣 Cursor 就會知道我們要在這個目錄下開發應用程式。

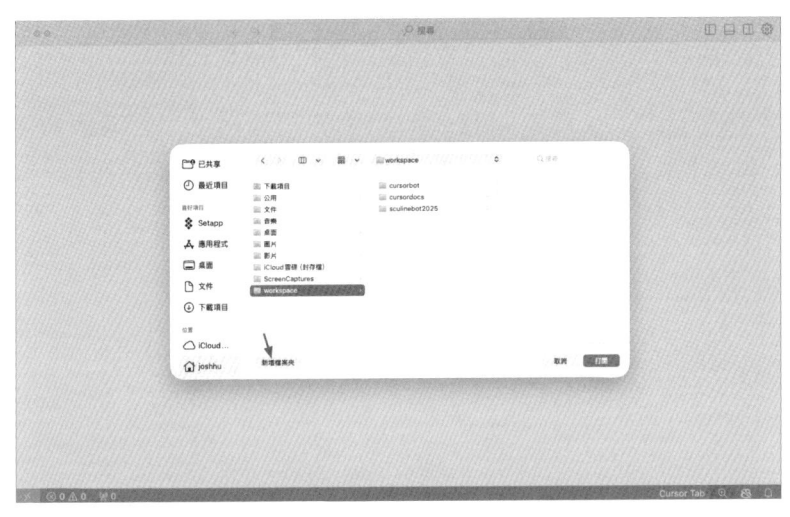

🎧 圖 0-2 建立一個新的工作目錄

接下來用 Cursor 來開啟這個目錄,Cursor 會自動載入這個目錄下的檔案。如果你是第一次使用 Cursor,可能會看到一些提示訊息,這些訊息可以幫助你了解 Cursor 的基本操作。

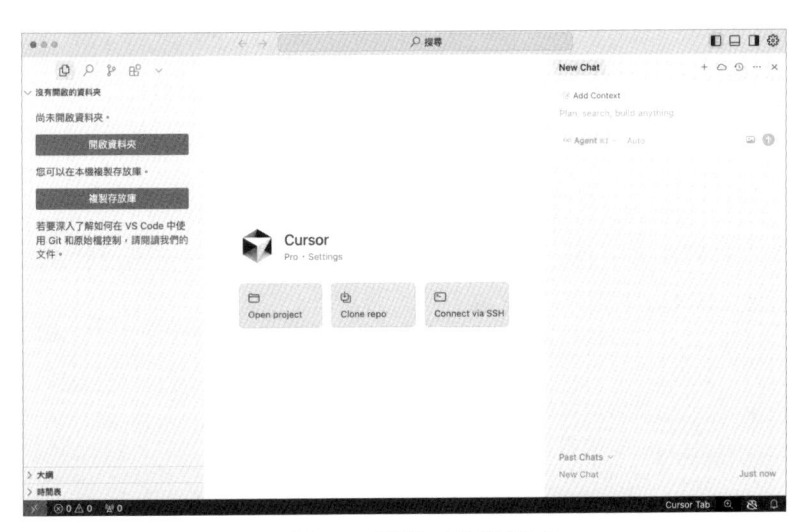

🎧 圖 0-3 開啟工作資料夾

0-3

0.1.2 開始開發應用程式

現在我們已經有了一個工作目錄，接下來就開始開發應用程式。Cursor 的強大之處在於它能夠理解自然語言，並將其轉換為程式碼。我們可以直接在 Cursor 中輸入我們的需求，Cursor 會自動生成相應的程式碼。

在這個例子中，我們要開發一個簡單的爬蟲程式，將某個特定網址的 YouTube 頻道下載回來，轉換成 MP4 格式存檔。我們可以直接在 Cursor 中輸入下圖的需求。

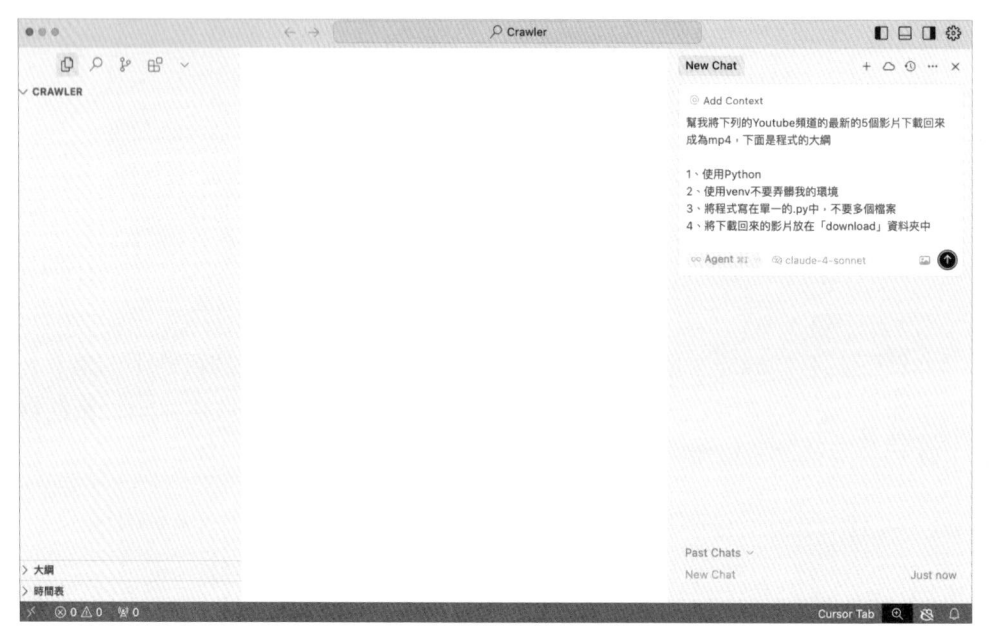

🎧 圖 0-4 在 Cursor 中輸入需求

接下來我們就來開發一個簡單的爬蟲程式，將某個特定網址的 YouTube 頻道下載回來，轉換成視訊格式存檔。

0.1.3 神奇的事發生了

當你開始輸入需求後，Cursor 會自動生成相應的程式碼。這個過程非常神奇，你只需要用自然語言描述你的需求，Cursor 就能理解並生成相應的程式碼。由於這邊使用的是「代理人（Agent）」的方式，所以 Cursor 會自動生成一個程式碼檔案，並將其命名為 `youtube_downloader.py`。這個檔案包含了爬蟲程式的基本框架。

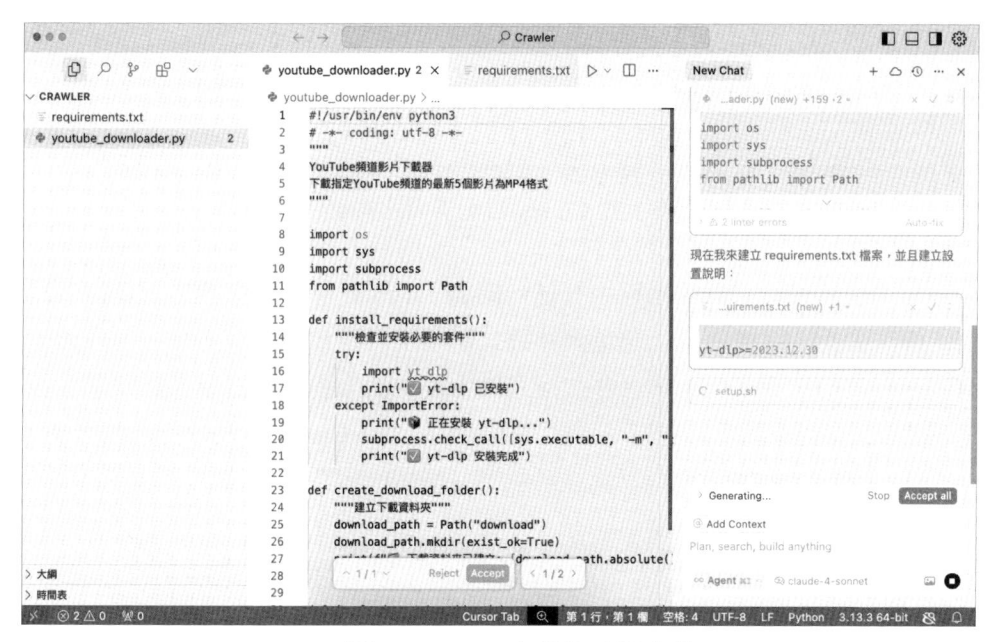

圖 0-5 Cursor 自動生成程式碼

除了生成程式碼外，Cursor 還會自動安裝所需的套件。在這個例子中，Cursor 會自動安裝 `yt-dlp` 和 `pydub` 這兩個套件，這些套件是用來下載 YouTube 影片與轉換視訊格式的。

由於我要求不要弄髒環境，所以 Cursor 會自動建立一個虛擬環境，並將所需的套件安裝在這個虛擬環境中。這樣就不會影響到你的全域環境。另外也會自動建立一個 `requirements.txt` 檔案，這個檔案包含所需的套件清單。

第 0 章　Vibe Coding 嘗鮮一下

▲ 圖 0-6　Cursor 自動安裝所需套件

　　如果在生成程式碼的過程中有任何問題，Cursor 會自動提示你，並提供相應的解決方案。這樣就可以避免因為程式碼錯誤而導致的開發困難。另外如果需要執行終端指令，Cursor 也會在程式碼中自動加入相應的指令，並要求你按下「執行」按鈕來執行這些指令。當然你也可以允許 Cursor 自動執行這些指令，這樣就不需要手動執行了。

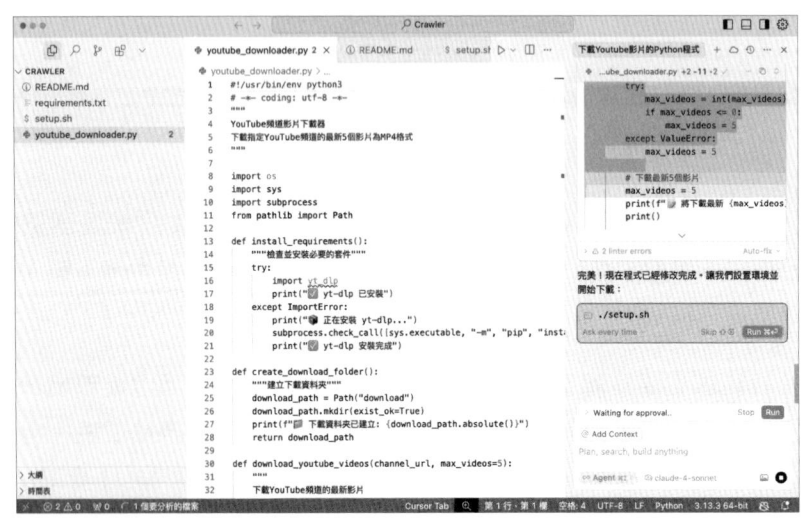

▲ 圖 0-7　Cursor 自動加入終端指令

0-6

0.1 開發第一個應用程式

在完成之後，Cursor 會將目錄結構和檔案內容自動整理好，可以清楚地看到整個專案的結構。這樣就可以方便地管理你的專案檔案。

🎧 圖 0-8　Cursor 自動整理目錄結構

0.1.4 執行程式碼

現在我們已經有了一個完整的爬蟲程式，接下來就可以執行這個程式了。在 Cursor 中，你可以直接點擊「執行」按鈕來執行程式碼。Cursor 會自動在虛擬環境中執行程式碼，並將執行結果顯示在終端視窗中。

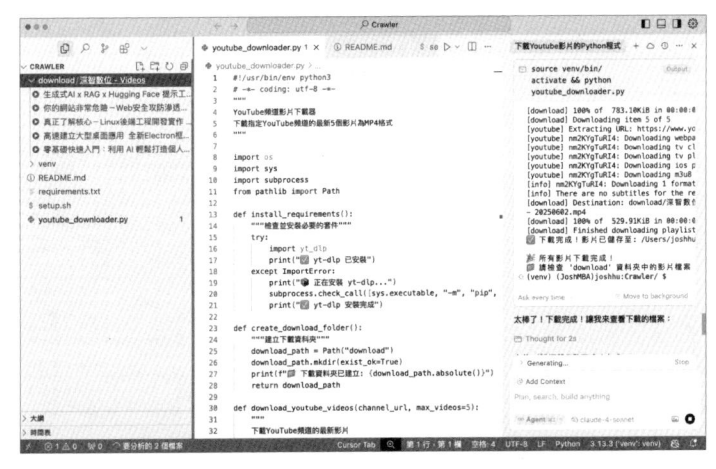

🎧 圖 0-9　Cursor 執行程式碼

第 **0** 章　Vibe Coding 嘗鮮一下

0.1.5 檢視結果

執行程式碼後，Cursor 會自動將下載的 YouTube 影片轉換成視訊格式，並將其儲存在工作目錄下的 `download` 資料夾中。你可以在 Cursor 中直接開啟這個資料夾，查看下載的視訊檔案。

◯ 圖 0-10　Cursor 下載的 YouTube 視訊檔案

0.1.6 修正程式碼

執行時發現程式會無限下載，但我的需求是只下載前 5 個最新的，因此按下中斷按鍵，並重新寫新的需求，如下圖所示

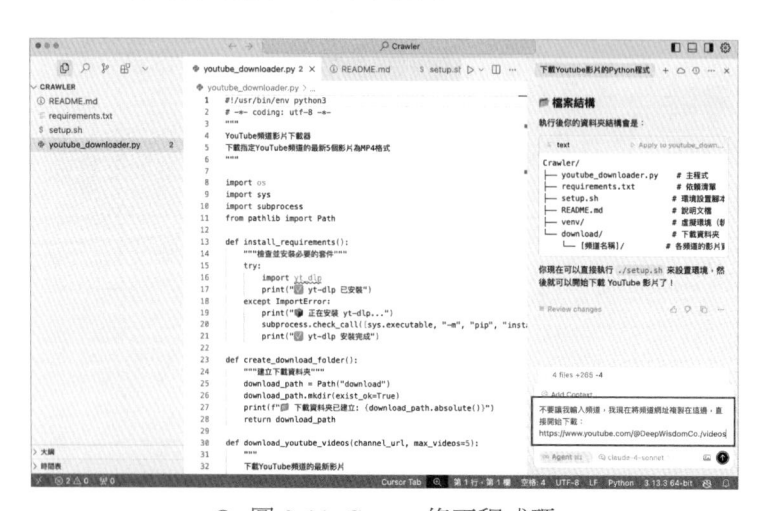

◯ 圖 0-11　Cursor 修正程式碼

0-8

現在 Cursor 會自動修正程式碼，並重新執行。這樣就可以避免因為程式碼錯誤而導致的開發困難。執行後發現只下載了前 5 個最新的影片，並將其轉換成視訊格式，儲存在工作目錄下的 download 資料夾中。

◎ 圖 0-12 Cursor 修正後的程式碼

0.2 本章小結

在這個簡單的例子中，我們體驗了 Cursor 如何將自然語言轉換為程式碼，並自動安裝所需的套件、建立虛擬環境、執行程式碼等。這樣的開發方式不僅提高了開發效率，也降低了開發門檻，讓更多人能夠輕鬆開發應用程式。

想必你現在一定迫不及待地想要深入了解 Cursor 的更多功能了吧！在接下來的章節中，我們將帶你一步步探索 Cursor 的強大功能，從基礎操作到進階技巧，讓你能夠充分發揮 Cursor 的潛力，成為一名高效的開發者。

MEMO

1

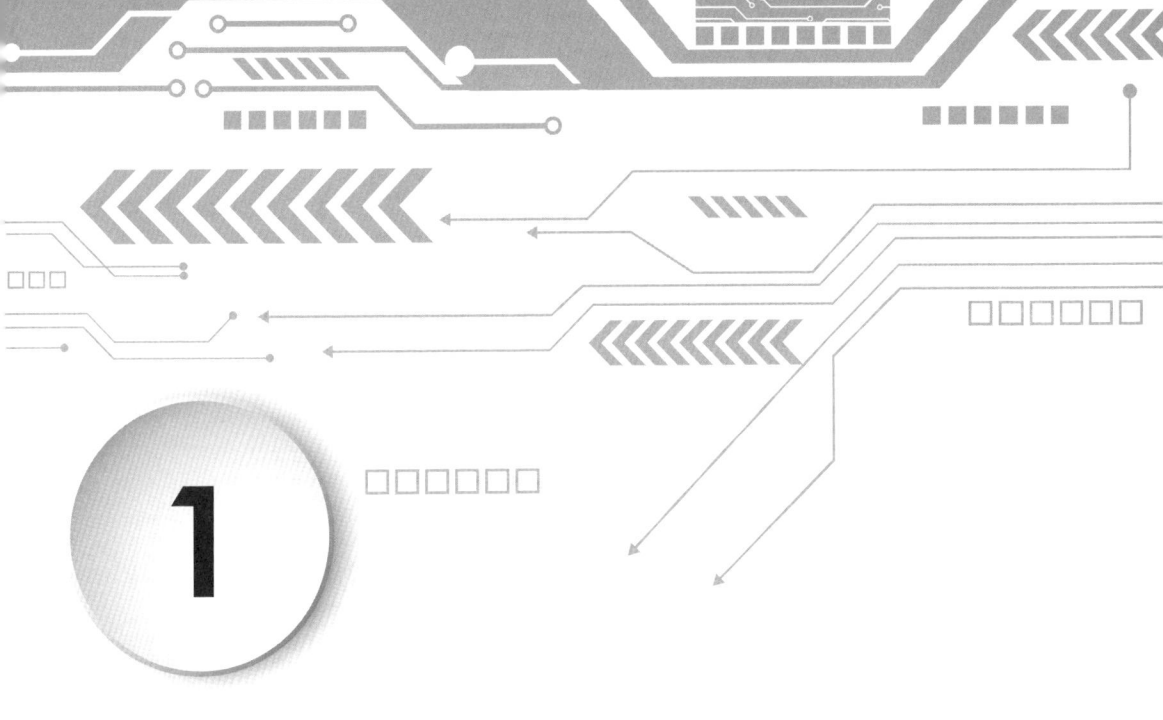

Vibe Coding 必備的基礎知識

　　Cursor 是 Vibe Coding 首選的開發工具,而 Vibe Coding 是下一代的程式開發範式(Programming Paradigm),本章在真正開始使用 Cursor 之前將帶你了解 Vibe Coding 的基礎知識,包括 LLM 的基礎知識、Vibe Coding 的問題及 Cursor 的解決之道。

1.1 什麼是 Vibe Coding

　　Vibe Coding 中文稱為「氣氛程式開發」,這種「人類提出想法,AI 完成程式碼及所有細節」的方式,目前已經讓各大公司開始使用,也讓許多初階至中階的軟體工程師開始緊張。微軟的 CEO 表示,目前微軟有 30% 的程式碼是 AI

第 1 章　Vibe Coding 必備的基礎知識

產生的，Google 也有 30% 的程式碼由 AI 產生。截至 2025 年 7 月，微軟已經裁了 1 萬 5 千名員工，各大公司的裁員潮也開始蔓延，新進工程師的職位更是降至 1980 年後的最低點，換句話說，如果你還不開始使用 Vibe Coding，很快就會被「會使用 Vibe Coding」的人，甚至是 AI 取代。

圖 1-1　微軟總裁 Satya Nadella 表示 30% 的程式碼是 AI 產生的

1.1.1　Vibe Coding 的由來

Vibe Coding 是 AI 大神、曾任 Tesla 與 OpenAI 技術主管的 Andrej Karpathy 所提出的概念。他在 2025 年 2 月 3 日於 X 發表的貼文中，首度提到 Vibe Coding 這個概念。自此業界瘋狂討論，並開始使用 Vibe Coding 來開發程式。

1.1 什麼是 Vibe Coding

○ 圖 1-2　Andrej Karpathy 首度提出 Vibe Coding 的概念

1.1.2　Vibe Coding 的核心：LLM

　　Vibe Coding 就是一個充分利用大型語言模型（LLM）來產生程式碼的方式。LLM 大家都聽過，就是一個可以理解自然語言的 AI，可以幫助你完成各種任務。LLM 能產生文字，當然也能產生程式碼；再加上最新的 Agent 概念，讓 LLM 在產生程式碼之後還幫你驗證是否可執行，甚至會自己閱讀錯誤訊息，進入一個完全自動偵錯的過程。

○ 圖 1-3　程式碼產生完全依賴 LLM，目前大部分主流模型功能都很強

在 ChatGPT 剛上市時，LLM 最大的問題就是幻覺（Hallucination），也就是說，LLM 會自己編造一些不存在的資訊。這個問題在 2025 年已經大幅改善，現在的 LLM 已經可以產生非常穩定的程式碼，甚至可以產生非常複雜的大型系統程式碼。

提問：

請介紹一下唐朝著名的科學家「張九齡」的貢獻。

AI 錯誤回答（產生幻覺）：

張九齡（678-740），唐朝著名科學家和工程師，最有名的成就是發明了「水運儀象台」，該儀器能夠精確測量天體運行。此外，張九齡還改良了造紙術，推動了唐朝的科技進步，對後世影響深遠。

解析

- **張九齡**其實是唐朝文臣、詩人，沒有發明「水運儀象台」；這個發明真正的作者是「張衡」（東漢）。
- AI 混淆了人物和事蹟，**一本正經地胡說八道**，這就是「AI 幻覺」的經典例子。

◯ 圖 1-4 目前 AI 產生幻覺的問題已經改善不少了

1.1.3 選擇好的開發工具

當有了 LLM 之後，你就必須選擇一個最方便與 LLM 互動的方式，也就是編輯器。Cursor 是專為 AI 輔助程式開發設計的現代化編輯器。它結合了大型語言模型（LLM）的強大能力，讓開發者可以直接在編輯器中與 LLM 互動，快速產生、修改、最佳化程式碼。目前坊間這一類工具非常多，如本書的 Cursor，或是最多人用的 VS Code，以及剛被 Cognition 收購的 Windsurf 等。你可以選擇任何一個，功能上也不會差太多，但為什麼大部分的人選擇 Cursor 呢？我們會在後面說明。

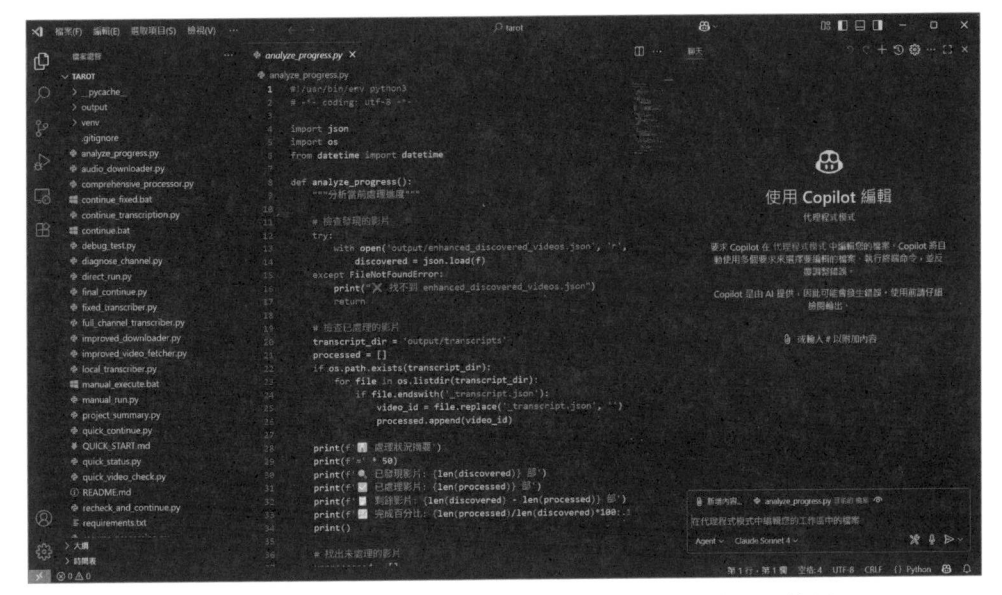

△ 圖 1-5 老字號的 VS Code 目前也有 Vibe Coding 功能了，使用 Copilot

1.2 LLM 的基礎

LLM 是 Vibe Coding 的核心，沒有 LLM，再強大的編輯器也沒有用，就像 VS Code 早就出來了，但卻是 Cursor 出來之後大家才意識到 Vibe Coding 的威力。在這一節中，我們將介紹 LLM 的基礎知識，以及如何選擇好的 LLM。

1.2.1 什麼是 LLM

大型語言模型是一種將文字資料壓縮到一個機率分佈空間的技術。它可以學習人類的文字排列方式，產生出具有意義的句子。前提是它看過全世界所有的文字並學起來。目前大部分人說的 AI，其實說的就是 LLM 這個技術。

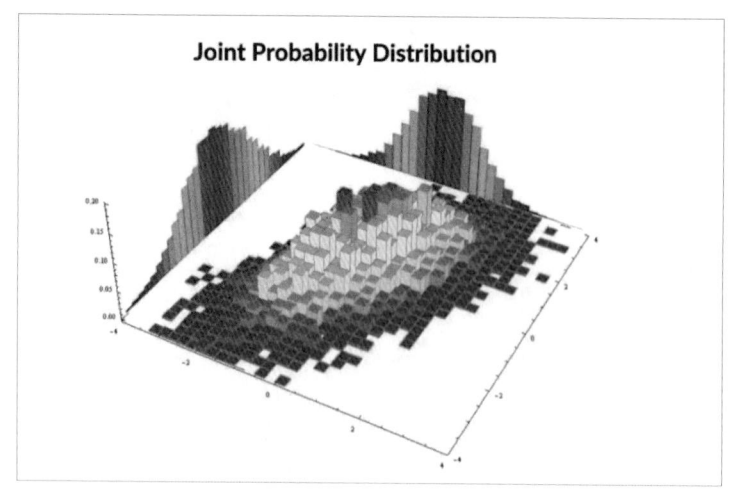

Joint Probability Distribution

▶ 圖 1-6 LLM 就是一個機率分佈，圖為 2 個變數的連續機率分佈
（來源 https://spotintelligence.com/2024/02/06/bayesian-network/）

1.2.2 什麼是機率分佈空間

機率分佈空間就是一個句子中所有文字的排列組合方式。正確的排列組合方式就是能說出「人話」，而不是說出「大是機們灣具股能」這種沒意義排列組合。舉例來說，當我們輸入「台灣大-」這個字時，我們希望他產生的下一個字，是最符合某個機率分佈的。例如「台灣大-學」、「台灣大-車隊」、「台灣大-哥大」。但是如果是使用傳統的隨機機率模型，下一個字的機率就是所有 1 萬 2 千個中文字中的任何一個。這種能產生真正具有意義文字的機率非常低。

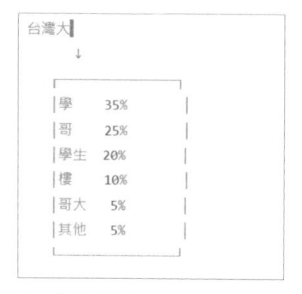

```
台灣大
  ↓
  學    35%
  哥    25%
  學生  20%
  樓    10%
  哥大   5%
  其他   5%
```

▶ 圖 1-7 當輸入「台灣大」時，後面出現的字詞機率

1.2.3 LLM 的產生為何這麼難

LLM 是看過全世界所有的文字，並且每個文字之間排列組合的關係都學下來。當你的輸入值越長，他能產生的文字就會越符合你的需求。符合人類需求的機率分佈空間是被訓練出來的，整個過程十分複雜，並且需要消耗大量的資源（GPU），因此只有極少數公司有能力訓練出自己的 LLM。

🎧 圖 1-8 OpenAI 的 Stargate 計畫，預計會有 40 萬顆 GB200 等級的 GPU

除了需要硬體資源之外，就是 LLM 的學習資料了。如果希望 LLM 產生出符合你需求的文字，必須要提供足夠的文字給他學習。目前大部分的 LLM 都看過全世界所有文字了，這個數量可能是幾千億甚至幾千兆個句子。光準備這些文字就需要很大的成本，這也是為什麼最近 Meta 用 143 億美金收購了以資料處理見長的 Scale AI 這家公司，而原本 Scale AI 的創辦人汪滔直接成為 Meta 的 AI 總監，就是因為他們對資料收集及整理有非常領先的技術。

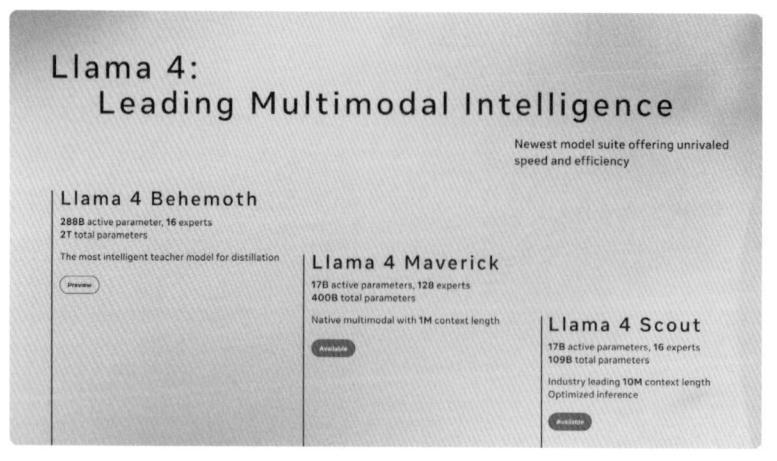

◯ 圖 1-9 Meta 的 Llama 4 使用了 30 兆個 Token 來訓練

1.2.4 LLM 為什麼會寫程式

程式碼也是文字，產生程式碼和產生文字的過程是一樣的，只是程式碼的排列組合方式是符合程式語言的語法。那你說 LLM 看過程式碼嗎？不但看過，而且看過的程式碼比人類看過的文字還多。程式碼相較人類語言較為嚴謹，因此 LLM 在產生程式碼時，邏輯及機率上是比產生人類語言還要容易的。

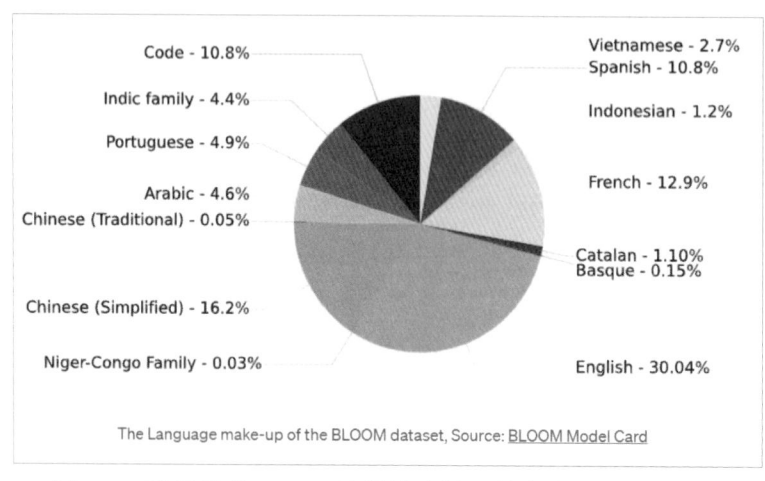

◯ 圖 1-10 開源模型 Bloom 的訓練資料，其中有 10% 是程式碼，
僅次於英文、簡體中文與法文

此外，LLM 不但看過全世界所有的程式碼（GitHub），它還看過所有程式碼的錯誤訊息，甚至還看過人類針對錯誤訊息的提問與答案（Stack Overflow 等網站），這些資料都是 LLM 的學習來源。

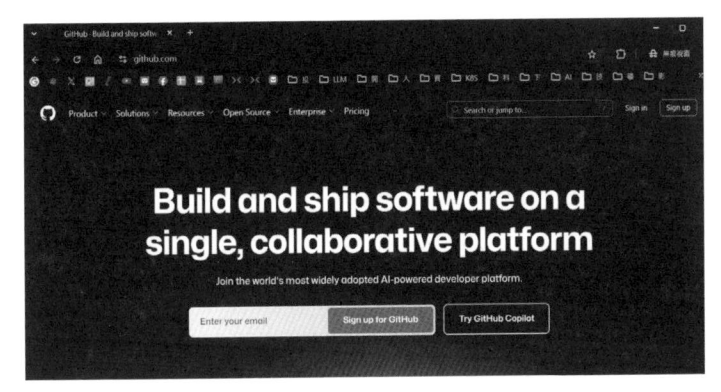

○ 圖 1-11 光 GitHub 就有超過 3 億個程式碼儲存庫了

由於 LLM 早就看過全世界所有程式碼，因此可以產生非常穩定的程式碼，甚至可以產生非常複雜的程式碼。想想看，你敢把所有個人資料與信用卡資料都交給 Apple/Google/Meta/ 微軟的工程師開發出來的應用，表示你相信這些頂級公司工程師的程式開發水準。如果 LLM 能產生出這些世界頂級工程師水準的程式碼，沒有理由不相信這些程式碼可以用在任何地方。好的 LLM 可以產生出世界一流的程式碼，因此選擇一個好的 LLM（或稱為模型，Model），是 Vibe Coding 成功的關鍵。

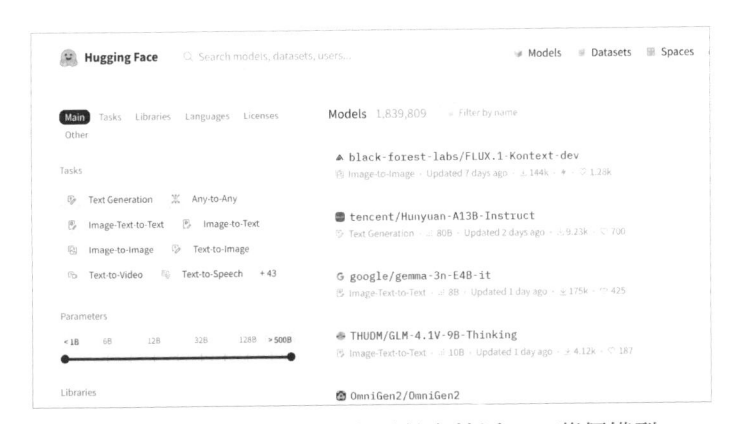

○ 圖 1-12 Hugging Face 上目前有接近 200 萬個模型，
但開源模型與商用模型仍有不小差距

1.3 目前 Vibe Coding 的問題

Vibe Coding 好歸好，但出來時間短，大家也還在適應中，已經開始使用 Vibe Coding 的人一定遇過寫不出程式的問題。目前網路上的教學大部分還停留在「記帳」、「to-do list」、「聊天機器人」等簡單的應用。這些應用雖然可以幫助你了解 Vibe Coding 的威力，但對於實際的開發工作幫助不大。但真的如此嗎？事實上，大部分大型公司已經開始使用 Vibe Coding 來開發程式，但 Vibe Coding 還是有一些學習門檻，一般初學者在剛開始接觸 Vibe Coding 時會遇到以下幾個問題，我們就來看看。

🔈 圖 1-13 網路上教 Vibe Coding 的很多，但大型複雜的軟體開發你敢用嗎？

1.3.1 寫不出程式

Vibe Coding 的學習門檻在於，你必須能夠清楚描述你想要的功能，且這個功能必須能被 LLM 理解。例如，你想要一個記帳程式，你必須清楚描述你想要的功能。但是「清楚描述」這件事可能比寫程式還難，因此 LLM 就一直鬼打牆，寫出來的程式碼不是你想要的，就是根本沒有任何功能。

1.3 目前 Vibe Coding 的問題

⏵ 圖 1-14 就是寫不出來,這是 Vibe Coding 最容易放棄的地方

1.3.2 卡在錯誤訊息中

當你寫出程式碼之後,LLM 會幫你驗證程式碼是否可以執行,如果不能執行,他會告訴你錯誤訊息。但是這個錯誤訊息可能非常難懂,你必須要能夠理解錯誤訊息,才能找到問題所在。LLM 常常自己就卡在錯誤訊息中,而在解決的過程又產生新的錯誤訊息,這時候你又必須要能夠理解新的錯誤訊息,才能找到問題所在。這個過程可能會重複數次,直到你找到問題所在。

⏵ 圖 1-15 通常我們會手動將錯誤訊息貼上讓 AI 解決,但這個過程非常痛苦

1-11

1.3.3 總是使用舊 API 或舊語法

由於 LLM 的訓練曠日費時,因此訓練及資料收集會花很多時間。但網路上的資料每天都產生,當 LLM 訓練完畢時,又有一大堆新的資料出來,因此大部分的 LLM 都有一個知識截止日期(Knowledge Cutoff Date),在這個日期之後的資料,LLM 就不知道了。因此,如果你使用的是舊的 LLM,你寫出來的程式碼可能就會使用舊的 API 或舊的語法。

◯ 圖 1-16 圖中引用的 google 套件是舊版的,LLM 並不知道

1.3.4 寫出來的程式碼無法維護

你自己一定也有這個經驗,就是 3 個月前寫的程式碼,現在自己已經看不懂了,更不要說更久,或是別人寫的程式碼了。在 Vibe Coding 時因為你幾乎沒有參與程式碼的撰寫,因此更不可能知道自己寫了什麼,更不要說要維護了。當你把這程式碼拿給別人時,你如何期待別人去看一個你自己都沒看過的程式碼,這就造成了維護的困難。

1.3 目前 Vibe Coding 的問題

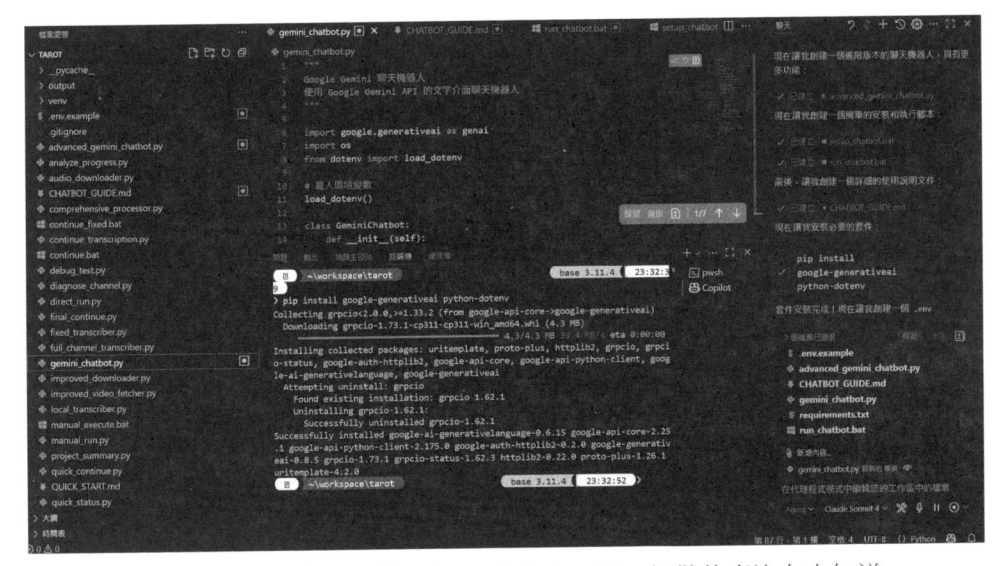

◐ 圖 1-17 這麼多程式碼全是 AI 產生的，哪一個做什麼沒有人知道，
根本無法維護

1.3.5 無法處理手動的設定

　　如上傳到雲端、設定環境變數，設定資料庫連線，設定 API 金鑰等，這些都是手動的設定，但 LLM 卻無法幫你完成。不過隨著 AI 代理及 MCP 的出現，這個問題已經大幅改善，相信不久就會有解決之道。

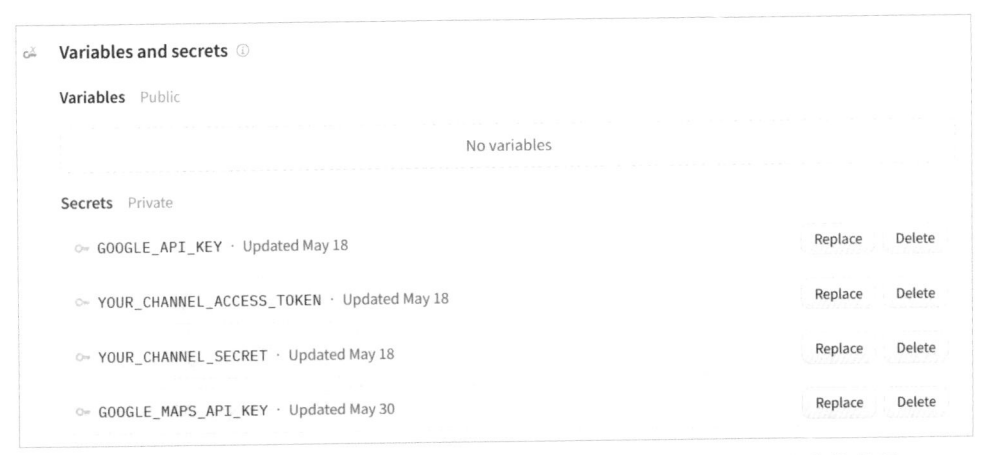

◐ 圖 1-18 這些雲端上的系統變數一般 Vibe Coding 時還是要手動處理

1-13

1.3.6 版本控制和團隊協作困難

Vibe Coding 的程式碼是 AI 產生的，因此你無法知道程式碼的版本。當你想要回復到某個版本時，你必須要能夠知道當時的程式碼是什麼，這個問題在 Vibe Coding 中非常難解決。

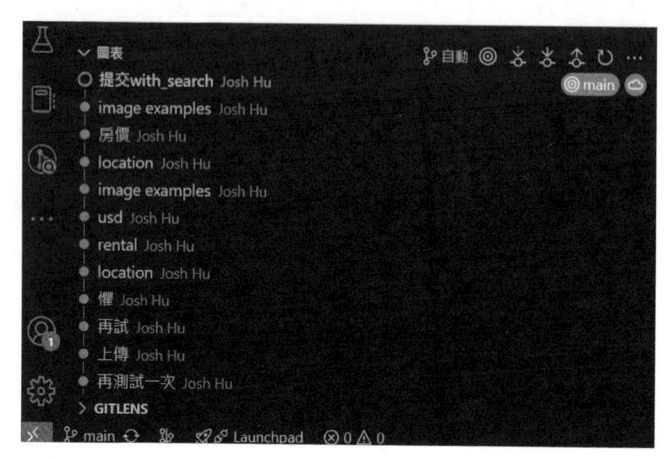

🎧 圖 1-19　一個 main 分支就有幾百個 commit，Vibe Coding 不見得能好好處理

1.3.7 安全性和隱私問題

已經發生使用 Vibe Coding 時，不小心把機密資料上傳到雲端，或是把程式碼上傳到公開的程式碼庫，導致資料外洩的問題。這個問題在 Vibe Coding 中非常難解決，因為你無法知道程式碼中是否有機密資料。

🎧 圖 1-20　這種非常不好的習慣甚至在 Google 等頂級企業都常常出現

1.4 Cursor 解決這些問題的關鍵

事實上，Vibe Coding 的關鍵就是控制 LLM 的輸出程式碼，而 LLM 輸出程式碼最大的關鍵就是你的輸入，稱為「提示詞（Prompt）」。LLM 的提示詞是個非常大的學問，本書不多作說明，但了解提示詞和以及上下文（Context），是解決 Vibe Coding 問題的重點。在本書稍後，我們也會說明更多。

1.4.1 寫不出程式怎麼解決

Cursor 提供了多種規範提示詞的方式，如 Custom mode、Rules、To-do list、Memories 等。這些方式可以幫助你控制 LLM 的程式碼輸出，有時候，你甚至可以叫 Cursor 幫你想出提示詞，這樣你就可以寫出你想要的程式碼。

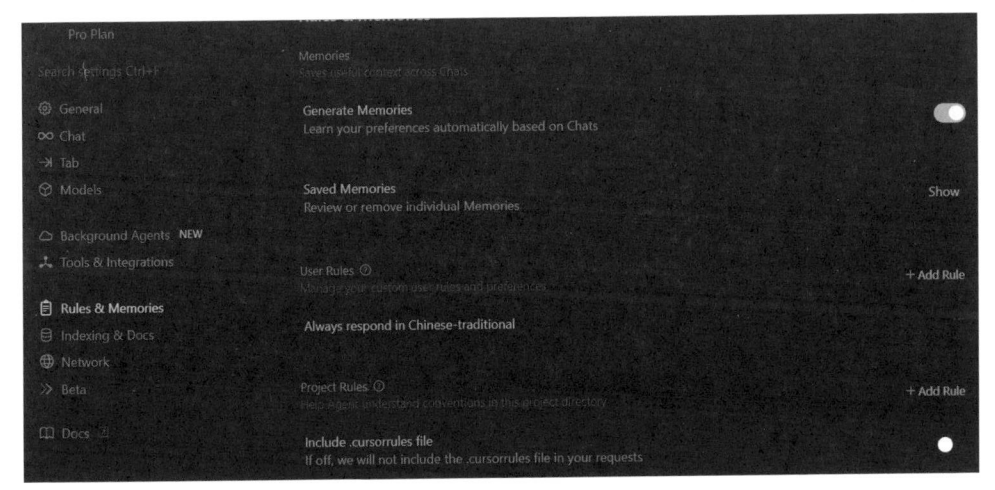

🎧 圖 1-21 Cursor 有很多方式來控制系統提示詞，
我們在 Rules 的章節會介紹更多 System Prompt

1.4.2 卡在錯誤訊息中怎麼解決

耐心。就像使用 Google 導航一樣，你要嘛就完全相信他，要嘛就完全不相信，根據筆者的經驗，雖然完全相信可能會有一段奇妙的旅程，但 99% 的

第 1 章　Vibe Coding 必備的基礎知識

時候還是會帶你到目的地。一定比自己找路來得快。不斷將錯誤訊息一直傳給 Cursor，直到他找到問題所在。這個過程可能很漫長，但總會找到問題所在。而重點就是「不斷給他足夠的參考資料，而非只是錯誤訊息」。這在後面章節說明上下文（Context）時會有更詳細的說明。

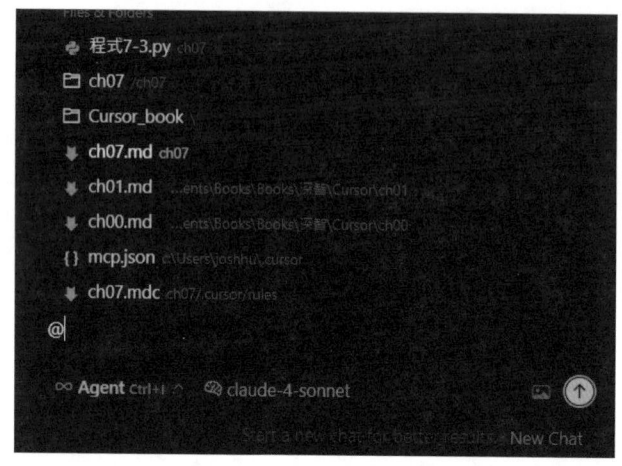

圖 1-22　Cursor 最棒的地方就是可以附上許多不同型態的參考資料

1.4.3　寫出來的程式碼無法維護怎麼解決

這有幾個想法，首先就是如果 LLM 夠好，產生出來的程式碼根本不需要什麼維護。第二就是 LLM 產生出來的程式碼一定會有完整的文件及單元測試。第三就是你可以 Vibe Coding，你也可以 Vibe Debugging。如果真的無法執行，Refactor（重構）將會是你最好的朋友。

圖 1-23　當 Refactor 也是用 Vibe Coding 時，你不會拒絕重構的

1.4.4 無法處理手動的設定怎麼解決

隨著 AI 代理（Agent）的出現，這個問題已經大幅改善。AI 代理可以幫你完成手動的設定，你只需要告訴他你要做什麼，他就可以幫你完成。這在後面章節說明 AI 代理時會有更詳細的說明。MCP 和 Thinking Model 及 Tool Use 等 LLM 技術的出現，這在不久的將來也不再會是問題。

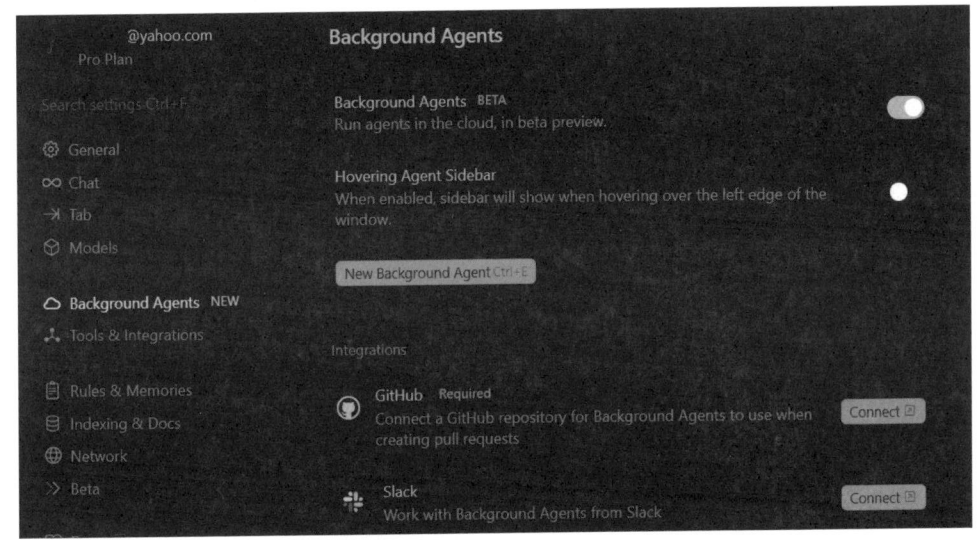

◐ 圖 1-24 Cursor 最棒的地方就是有背景代理人及 MCP 支援

1.4.5 版本控制和團隊協作困難怎麼解決

當遇到版本控制的問題時，github.com 幾乎是唯一的答案。Cursor 當然也支援了和 github.com 的整合，但更重要的是，Cursor 的版本控制是 Cursor 的專案，而非 github.com 的專案，再加上 Cursor 對 PR 的支援，可以在 Cursor 中完成所有的工作，而不需要離開 Cursor。

1-17

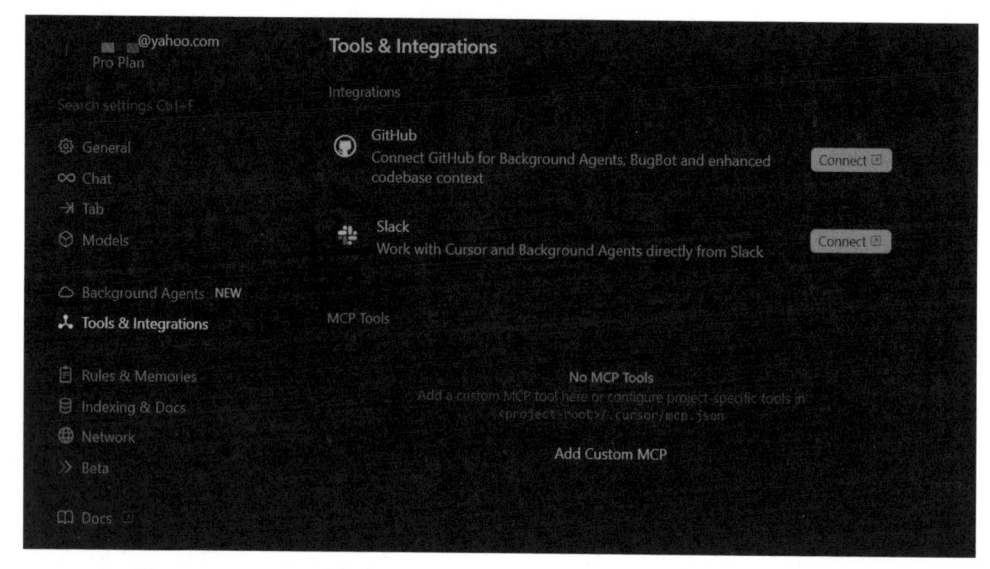

◐ 圖 1-25 Cursor 不止有 Github，還有 Slack 等工具，讓協作更為簡單

1.4.6 安全性和隱私問題怎麼解決

說實話，科技再發達還是有安全性和隱私問題，這只能自己多注意了。科技發達會有新的問題，小心再小心是唯一的解決之道。當然 Cursor 也有一些安全性和隱私的設定，但這些設定只能幫你減少一些風險，但無法完全避免。

1.5 Spec Driven Development 的興起

Vibe Coding 發展至今不到一年，已經被各大公司廣泛採用，徹底改變了程式開發的模式。但 Vibe Coding 的發展也面臨一些挑戰，包括：難以清楚描述需求、卡在錯誤訊息中、使用舊語法、程式碼維護困難、無法處理手動設定、版本控制問題，以及安全性和隱私考量。最重要的就是，他讓程式開發工程師累積了大量的「技術債」。

所謂「技術債」，就是在搞不清楚真正的文件、功能、函式等基本資料前，就大量使用這個程式碼，導致後續的維護及重構非常麻煩。但大家又無法割捨掉

1.5 Spec Driven Development 的興起

Vibe Coding 的便利。因此 Spec Driven Development(Spec-Driven Development) 應運而生。

▲ 圖 1-26 這是網路上擔心 Vibe Coding 的梗圖

1.5.1 如何進行 SDD 的開發

Spec Driven Development(Spec-Driven Development) 是一種新的開發方式，它強調先寫出需求規格（Specification），再根據需求規格寫出程式碼。這種方式可以幫助你更清楚的了解需求，並且更清楚的了解程式碼的結果。

本書的第 18-21 章，將會詳細介紹 Spec Driven Development 的開發方式，而全書中有關模式、規則、@ 符號等 Cursor 內建功能，都是控制 Vibe Coding 的關鍵。

1.5.2 專案文件

Spec Driven Development 的開發方式，強調先寫出需求規格（Specification），再根據需求規格寫出程式碼。因此，專案文件是 Spec Driven Development 的關鍵。Cursor 支援多種專案文件，包括 PRD、`AGENT.md`、`SPEC.md`、`README.md`、`TODO.md`，以及 `CLAUDE.md` 等。如果你將所有規則寫的越清楚詳盡，就會使用最少的 Token，產生出最接近理想的程式碼。

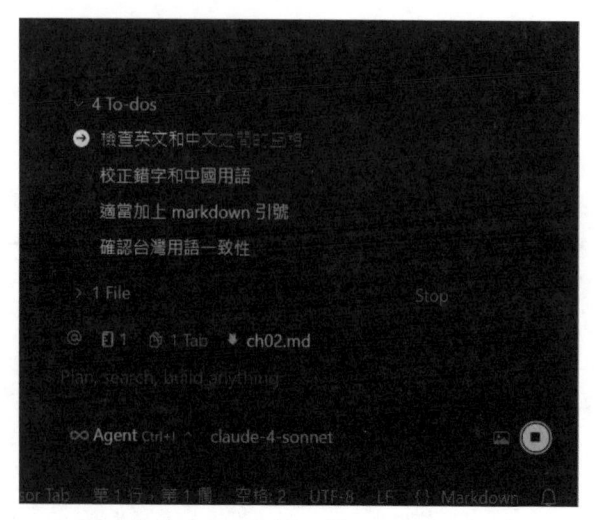

◐ 圖 1-27 Cursor 當然也支援 To-do list，會自訂項目並且一一完成

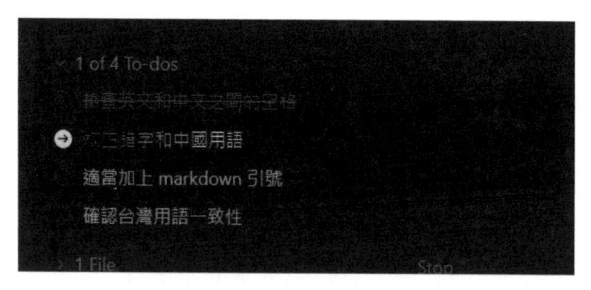

◐ 圖 1-28 完成會自動劃掉

1.6 本章小結

本章介紹了 Vibe Coding 的核心概念及其背後的技術原理。我們了解到 Vibe Coding 是一種「人類提出想法，AI 完成程式碼及所有細節」的開發方式，已經被各大公司廣泛採用，徹底改變了程式開發的模式。

大型語言模型（LLM）是 Vibe Coding 的技術核心，它能理解自然語言並產生高品質的程式碼。LLM 透過學習全世界的文字和程式碼，建立起強大的機率分佈空間，讓 AI 能夠產生符合需求的程式碼。

1.6 本章小結

雖然 Vibe Coding 威力強大，但在實際使用時仍會遇到一些挑戰，包括：難以清楚描述需求、卡在錯誤訊息中、使用舊語法、程式碼維護困難、無法處理手動設定、版本控制問題，以及安全性和隱私考量。

Cursor 作為專為 AI 輔助開發設計的編輯器，提供了多種工具來解決這些問題。透過提示詞（Prompt）和上下文（Context）的精確控制，Cursor 能幫助開發者更有效地與 LLM 互動，產生更符合需求的程式碼。

掌握了這些基礎概念後，下一章我們將開始實際操作，學習如何安裝和設定 Cursor，開始你的 Vibe Coding 之旅。

第 1 章　Vibe Coding 必備的基礎知識

MEMO

2

前置工作及安裝 Cursor

先不要急著安裝及使用 Cursor，雖然 Vibe Coding 程式碼不是你親手寫的，但也是辛辛苦苦花了不少功夫得來的。在真正開始使用 Cursor 寫程式之前，需要先做一些版本控制及雲端備份的準備，使用的當然就是 GitHub。在設定完 GitHub 之後，再來安裝 Cursor，並且會將 Cursor 的使用外觀改成較好用的設定。

2.1 先設定 git 及 GitHub

沒有版本控制及雲端備份的專案就像騎車不戴安全帽，沒出事都沒事，一出事就大事。要先設定 git 和 GitHub，這樣才能確保程式碼不會因為電腦壞掉或不小心刪除而消失，也讓 Cursor 在撰寫程式碼時更能控制好變動及 PR。這邊假

第 2 章　前置工作及安裝 Cursor

設讀者對 git 及 GitHub 都有簡單的了解，如果對 git 及 GitHub 不熟悉，建議上網找個教學看一下，整個觀念不難，花個一小時就看懂了。

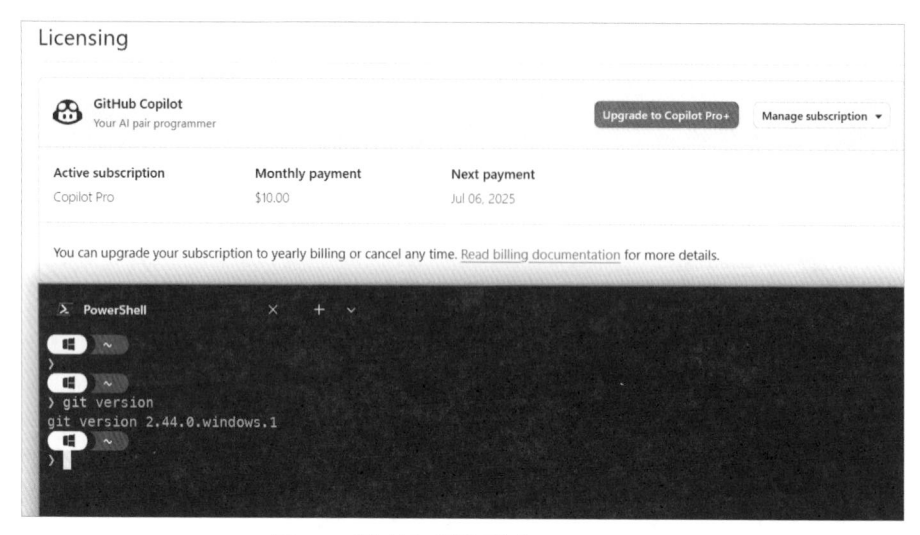

🎧 圖 2-1　讀者必須先設定 git 及 GitHub

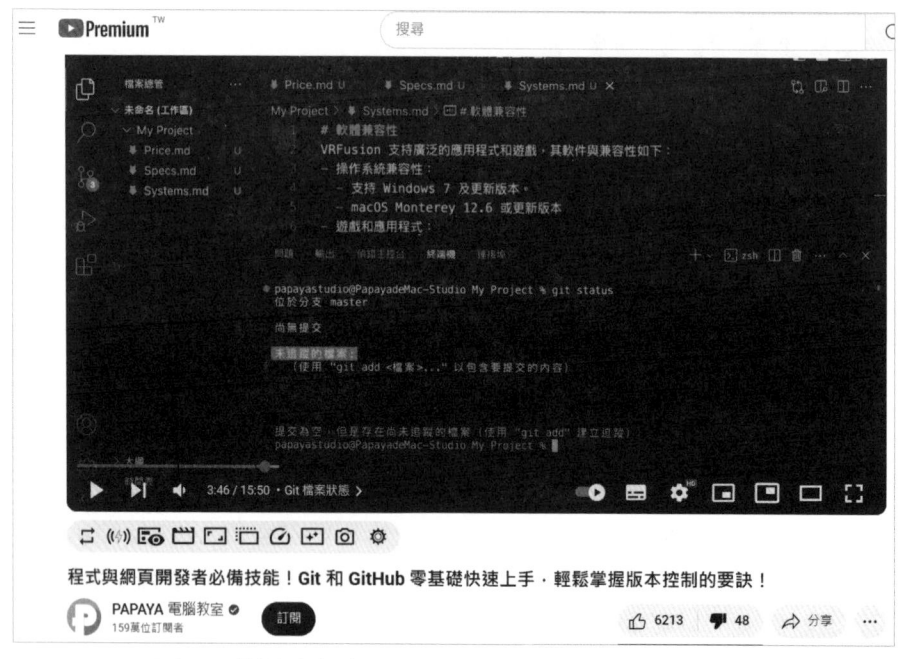

🎧 圖 2-2　網路上很多 git 和 GitHub 的教學，觀念並不難懂

2.1.1 安裝 git 及 git-lfs

git 是一個版本控制工具，可以幫助管理程式碼的變動。GitHub 是一個雲端服務，可以幫助管理程式碼的版本控制。在 Windows 上安裝 git 非常簡單，只要到 git 的官網（https://git-scm.com/downloads）下載安裝程式，然後按照安裝精靈的指示完成安裝即可。

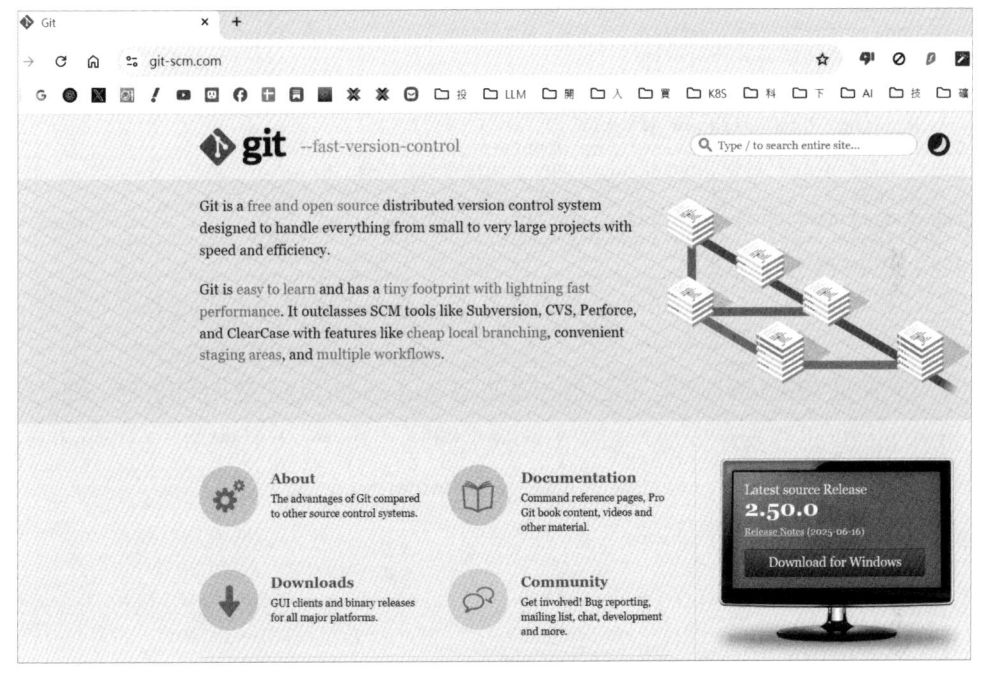

◯ 圖 2-3 Windows 的話到這邊來下載安裝即可

如果是 macOS 的話，可以透過 Homebrew 來安裝 git，另外有些雲端軟體庫如 GitHub 是不允許超過 100MB 的檔案，需要安裝 git-lfs 來幫助管理大檔案。由於 Windows 下在安裝完 git 後，會自動安裝 git-lfs，不需要再安裝。下面是 macOS 安裝 git 及 git-lfs 的指令：

```
brew install git
brew install git-lfs
```

第 2 章　前置工作及安裝 Cursor

```
joshhu@JoshMBAVM ~ % brew install git-lfs
==> Downloading https://ghcr.io/v2/homebrew/core/git-lfs/manifests/3.7.0
############################################################### 100.0%
==> Fetching git-lfs
==> Downloading https://ghcr.io/v2/homebrew/core/git-lfs/blobs/sha256:1e90523119
############################################################### 100.0%
==> Pouring git-lfs--3.7.0.arm64_sequoia.bottle.tar.gz
==> Caveats
Update your git config to finish installation:

  # Update global git config
  $ git lfs install

  # Update system git config
  $ git lfs install --system
==> Summary
🍺  /opt/homebrew/Cellar/git-lfs/3.7.0: 82 files, 13.5MB
==> Running `brew cleanup git-lfs`...
Disable this behaviour by setting HOMEBREW_NO_INSTALL_CLEANUP.
Hide these hints with HOMEBREW_NO_ENV_HINTS (see `man brew`).
==> Caveats
zsh completions have been installed to:
  /opt/homebrew/share/zsh/site-functions
joshhu@JoshMBAVM ~ %
```

● 圖 2-4　macOS 的話可以透過 Homebrew 來安裝 git 及 git-lfs

不管是 Windows 或是 macOS，安裝完 git 後，可以輸入下面的指令來檢查 git 和 git-lfs 是否安裝成功，如果出現版本編號，就表示安裝成功。在 Windows 下是使用 PowerShell，macOS 下是使用 Terminal。

```
git --version
git-lfs --version
```

如果出現下面的畫面就是成功安裝了。

● 圖 2-5　git 及 git-lfs 安裝成功

2.1.2　設定 GitHub 的連線

　　光有 git 在本機控制軟體版本並不安全，在一般程式開發中，會將整個目錄的程式碼備份到雲端平台上，目前最主流的雲端程式碼平台就是 GitHub。這邊假定讀者都已經有 GitHub 的帳號，如果沒有，可以到 https://github.com/ 註冊一個。

　　安裝了 git 和有了 GitHub 的帳號之後，需要將本機的 git 和 GitHub 連結起來，這樣才能將本機的程式碼備份到 GitHub 上。目前 GitHub 已經不允許使用 HTTPS 來上傳程式碼了，必須使用 SSH 的方式來連線，才可以避免每次都要輸入帳號密碼。下面是設定步驟

1. 先在本機產生一個 SSH 的金鑰對，Windows 在 PowerShell 下執行，macOS 則是在終端機執行，輸入下面指令：

```
cd ~
mkdir .ssh
cd .ssh
ssh-keygen -t ed25519
```

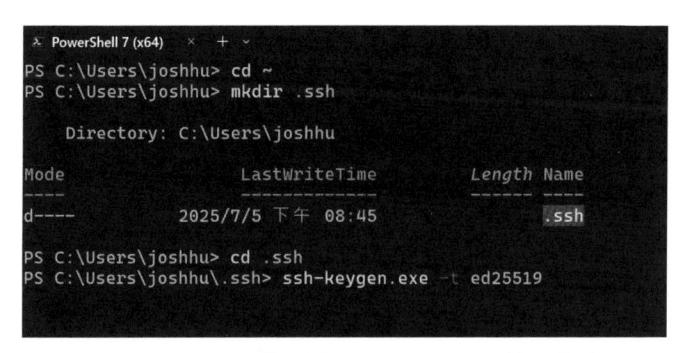

　　🎧 圖 2-6　Windows 的話在 PowerShell 下輸入指令即可

2. 接下來要輸入金鑰檔的檔名，輸入一個你記得的檔名即可，如 `sshtogithub`，這樣可以方便你記得這個金鑰是幹嘛用的。

3. 接下來要輸入 passphrase，建議是留空直接按兩次 Enter 鍵，這樣可以避免每次都要輸入密碼。

第 2 章　前置工作及安裝 Cursor

4. 再按下 Enter 鍵，就會看到下面的畫面，表示金鑰已經產生成功。你可以在 ~/.ssh 目錄下看到兩個檔案，一個是 sshtogithub，一個是 sshtogithub.pub，其中 sshtogithub.pub 是公鑰，sshtogithub 是私鑰。

🎧 圖 2-7　在 Windows 下建立金鑰對的過程

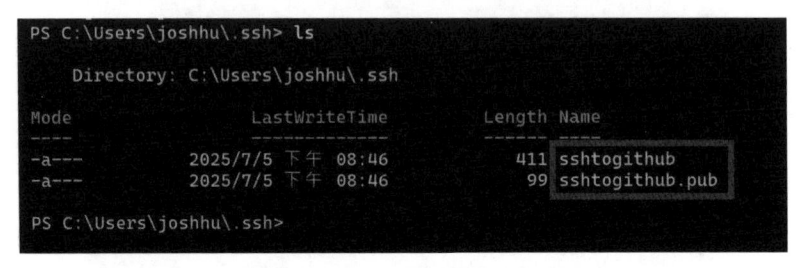

🎧 圖 2-8　可以在 ~/.ssh/ 目錄下看到兩個檔案，一個是 sshtogithub，一個是 sshtogithub.pub，其中 sshtogithub.pub 是公鑰，sshtogithub 是私鑰

5. 接下來在 ~/.ssh/ 目錄下建立一個 config 檔案，內容如下：

```
Host github.com
  HostName github.com
  User git
  IdentityFile ~/.ssh/sshtogithub
```

2.1 先設定 git 及 GitHub

```
Host github.com
    HostName github.com
    User git
    IdentityFile ~/.ssh/sshtogithub
```

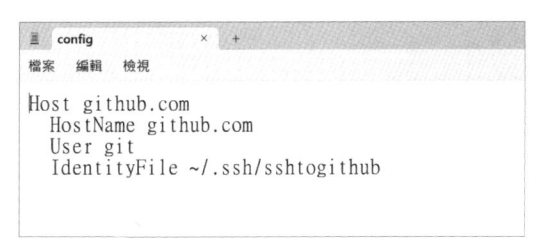

⋒ 圖 2-9 在 ~/.ssh/ 目錄下建立一個 config 檔案，內容如圖

6. 使用 cat 指令來印出 sshtogithub.pub 的內容，並且複製下來。

```
PS C:\Users\joshhu\.ssh> cat .\sshtogithub.pub
ssh-ed25519 AAAAC3NzaC1lZDI1NTE5AAAAIN9M/DJZZc3SDHu9b6IAS/+g2057wqUrox+Whg9xto4N joshhu@Office365
PS C:\Users\joshhu\.ssh>
```

⋒ 圖 2-10 印出並複製從「ssh...」開始一直到第二行的「...365」為止

7. 接下來進入 GitHub.com 的網站並登入，按下你的頭像，選擇「Settings」。

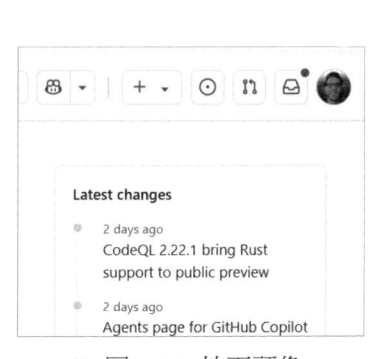

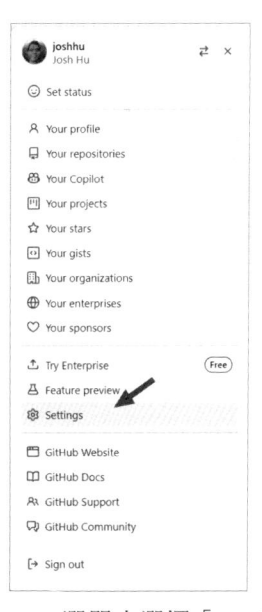

⋒ 圖 2-11 按下頭像　　　　　⋒ 圖 2-12 選單中選擇「Settings」

第 2 章　前置工作及安裝 Cursor

8. 設定頁面中，找到 SSH and GPG keys，然後點擊 New SSH key，將 sshtogithub.pub 的內容貼上，並且給這個金鑰取一個名字，如 sshtogithub，按下「Add SSH key」。

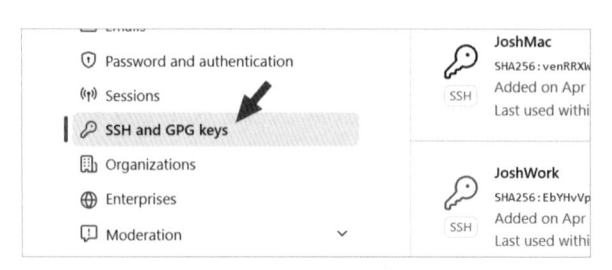

🎧 圖 2-13　找到「SSH and GPG keys」

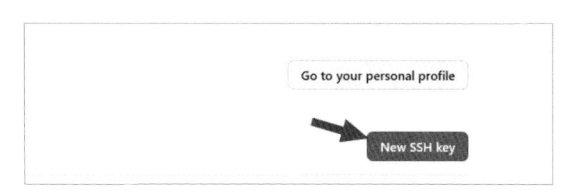

🎧 圖 2-14　按下「New SSH key」

🎧 圖 2-15　將剛剛複製的內容貼上，並且給這個金鑰取一個名字，如 sshtogithub，並存檔

2-8

2.1 先設定 git 及 GitHub

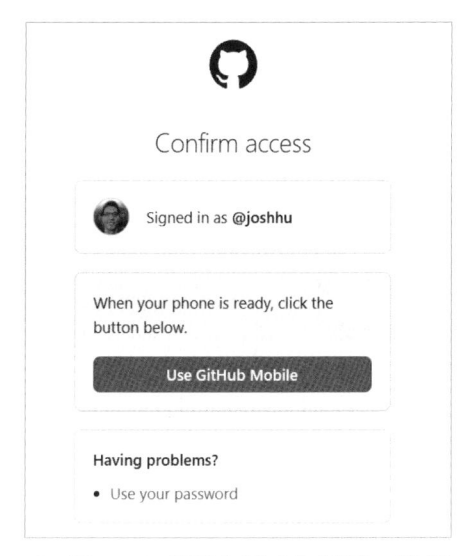

▶ 圖 2-16 有時會要求你認證，選擇你的認證方式，筆者是使用手機版的 GitHub

▶ 圖 2-17 會在 GitHub 上出現剛才加入的 SSH key

9. 接下來在終端機下輸入下面的指令，如果出現 `Hi username!You've successfully authenticated,but GitHub does not provide shell access.`，就表示設定成功。

```
ssh -T git@github.com
```

▶ 圖 2-18 這邊先按「yes」

2-9

第 2 章　前置工作及安裝 Cursor

```
PowerShell 7 (x64)
PS C:\Users\joshhu\.ssh> cat .\sshtogithub.pub
ssh-ed25519 AAAAC3NzaC1lZDI1NTE5AAAAIN9M/DJZZc3SDHu9b6IAS/+g2057wqUrox+Whg9xto4N joshhu@O
ffice365
PS C:\Users\joshhu\.ssh> ssh -T github.com
The authenticity of host 'github.com (20.27.177.113)' can't be established.
ED25519 key fingerprint is SHA256:+DiY3wvvV6TuJJhbpZisF/zLDA0zPMSvHdkr4UvCOqU.
This key is not known by any other names.
Are you sure you want to continue connecting (yes/no/[fingerprint])? yes
Warning: Permanently added 'github.com' (ED25519) to the list of known hosts.
Hi joshhu! You've successfully authenticated, but GitHub does not provide shell access.
PS C:\Users\joshhu\.ssh>
```

🎧 圖 2-19　出現下圖的畫面表示設定成功

2.1.3　將程式碼備份到 GitHub

雖然還沒有開始使用 Cursor，但已經可以利用 git 指令將程式碼備份到 GitHub 了。

1. 首先需要先在 GitHub 上建立一個新的程式碼倉庫（repository），這邊建立一個名為 `cursor_test` 的程式碼倉庫。

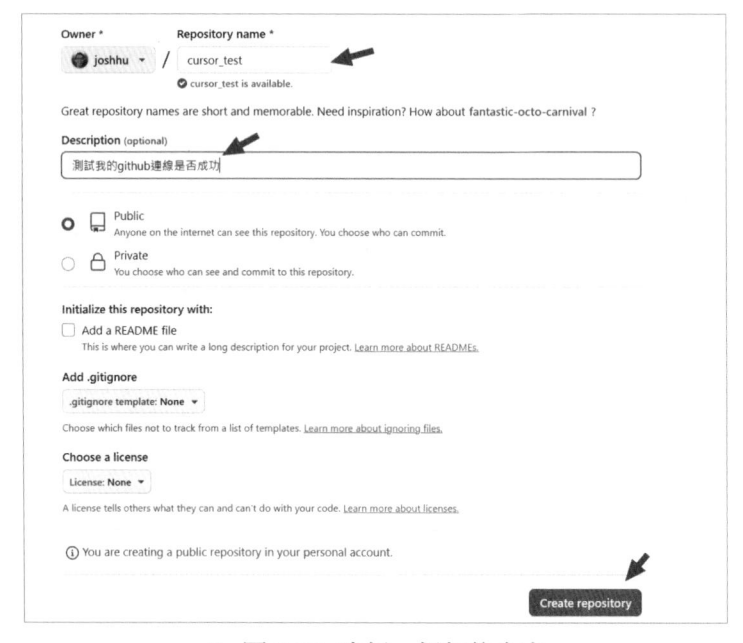

🎧 圖 2-20　建新一個新的倉庫

2-10

2.1 先設定 git 及 GitHub

2. 在新建倉庫之後，GitHub 該倉庫下並沒有任何程式。

3. 在本機先建立一個目錄，名為 cursor_test。

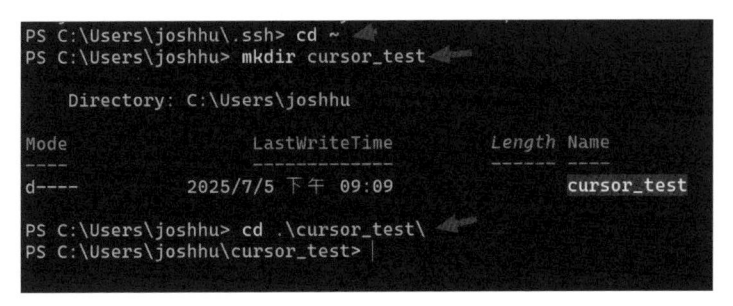

● 圖 2-21 建立並進入目錄

4. 在該目錄下建立一個檔案，名為 README.md，內容為 This is a test repository。然後就可以把這個目錄的程式碼備份到 GitHub。下面是完整的指令步驟：

● 圖 2-22 建立檔案並寫入內容

● 圖 2-23 接下來是初始化 git，並且將檔案加入到 git 的追蹤列表中

```
PS C:\Users\joshhu\cursor_test> git remote add origin git@github.com:joshhu/cursor_t
est.git
PS C:\Users\joshhu\cursor_test> git push -u origin main
Enumerating objects: 3, done.
Counting objects: 100% (3/3), done.
Writing objects: 100% (3/3), 235 bytes | 235.00 KiB/s, done.
Total 3 (delta 0), reused 0 (delta 0), pack-reused 0 (from 0)
To github.com:joshhu/cursor_test.git
 * [new branch]      main -> main
branch 'main' set up to track 'origin/main'.
PS C:\Users\joshhu\cursor_test>
```

◯ 圖 2-24 將遠端倉庫設定為 GitHub 的倉庫，並推送程式碼到 GitHub

```
cd ~
mkdir cursor_test
cd cursor_test
echo "This is a test repository" > README.md
git init
git add README.md
git commit -m "first commit"
git branch -M main
git remote add origin git@github.com:<你的 GitHub username>/cursor_test.git
git push -u origin main
```

當你在 GitHub 上看到下面的畫面，就表示程式碼已經備份成功。

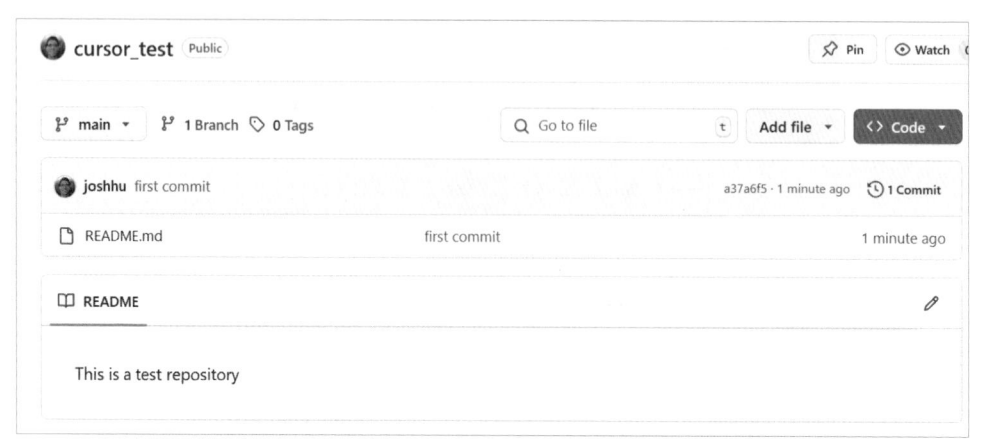

◯ 圖 2-25 GitHub 上的程式碼備份成功

當這個步驟完成之後，在 Cursor 下開啟這個資料夾，就會自動和 GitHub 連線了。

↑ 圖 2-26　此時在 Cursor 中可以直接備份到 GitHub 了

2.2 開始安裝 Cursor

現在 git 和 GitHub 都設定完畢，可以開始安裝 Cursor 了。不過在安裝前，先確認一下電腦是否符合基本需求，畢竟不是每台電腦都能跑得動 AI 功能。

2.2.1 系統需求檢查

Cursor 對硬體的要求不算太高，但還是要確認一下：

▼ 表 2-1：Cursor 系統需求

需求類別	詳細說明
作業系統支援	
Windows	Windows 10 以上版本都沒問題
macOS	近幾年的 macOS 版本都可以
Linux	主要的發行版都支援，像 Ubuntu、Fedora、Debian 等

第 2 章　前置工作及安裝 Cursor

▼ 表 2-2：Cursor 硬體需求

硬體需求	詳細說明
記憶體	至少 16GB，建議 32GB 以上（AI 功能會吃記憶體）
硬碟空間	至少 100GB 可用空間
網路	穩定的網路連線（AI 功能需要連網）

如果電腦這幾年才買的，基本上都沒問題。

2.2.2 下載安裝程式

確認系統沒問題後，就可以開始下載了。記住一定要從官網下載，網路上其他地方下載的可能有問題。

1. 開啟瀏覽器，前往 https://cursor.com。

2. 網站會自動偵測你的作業系統，顯示對應的下載按鈕。

3. 點選「Download」按鈕開始下載。

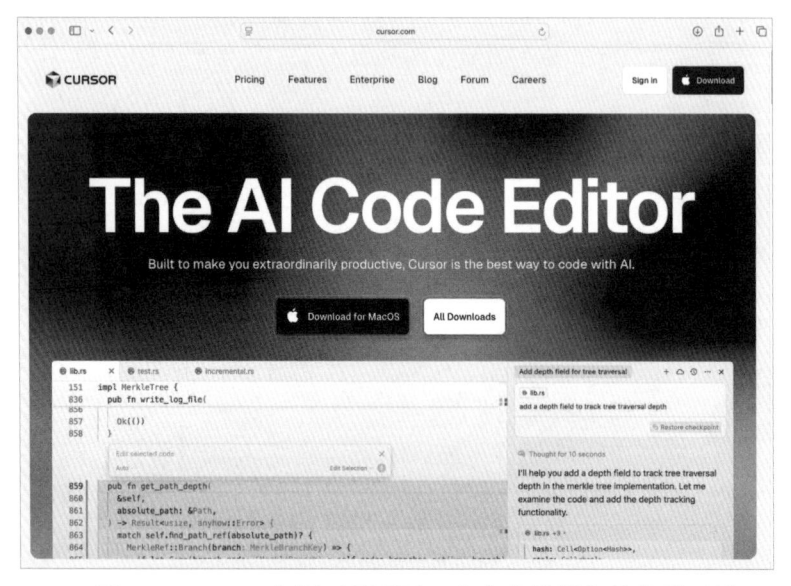

🎧 圖 2-27　Cursor 官網下載頁面，會自動偵測你的作業系統

2-14

下載的檔案大小大約幾百 MB，取決於作業系統。Windows 會下載 .exe 檔，macOS 會下載 .dmg 檔。下載完成後就可以開始安裝了。

2.2.3　安裝 Cursor

下載完成後，請根據作業系統執行安裝。Windows 的安裝就一直「下一步」就行，macOS 的安裝就拖曳到應用程式資料夾即可。本書以 Windows 上的使用為主，在 macOS 上使用 Cursor 的方式一模一樣，只要注意 Ctrl 鍵和 Cmd 鍵的差異，在後面的章節會列出在 Cursor 下兩個作業系統常用的快捷鍵。

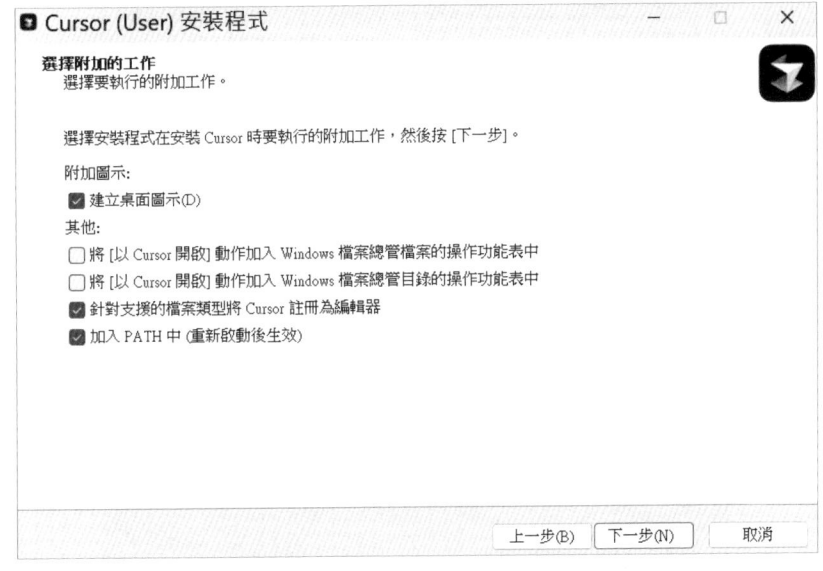

◯　圖 2-28　一直下一步就行

在安裝好之後，Windows 會在桌面上產生一個 Cursor 的圖示，macOS 則會在應用程式資料夾中，雙擊圖示就可以開啟 Cursor。

◐ 圖 2-29 Cursor 安裝完成後的桌面圖示

2.3 帳號註冊與登入

Cursor 需要帳號才能使用 AI 功能。首次啟動時，系統會引導完成註冊或登入流程，也可以使用 GitHub 當做 Cursor 的帳號，就是在註冊 GitHub 時使用的電子郵件為帳號。接下來就直接進入 Cursor。

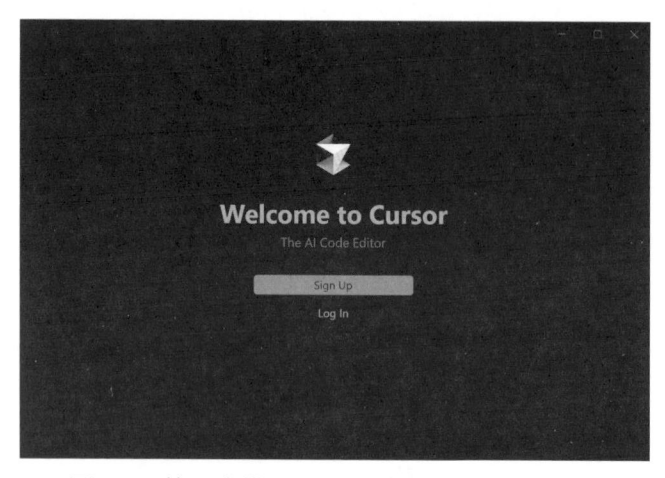

◐ 圖 2-30 第一次進入 Cursor 會要求你登入或註冊，
都是導到 Cursor 的網站去操作

2.3.1 建立新帳號

Cursor 支援多種註冊方式，但筆者強烈建議使用 GitHub 的帳號來連結 Cursor，這樣可以避免每次都要輸入帳號密碼。由於 Cursor 的網站上也有許多 GitHub 的設定值，這邊建議使用 GitHub 的帳號來註冊。這邊假設讀者都已經有 GitHub 的帳號，直接選擇 GitHub 的帳號來註冊。

- **電子郵件**：使用個人或工作郵箱註冊
- **Google 帳號**：快速註冊，適合個人使用者
- **GitHub 帳號**：建議開發者使用，便於專案整合

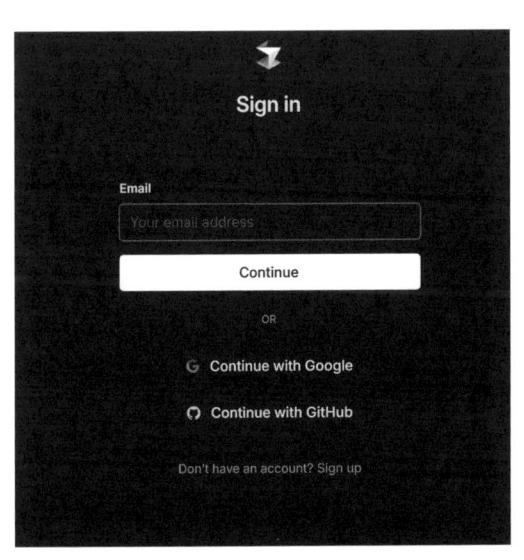

∩ 圖 2-31 Cursor 註冊頁面，建議使用 GitHub 的帳號

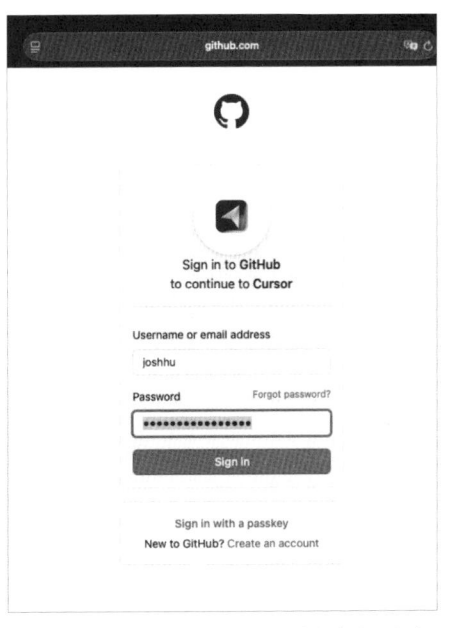

∩ 圖 2-32 使用 GitHub 帳號註冊時有時會要求你輸入密碼

2.3.2 方案選擇 - 直接升級 Pro 以上帳號不要想太多

使用 GitHub 登入之後，就擁有 Cursor 的帳號，這時候就可以開始使用 Cursor 的 AI 功能了。第一次使用 GitHub 註冊的使用者，可以自動獲得 Pro 版本兩週免費試用，之後就恢復到免費版。免費版雖然不錯，但會限制體驗 Vibe Coding 的完整功能。

這邊強烈建議直接升級到 Pro 以上的帳號，一個月才花不到 600 元台幣，可以產出百倍千倍的價值，這真是全世界最划算的生意。如果工作和「文字」有關，不管是軟體工程師或是任何需要生產文字的職位，一個月花 200 美金都值得（Ultra 帳號）。如果真的想要體驗 Vibe Coding 的威力，就別猶豫了，直接升級 Pro 方案吧。Cursor 現在提供三種個人付費方案，讓不同需求的開發者都能找到適合的選擇。

🔗 圖 2-33　根據說明文件有三種方案

Cursor 個人方案說明：

- **Pro（$20/ 月）**：主要使用 Tab 自動補全，偶爾使用 Agent 功能

- **Pro+（$60/ 月）**：幾乎每個工作日都使用 Agent 編程

- **Ultra（$200/ 月）**：重度使用者，大部分程式碼都靠 Agent 來完成

▼ 表 2-3：Cursor 個人方案功能比較

功能比較	免費版	Pro（$20/ 月）	Pro+（$60/ 月）	Ultra（$200/ 月）
Tab 自動補全	有限制	無限制	無限制	無限制
所有模型使用	有限制	延伸使用限制	延伸使用限制	延伸使用限制
BugBot 存取	無	有	有	有
背景 Agents	無	有	有	有
每月 Agent 請求	很少	~225 Sonnet 4	~675 Sonnet 4	~4,500 Sonnet 4
適用對象	嚐鮮族	偶爾使用 AI	經常使用 AI	AI 重度依賴

使用限制說明：所有付費方案的使用限制都是基於 API 價格計算，保證你花的錢絕對超值。例如 Pro 方案每月包含超過 $20 美元的 Agent 模型推理費用。

預期使用量範圍（每月中位數使用者）：

- **Pro**：約 225 次 Sonnet 4 請求、550 次 Gemini 請求，或 650 次 GPT 4.1 請求

- **Pro+**：約 675 次 Sonnet 4 請求、1,650 次 Gemini 請求，或 1,950 次 GPT 4.1 請求

- **Ultra**：約 4,500 次 Sonnet 4 請求、11,000 次 Gemini 請求，或 13,000 次 GPT 4.1 請求

需要注意的是，像 Opus 4 這類模型每次請求會消耗更多 Token，比其他模型更快達到使用限制。建議有選擇性且有意識地使用這些模型。如果用完了，系統會友善地詢問你是否要升級、開啟 API 計費模式，或切換到 Auto 模式。

升級建議：

- 如果是學生或剛入門，先從 Pro 開始試試水溫

- 如果是專業開發者且經常使用 Agent 功能，Pro+ 是最佳選擇

- 如果想要完全擁抱 AI 開發，Ultra 讓你盡情使用

升級步驟：

1. 點擊「Upgrade to Pro」按鈕

2. 選擇適合的方案（Pro、Pro+、Ultra）

3. 選擇付款方式（支援信用卡、PayPal 等）

4. 完成付款即可立即享受功能

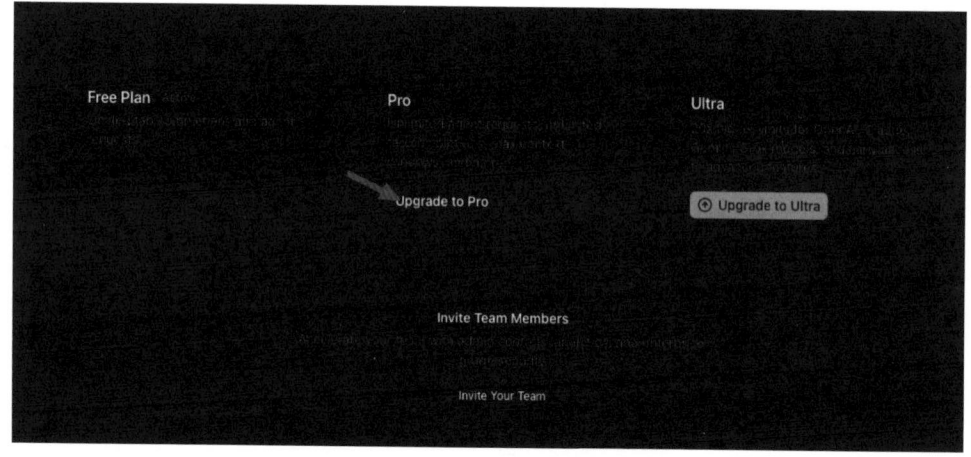

⋒ 圖 2-34 直接升級到 Pro 方案

2.3 帳號註冊與登入

🎧 圖 2-35 輸入信用卡資訊即可

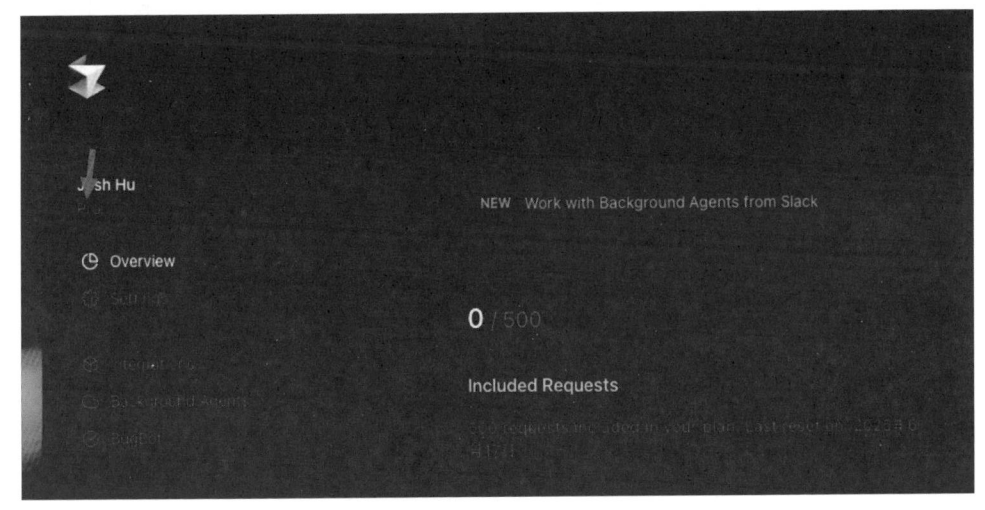

🎧 圖 2-36 之後就可獲得 Pro 方案的權限

2-21

2.4 第一次啟動 Cursor

在 Cursor 的網站完成帳號設定後，就會回到 Cursor 的主程式進行設定。這些設定會讓 Cursor 更符合個人使用習慣，也能讓 AI 功能發揮得更好。

2.4.1 基本設定

這邊主要還是使用習慣的設定，包括按鍵設定，顏色主題，語言等。為了保護眼睛和讓筆電更省電，筆者還是建議在真正使用時使用暗色主題。

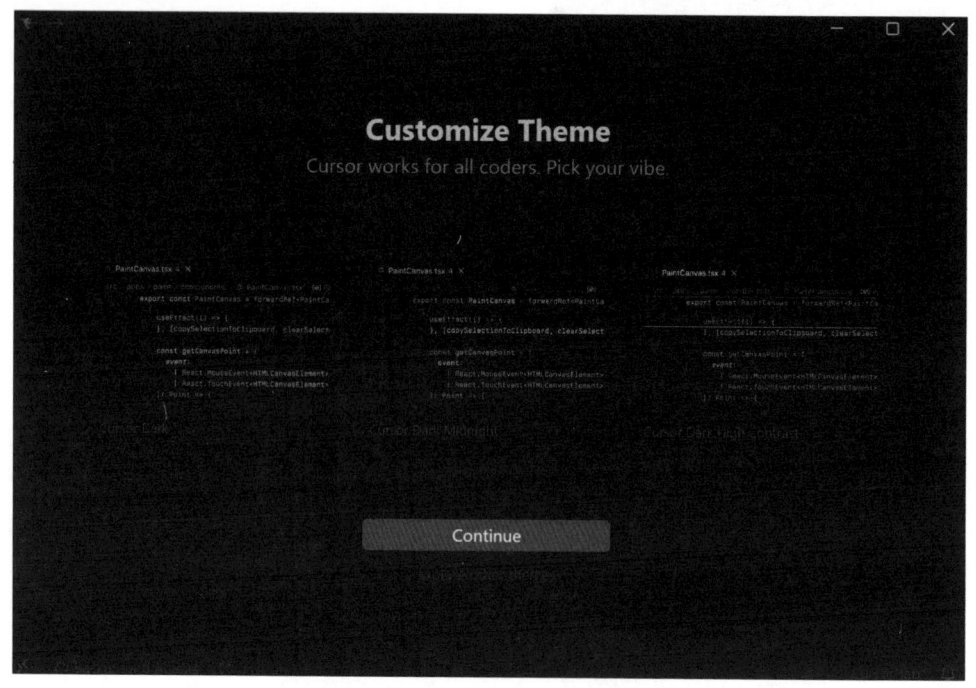

◐ 圖 2-37 設定主題，筆者建議暗色

2.4 第一次啟動 Cursor

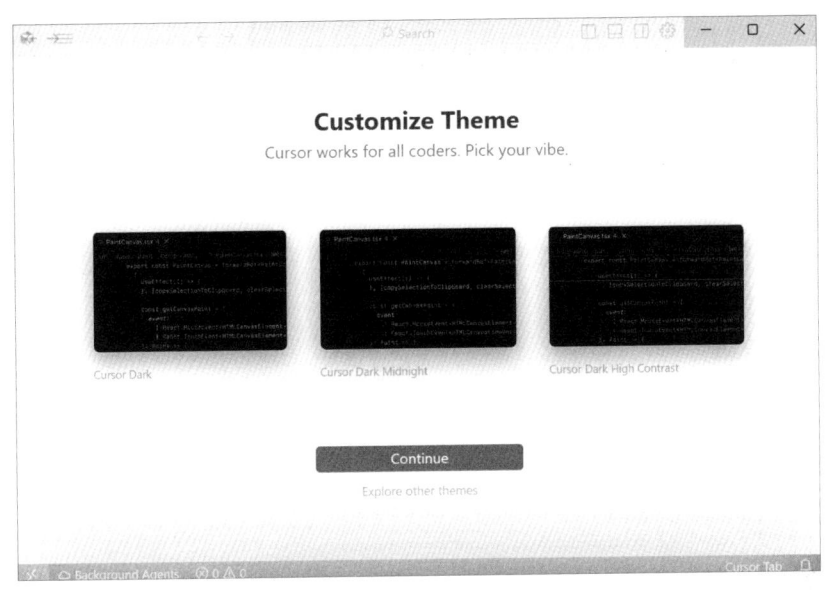

❶ 圖 2-38 也可以選擇淺色

接下來就是選擇按鍵設定，Cursor 支援各種按鍵設定，像筆者使用 vim 非常長的時間，就可以選擇 vim 的按鍵設定。如果還是習慣使用箭頭來移動游標，就選擇 VS Code 的設定即可。

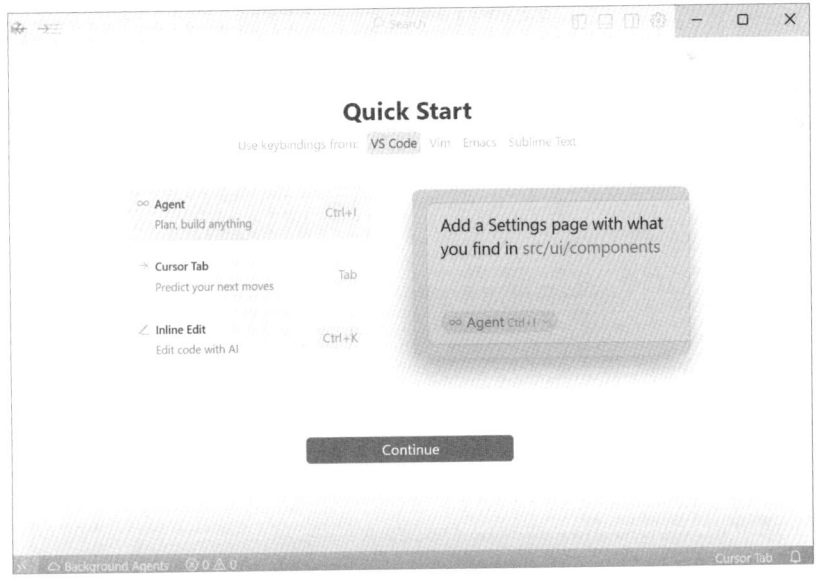

❶ 圖 2-39 設定鍵盤佈局

之後便是資料分享的同意，筆者是不介意將資料分享出去來幫助 Cursor 訓練模型，這邊打勾再按下繼續即可。接下來是和 AI 對話的語言，這邊可以選擇繁體中文或英文，而且也可以安裝命令列 cursor 指令，可以從命令列啟動 Cursor。

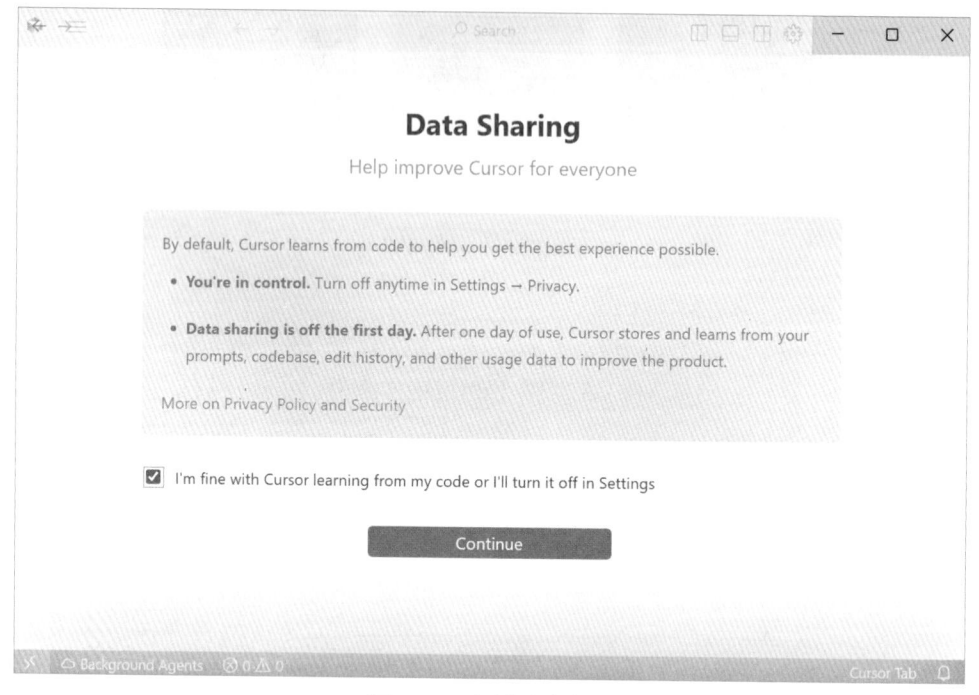

❶ 圖 2-40 資料分享的同意

上面設定完成之後，就是 Cursor 的主畫面了。

2.4.2 VS Code 設定匯入

如果是 VS Code 的使用者，Cursor 提供了兩種方式來匯入 VS Code 設定，讓可以不用重新設定之前已經習慣的項目。這個功能可以匯入擴充功能、主題、設定值和快捷鍵綁定。

最簡單的方式是使用 Cursor 的一鍵匯入功能：

2.4 第一次啟動 Cursor

1. 開啟 Cursor 設定（Ctrl + Shift + J）

2. 前往「General」>「Account」

3. 在「VS Code Import」區域中，點擊「Import」按鈕

這個功能會自動匯入：

- 擴充功能（Extensions）

- 主題（Themes）

- 設定值（Settings）

- 快捷鍵綁定（Keybindings）

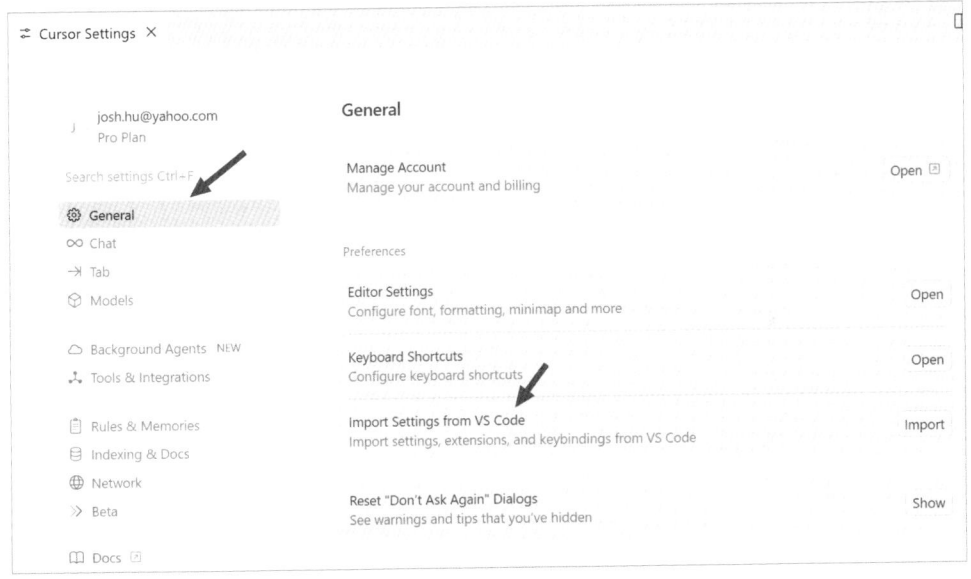

🎧 圖 2-41 一鍵匯入 VS Code 設定

　　由於 Cursor 是建立在 VS Code 程式碼庫之上開發的，所以絕大部分的設定和擴充功能都能完美相容。這讓使用者可以在熟悉的環境中開始使用 AI 功能，而不用重新學習新的操作介面。

2-25

2.5 Cursor 最好用的設定先弄好

如果使用 VS Code 很習慣了，在使用 Cursor 時一開始會有點不太適應，這邊筆者建議先將 Cursor 的設定調整成 VS Code 的設定，這樣可以讓更快速上手。如果並沒有使用 VS Code，也可以將 Cursor 的設定調整成習慣的設定。接下來就來看看有哪些設定一定要先做好才方便。

2.5.1 語言設定

不像 VS Code，Cursor 的語言設定並沒有這麼完整，雖然和 VS Code 相關的設定都可以設定成繁體中文，但是 Cursor 本身獨特的設定並沒有繁體中文的選項，但至少選單和 VS Code 的設定要繁體吧！和 VS Code 一樣，設定選單為繁體中文的方式還是得先安裝繁體中文的擴充功能。先來安裝繁體中文的擴充功能，下面就是步驟。

1. 先將工作區（Workbench）開啟。

　　　　　　△ 圖 2-42　開啟 Workbench

2. 按下圖中的圖示，這是開啟擴充功能選單的快捷鍵。

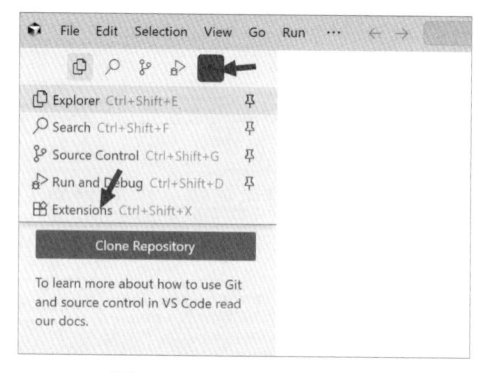

　　　　　　△ 圖 2-43　開啟擴充功能選單

3. 在擴充功能選單中,搜尋「Chinese(Traditional)」並安裝。

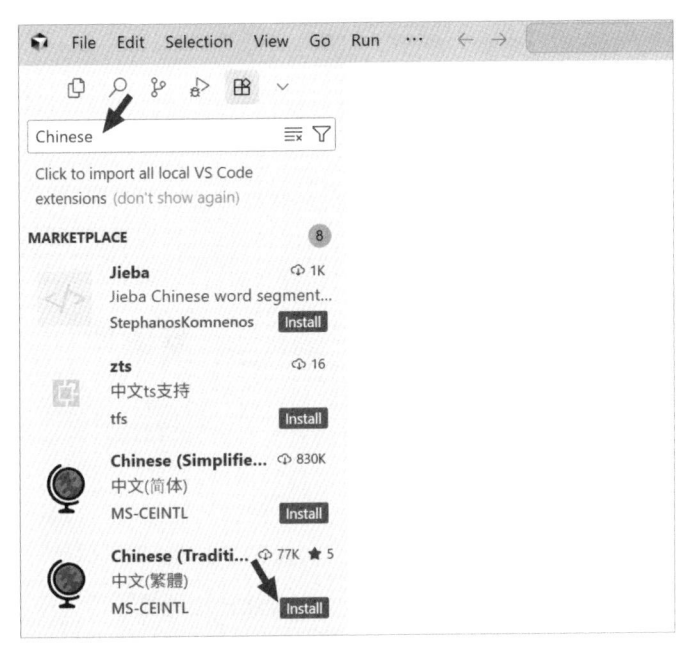

○ 圖 2-44 安裝繁體中文擴充功能

4. 安裝完畢之後,系統會出現提示是否要設定成繁體中文並重新啟動 Cursor,選擇是即可。

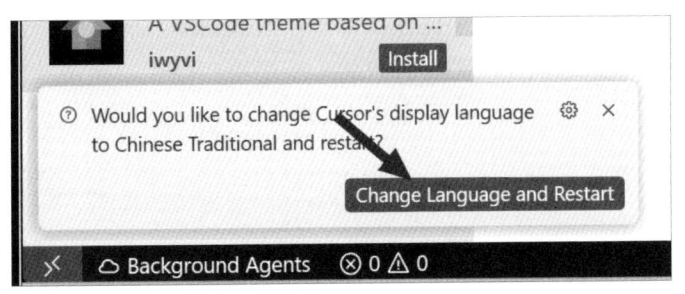

○ 圖 2-45 設定成繁體中文之後重啟

5. 重新啟動 Cursor 之後，選單就會變成繁體中文了。

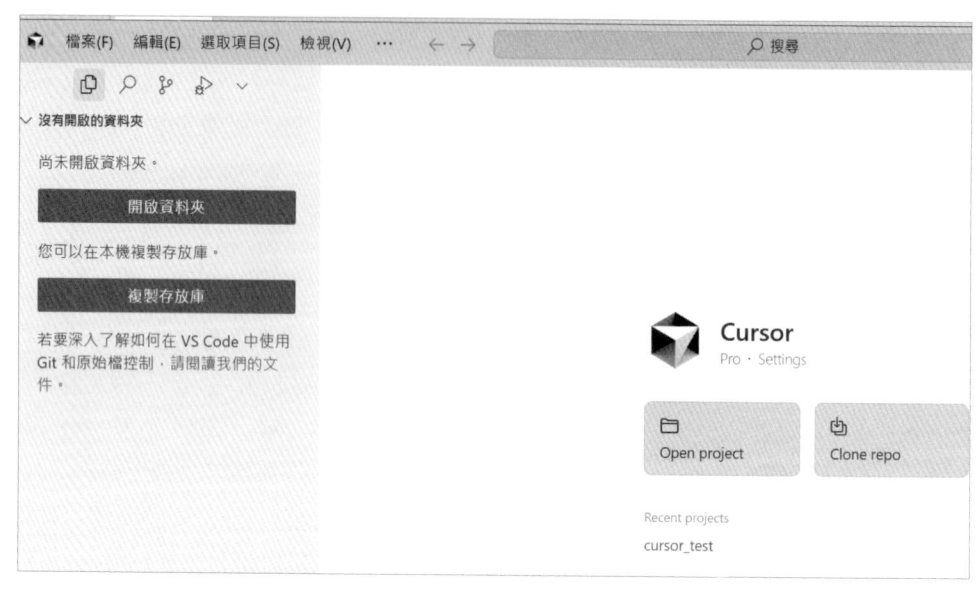

❶ 圖 2-46 選單及部分設定都變成繁體中文了

2.5.2 將活動列設定成垂直

在下一章會說明 Cursor 中每一區的功能。如果熟悉 VS Code，會發現 VS Code 中的活動列預設為垂直，這樣可以更快速找到需要的功能。但是 Cursor 預設是水平，這樣會覺得活動列很佔空間，需要將活動列設定成垂直。下面就是作法：

1. 按下 `Ctrl+,` 開啟設定。

2. 在設定中，找到「工作台」/「外觀」，改成「vertical」

3. 此時系統會要求重新啟動，重新啟動後就會變成垂直的了。

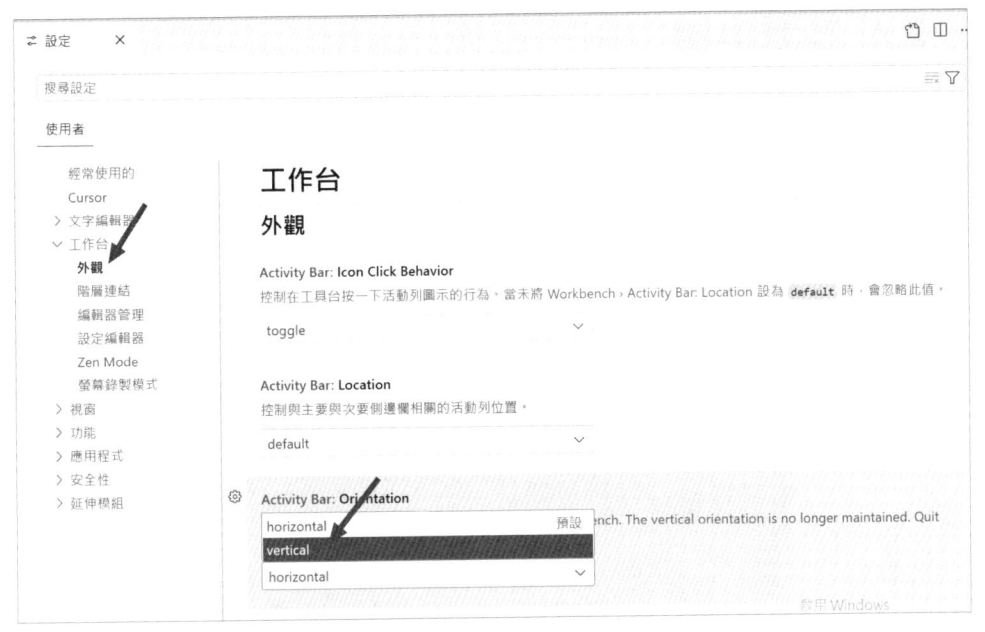

2.5 Cursor 最好用的設定先弄好

🎧 圖 2-47 將活動列設定成垂直

🎧 圖 2-48 活動列變垂直的，和 VS Code 就一樣了

第 2 章　前置工作及安裝 Cursor

2.6 本章小結

本章說明了 Cursor 的完整安裝與設定流程，從版本控制的準備工作到 AI 編輯器的實際使用。先設定了 git 和 GitHub 的連線，確保程式碼的安全備份，這是使用 Cursor 開發的重要基礎。接著完成了 Cursor 的下載安裝，並強烈建議升級到 Pro 以上方案來體驗完整的 AI 功能。

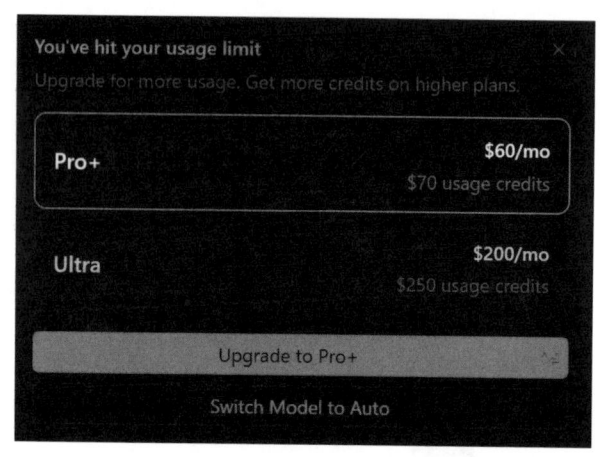

🎧 圖 2-49　筆者後來升級到 Pro+ 方案，因為實在是不夠用了

在帳號設定和基本設定完成後，也調整了語言設定和活動列設定，讓 Cursor 更符合個人使用習慣。特別是 VS Code 設定的匯入功能，讓熟悉 VS Code 的使用者能無縫轉移到 Cursor 環境。

這些基礎設定看似繁瑣，但都是為了後續順利使用 Cursor 的 AI 功能做準備。有了穩固的基礎，下一章就要開始認識 Cursor 的介面和基本功能了。

3

Cursor 核心介面與基本操作

安裝好 Cursor 之後,接下來就是要熟悉它的操作介面。雖然 Cursor 是以 VS Code 為基礎打造的,但它加入了許多 AI 功能,讓整個介面變得更加強大。本章會帶你完整認識 Cursor 的每個角落,從基本的檔案管理到進階的 AI 功能,讓你能夠駕輕就熟地使用這個強大的工具。

3.1 一定要懂的 Cursor 概念:AI 輔助

在開始使用 Cursor 之前,有幾個核心概念你一定要先了解。這些概念是 Cursor 跟其他編輯器最大的差異,也是 Vibe Coding 的基礎。掌握這些概念,你就能充分發揮 Cursor 的威力。本節所介紹的內容,本書後續的章節會有完整的實例說明。

第 3 章　Cursor 核心介面與基本操作

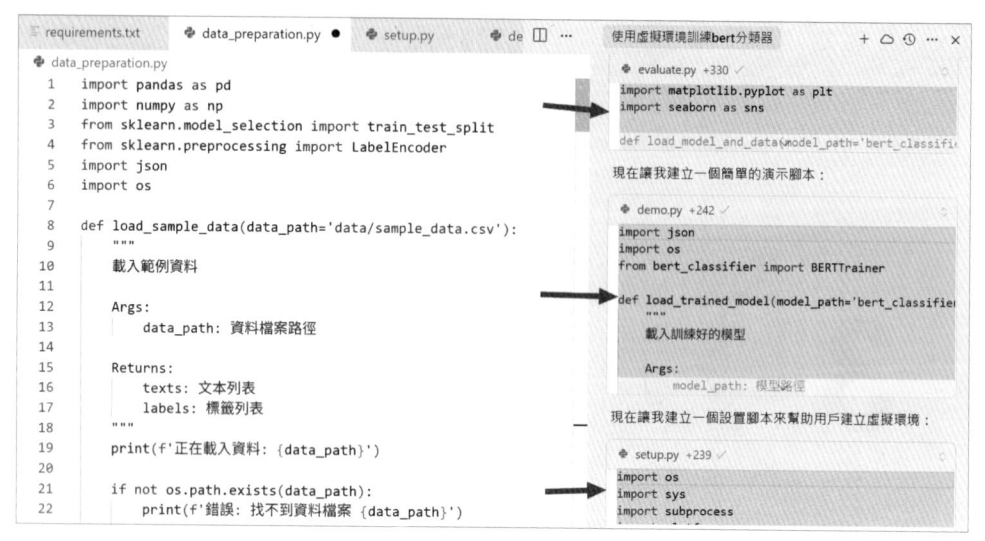

◐ 圖 3-1 自動產生程式碼對 Cursor 來說是家常便飯

3.1.1 Tab 自動補全

　　Tab 自動補全是 Cursor 最基礎的 AI 功能，它會根據你目前的程式碼和最近的變更，預測多行的程式碼編輯。當你按下 Tab 鍵時，AI 會提供當前程式碼的建議。

◐ 圖 3-2 Tab 自動補全前會出現提示，稱為 Ghost Text

3-2

這個功能背後是基於大型語言模型的程式碼理解能力，AI 會分析你正在編寫的程式碼脈絡，包括變數名稱、函式結構、以及最近的程式碼變更。

這種預測比傳統的程式碼補全更聰明，因為它不僅僅是基於語法規則，而是真正理解你的程式碼意圖，然後預測你可能想要完成的程式碼片段。

❶ 圖 3-3 Tab 自動補全的結果，連註釋都會補全

3.1.2 Agent 智慧助理

Agent 是一個可以讀取和修改多個檔案的 AI 助理。你只需要用自然語言描述想要的變更，Agent 就會執行這些變更。

這個功能的核心在於 AI 對程式碼庫的深度理解，它能夠分析整個專案的結構，理解不同檔案之間的關係，並且能夠根據你的自然語言描述來執行複雜的程式碼變更。

Agent 會保持程式碼的一致性和品質，確保修改後的程式碼符合專案的整體架構和程式開發標準。

❶ 圖 3-4 Agent 可以讀取和修改多個檔案

3-3

3.1.3 Background Agent 背景助理

Background Agent 會在背景非同步執行任務，可以繼續工作。它可以透過編輯器或外部整合來存取。這個功能讓 AI 能夠在背景持續分析你的程式碼，執行耗時的任務而不會中斷你的工作流程。Background Agent 可以處理程式碼重構、效能最佳化、安全性檢查等複雜任務，並且支援外部整合，可以透過其他工具來存取 AI 的協助。

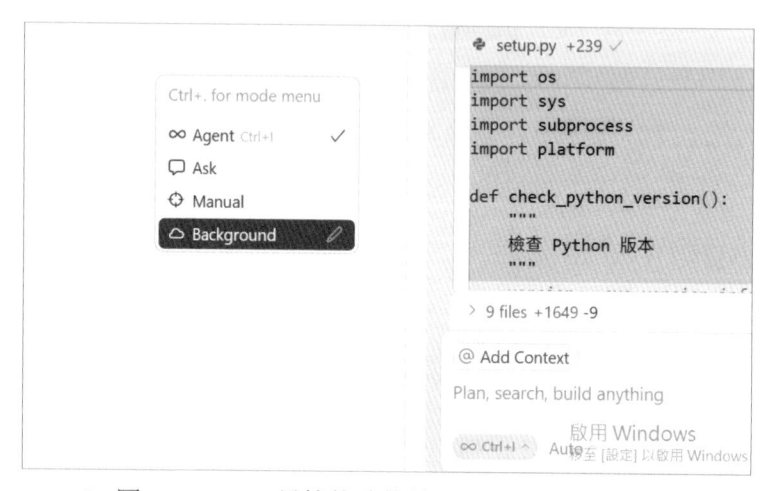

🎧 圖 3-5 Cursor 最棒的功能就是 Background Agent，可以讓你繼續工作，不用等待

3.1.4 Inline Edit 行內編輯

行內編輯可以用自然語言編輯選取的程式碼。按 `Ctrl+K` 描述變更，就能看到變更直接套用到程式碼中。這個功能讓 AI 直接嵌入到程式碼編輯器中，提供最自然、最即時的 AI 互動方式。

Inline Edit 的核心理念是「即時性」和「上下文感知」，它被設計為一個輕量級的、嵌入式的 AI 互動方式，讓你在編寫程式碼的過程中，無需離開當前編輯器視窗，就能快速獲得 AI 的協助。

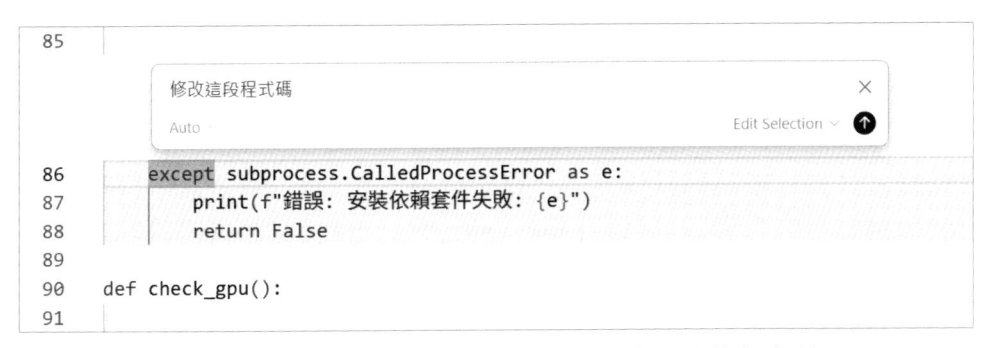

```
85
         修改這段程式碼                                        ✕
         Auto                                    Edit Selection ∨  ⬆
86    except subprocess.CalledProcessError as e:
87        print(f"錯誤：安裝依賴套件失敗：{e}")
88        return False
89
90  def check_gpu():
91
```

🎧 圖 3-6 Inline Edit 可以用自然語言編輯選取的程式碼

3.1.5 Chat 聊天介面

　　Chat 是 AI 對話的介面，支援多個分頁、對話歷史、檢查點和匯出功能。這個功能提供了一個完整的 AI 對話環境，可以與 AI 進行深入的技術討論。

　　Chat 介面支援多個分頁，可以同時進行多個不同的對話主題，每個對話都有完整的歷史記錄，並且支援檢查點功能，可以回到之前的對話狀態。這個功能讓 AI 成為你的程式設計夥伴，可以回答問題、解釋程式碼、提供建議，甚至協助你解決複雜的技術問題。

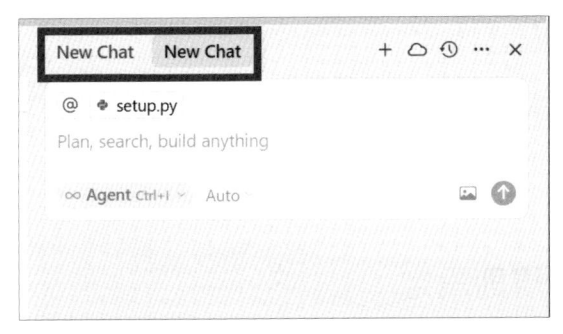

🎧 圖 3-7 Chat 可以讓你與 AI 進行深入的技術討論，使用多個分頁

3.2 一定要懂的 Cursor 概念：上下文及模型

LLM 是 Vibe Coding 的基礎，它讓 Cursor 的 AI 功能能夠理解你的程式碼脈絡，並且提供更準確的建議。為了要讓 LLM 能產生出正確的資料，提供給他參考的資料至關重要。除了使用者輸入的文字之外，還有其他幾個重要的資料需要提供給 LLM 參考，而這些資料的組合，就稱為上下文（Context）。

如何給出最適合的上下文，是使用 LLM 的關鍵，而有了上下文，還需要有模型來產生資料。Cursor 提供了多種模型，可以根據不同的需求選擇最適合的模型。我們在這節就來看看這些重要的觀念。

◯ 圖 3-8 當你進行 AI 對話時，事實上整個程式碼庫都會被載入，這就是上下文

3.2.1 Rules 規則設定

Rules 是自訂指令，用來定義 AI 的行為。你可以設定程式碼標準、框架偏好和專案特定的慣例。這個功能讓 AI 能夠根據你的專案需求和團隊規範來提供更精準的建議。Rules 可以定義程式碼風格標準，例如縮排方式、命名慣例、註解格式等，也可以指定特定的框架偏好，讓 AI 在生成程式碼時遵循特定的技術

棧和最佳實踐。這個功能特別適合團隊開發，可以確保所有成員的程式碼都遵循相同的標準。

▲ 圖 3-9 Rules 也是上下文的一部分

3.2.2 Memories 記憶功能

Memories 是專案上下文和過去對話決策的持久化儲存。這些資訊會在未來的互動中自動被參考。這個功能讓 AI 能夠記住你之前的決策和討論，避免重複解釋相同的概念，保持對話的連續性。

Memories 會記住你偏好使用的程式碼風格、之前討論過的架構決策，以及專案的整體結構，這樣 AI 在提供建議時就能更符合你的習慣和專案需求。這個功能大大提高了 AI 建議的準確性和相關性。

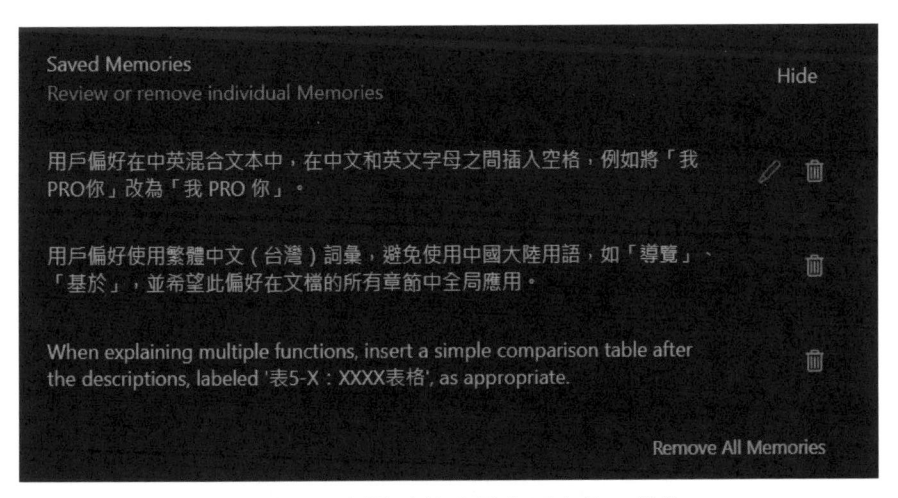

▲ 圖 3-10 記憶功能也是上下文的一部分

3.2.3 Codebase Indexing 程式碼庫索引

程式碼庫索引是對你的程式碼庫進行語義分析。它啟用程式碼搜尋、參考尋找和上下文感知的建議。這個功能讓 AI 能夠深入理解你的程式碼結構，包括函式之間的關係、變數的使用模式、以及整個專案的架構。透過語義分析，AI 可以提供更準確的程式碼建議，找到相關的參考，並且理解程式碼之間的依賴關係。這個索引功能是 Cursor 能夠提供智慧程式碼協助的基礎。不過索引是會被上傳到 Cursor 的伺服器上的，這一點使用者必須要知道。

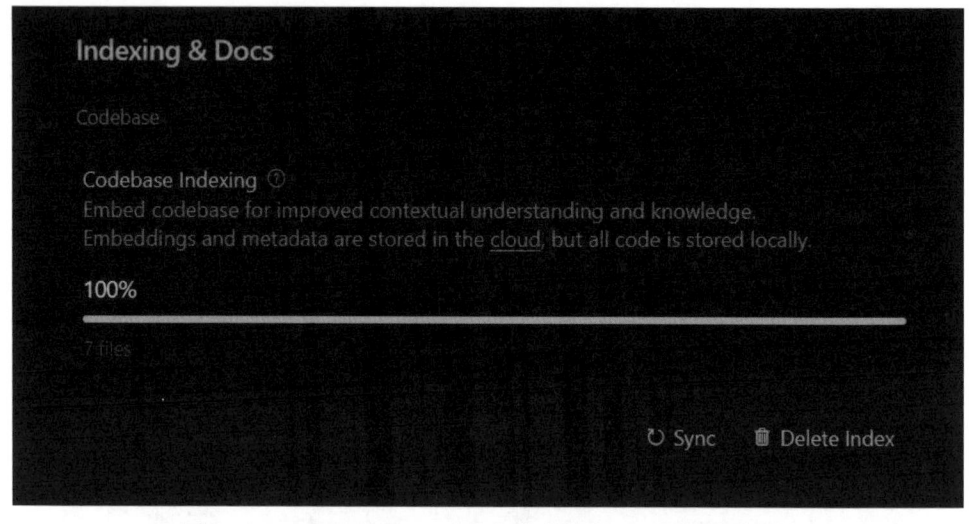

↑ 圖 3-11 Codebase Indexing 在你載入 Cursor 時就會進行了

3.2.4 MCP 模型上下文協議

MCP（Model Context Protocol）是用來整合外部工具的協議。它可以連接到資料庫、API 和文件來源。這個協議讓 Cursor 的 AI 功能能夠擴展到外部資源，例如存取專案文件、連接資料庫、整合第三方服務等。MCP 大大擴展了 AI 的能力範圍，讓它不僅能夠分析程式碼，還能夠參考外部資料來源，提供更全面和準確的協助。這個功能特別適合需要整合多種外部資源的複雜專案。我們在 14、15 章會有完整介紹 MCP Server 在 Cursor 中的使用。

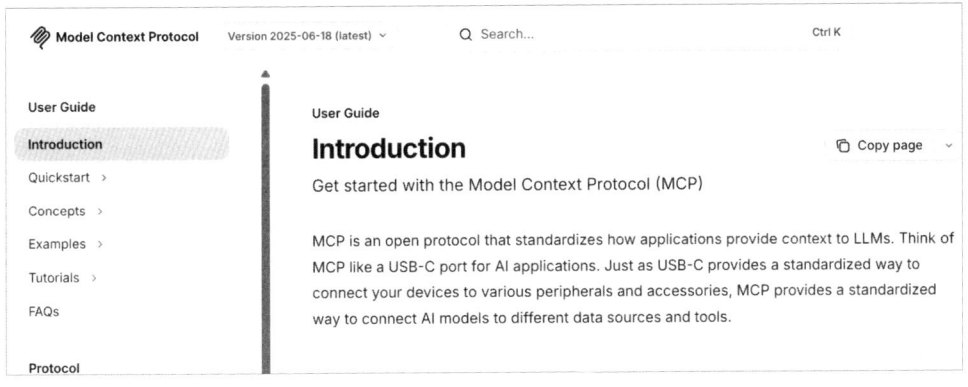

3.2 一定要懂的 Cursor 概念：上下文及模型

🎧 圖 3-12 MCP 是一個用自然語言和各種服務溝通的協議，不再依靠死規則的 API

3.2.5 Context 上下文

Context 是在程式碼生成期間提供給 AI 模型的資訊。它包括檔案、符號和對話歷史。這個概念是 AI 能夠理解你的程式碼脈絡的關鍵，它讓 AI 知道你在處理什麼檔案、正在編寫什麼函式、以及之前的對話內容。

Context 的組成包括相關檔案內容、程式碼符號（如函式、變數等）、對話歷史記錄，以及專案結構資訊。有了這些上下文資訊，AI 就能提供更準確的建議，避免產生不相關的程式碼，並且保持程式碼的一致性。

🎧 圖 3-13 上下文就是 LLM 存放資料的地方，
Cursor 的模型大部分支援 128K 的上下文，已經是 50000 行程式碼了

3.2.6 Models 模型

不同的 AI 模型可用於程式碼生成。每個模型都有不同的速度和能力特徵。這個功能可以根據不同的需求選擇最適合的 AI 模型。有些模型回應較快但品質稍低，適合需要快速反饋的場景；有些模型品質較高但較慢，適合需要高品質程式碼的重要功能開發。

模型選擇需要考量速度、準確性、功能支援和使用成本等因素。Cursor 支援多種主流的 AI 模型，包括 GPT-4、GPT-3.5、Claude 等，可以根據專案需求選擇最適合的模型。

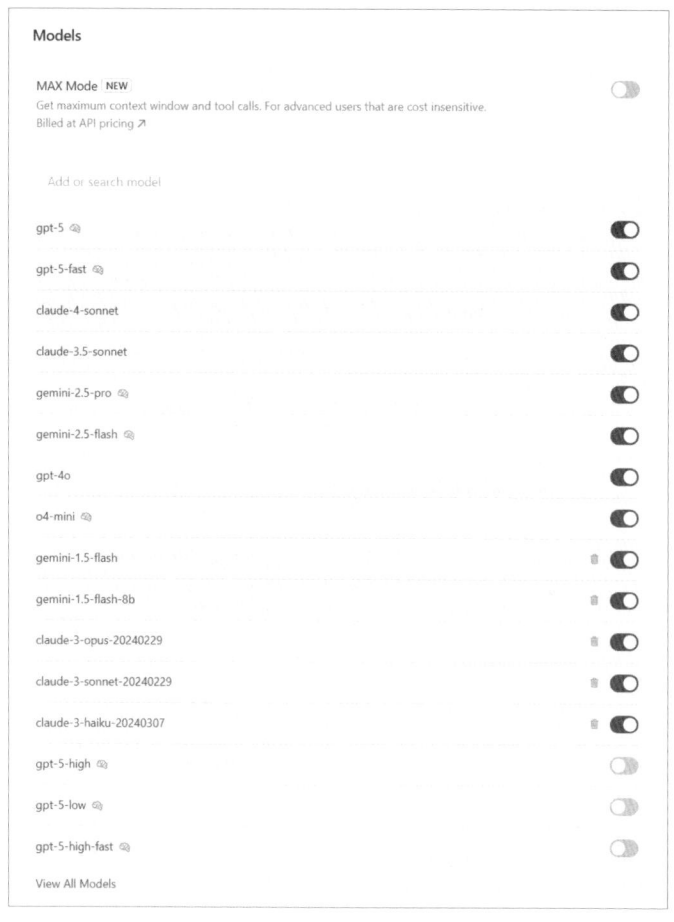

圖 3-14 Cursor 支援大部分主流的商用模型，你也可以自己加模型進去

3.3 先了解整個 Cursor 的介面

第一次開啟 Cursor，你會發現它的介面和 VS Code 非常相似，但多了一些 AI 相關的功能。不要擔心，這個設計是有原因的，讓已經習慣 VS Code 的使用者可以無縫轉移，而新手也能快速上手。本書假定讀者已經熟悉 VS Code 的介面，因此不會再贅述 VS Code 的介面，將專注於 Cursor 的不同。

Cursor 的介面分為以下幾個區域：

- 活動列
- 側邊欄
- 編輯區
- 面板區
- 狀態列
- AI 交談區（舊稱為 Composer）

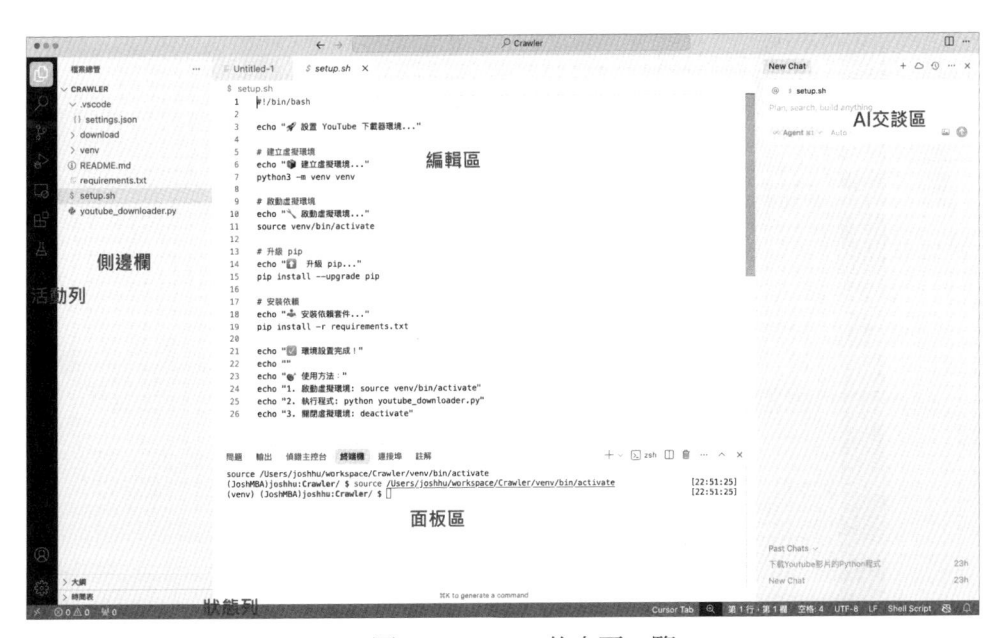

◐ 圖 3-15 Cursor 的介面一覽

第 3 章　Cursor 核心介面與基本操作

下面我們一一介紹。

3.3.1 活動列

活動列是左側的垂直圖示列（如果你照第二章的設定改成垂直的話），包含各種重要功能的快速存取：

- **檔案總管**：管理你的專案檔案
- **全域搜尋**：在整個專案中搜尋文字
- **版本控制**：Git 相關功能
- **執行偵錯**：執行和偵錯程式
- **擴充功能**：安裝和管理擴充功能
- **帳號**：有關 Cursor 帳號的設定
- **設定**：有關 Cursor 的設定
- **其他擴充功能**：你之後安裝的功能會出現在這

🎧 圖 3-16 Cursor 主介面概覽

🎧 圖 3-17 安裝了一些擴充功能後，活動列就會變得更豐富

3.3 先了解整個 Cursor 的介面

3.3.2 側邊欄

側邊欄是活動列旁邊的面板，會根據你點擊的功能顯示不同內容。當你點擊檔案總管時，這裡會顯示專案的檔案結構；點擊搜尋時，會顯示搜尋結果；點擊 Git 時，會顯示版本控制的相關資訊。

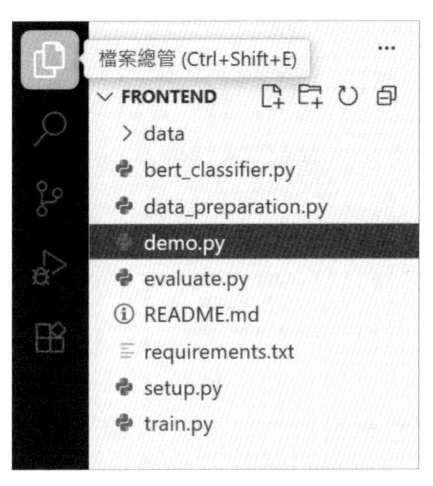

🎧 圖 3-18 點擊檔案總管時，就會出現該資料夾下的檔案

3.3.3 編輯器區域

編輯器區域就是中間那一大塊，你寫程式碼的地方，支援多檔案分頁顯示。這是 Cursor 的核心工作區域，所有的程式碼編輯都在這裡進行。

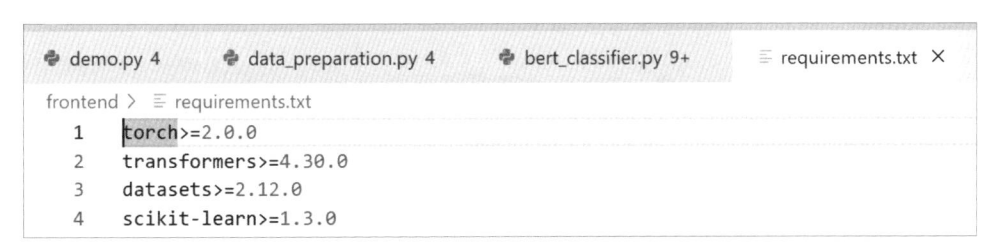

🎧 圖 3-19 編輯區是支援多個標籤的

3.3.4 面板區域

面板區域位於編輯器下方，包含多個實用的面板：

- **問題面板**：顯示程式碼中的錯誤和警告

- **輸出面板**：顯示各種程式的輸出訊息

- **偵錯主控台**：偵錯時的相關資訊

- **終端機**：直接在 Cursor 裡執行命令

- **連接埠**：有關連接埠的設定

```
23    echo "👉 使用方法:"
24    echo "1. 啟動虛擬環境: source venv/bin/activate"
25    echo "2. 執行程式: python youtube_downloader.py"
26    echo "3. 關閉虛擬環境: deactivate"
```

```
問題  輸出  偵錯主控台  終端機  連接埠  註解                           + ∨  >_ zsh  □  🗑  ⋯  ∧  ✕
source /Users/joshhu/workspace/Crawler/venv/bin/activate
(JoshMBA)joshhu:Crawler/ $ source /Users/joshhu/workspace/Crawler/venv/bin/activate    [22:51:25]
(venv) (JoshMBA)joshhu:Crawler/ $                                                       [22:51:25]
```

🎧 圖 3-20 面板區域在 Windows 下會執行 PowerShell，macOS 下會執行 zsh

3.3.5 狀態列

狀態列是最底下的橫條，顯示一些重要資訊：

- **檔案相關資訊**：程式碼、行數、語言類型

- **錯誤警告數量**：有問題的程式碼會在這顯示

- **Git 分支狀態**：目前在哪個分支

- **AI 模型選擇**：這是 Cursor 特有的，可以選擇要用哪個 AI 模型
- **索引狀態**：顯示 Cursor 是否正在分析你的程式碼

🎧 圖 3-21 不同狀態時，狀態列的內容會不一樣

3.3.6 AI 交談區

AI 交談區（舊稱為 Composer）是 Cursor 的 AI 功能核心，可以與 AI 進行對話，獲得程式碼建議和協助。這個區域會在後續章節詳細介紹。

🎧 圖 3-22 沒有這部分，Cursor 就是一個普通的編輯器，
有了這部分，Cursor 就變成一個 AI 編輯器了

3-15

3.4 Cursor 的設定部分

當安裝好 Cursor 之後，大部分的設定都可以直接使用了，除非你有自己特別想要的樣子，如面板的排列、字型大小、顏色主題、擴充功能等等。我們將以預設的設定值為基礎來進行開發，如果有需要特別修改的地方，在本書後面的章節我們會有詳細的說明。

3.4.1 命令面板

命令面板是 Cursor 中最強大的功能之一，幾乎所有的功能都可以透過它來存取。這個功能繼承自 VS Code，但 Cursor 又加入了更多 AI 相關的指令。輸入 Ctrl+Shift+P 即可開啟。

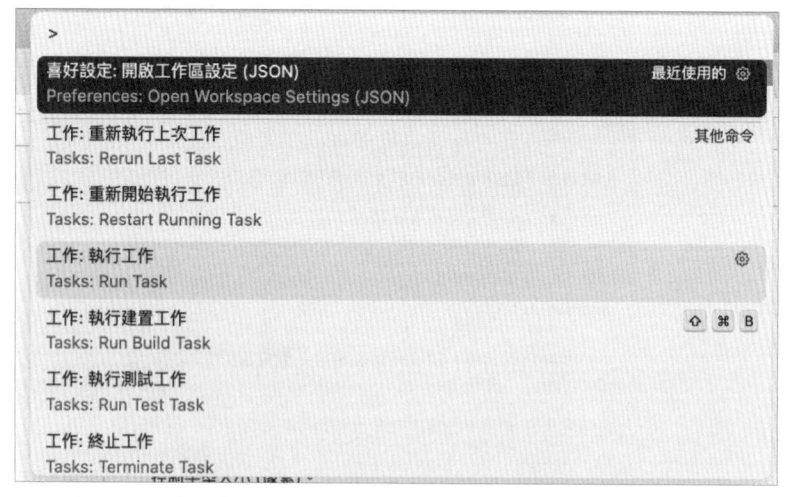

❶ 圖 3-23 命令面板是 Cursor 的控制中心，什麼都可以在這裡找到

命令面板中的設定十分複雜，建議不要隨便亂動，只修改你確定要修改的設定即可。使用的重點有幾個：

- 直接輸入功能名稱，不用完整拼出來

- 可以用中文搜尋（如果你安裝了中文語言套件）
- 最近使用的指令會排在前面

下面是命令面板的特殊搜尋方式：

- `>` 開頭：搜尋指令（預設值）
- `?` 開頭：顯示說明資訊
- 直接輸入檔名：快速定位檔案
- `@` 開頭：搜尋符號（函式、變數等）

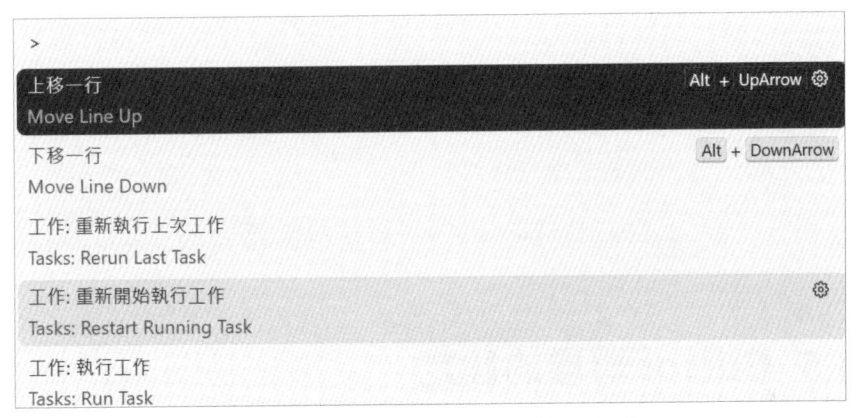

🎧 圖 3-24 命令面板的特殊搜尋方式

3.4.2 設定介面

　　Cursor 的設定介面設計得很人性化，不管是新手還是老手都能找到需要的設定。這邊的設定偏向於使用介面的設定，在開啟後，會在編輯區開啟一個標籤頁，可以在編輯程式碼的同時，進行設定。按下快速鍵：`Ctrl+,` 即可進入設定介面，讀者可以根據自己的需求進行設定。

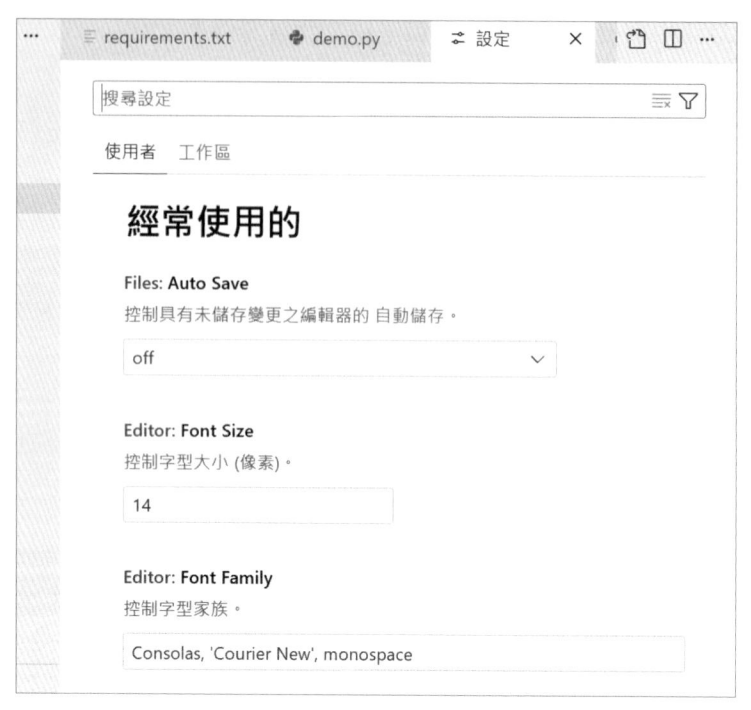

第 **3** 章　Cursor 核心介面與基本操作

● 圖 3-25 設定介面可以讓你設定 Cursor 的各種設定

3.5 Cursor 專屬的設定

　　Cursor 的設定介面和 VS Code 大同小異，但多了一些 Cursor 專屬的設定。這邊的設定偏向於 AI 的設定，讀者可以根據自己的需求進行設定。只要按下右上角的齒輪圖示，就可以進入設定介面。另外 Cursor 在這邊的設定，雖然我們安裝了繁體中文，但預設還是英文。

● 圖 3-26 按下右上角的齒輪圖示，就可以進入設定介面

3.5.1 General 一般設定

這邊和 AI 有關的設定就是 Cursor 帳號的管理,還有就是你是否同意將你的程式碼上傳到 Cursor 的伺服器,讓 Cursor 的 AI 可以分析你的程式碼。其它都是和 VS Code 有關的設定,這邊就不說了。

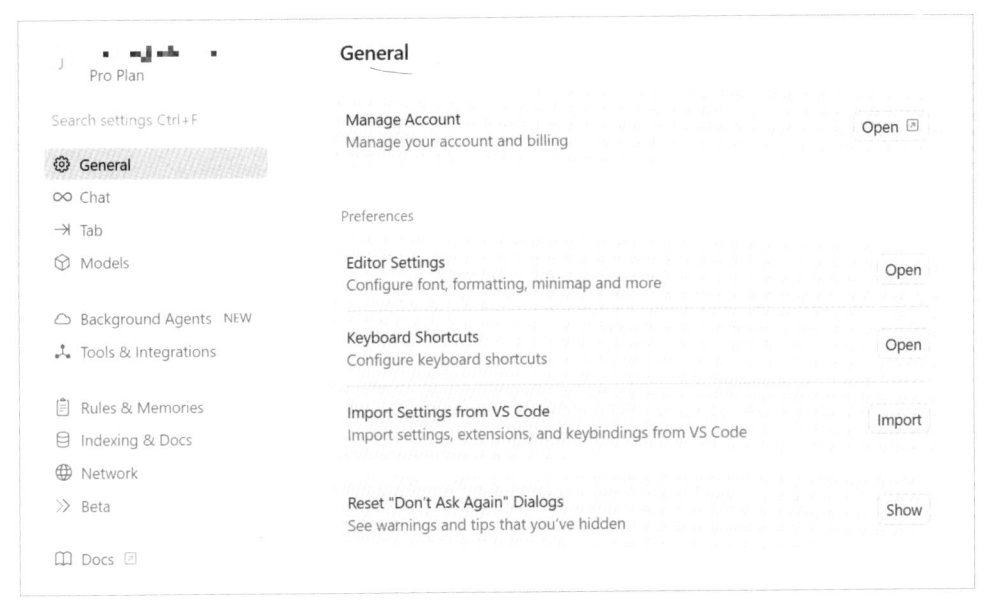

🎧 圖 3-27 一般設定和 VS Code 的設定大同小異

3.5.2 和 AI 有關的設定

Cursor 最重要的設定就是和 AI 相關的設定。在這邊我們先列出總表,在本書稍後需要的地方來說明,不需要每個都修改,只要修改你需要的部分即可。包括了下面幾個:

- Chat:聊天設定:使用 Composer 聊天時的設定。

- Tab:按下 Tab 時的設定。

- Models:模型設定,使用的 LLM 選擇。

- Background Agent：背景助理設定。

- Tools&Integrations：工具和整合設定。

- Rules&Memories：規則和記憶設定。

- Indexing&Docs：索引和文件設定。

- Network：網路設定，一般我們不會用到這個。

- Beta：測試功能，是否要開啟更新至 Cursor 的測試版本，如果你是正式的開發場合，建議不要使用，如果是要想玩玩看，可以開啟。

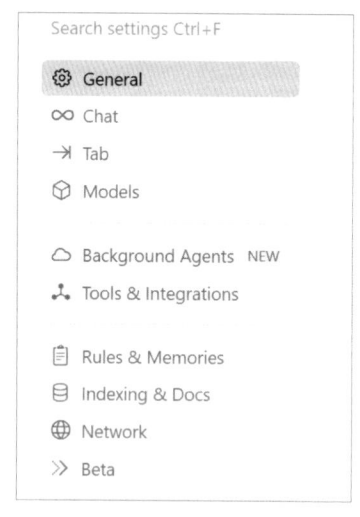

◐ 圖 3-28 和 AI 有關的設定

3.6 如何使用 Cursor 管理專案

我們在第二章開頭特別安裝了 git 和 GitHub，主要就是為了版本控制及團隊協作。沒有使用版本控制的程式碼十分危險，而備份到 GitHub 更是可以讓多人同時針對同一個專案進行開發。

3.6 如何使用 Cursor 管理專案

在本機上，Cursor 和 VS Code 開發的流程一模一樣，都是以資料夾為單位，資料夾裡面有程式碼、圖片、文件、設定檔案等等。因此在 Cursor 下開發時，通常都是針對一個資料夾，這是最簡單的方式，也是 GitHub 備份檔案的方式。

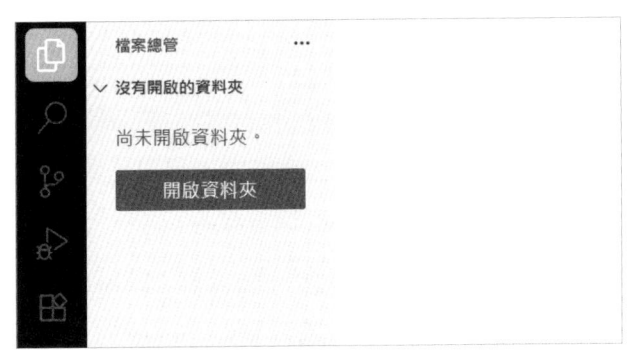

圖 3-29 開啟資料夾時，就是開啟專案

圖 3-30 此時會套用預設的設定，如果沒有設定過就是全域設定

但如果你的專案跨到多個資料夾時，或是專案的設定更複雜，就需要使用到「工作區（Workspace）」的概念了。我們在這一節分別來看看最簡單的「資料夾」方式和不同的「工作區」方式。

3-21

3.6.1 單一資料夾的方式

這是最簡單的方式，當設定好 git 及 GitHub 的遠端倉庫後，開啟 Cursor，選擇「檔案」→「開啟資料夾」，然後選擇你要開啟的資料夾即可。大部分的情況下這樣就夠用了。

這邊要注意的是，如果你希望利用 Cursor 幫你建立專案，一般會在這個目錄下先加入 README.md 這個檔案，其它的檔案或目錄結構再讓 Cursor 幫你建立，完全空的專案是無法被 git 和 GitHub 控管的。

這種方式的缺點是，如果你想要在不同的資料夾中使用不同的設定，所有的設定、擴充功能、長相，字型大小，都會受到 Cursor 的全域設定，你無法自訂任何東西。

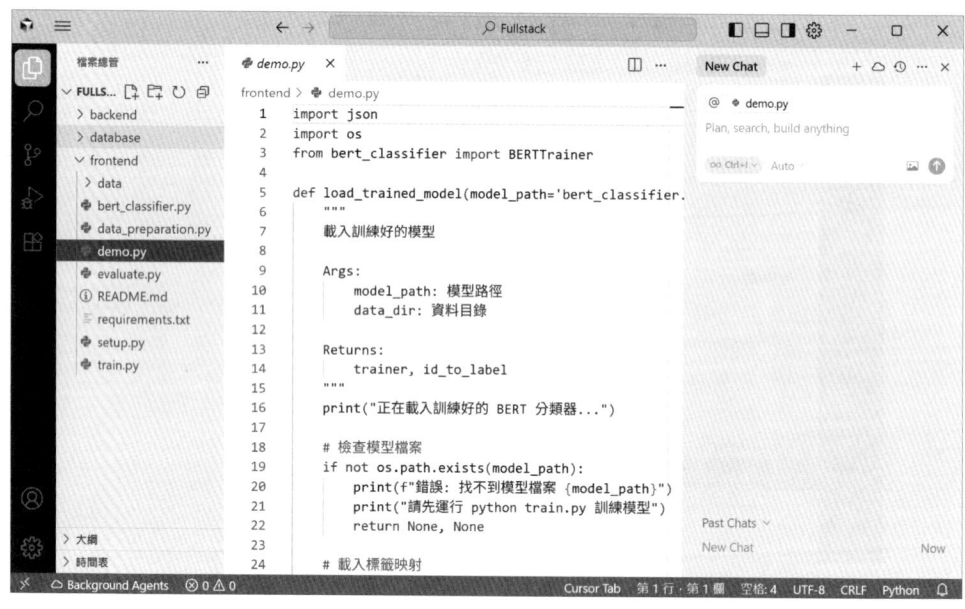

🎧 圖 3-31 單一資料夾的方式，開啟的都是全域性的設定

3.6.2 工作區 - 單根工作區

如果你的專案單一資料夾中想要有更多的控制及設定,這時就可以使用工作區的方式來管理了。工作區和單一資料夾最大的不同就是在工作區的資料夾中,會有一個 .VS Code/settings.json 的設定檔,這個設定檔可以讓你設定工作區的各種設定,包括了字型大小、顏色主題、編輯器設定、擴充功能等等。

當然除了 .VS Code/settings.json 之外,還有 .VS Code/tasks.json、.VS Code/launch.json、.VS Code/extensions.json 等設定檔,這些設定檔可以讓你設定工作區的各種設定,包括了任務、偵錯、擴充功能等等。

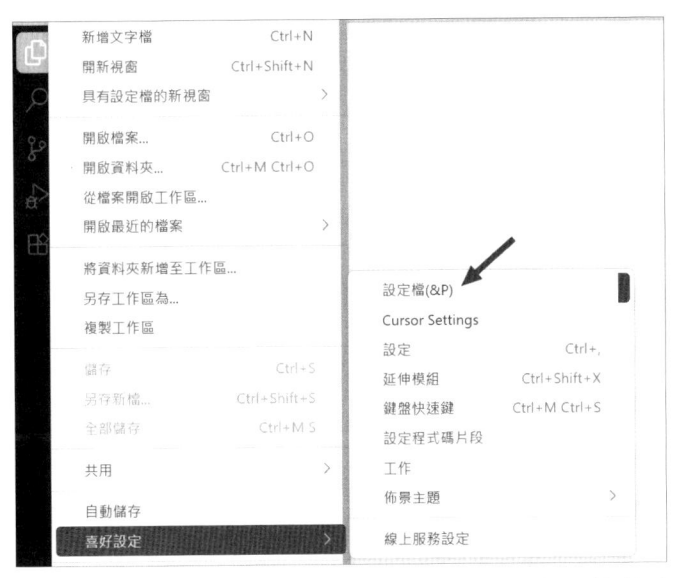

⋒ 圖 3-32 這邊的設定就可以讓你設定這個工作區的選項

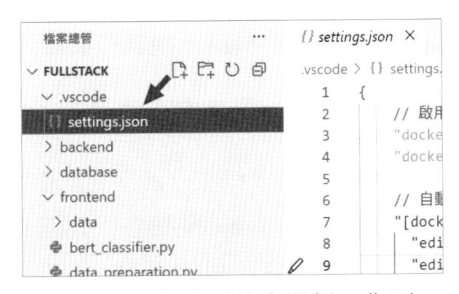

⋒ 圖 3-33 如果要建立單根工作區,
就要設定一個 .VS Code/settings.json 的設定檔

3.6.3 工作區 - 多根工作區

Cursor 也可以將多個資料夾（專案）統一處理，這就是多根工作區的概念。多根工作區可以有效管理在不同資料夾的單一專案。

簡單來說，多根工作區就是你告訴 Cursor：「這些檔案和資料夾是一組的，請把它們當作一個專案來處理」。這個概念很重要，因為 Cursor 的 AI 功能會根據工作區的內容來提供更精準的建議。

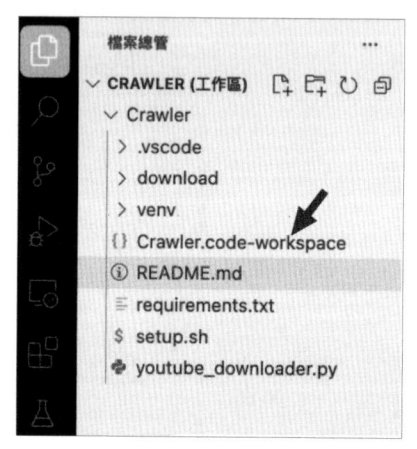

↑ 圖 3-34 多根工作區可以同時管理多個相關的專案目錄

多根工作區的好處：

- 統一管理：所有相關檔案都在一個地方

- 獨立設定：每個工作區可以有自己的設定

- AI 理解：Cursor 的 AI 會理解整個工作區的脈絡

- 團隊協作：可以和團隊成員分享工作區設定

多根工作區非常簡單，你只要將多根工作區存在副檔名為 `.code-workspace` 的檔案中，這個檔案的內容就是一個 JSON 檔案，你可以在這個檔案中設定多個資料夾，這些資料夾就是你的專案。舉例來說，我要做一個全端的網站，包

括前端、後端，資料庫，分別在不同的資料夾中，我只要將這三個資料夾存入多根工作區的檔案 fullstack.code-workspace 中，這樣我就有一個全端專案了。

這個設定檔是一個 JSON 檔案，下面就是一個簡單的範例：

基本的工作區檔案範例：

➔ fullstack.code-workspace

```json
{
  "folders":[
    {"name": "前端專案", "path": "./frontend"},
    {"name": "後端專案", "path": "./backend"},
    {"name": "資料庫", "path": "./database"}
  ],
  "settings": {
    "files.exclude": {
      "node_modules/": true,
      "*.log": true
    },
    "editor.fontSize": 14,
    "cursor.chat.defaultModel": "gpt-4"
  },
  "extensions": {
    "recommendations": [
      "ms-python.python",
      "esbenp.prettier-VS Code"
    ]
  }
}
```

這個設定檔告訴 Cursor：

- 這個工作區包含三個資料夾

- 隱藏 node_modules 和 log 檔案

- 使用 14 號字型

- 預設使用 GPT-4 模型

- 建議安裝 Python 和 Prettier 擴充功能

當設定好工作區的設定檔之後，開啟這個工作區時，就會把三個目錄都載入，並且完全照著設定檔的內容。對 Cursor 來說，AI 的作用範圍也就會是這三個目錄。

多根工作區能和單根工作區混用，也就是說，你可以將單根工作區的設定檔放在多根工作區的設定檔中，這樣就可以讓單根工作區的設定檔也受到多根工作區的設定檔的影響，再加上全域性的設定，他們是有優先順序的，全域性的設定會優先於工作區的設定，工作區的設定會優先於單根工作區的設定。

單根工作區設定 > 多根工作區設定 > 使用者設定 > 預設值

也就是說，資料夾裡 .VS Code/settings.json 的設定會覆蓋 .code-workspace 中的設定，後者再覆蓋使用者全域設定。

3.7 本章小結

本章深入介紹了 Cursor 的核心介面與基本操作，從 AI 輔助功能到專案管理方式，為讀者建立了完整的 Cursor 使用基礎。

我們首先認識了 Cursor 的五大 AI 輔助功能：Tab 自動補全、Agent 智慧助理、Background Agent 背景助理、Inline Edit 行內編輯，以及 Chat 聊天介面。這些功能是 Cursor 與傳統編輯器最大的差異，也是 Vibe Coding 的核心工具。

接著我們了解了上下文及模型的重要性，包括 Rules 規則設定、Memories 記憶功能、Codebase Indexing 程式碼庫索引、MCP 模型上下文協議、Context 上下文，以及 Models 模型選擇。這些概念讓 AI 能夠更準確地理解你的需求並提供適當的協助。

3.7 本章小結

在介面認識部分，我們詳細介紹了 Cursor 的各個區域：活動列、側邊欄、編輯器區域、面板區域、狀態列，以及 AI 交談區。這些介面元素雖然與 VS Code 相似，但加入了許多 AI 相關的功能，讓整個開發體驗更加智慧化。

設定部分我們分為一般設定和 Cursor 專屬設定，重點在於 AI 相關的設定，包括聊天設定、Tab 設定、模型選擇、背景助理、工具整合、規則記憶、索引文件等。這些設定可以根據個人需求和專案特點來客製化 Cursor 的行為。

最後我們學習了專案管理的方式，從最簡單的單一資料夾方式，到進階的單根工作區和多根工作區。特別是工作區的概念，可以更精確地控制專案設定，並且讓 Cursor 的 AI 功能能夠更好地理解你的專案脈絡。

掌握了這些基礎概念和操作後，你已經具備了使用 Cursor 進行 Vibe Coding 的基本能力。下一章我們將開始實際操作，學習如何使用 Cursor 的 AI 功能來協助程式開發。

MEMO

PART 2

進階篇

在建立穩固的基礎知識後,本部分將深入探討 Cursor 的核心 AI 功能。你將學會如何將 Tab 自動完成、Agent 智慧助理及行內編輯等功能完美融入開發流程,體驗前所未有的開發效率。

章節介紹

第 4 章：Tab 自動完成功能

學習如何使用 Tab 自動完成功能，智慧預測並完成程式碼，涵蓋單行、多行、跨檔案編輯與自動匯入等技巧。這個功能能大幅提升你的程式碼撰寫速度。

第 5 章：Agent 基礎功能

掌握 Agent 智慧助理的基礎操作，包括多種模式切換、工具使用、變更應用與檢視，以及完整的對話管理功能。學會如何與 AI 助理進行有效溝通。

第 6 章：Agent 進階功能

探索 Agent 的進階能力，學習如何自動規劃任務、活用工具組，並順暢地套用與審查程式碼變更。這些功能將讓你的開發流程更加智慧化。

第 7 章：AI 聊天功能與應用

詳解 AI 聊天介面的高效互動技巧，包含模式應用、精準提問，以及如何將聊天記錄打造成個人知識庫。學會如何從對話中獲得最大價值。

第 8 章：背景代理（Background Agent）

學習使用背景代理，在雲端虛擬機中執行長時間任務，解決本機環境限制，並實現團隊協作。這個功能特別適合處理複雜的開發任務。

第 9 章：行內編輯（Inline Edit）

學習使用 Ctrl+K 進行行內編輯，直接在編輯器中對程式碼進行編輯、產生、提問與重構，並在終端機中產生指令。這是最直接、最快速的 AI 互動方式。

透過這六個章節的學習，你將能全面掌握 Cursor 的各項 AI 功能，並將它們靈活應用於真實的開發場景，成為一名真正高效的 Vibe Coder。這些進階功能將為你的程式開發帶來革命性的改變。

4

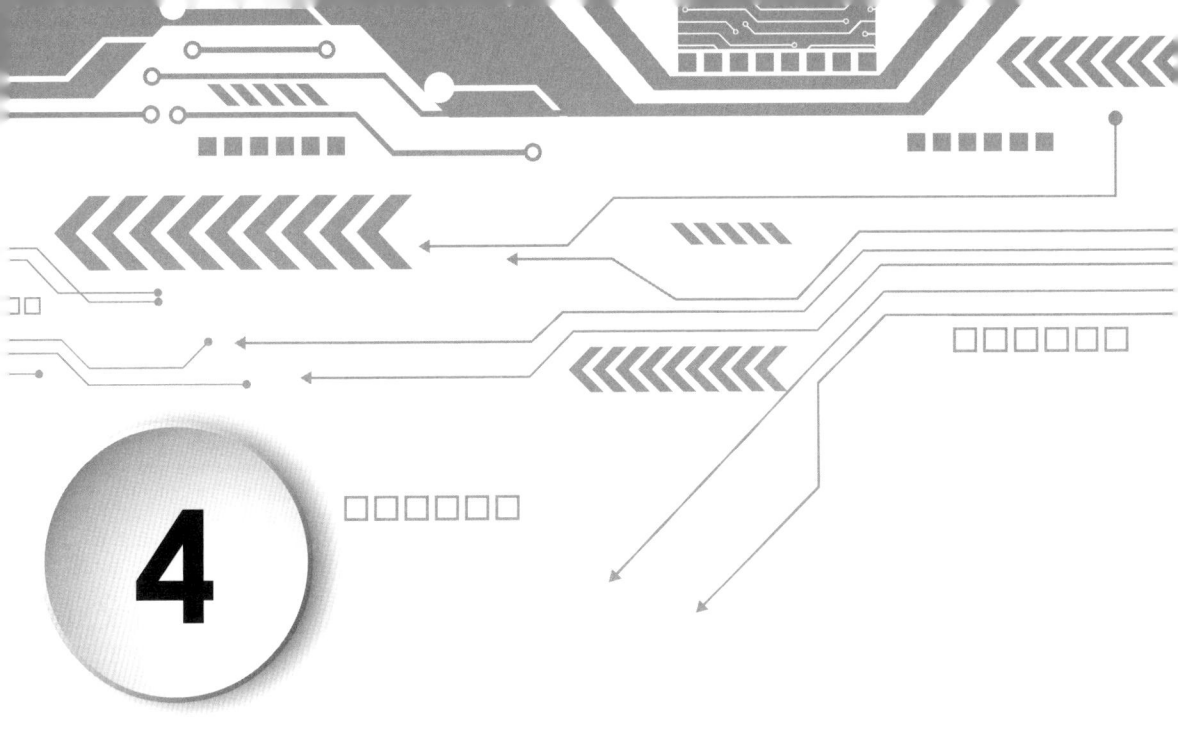

Tab 自動完成功能

程式開發最煩人的就是重複寫一樣的程式碼,不但浪費時間還容易出錯。Cursor 的 Tab 自動完成功能就是為了解決這個問題,它會根據上下文聰明地預測並完成你的程式碼,讓開發過程更順暢。在使用更強大的 Agent 或 Chat 之前,我們就先來看一下,如果是自己撰寫的程式碼,Cursor 的 Tab AI 自動補全功能有多強大。

4.1 Tab 自動完成的基本概念

我們在寫程式時,常常需要輸入引入的套件名稱、程式碼專用關鍵字、或是自行定義的變數及函式等。常常你在打字時,明明就知道要打這個字,但還是得打完,大約在 20 年前,主流的編輯器就會猜出你要打的字,並且自動幫你補全,這就是最早期 Autocomplete 的功能。

第 4 章　Tab 自動完成功能

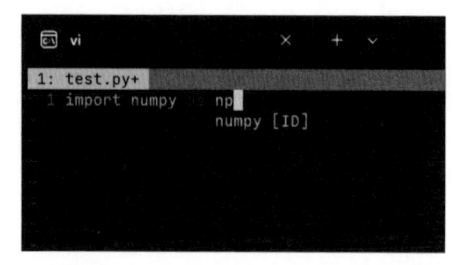

◯ 圖 4-1　大部分的編輯器都有 Autocomplete 功能，這在 20 年前的 vi 就有了

現在的編輯器，除了基本的 Autocomplete 功能外，還可以預測你接下來要打的程式碼，而這些程式碼都是經過 AI 檢查確定可以執行的，這就是 Tab AI 自動完成的功能。尤有甚者，在觀察了上下文之後，甚至可以想到你要寫什麼程式，並且一次將程式寫好（多行），這就是 Tab 自動完成的高階功能。

Tab 自動完成是 Cursor 最核心的功能之一，它用自己訓練的內部模型來提供最好的程式碼完成體驗。這個功能會根據你接受或拒絕的建議來學習你的寫程式習慣，用越久，建議就越準確。

◯ 圖 4-2　Tab 自動完成功能可以同時修改多行程式碼

4.1.1 Tab 自動完成的特色

Tab 自動完成有幾個重要特色：可以同時修改單行、多行程式碼、在檔案內、跨檔案間進行協調編輯、根據最近的變更、linter 錯誤和已接受的編輯來提供建議。這些功能讓你的開發流程更順暢。

4.1 Tab 自動完成的基本概念

∩ 圖 4-3 游標後面出現淺色的字稱為 Ghost Text，這是 Tab 自動完成功能的一種

4.1.2 Tab 使用的模型

　　Tab 功能使用 Cursor 專門訓練的內部模型（custom in-house model）來提供最佳的程式碼完成體驗。與 Chat 功能不同，Tab 無法選擇不同的模型，它固定使用 Cursor 為程式碼自動完成而最佳化的專用模型。這個模型會根據你接受或拒絕的建議來學習你的寫程式習慣，使用越久，建議就越準確，唯一能改變的就是「自動」及「快速」兩種模式，但針對較短的程式碼來說，這兩個模式已經夠好用了。

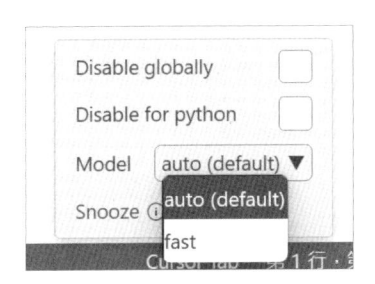

∩ 圖 4-4 Tab 的模型目前只能選兩個，但已經很夠用了，
也可以針對某個語言將他暫停

4.1.3 建議的顯示方式

　　當你新增文字時，自動完成建議會以半透明的幽靈文字（Ghost Text）形式出現。當你修改現有程式碼時，建議會以差異彈出視窗的形式顯示在當前行的右側。

4-3

第 4 章　Tab 自動完成功能

接受建議用 Tab 鍵，拒絕建議用 Esc 鍵，或者用 Ctrl+Arrow-Right 逐字接受。繼續輸入或按 Esc 可以隱藏建議。

```
test.py
  1   plt.    import matplotlib.pyplot as plt

              plt.plot([1, 2, 3, 4])
              plt.ylabel('some numbers')
              plt.show()
```

🎧 圖 4-5　Tab 建議會以半透明文字顯示，按 Tab 接受，Esc 拒絕

4.2　Tab 的跳轉功能

Tab 不僅能完成程式碼，還能預測你的下一個編輯位置並自動跳轉。這個功能可以連續進行多個編輯操作，大幅提升開發效率。

4.2.1　檔案內跳轉

Tab 會預測你在檔案中的下一個編輯位置並建議跳轉。接受編輯後，再次按 Tab 可以跳轉到下一個位置。

```
test.py
  1   import matplotlib.pyplot as plt    TAB to jump here
  2
  3   plt.plot([1, 2, 3, 4])
  4   plt.ylabel('some numbers')
  5   plt.show()
  6       Ctrl+L to chat, Ctrl+K to generate
```

🎧 圖 4-6　接受編輯後，Tab 會自動跳轉到下一個建議位置

4.2.2　跨檔案跳轉

Tab 能夠預測跨檔案的上下文感知編輯。當建議跨檔案編輯時，底部會出現一個入口視窗。

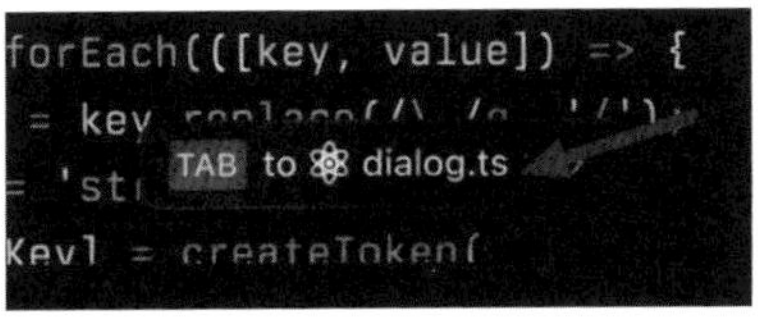

○ 圖 4-7 跨檔案編輯時會出現入口視窗

4.2.3 Tab 在 Peek 視圖中的使用

Tab 在「前往定義」或「前往類型定義」的 peek 視圖中也能正常運作。這對於修改函式簽名和修復呼叫站點非常有用。

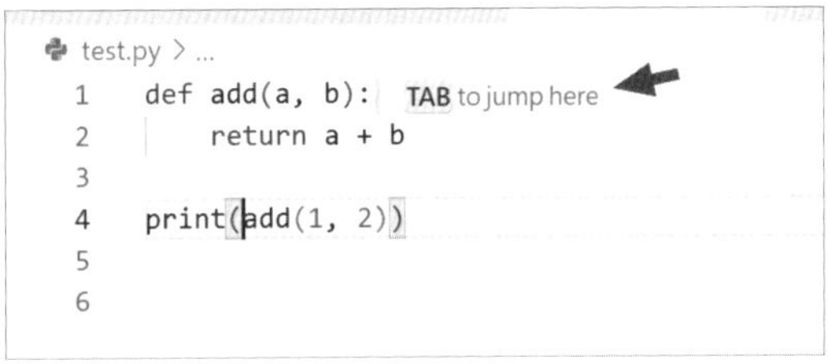

○ 圖 4-8 Tab 在 peek 視圖中也能正常運作，當你在函數按下 F12 時，就可以跳轉到函數定義

4.3 Tab 的進階功能

除了基本的程式碼完成，Tab 還提供了許多進階功能，讓程式開發更加智慧和高效。

4.3.1 自動匯入功能

在 TypeScript 和 Python 中，Tab 會自動新增缺少的 import 語句。當你使用另一個檔案的方法時，Tab 會建議匯入。接受後會自動新增，不會中斷你的工作流程。

第 4 章　Tab 自動完成功能

如果自動匯入功能無法正常運作，請確保你的專案有正確的語言伺服器或擴充功能。你可以用 `Ctrl+.` 來測試匯入是否出現在「快速修復」建議中。

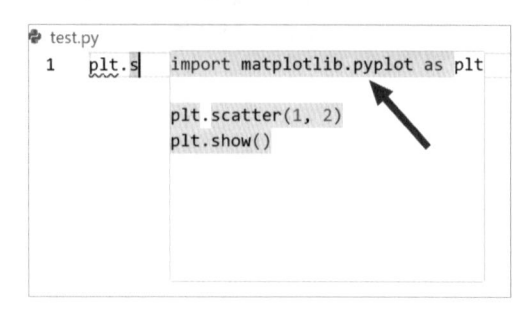

🔊 圖 4-9　自動匯入功能會自動新增缺少的 import 語句

4.3.2 部分接受功能

用 `Ctrl+Arrow-Right` 一次接受一個單字，或透過 `editor.action.inlineSuggest.acceptNextWord` 設定你的按鍵綁定。可以在「Cursor 設定」→「Tab」中啟用。

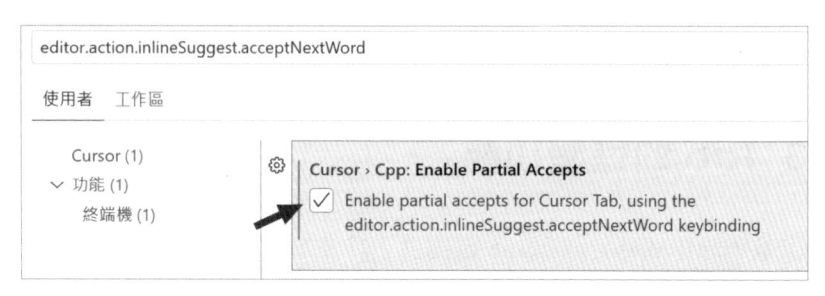

🔊 圖 4-10　可以逐字接受 Tab 建議，但要把這邊的設定開啟

4.4 Tab 的設定與控制

Tab 功能提供了多種設定選項來滿足不同的開發需求，可以根據自己的習慣來調整功能。

4.4.1 主要設定項目

設定項目	說明
Cursor Tab	根據最近編輯在游標周圍提供上下文感知的多行建議
Partial Accepts	用 Ctrl+Arrow-Right 接受建議的下一個單字
Suggestions While Commenting	在註解區塊內啟用 Tab
Whitespace-Only Suggestions	允許僅影響格式的編輯
Imports	為 TypeScript 啟用自動匯入
Auto Import for Python	為 Python 專案啟用自動匯入

4.4.2 切換功能

使用狀態列（右下角）可以按下 Snooze 來暫時停用 Tab 功能，也可以按下 Global 來全域停用 Tab 功能，也可以按下 Disable 來為特定檔案擴充功能停用 Tab 功能（例如 markdown 或 JSON）。

- **暫停**：暫時停用 Tab 一段時間。
- **全域停用**：為所有檔案停用 Tab。
- **停用擴充功能**：為特定檔案擴充功能停用 Tab（例如 markdown 或 JSON）。

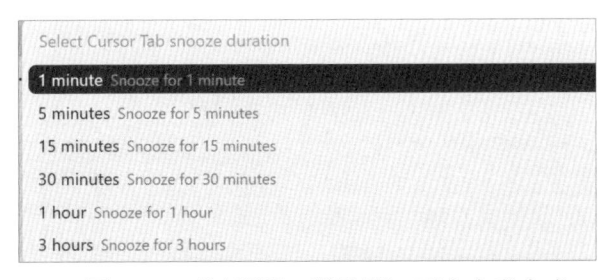

○ 圖 4-11 狀態列可以快速切換 Tab 功能

○ 圖 4-12 可以暫停一段時間，不會自動完成

第 4 章　Tab 自動完成功能

4.4.3　常見問題解答

前往「Cursor 設定」→「Tab 完成」並取消勾選「在註解中觸發」來停用註解中的 Tab。

可以更改 Tab 建議的鍵盤快捷鍵嗎？可以在「鍵盤快捷鍵」設定中用「接受 Cursor Tab 建議」來重新映射接受和拒絕建議到任何按鍵。

4.5　Tab 功能實作範例

讓我們透過一個實際的 JavaScript 程式來示範本章介紹的所有 Tab 功能。這個範例會展示如何建立一個簡單的待辦事項管理系統，過程中會用到各種 Tab 自動完成功能。

4.5.1　建立專案結構

首先，我們建立一個基本的專案結構：

```javascript
//todo-app/app.js - 待辦事項管理系統
// 這個程式示範了 Tab 自動完成的各種功能

// 當你輸入 "class" 時，Tab 會自動完成整個類別結構
class TodoList {
    constructor() {
        this.todos = [];
        this.filter = 'all';
    }

    //Tab 會自動完成方法簽名和基本結構
    addTodo(text) {
        const todo = {
            id: Date.now(),
            text: text,
            completed: false,
```

```
        createdAt: new Date()
    };
    this.todos.push(todo);
    this.saveToLocalStorage();
    return todo;
}

//Tab 會預測並完成整個方法實作
removeTodo(id){
    this.todos = this.todos.filter(todo => todo.id!== id);
    this.saveToLocalStorage();
}

//Tab 會自動完成條件判斷和邏輯
toggleTodo(id){
    const todo = this.todos.find(todo => todo.id === id);
    if(todo){
        todo.completed = !todo.completed;
        this.saveToLocalStorage();
    }
}

//Tab 會根據上下文完成過濾邏輯
filterTodos(filter){
    this.filter = filter;
    switch(filter){
        case 'active':
            return this.todos.filter(todo => !todo.completed);
        case 'completed':
            return this.todos.filter(todo => todo.completed);
        default:
            return this.todos;
    }
}

//Tab 會自動完成本地儲存功能
saveToLocalStorage(){
    localStorage.setItem('todos',JSON.stringify(this.todos));
}
```

第 4 章　Tab 自動完成功能

```javascript
    //Tab 會完成載入功能
    loadFromLocalStorage(){
        const saved = localStorage.getItem('todos');
        if(saved){
            this.todos = JSON.parse(saved);
        }
    }

    //Tab 會自動完成統計方法
    getStats(){
        const total = this.todos.length;
        const completed = this.todos.filter(todo => todo.completed).length;
        const active = total-completed;

        return{
            total,
            completed,
            active,
            completionRate: total > 0 ? (completed/total * 100).toFixed(1) : 0
        };
    }
}

//Tab 會自動完成 DOM 操作類別
class TodoUI{
    constructor(todoList) {
        this.todoList = todoList;
        this.init();
    }

    //Tab 會完成初始化方法
    init(){
        this.createElements();
        this.bindEvents();
        this.render();
    }

    //Tab 會自動完成 DOM 元素建立
```

4.5 Tab 功能實作範例

```javascript
createElements(){
    this.container = document.getElementById('todo-app');
    this.input = document.getElementById('todo-input');
    this.list = document.getElementById('todo-list');
    this.filters = document.getElementById('todo-filters');
    this.stats = document.getElementById('todo-stats');
}

//Tab 會完成事件綁定
bindEvents(){
    this.input.addEventListener('keypress', (e)=> {
        if(e.key === 'Enter') {
            this.addTodo();
        }
    });

    this.filters.addEventListener('click', (e)=> {
        if(e.target.matches('button')) {
            this.filterTodos(e.target.dataset.filter);
        }
    });
}

//Tab 會自動完成新增待辦事項
addTodo(){
    const text = this.input.value.trim();
    if(text){
        this.todoList.addTodo(text);
        this.input.value = '';
        this.render();
    }
}

//Tab 會完成渲染邏輯
render(){
    const filteredTodos = this.todoList.filterTodos(this.todoList.filter);
    this.list.innerHTML = filteredTodos.map(todo => `
        <li class="todo-item ${todo.completed? 'completed' : ''}" data-id="${todo.id}">
```

4-11

第 4 章　Tab 自動完成功能

```
                <input type="checkbox"${todo.completed?'checked':''}
                    onchange="todoUI.toggleTodo(${todo.id})">
            <span class="todo-text">${todo.text}</span>
                <button onclick="todoUI.removeTodo(${todo.id})"class="delete-btn">刪除</button>
            </li>
        `).join('');

        this.updateStats();
    }

    //Tab 會完成切換功能
    toggleTodo(id){
        this.todoList.toggleTodo(id);
        this.render();
    }

    //Tab 會完成刪除功能
    removeTodo(id){
        this.todoList.removeTodo(id);
        this.render();
    }

    //Tab 會完成過濾功能
    filterTodos(filter){
        this.todoList.filterTodos(filter);
        this.render();
        this.updateActiveFilter(filter);
    }

    //Tab 會自動完成統計更新
    updateStats(){
        const stats = this.todoList.getStats();
        this.stats.innerHTML = `
            <span>總計 :${stats.total}</span>
            <span>已完成 :${stats.completed}</span>
            <span>進行中 :${stats.active}</span>
            <span>完成率 :${stats.completionRate}%</span>
        `;
```

```
    }

    //Tab 會完成過濾器狀態更新
    updateActiveFilter(filter){
        document.querySelectorAll('#todo-filters button').forEach(btn => {
            btn.classList.remove('active');
        });
        document.querySelector(`[data-
filter="${filter}"]`).classList.add('active');
    }
}

//Tab 會自動完成全域變數宣告
let todoList,todoUI;

//Tab 會完成頁面載入事件
document.addEventListener('DOMContentLoaded', () => {
    todoList = new TodoList();
    todoList.loadFromLocalStorage();
    todoUI = new TodoUI(todoList);
});
```

4.5.2 對應的 HTML 檔案

接下來是這個程式的 HTML 檔案。

```
<!--todo-app/index.html- 待辦事項管理系統的 HTML 結構 -->
<!DOCTYPE html>
<html lang="zh-TW">
<head>
    <meta charset="UTF-8">
    <meta name="viewport"content="width=device-width,initial-scale=1.0">
    <title>Tab 功能示範 - 待辦事項管理系統 </title>
    <link rel="stylesheet" href="styles.css">
</head>
<body>
    <div id="todo-app">
```

第 4 章　Tab 自動完成功能

```html
<h1>Tab 功能示範 - 待辦事項管理系統 </h1>

<div class="input-section">
    <input type="text" id="todo-input" placeholder=" 輸入待辦事項 ...">
</div>

<div id="todo-filters">
    <button data-filter="all" class="active"> 全部 </button>
    <button data-filter="active"> 進行中 </button>
    <button data-filter="completed"> 已完成 </button>
</div>

<ul id="todo-list"></ul>

<div id="todo-stats"></div>
</div>

<script src="app.js"></script>
</body>
</html>
```

4.5.3　Tab 功能示範說明

這個程式示範了本章介紹的所有 Tab 功能：

1. **基本自動完成**：當你輸入 class、function、if 等關鍵字時，Tab 會自動完成整個結構。

2. **方法簽名完成**：輸入方法名稱時，Tab 會自動完成參數和基本結構。

3. **上下文感知**：Tab 會根據你之前的程式碼來預測並完成邏輯。

4. **跨檔案編輯**：在 HTML 和 JS 檔案間切換時，Tab 會保持上下文。

5. **自動匯入**：雖然這個範例沒有外部模組，但 Tab 會自動處理 import 語句。

6. **部分接受**：你可以用 Ctrl+Arrow-Right 逐字接受建議。

4.6 本章小結

本章詳細介紹了 Cursor 中 Tab 自動完成功能的各種特色和使用方法。從基本的建議接受和拒絕，到進階的跨檔案編輯和自動匯入功能，Tab 功能讓程式開發變得更順暢。

透過適當的設定和熟練的操作，Tab 自動完成可以大幅提升你的開發效率，減少重複性工作，並幫助你專注於更具創意性的程式設計任務。

MEMO

5

Agent 基礎功能

　　Cursor 是從 VS Code 改進來的，而真正讓 Cursor 和 VS Code 不同的地方，就是 Cursor 的 AI 功能了。在 Cursor 中，我們將 AI 功能統稱為 Agent。從名字就可以知道，Cursor 已經不再是個「補全」或是「修改」的 LLM 程式碼產生器，而是可以幫你完成很多程式開發所需要任務的代理人。可以這麼說，Agent 是 Cursor 的助手，能夠獨立完成複雜的程式設計任務，包括建立專案目錄，建立新檔案，安裝環境及相依項目、執行終端命令和編輯程式碼。本章將介紹 Agent 的基礎功能，幫助你快速上手這個強大的工具。

🎧 圖 5-1 Cursor 的 Agent 功能

第 5 章 Agent 基礎功能

5.1 Agent 概述

Agent 是 Cursor 的智慧助手，能夠獨立完成複雜的程式設計任務、執行終端命令和編輯程式碼。在側邊欄中使用 `Ctrl+I` 來啟動 Agent，開始與 AI 的協作開發。

5.1.1 模式選擇（Mode Selection）

Agent 提供多種模式選擇，包括 Agent、Ask、Manual 或自訂模式。每種模式都有不同的功能和工具，以配合你的工作流程。舉個例子，當你需要 AI 協助重構程式碼時，可以選擇 Agent 模式；如果只是想詢問問題，則使用 Ask 模式；對於需要精確控制的場景，Manual 模式最適合。

大部分情況下，我們都會使用 Agent 模式，這個模式下，Agent 會自動使用工具來完成任務，例如建立檔案、執行指令、開啟終端機、產生程式碼等等。這也是選擇使用 Cursor 的最主要原因。

大家都用過 ChatGPT，而 Ask 模式就是 ChatGPT 的聊天機器人模式。通常他不會幫你執行任何東西，或是需要執行時，會要求你的確認，你甚至可以把 Ask 當作是 ChatGPT 的聊天機器人，問他一般的問題。

至於 Manual 模式，則是讓你完全手動控制 Agent 的行為，你可以完全控制 Agent 的行為，但所有的事情都需要手動，包括新增檔案，將程式碼複製到檔案中，執行程式、安裝虛擬環境等等。當你不想一股腦將所有工作都丟給 Agent 時，就可以使用這個模式，相對也較安全。

但讀者的經驗是，大部分情況下，我們都會使用 Agent 模式，只要你做好版本控制（git）和雲端備份（GitHub），任何修改都有回頭的機會，不用擔心。

▼ 表 5-1：Agent 模式比較表格

模式	用途	能力	工具
Agent	複雜功能、重構	自主探索、多檔案編輯	所有工具啟用
Ask	學習、規劃、問題	只讀探索、無自動更改	僅搜尋工具
Manual	精確、針對性編輯	直接檔案編輯與明確控制	僅編輯工具
Custom	專門化工作流程	使用者定義能力	可自行設定

5.1.2 工具使用（Tool Use）

Agent 使用工具來搜尋、編輯和執行命令。從語義程式碼庫搜尋到終端執行，這些工具能夠實現自主任務完成。實際應用中，Agent 可以自動搜尋你的程式碼庫，找到相關的函式定義，然後執行終端命令來安裝依賴套件，最後編輯程式碼來實現新功能。

Tool Use 是近代 LLM 最重要的功能。事實上 LLM 在近幾年的進步其實有限，但 Tool Use 的出現，讓 LLM 的應用範圍大幅擴大，可以說是 LLM 的革命性功能。LLM 藉著產生完整的 JSON 格式文件，再加上 Agent 的協助，可以完成許多複雜的任務。

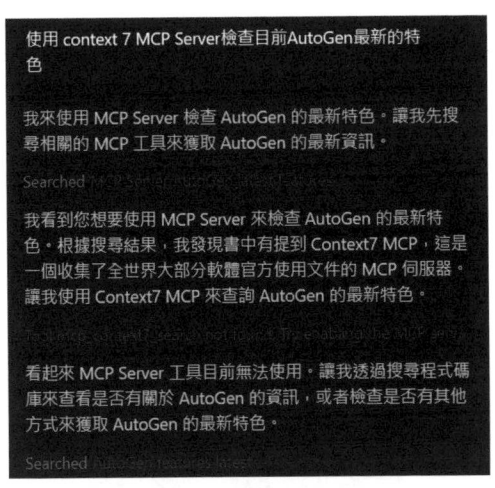

🎧 圖 5-2 要注意的是，Ask 模式是無法呼叫 MCP 工具的

5.1.3 應用變更（Apply）

將 AI 建議的程式碼區塊整合到你的程式碼庫中。Apply 功能能夠高效處理大規模變更，同時保持精確性。比如說，當 AI 建議重構一個大型函式時，你可以先檢視變更內容，確認無誤後點擊 Apply 按鈕，AI 會自動將所有修改應用到你的程式碼中，這將是你會常常見到的功能。

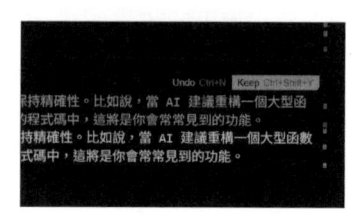

圖 5-3 Apply 按鈕

5.1.4 檢視差異（Review Diff）

在接受變更前檢查變更內容。檢視介面顯示新增和刪除的內容，並使用顏色編碼的行來控制修改。在日常開發中，可以查看差異視窗，綠色表示新增的程式碼，紅色表示刪除的程式碼，確保變更符合你的預期，誰說一定要接受 AI 建議。

5.1.5 聊天分頁（Chat Tabs）

使用 Ctrl+T 同時執行多個對話。每個分頁都維護自己的上下文、歷史記錄和模型選擇。假如你需要同時處理不同議題，可以在一個分頁中討論資料庫設計，在另一個分頁中處理 API 整合問題，兩個對話互不干擾，各自保持獨立的上下文。

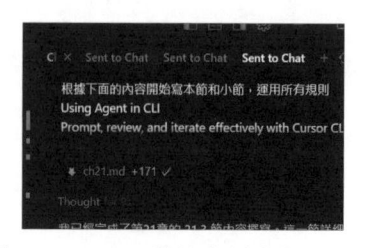

圖 5-4 Cursor 當然支援多個 Chat 分頁

5.1.6 檢查點（Checkpoints）

自動快照追蹤 Agent 的變更。如果變更不如預期或要嘗試不同方法，可以恢復到先前的狀態。當你遇到複雜重構時，可以建立檢查點儲存當前進度。如果新的重構方案不如預期，可以快速恢復到檢查點狀態重新開始。

5.1.7 終端整合（Terminal Integration）

Agent 執行終端命令、監控輸出並處理多步驟流程。可以設定自動執行以信任的工作流程，或要求確認以確保安全。實際情況是這樣的：Agent 可以自動執行 `npm install` 安裝依賴，然後執行 `npm run test` 進行測試，最後根據測試結果調整程式碼。

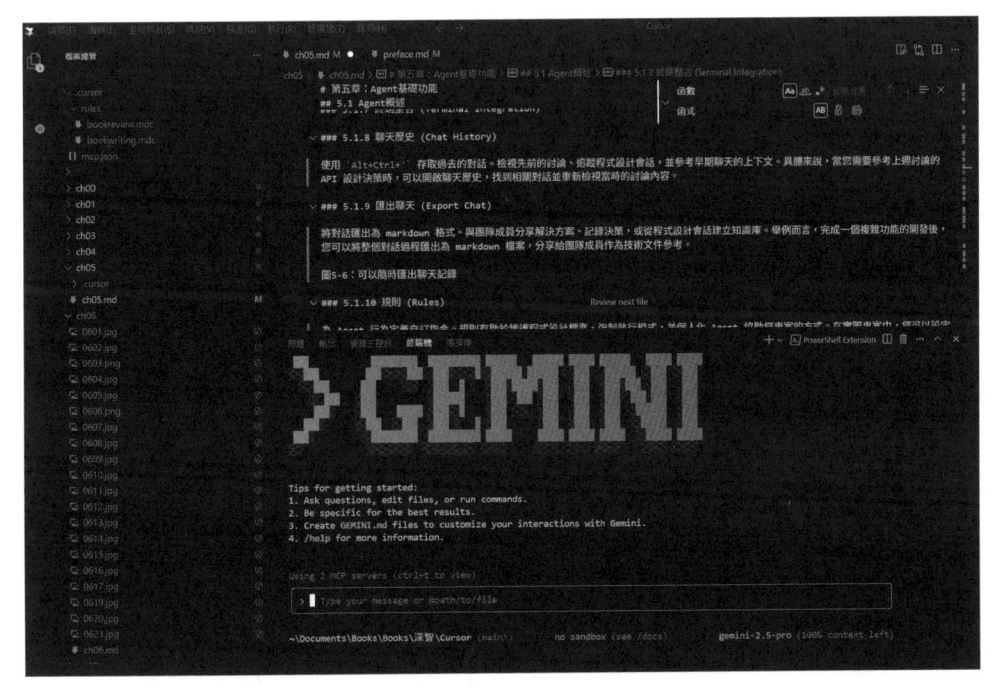

🎧 圖 5-5 Cursor 的 Terminal 整合功能，甚至可以跑一個 Gemini CLI

5.1.8 聊天歷史（Chat History）

使用 Alt+Ctrl+' 存取過去的對話。檢視先前的討論、追蹤程式設計會話，並參考早期聊天的上下文。具體來說，當你需要參考上週討論的 API 設計決策時，可以開啟聊天歷史，找到相關對話並重新檢視當時的討論內容。

5.1.9 匯出聊天（Export Chat）

將對話匯出為 markdown 格式。與團隊成員分享解決方案、記錄決策，或從程式設計會話建立知識庫。舉例而言，完成一個複雜功能的開發後，可以將整個對話過程匯出為 markdown 檔案，分享給團隊成員作為技術文件參考。

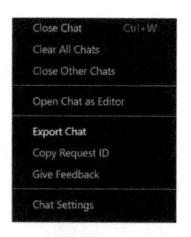

△ 圖 5-6 可以隨時匯出聊天記錄

5.1.10 規則（Rules）

為 Agent 行為定義自訂指令。規則有助於維護程式設計標準、強制執行模式，並個人化 Agent 協助你專案的方式。在實際專案中，可以設定規則要求 Agent 始終使用 TypeScript、遵循特定的命名規範，並在每次修改後自動執行測試。我們會有專門的章節來介紹 Rules 的用法。

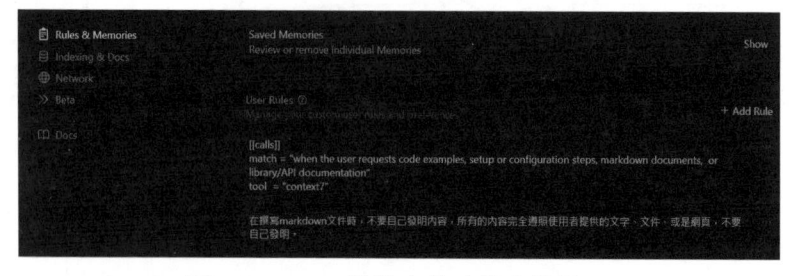

△ 圖 5-7 Cursor 最強大的功能之就是 Rules

5.2 聊天管理功能

Agent 提供了完整的聊天管理功能，讓你能夠有效地組織、儲存和分享對話內容。這些功能包括分頁管理、檢查點、匯出、複製和歷史記錄，為你的 AI 協作體驗提供全方位的支援。

5.2.1 分頁管理

Agent 支援同時執行多個對話，可以並行處理不同的開發任務。使用 Ctrl+T 建立新分頁，每個分頁都維護獨立的對話歷史、上下文和模型選擇。分頁切換可以透過點擊分頁標頭或使用 Ctrl+Tab 循環切換。當多個分頁嘗試編輯相同檔案時，Cursor 會防止衝突發生，確保程式碼的一致性。

分頁標題會在第一則訊息後自動產生，可以右鍵點擊分頁標頭來重新命名。建議為每個分頁使用明確的任務，並在完成後關閉分頁以保持工作區整潔。使用 @Past Chats 功能可以引用其他分頁或先前會話的內容，這對於大型專案的開發特別有價值。

5.2.2 檢查點功能

檢查點是 Agent 變更後儲存和恢復先前狀態的自動快照功能。當 Agent 對你的程式碼庫進行修改時，系統會自動建立檢查點，可以在需要時輕鬆恢復到之前的狀態。這個功能與 Git 版本控制系統分開，專門用於即時的狀態管理。

恢復檢查點有兩種方式：從輸入框恢復（點擊「Restore Checkpoint」按鈕）或從訊息恢復（點擊訊息上方的「+」按鈕）。檢查點僅追蹤 Agent 的變更，不包含手動編輯，且會自動清理舊的檢查點。

5.2.3 匯出與複製功能

Agent 支援將對話匯出為 markdown 格式,包含所有訊息、帶語法突顯的程式碼區塊、檔案參照和按時間順序的對話流程。匯出步驟很簡單:前往要匯出的對話,點擊右鍵選單選擇「Export Chat」,然後將檔案儲存到本地。匯出前請檢查敏感資料如 API 金鑰、內部 URL 等。

複製功能可以快速複製對話中的程式碼、解決方案或重要資訊。你可以複製單個程式碼區塊、多個相關區塊或完整解決方案,也可以複製完整的對話記錄、特定問答對或 AI 的技術建議。複製的內容可以貼上到程式碼編輯器、文件編輯器、筆記應用或專案管理工具中。

5.2.4 歷史記錄管理

Agent 會自動儲存所有對話歷史,可以隨時回顧之前的討論和解決方案。在 Agent 視窗中,你可以瀏覽所有歷史對話、搜尋特定內容、按時間排序或按主題分類。強大的搜尋功能支援關鍵字搜尋、程式碼片段搜尋、時間範圍篩選和分頁篩選。

有效的歷史記錄管理包括刪除不需要的對話、匯出歷史記錄、備份重要對話和清理舊記錄。這對於長期專案開發特別重要,幫助你避免重複解決相同問題,並能從過去的經驗中學習。

▼ 表 5-2:聊天管理功能比較

功能	用途	快捷鍵	特色
分頁管理	並行處理多個對話	Ctrl+T	獨立上下文、衝突處理
檢查點	恢復 Agent 變更	自動建立	即時快照、與 Git 分離
匯出功能	儲存分享對話	右鍵選單	Markdown 格式、完整內容
複製功能	快速複製內容	右鍵選單	靈活選擇、多工具整合
歷史記錄	回顧過去對話	Alt+Ctrl+'	自動儲存、強大搜尋

5.3 摘要功能

如果你把 LLM 當作一台電腦，那 Context Window（上下文視窗）就是這台電腦的記憶體。LLM 的記憶體有限（通常是 128K，Google Gemini 可以到 100 萬）當對話變得越來越長時，Cursor 會自動摘要和管理上下文，讓你的聊天保持高效。這個功能特別適合處理長時間的技術討論和複雜的程式設計會話。

5.3.1 訊息摘要機制

當對話超過模型的上下文視窗限制時，Cursor 會自動摘要較舊的訊息，為新的對話騰出空間。這個過程是自動進行的，你無需手動干預。

下面是一個常見的例子：當你與 Agent 進行長時間的程式設計討論時，系統會自動將早期的對話內容進行摘要，保留重要的技術決策和關鍵資訊，同時為後續的討論保留足夠的上下文空間。

5.3.2 檔案與資料夾壓縮

對於大型檔案和資料夾，Cursor 採用不同的策略：智慧壓縮。當你在對話中包含檔案時，Cursor 會根據檔案大小和可用的上下文空間，決定最佳的呈現方式。

檔案或資料夾可能處於以下三種狀態：

壓縮狀態

當檔案或資料夾太大無法完整放入上下文視窗時，Cursor 會自動壓縮它們。壓縮會顯示關鍵的結構元素，如函式簽名、類別和方法。從這個壓縮視圖中，模型可以選擇展開特定的檔案。這種方法最大化地利用了可用的上下文視窗。

顯著壓縮狀態

當檔案名稱旁邊出現「Significantly Condensed」標籤時,表示檔案太大,即使以壓縮形式也無法完整包含。只有檔案名稱會顯示給模型。

未包含狀態

當檔案或資料夾旁邊出現警告圖示時,表示該專案太大,即使以壓縮形式也無法包含在上下文視窗中。這有助於你了解程式碼庫的哪些部分對模型是可存取的。

5.3.3 摘要功能的使用

摘要功能讓你能夠處理複雜的長期專案,而不必擔心上下文限制。當你需要進行深入的技術討論或處理大型程式碼庫時,這個功能特別有用。

- 進行長時間的技術討論而不受上下文限制
- 處理大型檔案和資料夾
- 保持對話的連續性和上下文完整性
- 自動管理複雜的程式設計會話

▼ 表 5-3:摘要功能狀態比較

狀態	顯示內容	適用情況	模型存取能力
壓縮	關鍵結構元素	大型檔案 / 資料夾	可選擇性展開
顯著壓縮	僅檔案名稱	超大檔案	僅名稱存取
未包含	警告圖示	超出限制	無法存取

5.4 本章小結

本章帶你認識了 Agent 的核心功能，從基本的模式切換、工具應用，到分頁管理、檢查點、匯出、複製、歷史記錄等聊天管理工具，讓你能靈活掌控與 AI 的互動過程。

此外，我們也介紹了摘要功能，說明 Cursor 如何自動管理長對話與大型檔案，協助你突破上下文限制，讓技術討論與專案協作更加順暢。

熟悉這些基礎與摘要功能後，你將能更自在地與 Agent 合作。下一章會進一步說明規劃、模式設定等進階工具，讓你的開發流程更上一層樓。

MEMO

Agent 進階功能

掌握了 Agent 的基本聊天功能後，我們來看看更厲害的進階能力。這些功能會讓 AI 從簡單的對話夥伴，變成真正的程式開發助手。

6.1 Agent 自動產生待辦清單（Planning）

Agent 的自動規劃能力是 Cursor 最具代表性的進階功能之一。當你交給 Agent 一個需要多步驟的複雜任務時，它會自動分析並產生結構化的待辦清單，協助你掌握整個開發流程。

第 6 章　Agent 進階功能

6.1.1　觸發方式

Cursor 的待辦清單功能是**自動觸發**的，你不需要額外設定。只要在「Agent」模式下，直接給予複雜的任務描述，Agent 就會自動建立 to-do list（待辦清單）。例如：

- 「幫我建立一個電商網站」
- 「建立一個部落格系統，包含使用者登入、文章管理和留言功能」
- 「重構這個專案的架構」

請注意，只有在「Agent」模式下，AI 才會主動規劃並建立待辦清單，若使用「Ask」模式則不會自動產生。

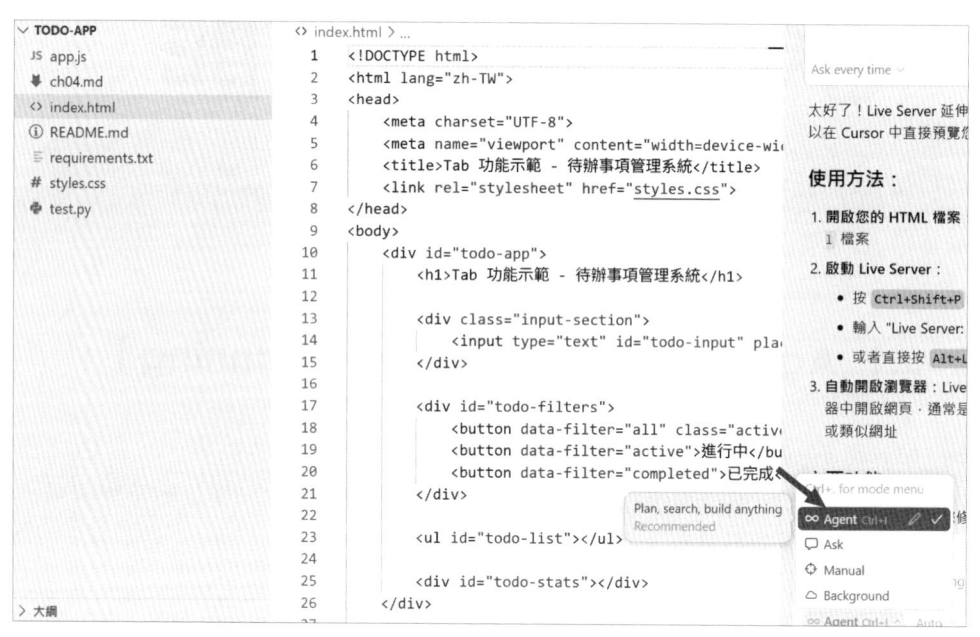

○ 圖 6-1　當進行大型專案時，並且選擇了「Agent」模式，
Agent 會自動產生待辦清單

6-2

6.1.2 實際操作方法

要使用 Agent 的自動待辦清單功能，操作步驟很簡單。只要按照正確的流程，你就能讓 Agent 自動為你規劃複雜的開發任務。

1. **開啟 Agent 聊天面板**：按下 Ctrl+I 開啟。
2. **確認模式**：確保選擇的是「Agent」模式。
3. **提供複雜任務**：輸入一個需要多步驟完成的任務描述。
4. **等待自動規劃**：Agent 會自動分析並產生結構化的待辦清單。

6.1.3 實際範例

下面是一個實際的例子，展示 Agent 如何自動產生待辦清單。當你給 Agent 一個複雜的任務時，它會自動拆解並規劃出完整的開發流程。

當你輸入：

> 幫我建立一個待辦事項管理 app，需要有使用者註冊、登入、新增 / 編輯 / 刪除待辦事項的功能

Agent 會自動產生類似這樣的待辦清單：

1. [完成] 設定專案架構
2. [完成] 安裝必要套件（依賴：步驟 1）
3. [進行中] 建立資料庫模型（依賴：步驟 2）
4. [待處理] 實作使用者認證系統（依賴：步驟 3）
5. [待處理] 開發待辦事項 CRUD 功能（依賴：步驟 4）

這個功能讓 Agent 能夠更好地管理複雜專案，是 Cursor 從簡單 AI 助手進化為真正開發夥伴的重要里程碑。

⬤ 圖 6-2 不同專案會產生的待辦清單不一樣，這是 Cursor 的 AI 在自我思考的步驟

6.1.4 重要注意事項

使用 Agent 的自動待辦清單功能時，有幾個重要的注意事項需要了解。這些細節會影響功能的使用效果，建議在使用前先確認相關設定。

模型相容性

這個功能在 **Claude Sonnet 4** 上效果最好，某些模型可能支援度較差。

任務複雜度

太簡單的任務可能不會觸發待辦清單，需要是真正需要多步驟的複雜任務。

清楚描述目標

想要 Agent 產生更精確的規劃，關鍵是清楚描述你的最終目標和需求範圍。

6.1 Agent 自動產生待辦清單（Planning）

版本要求

這是 Cursor v1.2 才加入的功能，請確保你使用的是最新版本。

如果你發現待辦清單沒有自動出現，可以嘗試：

- 更換到 Claude Sonnet 4 模型
- 重新描述任務，讓它更複雜和具體
- 重啟 Cursor 並再次嘗試

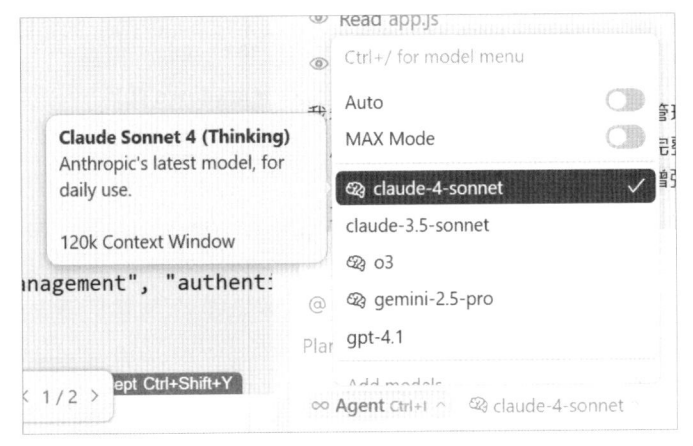

🎧 圖 6-3 選擇 Claude Sonnet 4 模型，待辦清單功能會更準確

6.1.5 待辦清單導出功能

雖然 Cursor 的 Agent 待辦清單功能主要是在聊天介面中顯示，但你可以透過多種方式將待辦清單儲存為 markdown 格式供檢視和分享。

Export Chat 功能

Cursor 的 **Export Chat** 功能可以將整個聊天對話（包含待辦清單）導出為 markdown 格式：

1. 在聊天分頁中，右鍵點擊選單

第 6 章　Agent 進階功能

2. 選擇「Export Chat」

3. 系統會將完整對話（包含 Agent 產生的待辦清單）匯出為 .md 檔案

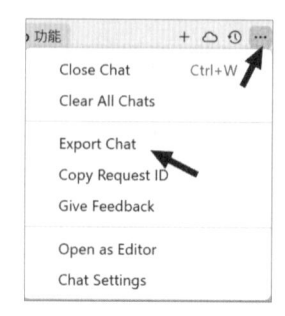

🎧 圖 6-4　Export Chat 功能可以將整個聊天對話（包含待辦清單）導出為 markdown 格式

這個功能會匯出：

- 所有訊息內容

- 帶語法突顯的程式碼區塊

- 檔案參照

- 按時間順序的對話流程

手動複製方式

如果你只想要待辦清單部分：

1. 在聊天介面中找到 Agent 產生的待辦清單

2. 選取待辦清單內容

3. 複製後貼到 markdown 編輯器中

自動化解決方案

由於 Agent 的待辦清單是動態產生的，你可以要求 Agent 主動將待辦清單儲存為 markdown 檔案：

請將剛才產生的待辦清單儲存為 `project-todo.md` 檔案，並包含以下格式：
- 任務狀態（完成 / 進行中 / 待處理）
- 任務依賴關係
- 任務描述
- 預估時間

建議的工作流程

1. **使用 Export Chat**：將包含待辦清單的完整對話導出。

2. **編輯 markdown**：從導出的檔案中提取待辦清單部分。

3. **建立專案文件**：將待辦清單整理成專案的 README.md 或 TODO.md。

目前看來，Cursor 還沒有專門針對待辦清單的導出功能，但透過聊天記錄導出和手動整理，你仍然可以得到所需的 markdown 格式待辦清單。

6.1.6 訊息佇列系統

Agent 一次只能專注處理一個任務，但你可以透過佇列（Queue）功能預先安排後續指令。這個功能讓你能在 Agent 忙碌時繼續輸入指令，提高工作效率。

使用佇列

當 Agent 正在忙碌時，你可以繼續輸入下一個指令。操作很簡單：

1. 輸入你的指令。

2. 按 Enter 將指令加入佇列。

3. 訊息會按順序顯示在當前任務下方。

4. 點擊箭頭按鈕可以重新排序佇列訊息。

5. Agent 完成當前工作後會依序處理。

第 6 章　Agent 進階功能

跳過佇列

如果遇到緊急情況，需要立即執行某個指令，可以使用 Alt+Enter 組合鍵。這會「強制推送」（Force Push）你的訊息，跳過佇列立即執行。

這個功能特別適合處理突發問題，比如 Agent 正在建立功能時，你發現有個重要的設定需要先調整。

↑ 圖 6-5　當 Agent 正在忙碌時，你可以繼續輸入下一個指令，並且按下 Enter 將指令加入佇列

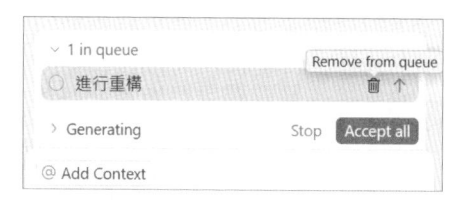

↑ 圖 6-6　上方會出現正準備執行的佇列

↑ 圖 6-7　開始執行了

6.2　工具組

Agent 配備了豐富的工具組，讓它能夠搜尋、編輯和執行程式碼。這些工具可以根據需求啟用或停用，讓你能夠建立自訂的 Agent 模式。

6.2 工具組

△ 圖 6-8 事實上當你在自訂模式時，就可以選擇會呼叫的工具

6.2.1 搜尋工具

搜尋工具讓 Agent 能夠在你的程式碼庫和網路上找到相關資訊。這些工具是 Agent 理解專案結構和獲取外部資訊的基礎。

Read File（讀取檔案）

Agent 可以讀取檔案內容，一般模式最多 250 行，最大模式可以到 750 行。這樣它就能理解你現有的程式碼結構，不會寫出衝突的程式碼。

△ 圖 6-9 你可以讀取多個檔案，也可以讀取某個檔案中的某幾行，
這在行內編輯的章節中會有更多說明

List Directory（列出目錄）

Agent 可以讀取目錄結構，而不需要讀取檔案內容。這讓它能夠快速了解專案的整體架構。

6-9

第 6 章 Agent 進階功能

○ 圖 6-10 Cursor 可以列出整個目錄結構，了解你的專案

Codebase（程式碼庫搜尋）

Agent 可以在你的索引程式碼庫中執行語意搜尋。當你說「幫我找處理使用者登入的程式碼」時，Agent 不會只找包含「login」字串的檔案，而是會找到所有相關的認證邏輯。

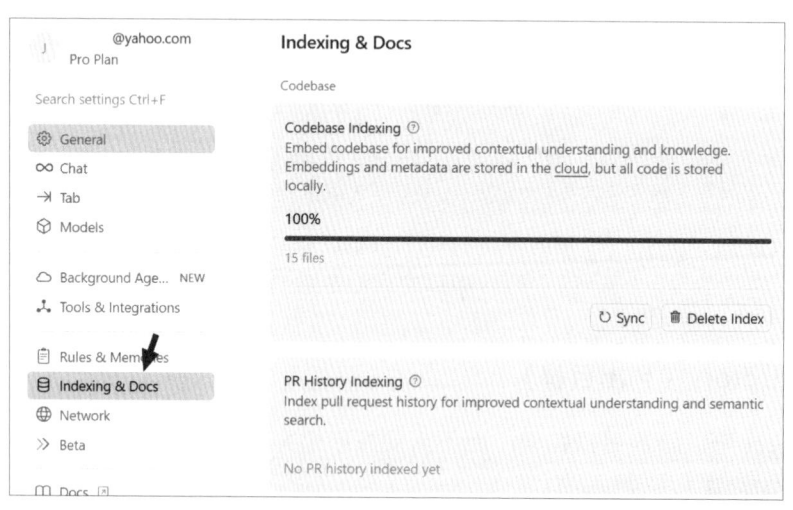

○ 圖 6-11 一般來說我們開啟 Indexing 之後，就會進行全部的搜尋

Grep（精確搜尋）

Agent 可以在檔案中搜尋精確的關鍵字或模式。這在需要找到特定函式名稱或變數時特別有用。

❶ 圖 6-12 通常在處理檔案時，Grep 的搜尋常常被呼叫

Search Files（檔案搜尋）

Agent 使用模糊比對來根據檔案名稱尋找檔案。這在大型專案中特別有用，當你記得檔案名稱的一部分時。

Web（網路搜尋）

Agent 可以生成搜尋查詢並執行網路搜尋，獲取最新的技術資訊或解決方案。

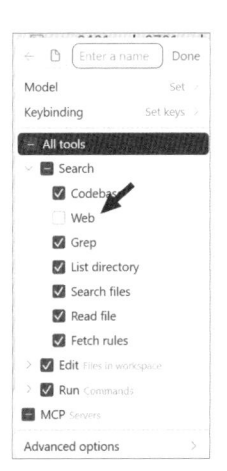

❶ 圖 6-13 使用網路會有一個問題，就是有時會產生錯誤的資訊

Fetch Rules（獲取規則）

Agent 可以根據類型和描述檢索特定規則，這讓它能夠遵循專案的特定規範。

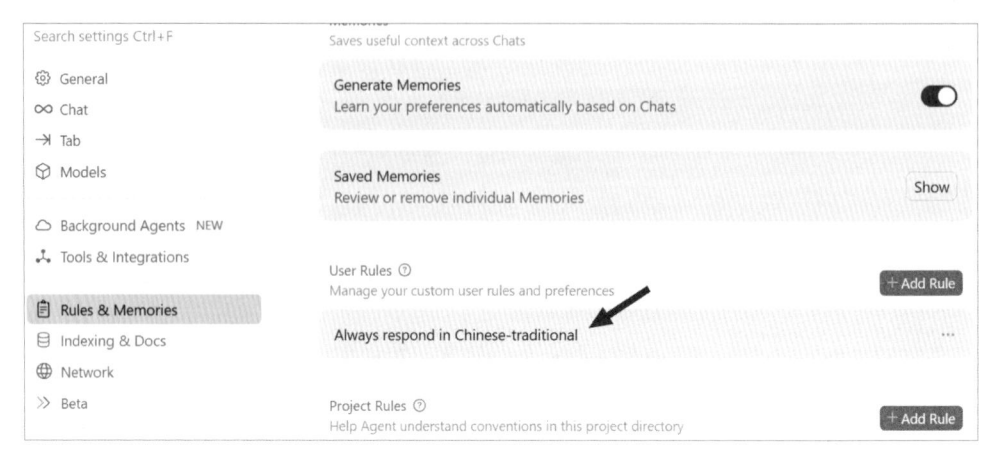

🎧 圖 6-14 Rules 是 Cursor 最強大的功能之一，系統預設就有一個使用繁中的 Rule

6.2.2 編輯工具

編輯工具讓 Agent 能夠對你的檔案和程式碼庫進行具體的編輯操作。

Edit&Reapply（編輯與重新應用）

Agent 可以建議對檔案進行編輯，並自動應用這些編輯。這個功能讓 AI 的建議能夠直接轉化為實際的程式碼變更。

Delete File（刪除檔案）

Agent 可以自主刪除檔案，但這個功能可以在設定中關閉，確保安全性。在重要專案中建議謹慎使用這個功能。

6.2 工具組

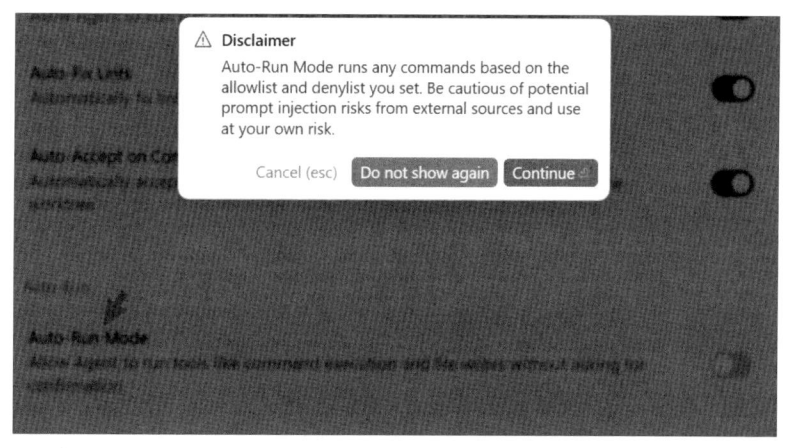

↯ 圖 6-15 你要開啟自動執行時才會有這些檔案處理

6.2.3 執行工具

執行工具讓 Agent 能夠與你的終端和外部服務互動，執行各種命令和操作。

Terminal（終端）

Agent 可以執行終端命令並監控輸出。這讓它能夠安裝套件、執行測試、啟動伺服器等。

預設情況下，Cursor 會使用第一個可用的終端設定檔。如果你想要使用特定的終端，可以透過以下步驟設定：

1. 開啟命令面板（`Ctrl+Shift+P`）

2. 搜尋「Terminal:Select Default Profile」

3. 選擇你想要的設定檔

↯ 圖 6-16 在不同的作業系統下會開啟不同的終端，Windows 預設為 PowerShell

6-13

第 6 章　Agent 進階功能

MCP（Model Context Protocol）

Agent 可以使用設定 MCP 伺服器與外部服務互動，例如資料庫或第三方 API，我們在本書的後面會有兩個完整的章節說明 MCP。

Toggle MCP Servers（切換 MCP 伺服器）

Agent 可以切換可用的 MCP 伺服器，並遵循自動執行設定。這讓 Agent 能夠根據需要啟用或停用特定的外部服務連接。

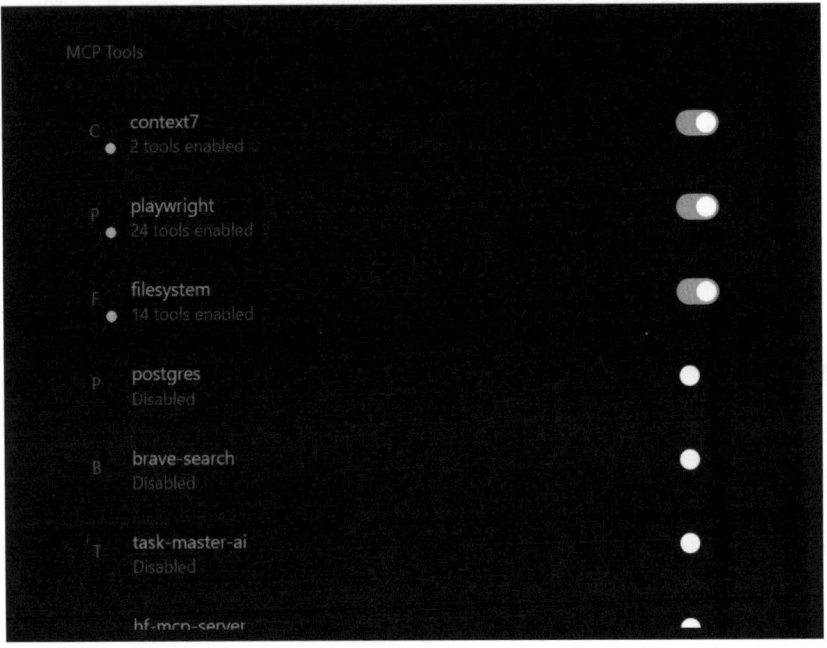

🎧 圖 6-17　MCP 是目前 LLM 重要的協議，本書稍後會有兩個完整的章節說明

6.2.4　進階選項

為了讓開發更順暢，Agent 提供了一些進階選項。這些選項可以大幅提升開發效率，減少手動操作。

Auto-apply Edits（自動應用編輯）

開啟後，Agent 會自動應用編輯建議，不用每次都手動確認。這能大幅提升開發速度，但建議在重要專案中謹慎使用。

Auto-run（自動執行）

這個選項讓 Agent 自動執行終端命令並接受編輯。特別適合執行測試套件，Agent 會自動修正發現的問題。

Guardrails（防護機制）

定義特定工具的允許 / 拒絕清單，控制自動執行。這讓你能夠精確控制 Agent 的權限範圍，確保安全性。

Auto-fix Errors（自動修復錯誤）

當 Agent 遇到 linter 錯誤和警告時，會自動嘗試修正。這能保持程式碼品質，減少手動除錯的時間。

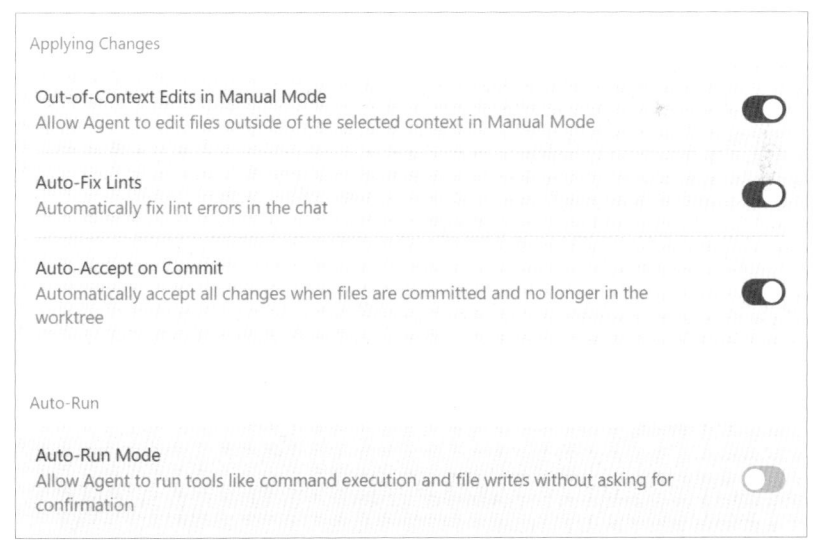

🎧 圖 6-18 這些都是 Cursor 的進階功能，在設定中都可以開啟

第 6 章　Agent 進階功能

▼ 表 6-1：Agent 工具功能比較

工具類型	主要用途	代表功能	特色
搜尋工具	理解程式碼庫	語意搜尋、檔案讀取、網路搜尋	智慧理解程式碼結構
編輯工具	修改程式碼	智慧編輯、檔案管理	自動分析與整合
執行工具	環境操作	終端命令、MCP 服務	直接控制開發環境
進階選項	提升效率	自動應用、錯誤修復、防護機制	減少手動操作、安全控制

6.3　程式碼套用

Agent 最實用的功能就是能直接把 AI 的建議轉成實際的程式碼。這個應用機制就像 AI 和程式碼之間的橋樑，讓智慧能夠真正實現。

6.3.1　應用系統

Cursor 的應用系統是專門設計的，負責把聊天中產生的程式碼整合到你的檔案中。這個系統的設計很聰明：聊天模型負責生成程式碼，應用模型負責整合程式碼。

應用系統不會自己產生程式碼，它只負責整合。但它很厲害，可以處理複雜的多檔案變更，甚至能處理大型程式碼庫的批次修改。

6.3.2　一鍵應用

當 Agent 在聊天中提供程式碼解決方案時，你會看到程式碼區塊右上角有個播放按鈕。點擊這個按鈕，程式碼就會自動應用到正確的檔案中。

應用過程很智慧：

1. 自動識別目標檔案

2. 分析變更範圍

3. 智慧整合到現有程式碼

4. 保持程式碼格式一致

6.3.3 多檔案處理

應用機制的厲害之處是能處理複雜的多檔案變更。當 Agent 需要建立一個完整功能時，往往需要同時修改多個檔案，應用系統會協調所有變更，確保它們能正確整合在一起。

- 修改路由檔案
- 建立新的控制器
- 更新資料庫模型
- 新增測試檔案

應用系統會協調所有這些變更，確保它們能正確整合在一起。

6.4 差異檢視與審查

當 Agent 要修改你的程式碼時，你當然想知道它要改什麼。差異檢視功能讓你清楚看到每個變更，確保修改符合你的期望。

6.4.1 清楚顯示變更

當 Agent 產生程式碼變更時，系統會用熟悉的差異格式顯示，用顏色標示不同類型的變更。這個功能讓你能清楚看到 Agent 要修改什麼，確保變更符合你的期望。

第 6 章　Agent 進階功能

- **新增的行**：綠色背景，前面有 + 符號

- **刪除的行**：紅色背景，前面有 - 符號

- **上下文行**：正常顯示，讓你了解變更環境

例如：

```
+ const newVariable = 'hello';
- const oldVariable = 'goodbye';
  function example()
```

🔊 圖 6-19　當 Agent 產生程式碼變更時，系統會用熟悉的差異格式顯示，用顏色標示不同類型的變更

這樣你一眼就能看出 Agent 要改什麼。

6.4.2　審查流程

Agent 完成程式碼產生後，不會馬上應用，而是會提示你審查所有變更。這個步驟很重要，讓你能在應用前全面了解即將發生的修改。

審查流程包括：

- **變更總覽**：看看要修改哪些檔案

- **逐檔檢視**：詳細看每個檔案的變更

6.4 差異檢視與審查

- 選擇性應用：決定接受或拒絕特定變更

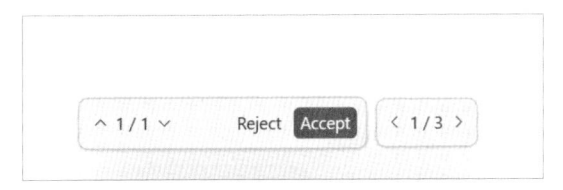

▲ 圖 6-20 針對每一個變更，都可以單獨設定是否套用

```js
JS app-standalone.js
public > JS app-standalone.js > [∅] showMessage
    let todos = [];
    重構這一小段                Reject Ctrl+Shift+⌫   Accept Ctrl+⏎  ✕
    Add a follow-up
    Auto                                      Edit Selection
 6      currentUser: null,
 7      todos: [],
 8      filter: 'all',
 9      priorityFilter: ''
10  };
11                                          Reject Ctrl+N   Accept Ctrl+Shift+Y
    // 工具函數
12  // 顯示訊息的小工具
13  const showMessage = (message, type = 'info') => {
14      // 在畫面上顯示一筆提示訊息
15      const messageDiv = document.createElement('div');
16      messageDiv.className = `message message-${type}`;
17      messageDiv.textContent = message;
18      document.body.appendChild(messageDiv);
19
20      setTimeout(() => {
21          messageDiv.remove();
22      }, 3000);
23  };
24
25  const formatDate = (dateString) => {
26      if (!dateString) return '';
27      const date = new Date(dateString);
```

▲ 圖 6-21 你也可以一次接受整個檔案的變更

6.4.3 精細控制

系統在畫面底部提供審查工具列，讓你能對每個檔案進行精細控制。這個功能可以選擇性地接受或拒絕變更，提供更靈活的控制選項。

檔案級操作選項：

- **接受**：應用當前檔案的所有變更
- **拒絕**：放棄當前檔案的所有變更
- **下一個檔案**：前往下一個有待處理變更的檔案

6.4.4 選擇性接受

有時候你想要更精細的控制，比如只接受部分變更。系統提供選擇性接受功能，讓你能以行為單位控制變更的應用。

選擇性控制策略：

- **接受大部分變更**：先拒絕不需要的行，再點擊「Accept all」
- **拒絕大部分變更**：先接受需要的行，再點擊「Reject all」

6.4.5 完整檢視

在 Agent 回應的最後，你會看到「Review changes」按鈕。點擊這個按鈕可以查看所有變更的完整差異檢視。這個功能提供最詳細的變更資訊，讓你做出最準確的決策。

完整差異檢視提供：

- 所有檔案的變更總覽
- 變更統計資訊

- 整體影響範圍評估

- 完整的上下文資訊

🎧 圖 6-22 完整檢視可以讓你看到所有變更的完整差異檢視

▼ 表 6-2：差異檢視功能比較

檢視類型	詳細程度	控制粒度	適用場景
即時差異	中等	檔案級	快速審查
選擇性接受	高	行級	精細控制
完整檢視	最高	全域	整體評估

6.5 本章小結

　　本章帶你認識了 Agent 的進階功能，這些工具讓 AI 協作達到了專業開發的水準。智慧規劃功能透過自動拆解任務和佇列管理，讓複雜專案變得有條不紊。工具系統提供了完整的開發環境整合，從搜尋到編輯，從執行到自動化。應用機制確保 AI 的智慧能夠準確轉化為實際的程式碼變更，而差異檢視與審查功能則提供了必要的品質控制。這些功能共同構成了一個完整的 AI 輔助開發生態系統。

第 6 章　Agent 進階功能

　　掌握這些進階功能後，你將能夠充分發揮 Cursor 的潛力，讓 AI 成為真正的開發夥伴，不僅提升效率，更能保證程式碼品質和專案管理水準。

7

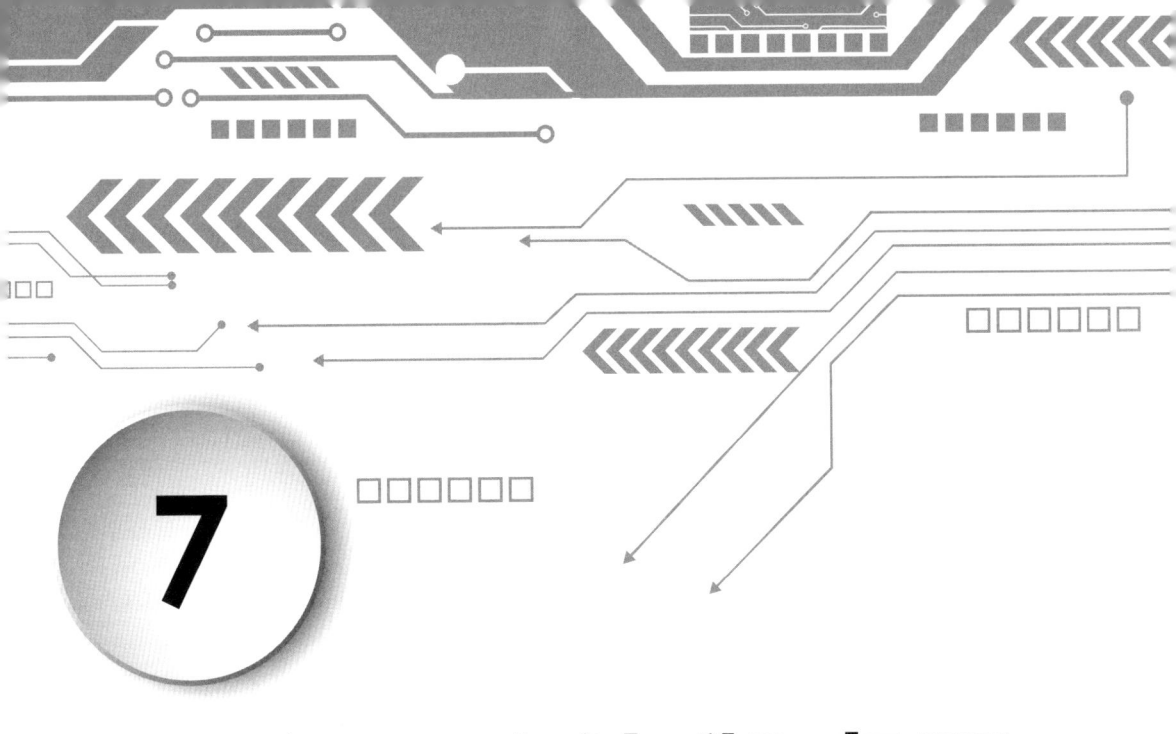

AI 聊天功能與應用

為什麼 Cursor 是全世界 Vibe Coders 的首選，就是他的 AI 功能。如果只是單純的編輯器，用 VS Code 不就好了？從本章開始，我們就開始深入探討並使用 Cursor 最重要的核心價值，AI 程式開發。

第 7 章　AI 聊天功能與應用

7.1 聊天介面詳解：你的 AI 互動控制台

AI 聊天面板是 Cursor 中與 AI 互動的主要介面。透過此面板，你可以讓 AI 協助撰寫程式碼、偵錯、進行技術討論等。熟悉此介面是有效利用 Cursor AI 功能的基礎。

7.1.1 聊天面板佈局與核心元素

AI 聊天面板位於 Cursor 介面的右側側邊欄。你可以點擊活動列上的 Cursor 圖示，或使用快速鍵（`Ctrl+L`）來開啟它。

聊天面板主要包含以下幾個部分：

- **頂部工具列**：提供常用功能按鈕
    - **新增聊天**：開始一個全新的對話。
    - **背景 Agent**：可以在背景執行一些自動化任務。
    - **歷史聊天記錄**：查看之前的對話記錄。
    - **其他設定**：包含清除對話、匯出記錄等選項。
    - **關閉 AI 對話**：關閉聊天面板。

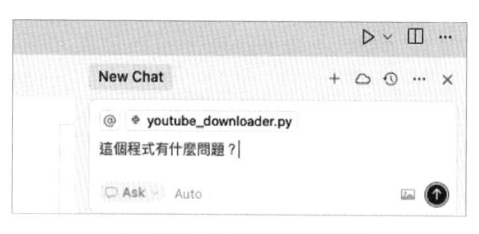

圖 7-1 頂部工具列

- **對話區域**：顯示你與 AI 的互動內容，最新的訊息會在最下方。
  - 每筆訊息都會顯示是誰說的、時間和內容。
  - AI 回覆中的程式碼會有特別的區塊顯示，方便閱讀和複製。
  - 如果 AI 建議修改程式碼，會以 Diff 的方式呈現。

🎧 圖 7-2 這是你和 AI 互動的主要區域，包含你和 AI 的對話記錄

- **輸入框**：位於面板底部，用來輸入你的問題、指令或程式碼
  - 支援多行輸入：Shift+Enter 換行，Enter 送出
  - 提供自動建議和歷史指令功能
  - 模式選擇，如 Agent、Ask、Manual
  - 模型選擇，選擇不同的模型，本書稍後章節會有詳細介紹

第 7 章　AI 聊天功能與應用

◯ 圖 7-3　這就是你寫程式的地方，使用自然語言

7.1.2　提出你的第一個指令

如果你習慣使用 ChatGPT，你會發現 Cursor 的 AI 更加強大。它不僅能回答問題，還能讀懂你的專案程式碼、查閱文件，甚至在需要時上網搜尋。現在，我們以第一章的程式為例，來試試看如何向 AI 提問。這裡將是你未來最常與 AI 互動的地方，不再是程式碼內部了。

1. 開啟第零章程式所在的資料夾。

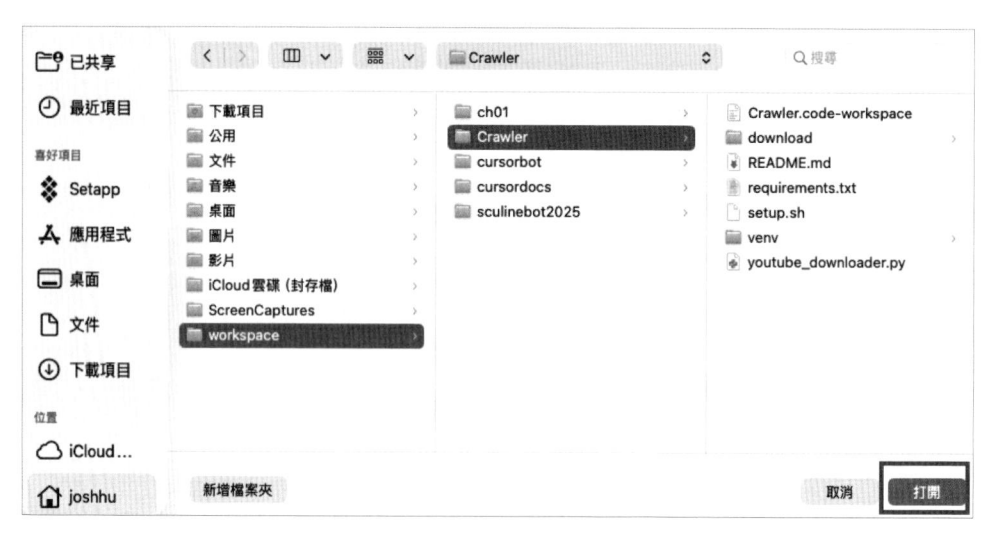

◯ 圖 7-4　開啟這個程式

7-4

2. 開啟 youtube_downloader.py 這個檔案。

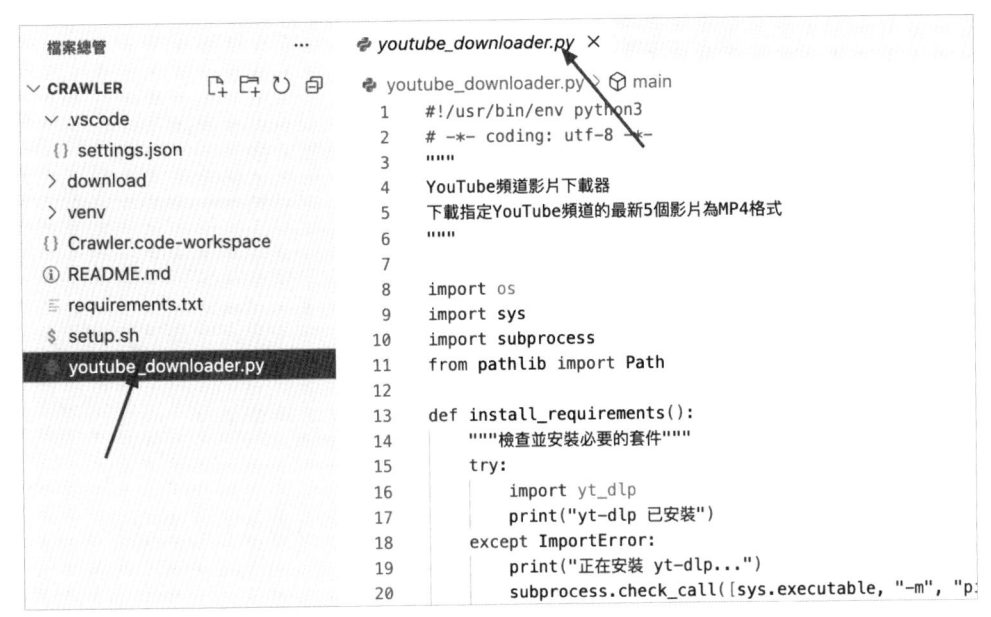

● 圖 7-5 開啟檔案

3. 按下 Ctrl+L 開啟 AI 聊天面板。

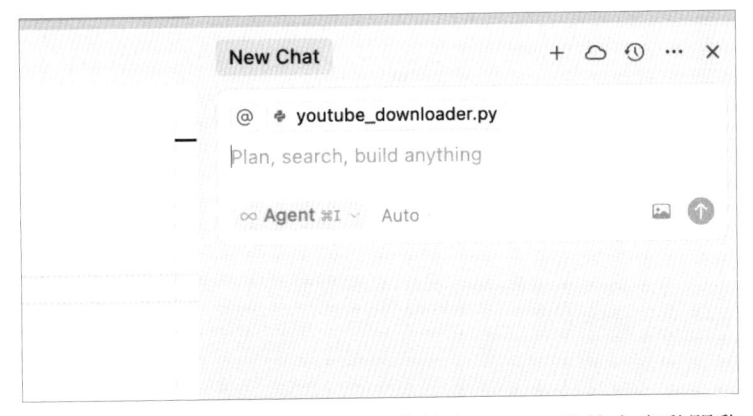

● 圖 7-6 開啟 AI 聊天面板，通常載入 Cursor 時就會自動開啟

第 7 章　AI 聊天功能與應用

4. 在輸入框下方選擇「Ask」模式。

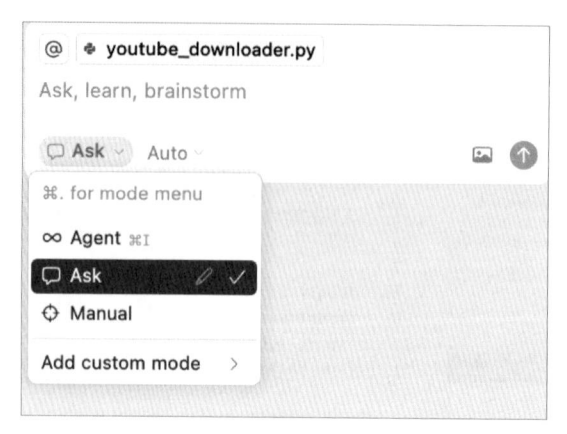

🎧 圖 7-7　先使用最簡單的 Ask 模式

5. 選擇一個 AI 模型（目前 `gemini-2.5-pro` 通常是最強大的選項）。

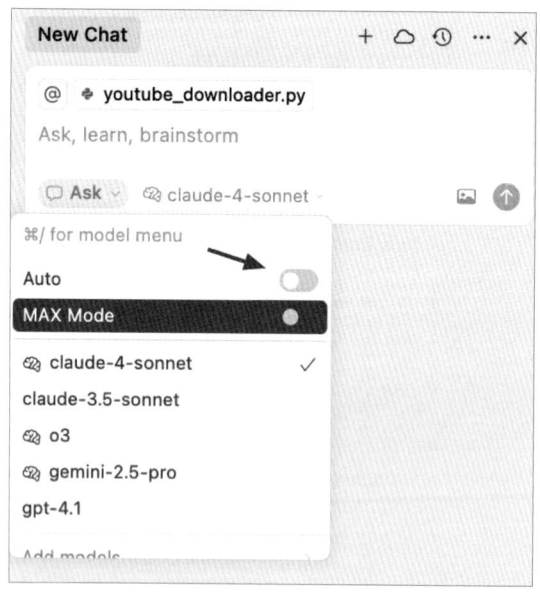

🎧 圖 7-8　選擇模型，如果是 Pro 使用者
可以選擇「Auto（自動）」模式，這樣 Cursor 會自動選擇最佳模型

7.1 聊天介面詳解：你的 AI 互動控制台

6. 在輸入框中輸入你的問題，例如：「幫我看一下這個程式有什麼問題」。

🎧 圖 7-9 輸入你的問題，這裡可以使用自然語言描述你的需求

7. 按下 Enter 送出。AI 就會開始分析並嘗試回答。請注意，AI 的回答可能會有隨機性，每次結果不一定完全相同。

🎧 圖 7-10 AI 回覆的結果，通常會包含程式碼片段和建議

這樣你就完成了與 AI 的第一次互動！你可以根據 AI 的回覆進一步提問或請求修改。這個過程中，AI 會根據你的專案上下文來提供更精確的建議。

7.1.3 聊天面板中的實用功能按鈕

在 AI 聊天面板的互動過程中，除了基本的輸入和輸出，Cursor 還在許多地方設計了實用的小按鈕，讓你的操作更方便。這些按鈕通常出現在 AI 回覆旁、程式碼區塊或輸入框附近。

以下是一些常見且實用的功能：

- **針對 AI 回覆訊息的操作：**
    - **複製訊息 (Copy Message)**：通常在 AI 回覆的右上角，可以快速複製整段文字。
    - **重新生成回覆 (Regenerate Response)**：如果對 AI 的回答不滿意，可以點擊此按鈕 (通常是個旋轉箭頭)，讓 AI 重新生成一個答案。
    - **編輯你的提問 (Edit Your Prompt)**：如果發現是自己的問題沒問好，可以修改之前的提問，讓 AI 根據修改後的內容重新回答，直接去修改你問的問題即可。
    - **評價回覆 (Feedback Buttons)**：有些 AI 工具會提供按鈕 (如讚 / 倒讚)，讓你評價回答品質，這有助於改進 AI 模型。
    - **分支對話 (Branch Conversation)**：當你想基於某個回答開啟新的討論方向時，這個功能可以從該訊息開始建立一個新的聊天分頁。

🎧 圖 7-11 這邊是針對 AI 回覆的操作按鈕

- **針對程式碼區塊的操作：**

  - **複製程式碼 (Copy Code)**：在 AI 提供的程式碼區塊右上角，點擊即可複製程式碼。

  - **套用修改 (Apply Changes)**：如果 AI 提供了程式碼修改建議 (以 Diff 形式)，點擊「套用」按鈕，Cursor 會嘗試自動將修改應用到你的檔案中。這是 Cursor 的一大特色，非常方便。

  - **插入到游標位置 (Insert at Cursor)**：如果 AI 提供了新的程式碼片段，此按鈕可將其插入到編輯器中游標所在位置。

  - **在編輯器中開啟 (Open in Editor)**：如果 AI 提到或修改了特定檔案，此按鈕可快速在編輯器中開啟該檔案並定位到相關位置。

  🎧 圖 7-12 這邊是針對程式碼區塊的操作按鈕

- **輸入框附近的操作：**

  - **附加檔案 / 上下文 (Attach Context)**：除了 @ 符號，輸入框旁可能有按鈕讓你手動選擇要提供給 AI 的檔案或資料夾。

第 7 章　AI 聊天功能與應用

- 停止生成 (Stop Generating)：如果 AI 正在處理請求，此按鈕可中斷其生成過程。

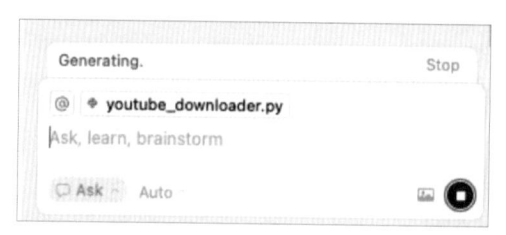

◯ 圖 7-13　針對程式碼你有許多選項，執行時會變成按停止按鈕

- 其他可能的按鈕：

  - 檢視變更 (Review Changes)：AI 完成操作後 (特別是 Agent 模式)，可能提供按鈕讓你集中查看所有檔案修改。

  - 還原檢查點 (Restore Checkpoint)：Cursor 可能會在 AI 進行重要修改前後建立「檢查點」，如果修改不如預期，可以回溯到之前的狀態。

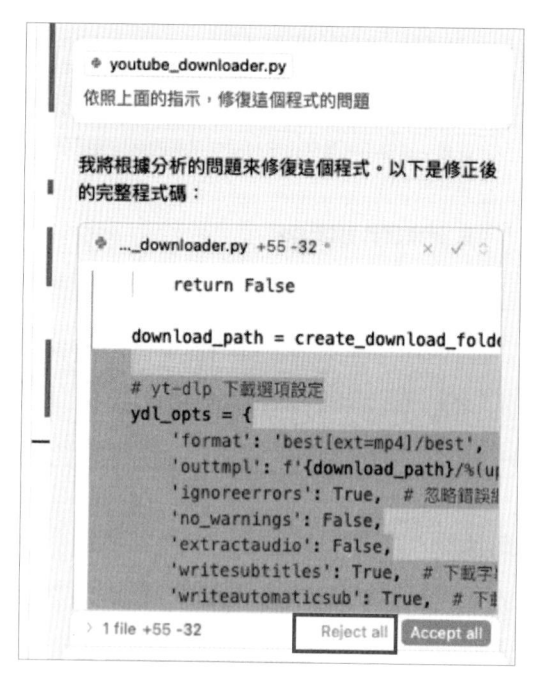

◯ 圖 7-14　不是所有 AI 的建議你都要接受，也可以選擇不套用，這樣就可以保留原本的程式碼

這些功能按鈕的位置和外觀可能因版本或設定而異，但它們的目的是讓 AI 互動更順暢高效。建議你在使用中多加嘗試。

7.1.4 管理多個聊天分頁 (Chat Tabs)：同時處理不同任務

當你在專案中處理多個任務時，單一的 AI 聊天對話可能會變得有點亂。比如你可能同時在研究一個新功能、修一個 Bug，還要請 AI 幫忙寫文件。為了讓你更有效率，Cursor 設計了「聊天分頁」功能，可以在不同的分頁裡同時進行多個獨立的 AI 對話，而且切換很方便。

- **為什麼聊天分頁很有用？**
  - **任務分開**：每個分頁專注處理一個任務，這樣討論就不會混在一起，思路更清晰。
  - **上下文獨立**：不同分頁可以有各自的程式碼上下文。比如一個分頁討論後端 API，另一個討論前端 UI，它們引用的檔案可以不一樣。
  - **同時進行**：你可以在一個分頁裡問 AI 一個需要花點時間的問題 (像「分析這個大專案的架構」)，然後切換到另一個分頁處理其他比較快的任務，不用等。
  - **比較不同方案**：針對同一個問題，可以在不同分頁用不同問法、不同模型，看看 AI 給出哪些不同的解決方案。

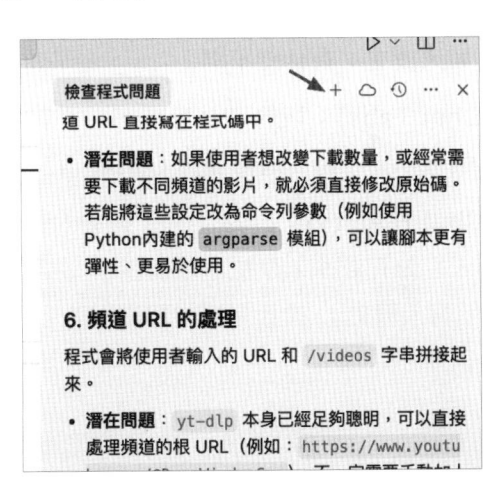

圖 7-15 這是 Cursor 的聊天分頁功能，可以同時處理多個任務

- 怎麼使用聊天分頁：
  - 開新分頁：
    - **點按鈕**：在 AI 聊天面板頂部通常有個「新增聊天」(New Chat) 或加號按鈕，點一下就開一個新的空白分頁。
    - **用快速鍵**：Cursor 通常有快速鍵可以開新分頁，比如在聊天面板裡按 Ctrl+T（Windows/Linux）。你可以查一下你的 Cursor 設定確認。
  - 切換分頁：
    - 當你開了多個分頁，聊天面板頂部會出現一排「聊天分頁列」，顯示每個分頁的標題 (通常是第一個問題的簡短摘要)。
    - 直接用滑鼠點擊你想切換的分頁標題就行。
    - 可能也有快速鍵可以在分頁間切換（比如 Ctrl+Alt+ **左右箭頭**，類似瀏覽器分頁切換，需查閱官方設定）。
  - 關閉分頁：
    - 在分頁標題旁邊通常有個 x 按鈕，點一下就關閉該分頁。
    - 在分頁標題上按右鍵，可能會有「關閉」、「關閉其他」、「全部關閉」等選項。
  - 重新命名分頁 (可能支援)：有些版本的 Cursor 或設定可能允許你給分頁取個更有意義的名字，方便管理。

- 聊天分頁 vs. 聊天歷史：有什麼不同？
  - **聊天分頁 (Chat Tabs)**：指的是你目前正在進行的對話。可以同時開好幾個，它們可以同時跑，通常關掉 Cursor 再開會恢復這些分頁。
  - **聊天歷史 (Chat History)**：指的是所有過去的對話記錄。Cursor 通常會把你的聊天記錄存起來 (存在你電腦裡)，你可以透過特定功能 (比如搜尋「顯示聊天歷史」) 找到完整的記錄。聊天歷史是會一直保留的，除非你手動刪掉。

```
Search chats
Today
檢查程式問題 Current chat
New Chat  36m
程式問題分析  44m
3d ago
下載Youtube影片的Python程式
New Chat
+ New Chat
☁ New Background Agent
```

🎧 圖 7-16 聊天歷史可以透過搜尋找到

　　善用聊天分頁功能，能讓你處理複雜專案和多任務時更有條理。就像在瀏覽器裡開多個分頁查資料一樣，Cursor 的聊天分頁也能讓你的 AI 互動更有效率。

7.2 探索聊天模式：與 AI 的多種互動方式

　　Cursor 的 AI 聊天功能提供了多種「模式」，每種模式都有不同的設計目的，能幫助你應對不同的開發情境。了解並學會切換這些模式，可以讓你更有效地引導 AI，獲得更符合需求的協助。你通常可以透過聊天面板頂部的模式選擇器來切換模式。

7.2.1 代理模式 (Agent Mode)：讓 AI 成為你的自主開發夥伴

　　代理模式是 Cursor 中最聰明、最主動的模式，特別適合處理比較複雜的任務。在這個模式下，AI 不只是被動回答問題，它會像一個真正的「代理人」或「夥伴」，試著理解你的整體目標，然後自己規劃並執行一系列步驟來完成任務。

　　代理模式會自動使用所有可用的工具來完成任務，包括搜尋程式碼庫、讀取檔案、編輯檔案、執行終端指令等。它會根據你的需求自主決定使用哪些工具，並在需要時向你確認重要決策。

主要特色

- **自主規劃與執行**：AI 會分析你的需求，探索程式碼，找出相關檔案，並規劃修改步驟。

- **整合多種工具**：可以使用程式碼搜尋、編輯檔案、執行終端指令、甚至上網找資料。

- **分步驟完成任務**：會按照規劃一步步執行，過程中可能會確認細節、檢查錯誤並自己修正。

- **任務完成後會總結**：搞定後會告訴你做了哪些事。

- **自動工具選擇**：AI 會根據任務需求自動選擇最適合的工具組合。

- **主動確認機制**：在執行重要操作前會主動向你確認，確保安全。

🎧 圖 7-17 通常代理模式會完成很多工作，在必要時會提示你按下確定的按鈕

適用情境

- **開發新功能**：比如新增 API 或使用者介面。

- **大規模重構**：調整程式碼結構或寫法。

- **專案初始化**：建立基本架構或設定。

- **解決複雜問題**：分析錯誤原因或追蹤程式碼流程。

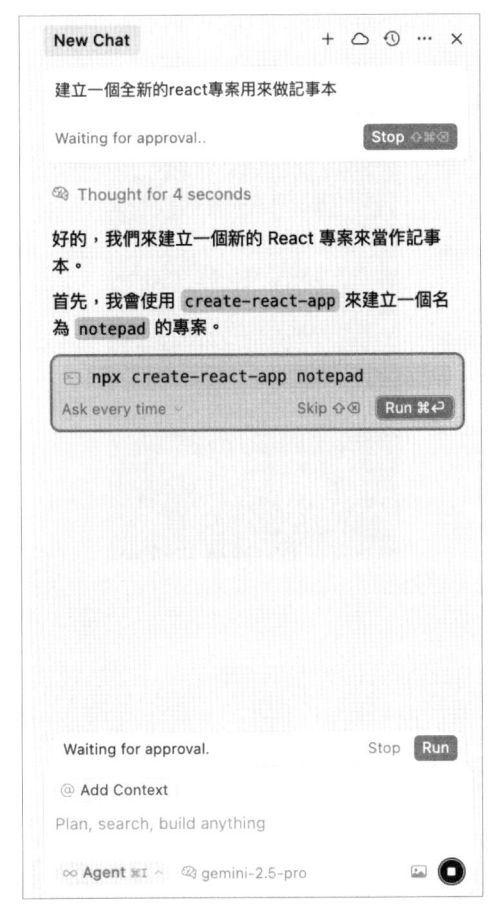

🎧 圖 7-18 常常在專案初始化時，使用代理模式

使用技巧

- **目標說清楚**：你給的目標越明確，AI 越不容易跑偏。

- **先給點方向**：用 @ 符號提一下相關檔案，幫助 AI 快速進入狀況。

- **保持互動**：複雜任務需要時間，AI 可能會問問題，記得回覆。
- **仔細檢查**：AI 做完的修改一定要自己看一遍，別直接全盤接受。
- **做好備份**：大改之前最好先提交程式碼或建立檢查點。
- **任務拆解**：太大的任務可以分成幾個小階段，一步步來。

△ 圖 7-19 大型專案不是在這邊打幾個字就可以完成，需要完整步驟

代理模式展現了 Cursor AI 最厲害的地方，它讓 AI 從單純的問答工具變成能實際參與開發的夥伴。用好代理模式，特別是處理重複或跨檔案的任務時，能大大加快你的開發速度。

7.2.2 提問模式 (Ask Mode)：你的程式碼顧問

提問模式就像你的專屬程式碼顧問，主要用來問問題、探索程式碼或學習新東西。跟代理模式不同，它不會自己動手改你的程式碼，而是專注於理解你的問題，找相關資訊，然後給你解釋、建議或解決思路。

提問模式會使用搜尋程式碼庫和讀取檔案等工具來回答你的問題，但不會自動編輯檔案或執行終端指令。它主要用於分析和解釋，而不是執行操作。

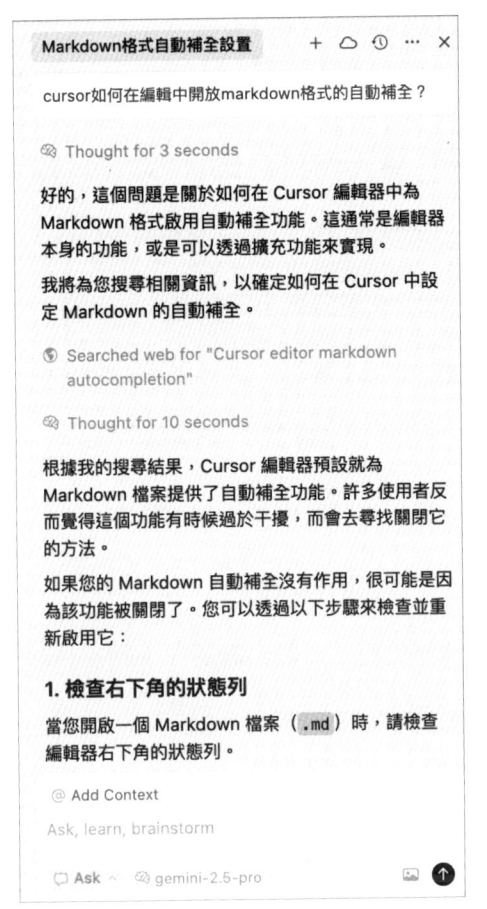

7.2 探索聊天模式：與 AI 的多種互動方式

▶ 圖 7-20 平常問 ChatGPT 的問題，可以來這邊問了，還可以引入上下文

主要特色

- **專心回答問題**：解釋程式碼功能、演算法、錯誤原因或專案結構。

- **能看懂你的程式碼**：可以搜尋和閱讀你的程式碼庫，根據問題找到相關片段。

- **只給建議，不修改**：即使提供了修改程式碼的建議，也需要你手動套用。

- **協助規劃**：幫你思考新功能的實現方案或步驟。

適用情境

- **學習新專案**：快速了解專案架構和程式碼。
- **理解複雜程式碼**：讓 AI 解釋看不懂的程式碼片段。
- **分析錯誤**：找出錯誤訊息的可能原因和解決方向。
- **討論技術方案**：跟 AI 討論技術選擇或實現思路。
- **產生文件或註解**：請 AI 幫程式碼寫註解或說明。

使用技巧

提供精準上下文：用 @ 符號明確指出相關檔案，讓回答更準確。

不清楚就追問：對於不夠清楚的回答，可以繼續問，要求更多細節。

記得自己動手：AI 給的程式碼建議需要你手動複製貼上或套用。

搭配其他模式：可以先在提問模式討論好方案，再換到其他模式去實作。

7.2.3 手動模式 (Manual Mode)：精準控制你的 AI 工具人

手動模式讓你對 AI 的行為有最高的控制權。跟代理模式那種自主性不同，手動模式下的 AI 更像一個會嚴格按照你指令工作的「工具人」。它主要根據你明確指定的檔案和指令來修改或生成程式碼，不會自己去探索你沒提到的地方。

手動模式只會使用你明確指定的工具，通常是編輯檔案和程式碼生成工具。它不會自動搜尋程式碼庫或執行其他操作，除非你明確要求。

7.2 探索聊天模式：與 AI 的多種互動方式

主要特色

- **聽從明確指令**：AI 只會處理你用 @ 符號指定的檔案和程式碼。

- **自主性較低**：不會自己猜你的意思或修改沒指定的檔案。

- **專注於編輯和生成**：根據你的指令修改或產生新的程式碼。

- **工具受限**：通常只會用到檔案編輯和程式碼生成工具。

- **可以同時處理多個檔案**：可以一次 @ 多個檔案，讓 AI 協同修改。

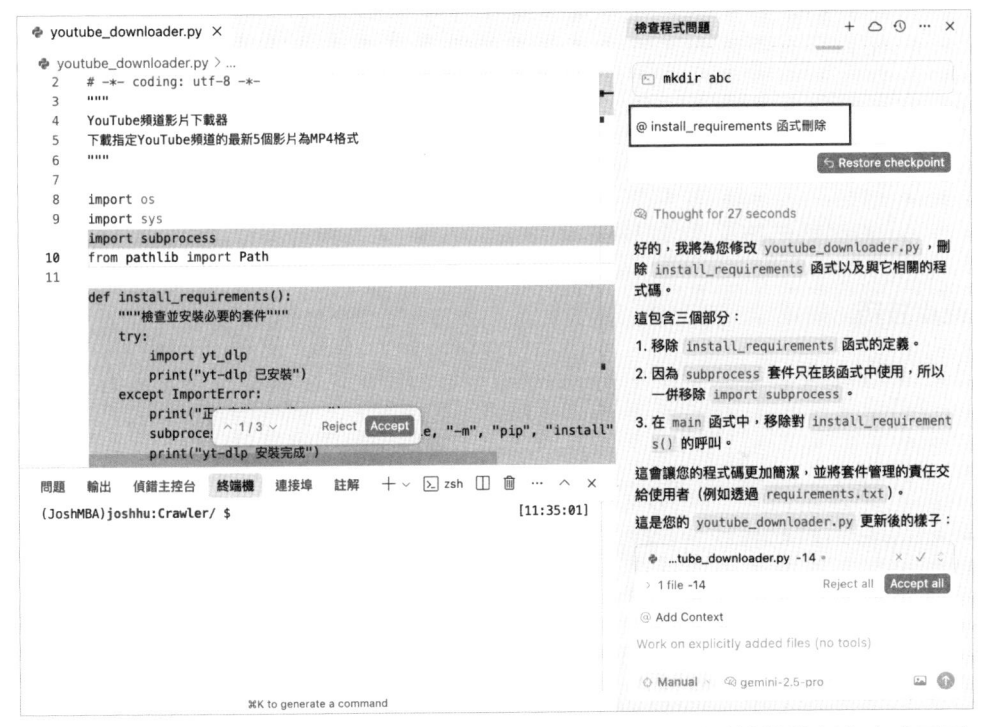

🎧 圖 7-21 手動模式時要指定引用的來源才會修改，通常需要精準控制內容才需要

適用情境

- **小範圍精確修改**：當你很清楚要改哪個檔案的哪幾行，而且不希望 AI 多做其他事時。比如：「在 @userController.js 的 getUser 函式裡，檢查一下 userId 是不是數字。」

- **套用固定程式碼**：比如：「在 @componentA.vue 和 @componentB.vue 的最上面，加上標準的版權註解。」

- **針對選取範圍重構**：選取一段程式碼，然後告訴 AI：「把這段 @selection 重構成一個叫 calculateTotalPrice 的獨立函式，並在原來的地方呼叫它。」

- **不希望 AI 干涉太多**：當你只想讓 AI 處理一個很具體、獨立的任務，不影響專案其他部分時。

- **教學或示範**：你可以精確控制 AI 的每一步，用來教學或展示。

使用技巧

- **上下文要給夠**：因為 AI 不會自己找，你用 @ 符號提供的檔案和程式碼必須是完整的。

- **指令要具體**：你的指令越詳細越好。比如，不要說「改這個函式」，要說「把 @fileX.js 裡 processData 函式的第一個參數 data 改成 inputData」。

- **一次一個重點任務**：雖然可以 @ 多個檔案，但任務太複雜的話，最好還是拆開來做，或者考慮用代理模式。

- **確認 AI 理解**：在讓 AI 動手改之前，可以先問它一個確認問題，比如「你確定是要在 A 檔案的 B 位置改 C 嗎？」。

- **跟「行內編輯」比較**：手動模式跟「行內編輯（Ctrl+K）」有點像，都是針對選定範圍操作。但行內編輯更即時，手動模式在聊天面板裡，可以處理稍微複雜一點、需要 @ 其他檔案的任務。

手動模式讓你完全掌控 AI 的行為。當你需要精準操作、不希望 AI 有太多自己的想法時，它是個很可靠的選擇。雖然需要你對需求和程式碼更清楚，但結果也會更符合預期。

7.2.4 自訂模式 (Custom Modes)：打造你的專屬 AI 助手

除了內建的模式，Cursor 還有一個超棒的功能叫**自訂模式**。你可以根據自己的習慣、工作流程或專案需求，創造全新的 AI 聊天模式！你可以自由組合 AI 能用的工具、設定它回答問題的風格，打造一個完全屬於你的 AI 助手。

自訂模式可以完全控制 AI 的行為，包括它可以使用的工具、回答的風格、以及處理任務的方式。你可以為不同的開發場景創建專門的模式，讓 AI 更符合你的特定需求。

核心概念

- **自己決定 AI 怎麼做**：不再只能用預設的模式，可以調整 AI 的「個性」和能力。

- **讓工作更順手**：針對常做的任務，可以設定一個專門的模式，一鍵切換，超方便。

- **團隊一起用 (可能)**：也許可以透過專案設定檔，讓團隊成員共用自訂模式，確保大家用 AI 的方式一致。

第 7 章　AI 聊天功能與應用

如何設定自訂模式

步驟 1：開啟自訂模式功能

- 開啟 Cursor 設定（Settings）
- 找到 Features → Chat → Custom modes
- 把這個功能開啟

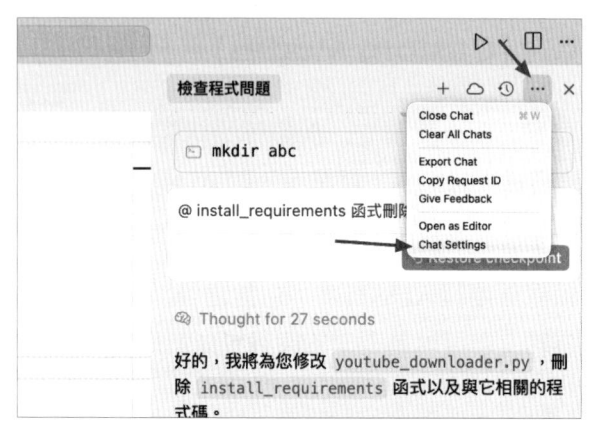

◐ 圖 7-22　選擇設定

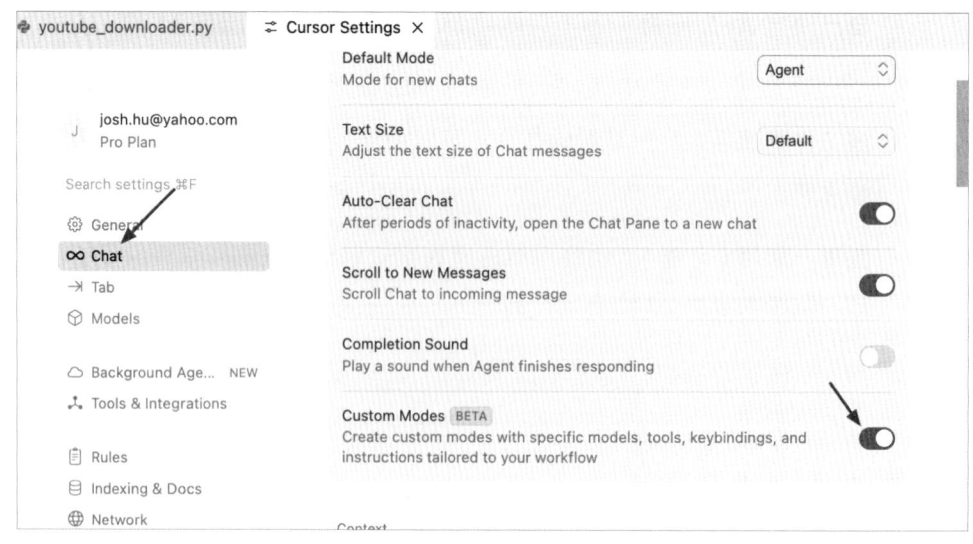

◐ 圖 7-23　開啟自訂模式

7.2 探索聊天模式：與 AI 的多種互動方式

步驟 2：建立新的模式

- 在聊天面板頂部的模式選擇器裡，選擇「新增自訂模式」
- 會跳出設定視窗

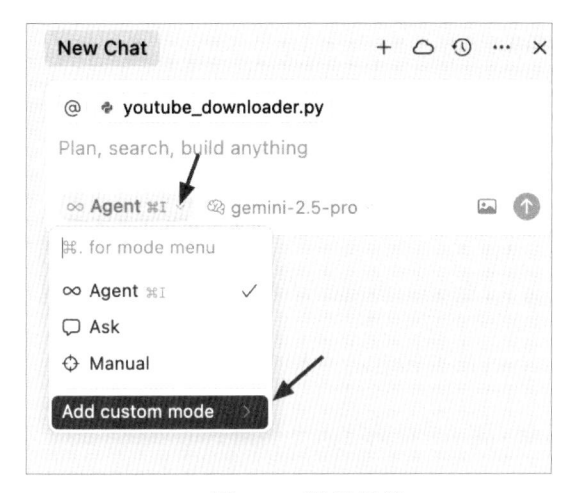

🎧 圖 7-24 選擇這邊

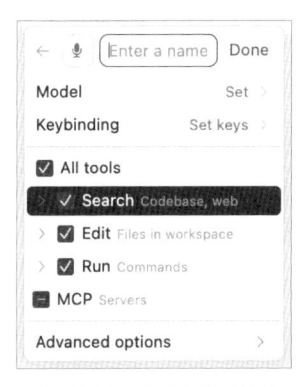

🎧 圖 7-25 設定視窗

7-23

第 7 章　AI 聊天功能與應用

步驟 3：填寫基本資料

- **模式名稱**：取個好記的名字，比如「React 重構助手」
- **快速鍵**：設定一個快速鍵，以後切換更快 (可選)

步驟 4：選擇 AI 能用的工具

- 在「啟用的工具」裡，勾選這個模式需要的功能，有些後面還有子項目，可以選擇要不要勾選
- **搜尋程式碼庫** - 讓 AI 能看你的專案程式碼
- **讀取檔案** - 讓 AI 能讀取專案中的檔案內容
- **編輯檔案** - 讓 AI 能修改和建立檔案
- **執行終端指令** - 讓 AI 能執行命令列指令
- **網頁搜尋** - 讓 AI 能搜尋網路資訊
- **自動套用編輯** - 讓 AI 自己套用修改
- **自動執行工具** - 讓 AI 自己跑工具

步驟 5：告訴 AI 怎麼做

- 在「自訂指令 / 系統提示」裡，寫下你希望 AI 在這個模式下怎麼表現。
- 這些就像是給 AI 的「角色設定」和工作規則。

步驟 6：選預設模型

- 選一個這個模式預設要用的 AI 模型。
- 不同的任務可以搭配不同的模型。

步驟 7：儲存並試試看

- 點「儲存」按鈕就搞定了。

- 在模式選擇器裡選你剛建好的模式，開始用吧！

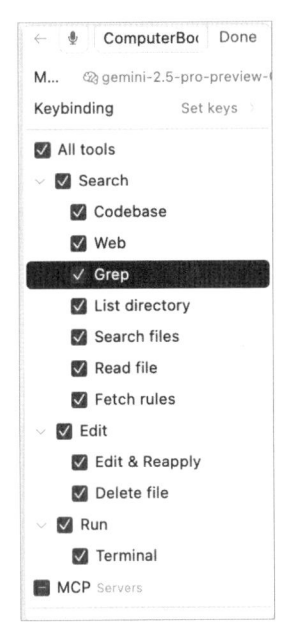

🎧 圖 7-26 自訂模式中有很多設定，可以自行調整

7.2.5 實際範例：「React 重構助手」模式

假設你想做一個專門幫你重構 React 程式碼的模式，可以這樣設定：

步驟 1：開啟設定

1. 點聊天面板頂部的模式選擇器
2. 點「+ 新增自訂模式」
3. 在跳出的視窗裡開始設定

步驟 2：基本資料

模式名稱：React 重構助手

快速鍵：Ctrl+Shift+R(可選)

第 7 章　AI 聊天功能與應用

步驟 3：工具權限

勾選：

✓ 搜尋程式碼庫

✓ 讀取檔案

✓ 編輯與重新套用

✗ 執行終端機 (不用)

✗ 網頁搜尋 (不用)

✗ 自動套用編輯 (自己決定)

✗ 自動執行工具 (自己決定)

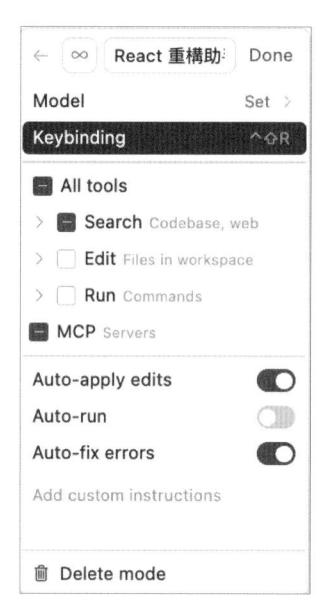

🎧 圖 7-27 這邊來設定新的自訂模式

7.2 探索聊天模式：與 AI 的多種互動方式

步驟 4：自訂指令

你是一位專業的 React 開發者和重構專家。你的任務是：

1. 分析使用者提供的 React 組件程式碼。

2. 找出可以改進的地方，像是：

- 提升效能 (用 useMemo,useCallback 等)

- 改善程式碼結構 (拆分組件、提取邏輯)

- 遵循最佳實踐 (hooks 規則、props 設計)

- 讓程式碼更好讀 (命名、註解、排版)

3. 提供具體的重構建議和程式碼範例。

4. 解釋為什麼要這樣改，有什麼好處。

5. 確保改完的程式碼符合 React 的規範。

給建議時：

- 優先考慮效能和好維護性。

- 解釋要清楚，範例要明確。

- 提醒使用者可能要注意的地方。

- 程式碼要簡潔好讀。

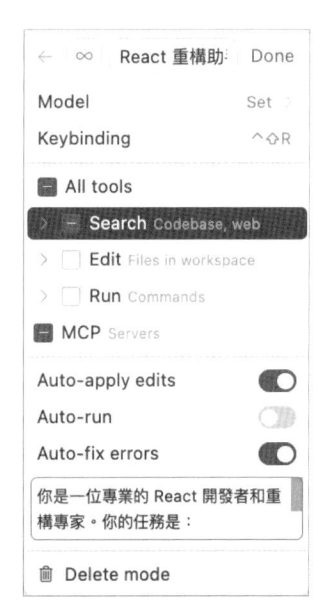

圖 7-28 這邊是我們自訂的系統提示

7-27

步驟 5：儲存使用

1. 點「儲存」

2. 在模式選擇器裡選「React 重構助手」

3. 開始問問題：@Component.jsx 請幫我分析這個 React 組件並給重構建議

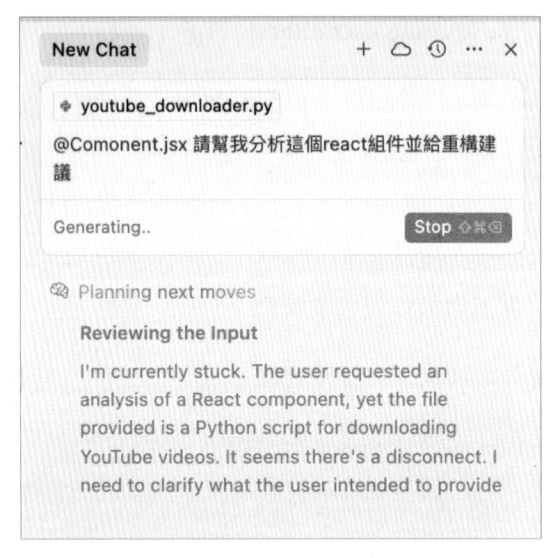

▶ 圖 7-29 建立好之後就在這邊選擇

其他自訂模式範例：

- **學習模式**：
  - **工具**：只能搜尋程式碼、讀檔案、上網找資料。不能修改或執行。
  - **指令**：「專心解釋概念，不清楚就問使用者。絕對不要自己改程式碼或執行任何東西。」

- **重構模式**：
  - **工具**：只能修改程式碼。
  - **指令**：「專注於改善現有程式碼的結構和可讀性，不要加新功能或讀其他檔案。只處理使用者指定的程式碼。」

- **規劃模式**：
  - **工具**：能搜尋程式碼、讀檔案、執行終端指令 (看專案結構)。不能修改。
  - **指令**：「只產生詳細的實作計畫，不直接改程式碼。把計畫寫到一個叫 plan.md 的檔案裡。」

- **研究模式**：
  - **工具**：能搜尋程式碼、上網找資料、讀檔案、搜尋檔案。
  - **指令**：「在給答案前，從多個地方 (網路、程式碼庫) 收集所有相關資訊。」

- **YOLO 模式 (小心用！)**：
  - **工具**：所有工具都能用，而且會自動套用修改和執行工具。
  - **指令**：「大膽快速地完成任務，盡量減少問使用者。」(這個模式風險很高，確定 AI 不會亂來再用！)

- **偵錯模式**：
  - **工具**：所有搜尋工具、執行終端機、編輯修改工具。
  - **指令**：「仔細分析所有相關資訊 (程式碼、錯誤訊息、終端輸出)，找出問題原因，然後給出精準的修復方法。」

- **設定檔共用 (可能)**：
  - Cursor 官方未來可能會支援用 .cursor/modes.json 這樣的檔案來管理自訂模式，方便團隊共用。可以隨時查閱官方文件。

模式選擇建議

選擇合適的模式對於高效使用 Cursor AI 非常重要：

- **使用代理模式**：需要 AI 自主完成複雜任務，如建立新功能、重構程式碼或解決複雜問題。

- **使用提問模式**：想了解程式碼、學習新技術或討論解決方案，但不需要 AI 直接修改檔案。

- **使用手動模式**：需要精確控制 AI 的行為，只處理你明確指定的檔案和任務。

- **使用自訂模式**：有特定的工作流程或需求，需要 AI 以特定方式運作。

自訂模式讓 Cursor AI 變得超級靈活。你可以根據自己的開發習慣和遇到的問題，把 AI 調教成最適合你的樣子。花點時間玩玩自訂模式，說不定能找到讓你事半功倍的獨門秘訣！

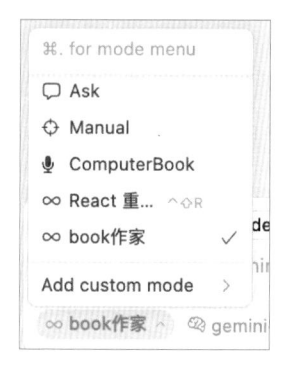

◑ 圖 7-30 多種自訂模式讓你適應不同的開發環境

7.3 與 AI 高效溝通的藝術：提問的技巧

光知道 AI 聊天介面和模式還不夠，要真正讓 Cursor AI 幫上大忙，關鍵在於你會不會「問」。AI 回答得好不好，很大程度上取決於你怎麼問、給了多少相關資訊，以及你怎麼引導它。這部分要分享一些實用的提問技巧，讓你從 AI 那裡得到更準確、更有用的回覆。

7.3.1 指令要清楚、明確、具體

AI 不會讀心術,如果你問得模稜兩可,AI 就容易搞不清楚狀況,給出不相關的答案。所以,問問題的第一個重點是:**說清楚、講明白、越具體越好**。

- 別說模糊的話:
  - **NG 範例**:「幫我改一下這個程式碼。」(要改什麼?改成怎樣?)
  - **OK 範例**:「請把 @main.py 檔案裡 process_data 函式的第 10 行 for 迴圈,改成用列表推導式(list comprehension)來寫,讓程式碼看起來更簡潔。」

- 說清楚目標和範圍:
  - **NG 範例**:「這個函式有問題。」(什麼問題?你希望它怎麼做?)
  - **OK 範例**:「在 @utils.js 裡的 calculateDiscount 函式,當輸入的價格是負數時,它沒有像預期那樣出錯,反而回傳了 NaN。請修改一下,讓它在價格是負數時,拋出一個 ValueError,錯誤訊息是 '價格不能為負數'。」

- 給 AI 需要的背景資訊(如果它可能不知道):
  - **NG 範例**:「修復這個 API 呼叫。」(哪個 API?呼叫是為了什麼?現在有什麼錯誤?)
  - **OK 範例**:「我現在試著呼叫 /api/v1/users/{id} 這個 API 拿使用者資料,但一直出現 403 Forbidden 錯誤。我在請求頭裡已經加了 Authorization:Bearer <my_token>。請幫我分析一下可能的原因,並檢查 @apiService.js 裡 fetchUserById 函式的寫法有沒有問題。」

- 如果任務分好幾步,可以一步步問或列點:
  - **NG 範例**:「幫我做使用者驗證。」(要包含哪些功能?前端還是後端?用什麼技術?)

- **OK 範例**：「我想幫我的 Express 應用程式做使用者註冊和登入功能，請幫我完成下面這些：

    1. 在 @models/user.js 裡定義一個 User 模型，要有 username(字串 , 不能重複),email(字串 , 不能重複),password(字串 , 要加密存) 這幾個欄位。

    2. 在 @routes/auth.js 裡建立 /register(POST) 路由，接收使用者名稱、信箱和密碼，驗證後把新使用者存起來。

    3. 在 @routes/auth.js 裡建立 /login(POST) 路由，接收信箱和密碼，登入成功後回傳 JWT。」

- **指定 AI 回答的格式或風格 (如果需要)：**
    - 「請用 Python 寫一個函式，並按照 PEP 257 的標準寫 docstring。」
    - 「請用一個新手能懂的比喻，解釋一下異步編程。」
    - 「請把下面這段程式碼的註解翻譯成繁體中文。」

一個好的問題，應該讓 AI 在開始動手前，就清楚知道你要做什麼、範圍在哪、需要什麼資料、希望得到什麼結果，以及有沒有什麼特別的要求。花點時間把問題想清楚，通常能省下後面來回溝通和修改的時間。

7.3.2 善用 @ 符號：給 AI 最精準的上下文

在 Cursor 裡，@ 符號是一個很實用的功能，可以幫助你更精確地與 AI 溝通。當你在聊天中輸入 @ 時，可以引用專案中的檔案、程式碼中的特定名稱，甚至是之前聊天的內容，讓 AI 更清楚你要討論的是什麼。

- **@ 符號的基本用法：**
    - **引用檔案**：可以直接 @< 檔案路徑 > 來引用整個檔案的內容。
        - 例如：「請檢查 @src/components/Button.jsx 這個檔案的樣式。」

- 引用程式碼符號：可以用 @<**函式名稱**> 或 @<**類別名稱**> 來引用特定的程式碼。
    - 例如：「請解釋 @calculateTotalPrice 這個函式的作用。」
- 引用選取的程式碼：使用 @selection 來引用你目前在編輯器中選取的程式碼。
    - 例如：「請幫我重構 @selection，讓它更好讀。」

- **為什麼 @ 符號有用？**
    - **精準定位**：避免 AI 搞錯你要討論的檔案或函式。
    - **提高效率**：AI 可以直接處理你指定的內容，不用自己找。
    - **減少模糊**：直接提供相關的程式碼，讓 AI 理解更準確。

- **使用小技巧**：
    - **組合使用**：一個問題裡可以 @ 好幾個檔案或符號。
    - **自然融入**：@ 符號可以很自然地放在你的問題裡。
    - **檢查回覆**：AI 處理完 @ 請求後，會告訴你它找到了什麼，記得確認對不對。

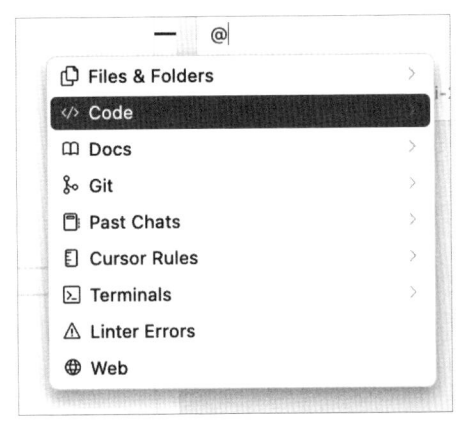

圖 7-31 當你按下「@」時，會跳出選擇視窗

第 7 章　AI 聊天功能與應用

熟練使用 @ 符號，能讓你和 AI 的溝通更順暢，就像跟一個很了解你專案的同事聊天一樣。關於 @ 符號的更多進階用法，我們會在後面的章節詳細說明。

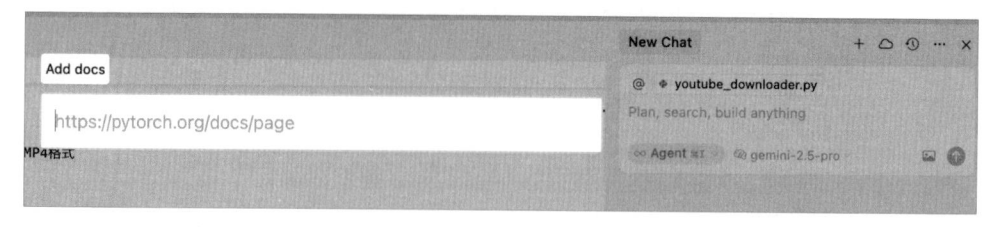

◉ 圖 7-32：當你選擇 Docs 時，會讓你輸入一個文件的網址

7.3.3 追問、澄清與逐步引導：讓 AI 更懂你

與 AI 互動就像跟同事討論問題一樣，很少能一次到位。你可能需要追問細節、請它澄清不清楚的地方，或是把大任務拆成小步驟一步步引導。學會這些技巧，能幫助你從 AI 那裡得到更精準、更有用的答案。

- 別怕追問：
  - 如果 AI 的回答不夠清楚、不完整，或你有更多問題，就繼續問！
    - 「你剛說的第二點，可以再解釋詳細一點嗎？」
    - 「你建議的方案 A 和方案 B 各有什麼優缺點？」
    - 「除了這個方法，還有沒有別的寫法？」

- 要求說清楚：
  - 如果 AI 回答裡有你不懂的詞，或邏輯怪怪的，請它解釋清楚。
    - 「你說的『冪等性』是什麼意思？在這裡為什麼重要？」
    - 「我不太懂你程式碼範例裡 reduce 那段是怎麼跑的，可以一步步解釋嗎？」

- **給回饋，幫助 AI 修正：**
    - AI 也會犯錯，有時候會誤解你的問題或程式碼。發現了要及時告訴它，並提供正確資訊。
        - 「不對，我說的不是 @moduleA.js 裡那個函式，是 @moduleB.js 裡同名的那個。」
        - 「你可能誤會我的意思了，我不是要排序這個列表，是要把重複的去掉。」

- **逐步引導，拆解大問題：**
    - 遇到很複雜的任務，不要一次全丟給 AI。最好把它拆成一個個小步驟，然後一步步引導 AI 完成。
        - 第一步：「我想幫我的應用程式加一個報表功能。首先，請幫我設計一下報表資料要怎麼存在資料庫裡，需要哪些欄位？」
        - 第二步 (等 AI 回答完)：「好的，這個結構不錯。接下來，請幫我寫一個 Python 函式，根據使用者選的時間範圍，從資料庫裡查出報表資料。」
        - 第三步 (以此類推)：「現在查資料的函式寫好了，請幫我設計一個 API 介面，接收請求後呼叫這個函式並回傳資料。」
    - 這樣做不僅 AI 比較容易理解，你也能更好地控制整個過程，每一步都能確認和調整。

- **利用 AI 的記憶 (在同一個對話裡)：**
    - 在同一個聊天分頁裡，AI 通常會記得之前聊過什麼。你可以利用這點，讓後面的問題基於之前的討論。
        - 「根據我們剛才討論的 User 模型，請幫我寫出對應的 CRUD(新增、讀取、更新、刪除)API 介面的基礎程式碼。」

第 7 章　AI 聊天功能與應用

- **換個方式問：**
  - 如果一種問法沒得到好結果，可以換個角度或換句話說再問一次。
    - 比如，如果問「解釋這個演算法」效果不好，可以試試「假設你是一個完全不懂這個演算法的人，你會怎麼介紹它？」或者「這個演算法主要解決什麼問題？它跟某某演算法有什麼不一樣？」

- **給點肯定 (看你心情)：**
  - 雖然 AI 沒有感情，但適時說句「太棒了！」或「解釋得很清楚，謝謝！」可以讓互動感覺更好，也符合我們平常聊天的習慣。

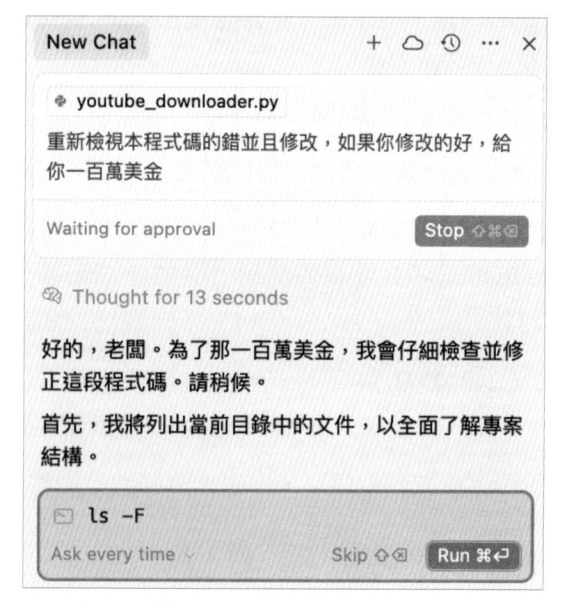

🔊 圖 7-33　這個問法據說真的有用，筆者試了回答的真的比較好

跟 AI 高效溝通就像學一門藝術，需要多練習。把它想成是跟一個知識很多但有時候需要你明確指引的同事合作。多試試不同的提問方法，你會越來越會讓 AI 發揮最大作用。

7.3.4 提供範例 (Few-shot Prompting)：讓 AI 模仿你的風格

「提供範例」是一個很實用的技巧，特別是當你希望 AI 產生的內容有特定的格式、風格或遵循某種模式時。簡單來說，就是在你提出實際請求之前，先給 AI 一個或幾個「輸入」和對應「輸出」的例子，讓 AI 從中學習你想要的模式。

- **為什麼提供範例有效？**
    - **直接展示模式**：範例能直接告訴 AI 你期望的輸入和輸出是什麼樣子，這比單純用文字描述更直觀。
    - **引導輸出風格**：AI 會嘗試模仿你範例中的風格、語氣、格式等。
    - **處理特定任務**：對於 AI 可能不太熟悉或沒有明確預設行為的任務，提供範例可以幫助它快速理解你的需求。
    - **減少歧義**：範例有助於消除你指令中的潛在歧義。

- **如何提供範例：**
    - **結構**：通常採用「輸入範例 -> 輸出範例」的配對形式。你可以提供一對或多對這樣的範例。
    - **分隔符號**：使用清晰的分隔符號來區分不同的範例，以及範例與你的實際請求。
    - **一致性**：確保你的範例在格式和風格上是一致的。

- **範例應用情境：**
    - **生成特定格式程式碼：**

```
我希望你幫我將 Python 字典轉換為特定格式的 Markdown 表格。

範例輸入 1(Python 字典 )：
{'name': 'Alice', 'age':30, 'city': 'New York'}

範例輸出 1 (Markdown 表格 )：
| Key   | Value   |
```

```
|--------|-----------|
| name   | Alice     |
| age    | 30        |
| city   | New York  |
```

範例輸入 2(Python 字典)：
{'item': 'Laptop', 'price':1200, 'currency': 'USD'}

範例輸出 2(Markdown 表格)：
Key	Value
item	Laptop
price	1200
currency	USD

現在，請將以下 Python 字典轉換為 Markdown 表格：
{'book': 'The Great Gatsby', 'author': 'F.Scott Fitzgerald', 'year':1925}

- **特定風格的文字生成 (例如 Commit Message)：**

我需要你幫我產生符合團隊規範的 Git commit message。

範例 1：
原始描述：修復了使用者登入時密碼錯誤的 bug
Commit Message: fix(auth): resolve incorrect password issue on login

範例 2：
原始描述：增加了新的使用者設定頁面
Commit Message: feat(settings): add new user profile settings page

現在，請為以下描述產生 Commit Message：
原始描述：更新了 README 文件，加入了安裝說明

- **程式碼翻譯或轉換 (遵循特定模式)：**

  請將以下的 JavaScript 程式碼片段轉換為 Python 程式碼。

  JavaScript 範例：
  ```
  function greet(name){
    return "Hello, "+ name + "!");
  }
  ```

  Python 範例：
  ```
  def greet(name):
    return f"Hello, {name}!"
  ```

  現在，請轉換以下 JavaScript 程式碼：
  ```
  function sum(a, b) {
    return a + b;
  }
  ```

- **資料提取與格式化：**

  從以下非結構化文字中提取產品名稱和價格，並以 JSON 格式輸出。

  輸入文字範例 1：
  今天我們特價銷售超級筆記型電腦 X1，僅售 $999！

  輸出 JSON 範例 1：
  {"product_name":"超級筆記型電腦 X1", "price": 999}

  輸入文字範例 2：
  新款智慧手錶 Z3 上市，優惠價 249 美元。

  輸出 JSON 範例 2：
  {"product_name": " 智慧手錶 Z3", "price": 249}

  現在，請處理以下文字：
  限時優惠！高效能遊戲滑鼠 G502，只要 $79.99。

第 7 章　AI 聊天功能與應用

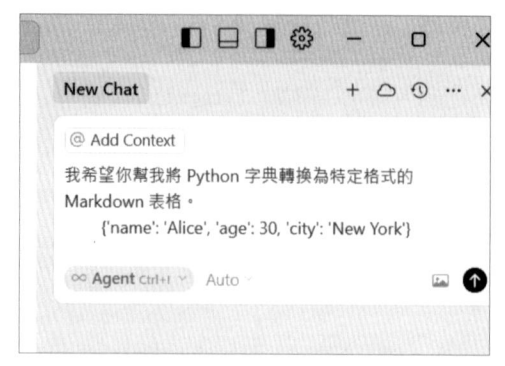

🎧 圖 7-34　LLM 非常需要範例，這樣才能知道你想要什麼，沒有範例稱為 zero-shot，效果很差

🎧 圖 7-35　有範例的效果就會好很多

- 使用技巧：

    - **範例品質是關鍵**：提供高品質、準確無誤的範例。

    - **範例要相關**：範例應與你實際的請求高度相關。

    - **範例數量適中**：通常 1 到 3 個範例 (稱為 `few-shot`) 就足夠了。過多範例可能增加請求長度。如果一個範例就夠，稱為 `one-shot`；不需要範例則為 `zero-shot`。

- **清晰標示**：使用明確的提示語 (如「範例輸入：」、「範例輸出：」、「現在，請處理以下請求：」) 來區分範例和你的真實任務。
- **範例要簡潔**：範例應盡可能簡潔，突出你想讓 AI 學習的關鍵模式。

提供範例是一個非常強大的技術，它能讓你更精細地控制 AI 的輸出，使其更符合你的特定需求。當你發現僅用自然語言描述難以讓 AI 理解你的確切意圖時，不妨試試看提供一兩個清晰的範例。

7.4 聊天記錄的管理與應用：累積你的 AI 知識庫

隨著你與 Cursor AI 的互動越來越多，聊天記錄也會不斷累積。有效地管理和應用這些記錄，不僅能幫助你回顧過去的思考過程，還能從中提取有價值的知識和程式碼片段，進一步提升開發效率。Cursor 通常會自動儲存你的聊天歷史，並提供一些工具來幫助你管理。

7.4.1 儲存、搜尋與匯出聊天記錄

- **自動儲存**：大多數情況下，你在 AI 聊天面板中的所有對話都會被 Cursor 自動儲存起來。這表示即使你關閉了聊天分頁或 Cursor 應用程式，之前的對話內容通常都能找回。
  - 儲存位置可能在你的本地檔案系統中，具體路徑請參考 Cursor 官方文件或設定。

- **搜尋聊天記錄**：當記錄多了，快速找到特定對話就很重要。Cursor 通常提供搜尋聊天歷史的功能：
  - **介面入口**：可能在聊天面板頂部選單、設定選單，或透過命令面板 (如輸入「搜尋聊天歷史」) 開啟搜尋介面。
  - **搜尋方式**：你可以根據關鍵字、日期、AI 模型等條件來篩選和搜尋。

- **匯出聊天記錄**：有時你需要匯出特定對話或整個記錄，以便備份、分享或在其他工具中使用。Cursor 可能提供以下匯出選項：
  - **匯出格式**：常見格式包括純文字 (.txt)、Markdown(.md) 或 JSON。
  - **匯出範圍**：你可以選擇匯出當前分頁、選定訊息，或特定時間段的記錄。
  - **操作方式**：通常在聊天分頁選單或歷史檢視器中，會有「匯出聊天」(Export Chat) 按鈕。

◯ 圖 7-36 搜尋聊天記錄

◯ 圖 7-37 可以安裝第三方插件來管理聊天記錄

7.4.2 從過去的對話中學習與複用

聊天記錄不只是歷史存檔，更是寶貴的知識庫。你可以從中：

- **回顧解決方案**：遇到類似問題時，搜尋過去記錄，看看當時如何與 AI 找到解決方案。

- **複用程式碼**：AI 過去產生的程式碼片段、函式或範例，可以直接複製應用到新情境。
- **學習提問技巧**：回顧那些得到好回答的對話，分析當時的提問和上下文，改進未來技巧。
- **追蹤思考過程**：複雜問題的解決過程會保留在記錄中，幫助你理解問題本質和解決方案演進。

7.4.3 共享聊天記錄 (如果支援)

團隊協作時，有時需要分享與 AI 的對話，例如一個好點子、清晰解釋或共同計畫。

- **潛在共享方式**：
  - **匯出後分享**：匯出為 Markdown 或文字檔，透過通訊工具、郵件或版本控制分享。
  - **內建共享 (視版本而定)**：某些版本可能提供內建共享功能，如產生連結或直接發送給隊友。(請查閱官方文件確認)

注意：共享時務必檢查是否包含敏感資訊 (如 API 金鑰、密碼)，並在分享前處理。

圖 7-38 團隊協作時常常分享聊天記錄，在這邊匯出

7.5 使用 Tools 功能：擴展 AI 的能力

Cursor 的 Tools 功能讓 AI 能夠執行特定的任務，大幅擴展了 AI 的能力範圍。這些工具就像是 AI 的「手」，讓它能夠實際執行檔案操作、網路搜尋、程式碼分析等各種任務，而不只是提供建議。所有工具都已經內建在 Cursor 中，無需額外安裝，並且在受控環境中安全執行。

7.5.1 什麼是 Tools

Tools 是 Cursor 提供的一套預建功能，讓 AI 能夠執行特定的操作。這些工具就像是 AI 的「手」，讓它能夠實際執行任務而不只是提供建議。

Tools 的主要特點包括預建功能、安全執行、即時回饋和可組合使用。這些工具已經內建在 Cursor 中，無需額外安裝，所有操作都在受控環境中進行，AI 會即時告訴你工具執行的結果，並且可以組合多個工具來完成複雜任務。

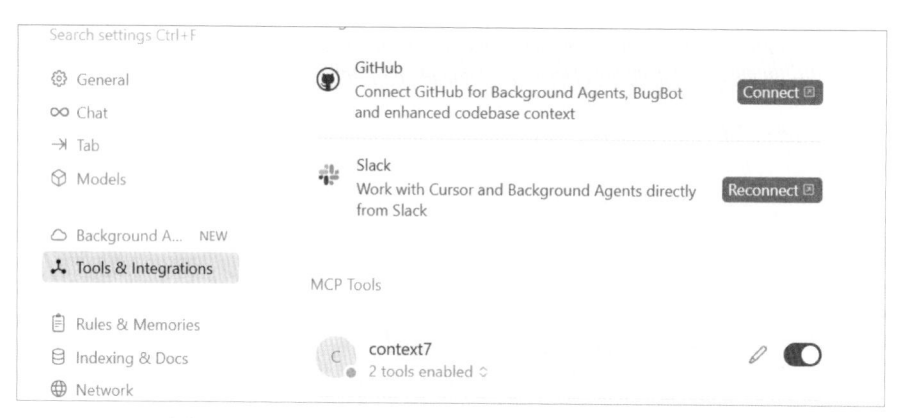

◯ 圖 7-39 Cursor 的 Tools 功能讓 AI 能夠執行實際操作

7.5.2 常用的 Tools 類型

Tools 分成幾大類，重點是用最少描述完成任務。

- **檔案操作**：讀、寫、搜尋專案檔案。例如：請讀取 src/main.py 並檢查結構；建立 config.json；搜尋包含 database 的檔案。

- **程式碼分析**：語法檢查、模式搜尋、依賴分析。例如：檢查 src/utils.py 語法；搜尋使用 async def 的定義；分析 requirements.txt。

- **網路**：網頁搜尋、API 查詢。例如：查詢 Python 3.12 新功能；呼叫 GitHub API 取得星數。

7.5.3 如何讓 AI 使用 Tools

做法很簡單：說清楚目標→ AI 選工具→執行並回報→你確認結果。

範例：

- 「幫我檢查這個專案中所有的 Python 檔案。」

- 「搜尋是否有使用某個指定函式。」

- 「建立一個新的設定檔並填入預設內容。」

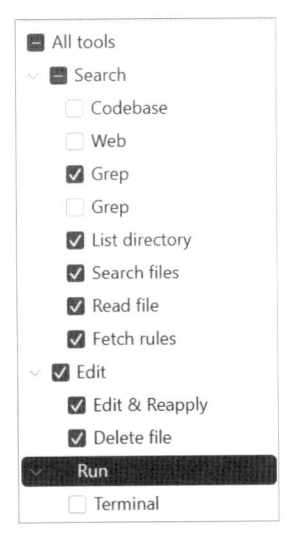

🎧 圖 7-40 在設定模式時，可以看到可用的所有工具

7.5.4 Tools 的實際應用場景

Tools 在實際開發中最常用於專案初始化，自動建立骨架與基本設定，程式碼重構時批次搜尋與修改一致性用法（例如重新命名函式），以及除錯維護時比對錯誤訊息、定位相關檔案、提出修正步驟。

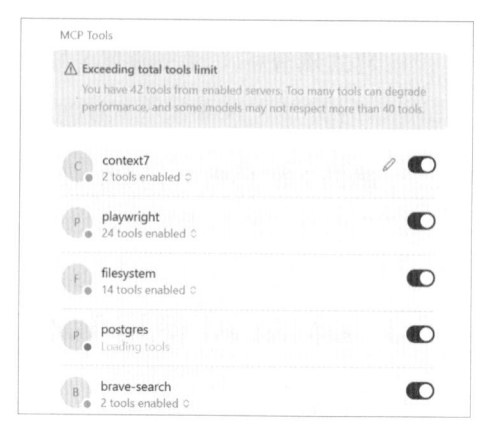

🔊 圖 7-41 當你使用了 MCP 之後，整個功能會大躍進

7.5.5 Tools 使用的最佳實踐

使用 Tools 時描述要具體，說明目標、範圍與期望輸出，放手讓 AI 幫你選工具但檢查執行結果是否合理，並且要注意安全，重要檔案先備份，敏感資訊改用佔位符號。此外你的提示詞也可以直接提到使用工具。例如「使用 GREP 工具將所有圖說列出」。

🔊 圖 7-42 直接要求使用 GREP 工具

7.5.6 Tools 的限制與注意事項

Tools 的權限限制只能操作你有權限的檔案與網路資源，安全性方面要避免暴露密碼、API 金鑰，修改後務必審查，而在效能方面，大量檔案操作或網路不穩時執行會較慢。

🎧 圖 7-43 如果安裝了 filesystem 工具，操作檔案是非常方便但危險的

7.6 使用 Apply 功能：快速套用 AI 的程式碼建議

Apply 功能用來把聊天中的程式碼建議安全且快速地套用到檔案，適合重構、修 bug、加小功能時使用。

7.6.1 工作原理

Apply 專注在「正確套用變更」，你的聊天模型負責生成方案，Apply 負責把變更準確寫回多個檔案與片段。

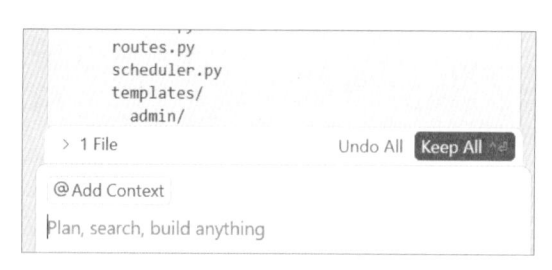

🔈 圖 7-44 Apply 就是保持你的變更

7.6.2 套用步驟

首先在聊天取得 Diff 或程式碼建議，接著按程式碼區塊右上角的播放按鈕套用，最後檢視差異，必要時微調後再接受。

7.6.3 接受或拒絕變更

你可在差異檢視中接受或拒絕，快捷鍵為接受 Ctrl+Enter，拒絕 Ctrl+ Backspace。

7.6.4 常見情境

Apply 常用於程式碼重構時把重複邏輯抽出成函式並套用到多處，錯誤修復時針對空值、型別或邊界條件補強並直接更新，以及新功能時插入小型功能（例如驗證 Email）並連同呼叫點一併調整。

7.6 使用 Apply 功能：快速套用 AI 的程式碼建議

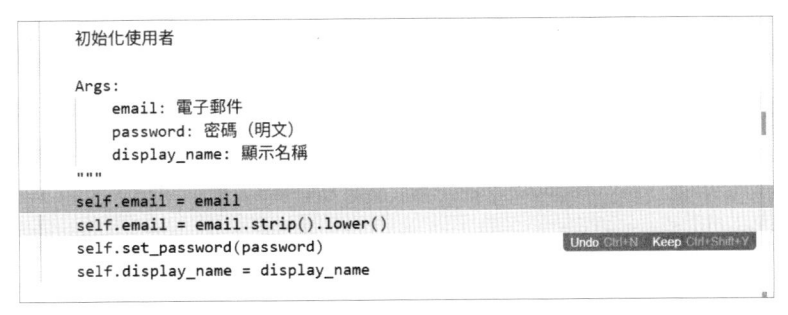

```
初始化使用者

Args:
    email: 電子郵件
    password: 密碼（明文）
    display_name: 顯示名稱
"""
self.email = email
self.email = email.strip().lower()
self.set_password(password)
self.display_name = display_name
```

🎧 圖 7-45 可以看到差異，此時可以接受這個變更

7.6.5 最佳實踐

使用時先看清 Diff 再接受，特別注意副作用與專案慣例，配合版本控制的方式為提交當前狀態、套用、測試，有問題就回滾，而大型改動要分段進行，逐步套用、逐步驗證。

7.6.6 優勢與限制

Apply 的優勢包括一鍵整合、定位準確、適合大規模變更、版本控制友好，但限制是仍需人工審查，品質仰賴建議內容，超複雜架構改動可能要人工處理。

```
"""
self.email = email
self.email = email.strip().lower()
self.set_password(password)
self.display_name = display_name

def set_password(self, password: str) -> None:
    """
    設定密碼（bcrypt 雜湊）

    Args:
        password: 明文密碼
    """
    salt = bcrypt.gensalt()
    self.password_hash = bcrypt.hashpw(password.encode('utf-8'), salt).decode('u

def check_password(self, password: str) -> bool:
    """
    驗證密碼
```

🎧 圖 7-46 當全檔都有變更時，可以直接更新全部

7-49

第 7 章　AI 聊天功能與應用

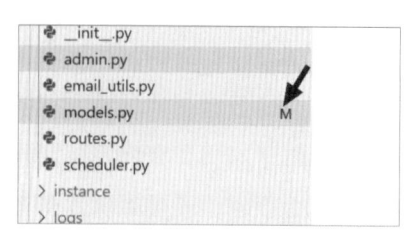

🎧 圖 7-47 檔案發生變更時,前面會出現一個「M」

▌7.7 本章小結

你已掌握 Tools 與 Apply 的核心用法,清楚描述目標讓 AI 選工具並執行,對於產生的 Diff 善用 Apply 快速整合並審查,把長流程拆成小步驟並配合版本控制,能穩定而高效地把 AI 建議轉成實際成果。

8

背景代理
(Background Agent)

　　背景代理是 Cursor 中最特別的功能，它讓你能夠在遠端環境中進行程式開發。想像一下，你有一個專門的開發環境在雲端運行，你可以隨時查看它的工作狀態，發送新的指令，甚至直接接管它的工作。這就是背景代理的威力。

第 8 章　背景代理（Background Agent）

8.1 如何使用背景代理

背景代理的使用非常簡單，主要透過控制面板來管理。這個控制面板提供了完整的代理管理功能，讓你能夠輕鬆監控和控制所有背景代理的工作狀態。

要使用背景代理，首先你必須擁有 GitHub 的帳號，並且將程式碼儲存在 GitHub 上。當你要使用背景代理時，Cursor 需要先從 GitHub 下載程式碼到本機，並且讓這個程式碼接受 git 的版本控制，也照著前面的章節說明將程式碼備份到 GitHub 了。之後才能使用 Cursor 的背景代理功能。

8.1.1 開啟控制面板

控制面板是管理背景代理的核心介面，它提供了直觀的操作方式來管理你的所有代理。透過這個面板，你可以全面掌握代理的工作狀況。當你完成程式碼下載並和 GitHub 連線之後，就可以開啟控制面板。按下 `Ctrl+E` 鍵就能開啟背景代理控制面板。這個控制面板就像一個指揮中心，你可以：

- 查看所有正在運行的代理
- 建立新的代理
- 監控代理的工作狀態
- 發送新的指令給代理

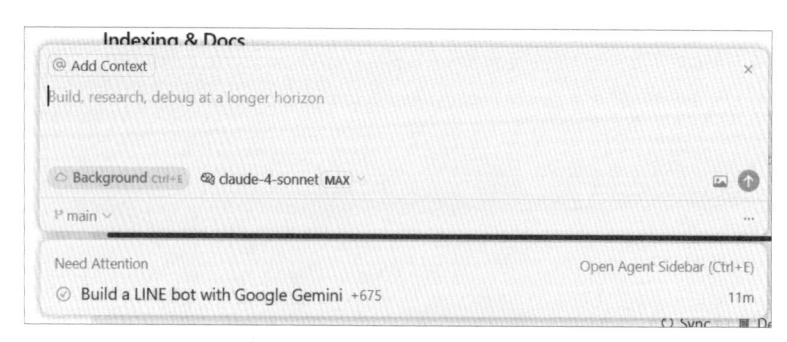

圖 8-1 這是目前背景代理的控制面板，你可以看到所有正在運行的代理，以及它們的工作狀態

8.1.2 選擇和管理代理

代理管理是背景代理功能的重要環節。當你有多個代理同時工作時,需要有效的管理機制來追蹤它們的狀態和進度。這個過程確保了工作的連續性和可追蹤性。

當你提交一個提示詞後,系統會顯示可用的代理列表。你可以選擇一個代理來查看它的詳細狀態,甚至直接進入它的工作環境。背景代理會保留幾天的資料,這意味著你的工作環境和進度不會遺失,可以隨時繼續之前的工作。

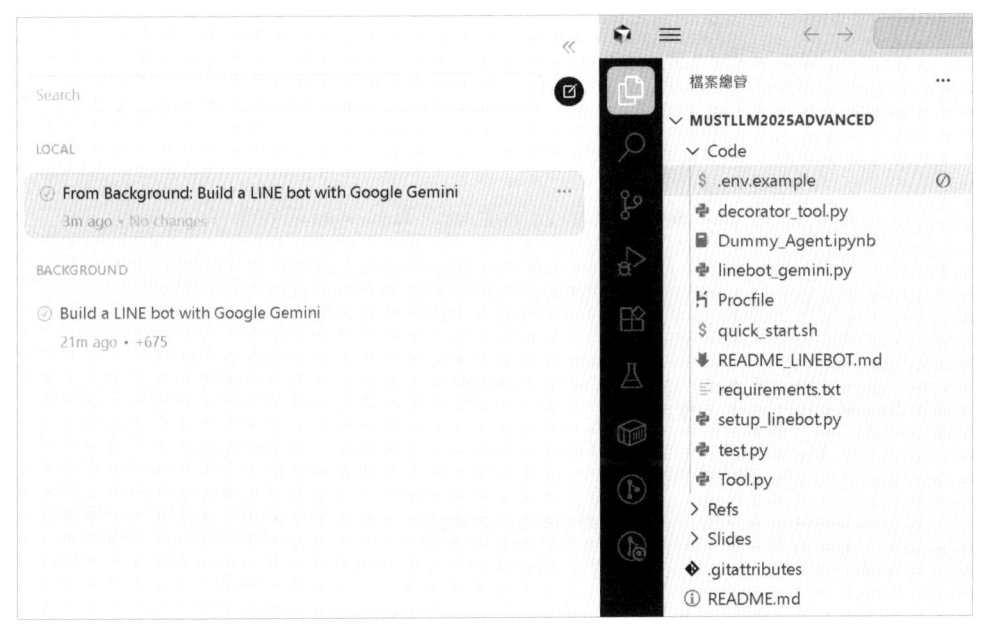

🎧 圖 8-2 在控制面板中,你可以看到所有正在運行的代理,以及它們的工作狀態

8.2 什麼時候需要用背景代理

背景代理並非所有情況都需要使用,了解何時使用背景代理能夠讓你更有效地選擇合適的工具。有些任務特別適合交給背景代理處理,而有些則更適合使用本機代理。

第 8 章　背景代理（Background Agent）

8.2.1 長時間運行的任務

長時間運行的任務是背景代理最適合的應用場景之一。這些任務通常需要大量的運算資源和時間，在本機執行會嚴重影響你的工作效率。背景代理能夠在雲端環境中持續運行，可以在任務執行期間去做其他事情。

當你有需要長時間執行的任務時，背景代理特別有用：

- 大型專案的重構

- 完整的測試套件執行

- 複雜的資料庫遷移

- 大量檔案的處理

如果這些任務在本機執行，你就不能關閉電腦或做其他事情。

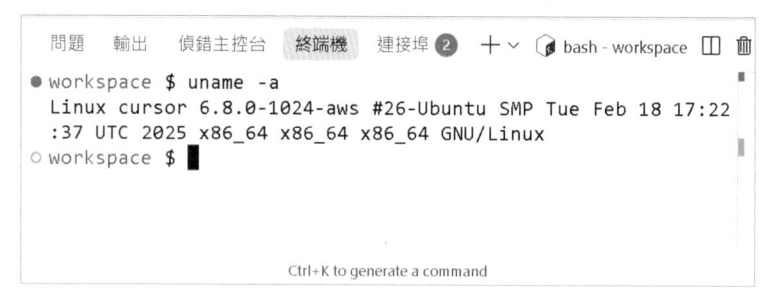

🎧 圖 8-3　執行背景代理時，其實是在雲端上開一個 Ubuntu Linux 的虛擬機器執行你的程式碼

8.2.2 需要特定環境的開發

不同的專案往往需要不同的開發環境，這是程式開發中的常見挑戰。你的本機環境可能無法滿足某些專案的特殊需求，這時候背景代理提供的標準化環境就顯得特別重要。背景代理能夠提供一致的開發環境，確保專案在任何地方都能正常運行。

8.2 什麼時候需要用背景代理

有些專案需要特定的開發環境：

- 特定版本的 Linux 環境
- 需要大量記憶體或運算資源
- 需要特殊的系統設定或工具
- 你的本機是 Windows，但專案需要 Linux 環境

🎧 圖 8-4 你可以在執行背景代理時利用終端機來準備執行環境

8.2.3 團隊協作

團隊協作是現代軟體開發的重要環節，但環境差異常常造成協作困難。背景代理能夠為整個團隊提供統一的開發環境，解決了「在我電腦上可以運行」這個經典問題。透過標準化的環境，團隊成員可以專注於程式碼本身，而不是環境設定問題。

在團隊開發中，背景代理提供了統一的環境：

- 所有團隊成員使用相同的開發環境

第 8 章　背景代理（Background Agent）

- 避免「在我電腦上可以運行」的問題

- 可以共享代理的工作結果

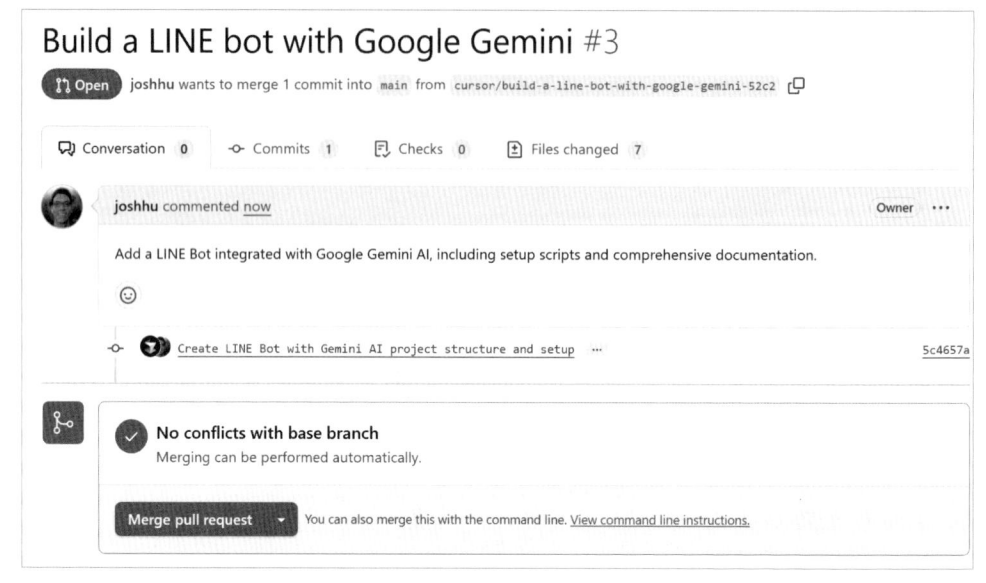

☊ 圖 8-5　在程式執行完畢之後，GitHub 會有一個 PR

8.2.4　資源限制

資源限制是許多開發者面臨的現實問題。當專案規模變大或需要處理大量資料時，本機資源往往無法滿足需求。背景代理提供了強大的雲端資源，能夠處理本機無法勝任的任務，讓你能夠專注於開發工作而不是資源管理。

當你的本機資源不足時：

- 編譯大型專案需要大量 CPU 和記憶體

- 本機儲存空間不足

- 需要高速網路連線下載大量相依套件

All Raw Events

View: Details Tokens

DATE	USER	KIND	MAX MODE	MODEL	TOKENS	COST
Jul 9, 08:33 PM	You	Included in Pro	Yes	claude-4-sonnet-t…	28,914	Included
Jul 9, 08:33 PM	You	Included in Pro	Yes	claude-4-sonnet-t…	27,138	Included
Jul 9, 08:33 PM	You	Included in Pro	Yes	claude-4-sonnet-t…	26,954	Included
Jul 9, 08:33 PM	You	Included in Pro	Yes	claude-4-sonnet-t…	27,098	Included
Jul 9, 08:33 PM	You	Included in Pro	Yes	claude-4-sonnet-t…	26,400	Included
Jul 9, 08:33 PM	You	Included in Pro	Yes	claude-4-sonnet-t…	25,678	Included
Jul 9, 08:32 PM	You	Included in Pro	Yes	claude-4-sonnet-t…	25,021	Included
Jul 9, 08:32 PM	You	Included in Pro	Yes	claude-4-sonnet-t…	22,368	Included
Jul 9, 08:31 PM	You	Included in Pro	Yes	claude-4-sonnet-t…	18,238	Included
Jul 9, 08:31 PM	You	Included in Pro	Yes	claude-4-sonnet-t…	16,341	Included
Jul 9, 08:30 PM	You	Included in Pro	Yes	claude-4-sonnet-t…	15,805	Included
Jul 9, 08:30 PM	You	Included in Pro	Yes	claude-4-sonnet-t…	15,348	Included
Jul 9, 08:30 PM	You	Included in Pro	Yes	claude-4-sonnet-t…	12,467	Included
Jul 9, 08:30 PM	You	Included in Pro	Yes	claude-4-sonnet-t…	9,917	Included
Jul 9, 08:30 PM	You	Included in Pro	Yes	claude-4-sonnet-t…	13,608	Included
Jul 9, 07:55 PM	You	Included in Pro	No	default	0	Included
Jul 9, 07:53 PM	You	Included in Pro	No	default	0	Included
Jul 9, 07:49 PM	You	Included in Pro	No	default	0	Included

圖 8-6 事實上使用背景代理的成本很高，一下就會消耗掉大量 Tokens

8.2.5 為什麼不用本機代理

選擇合適的工具是提高開發效率的關鍵。本機代理和背景代理各有其適用場景，了解它們的差異能夠幫助你做出最佳選擇。本機代理適合快速、簡單的任務，而背景代理適合複雜、耗時的開發工作。正確的選擇能夠大幅提升你的開發效率。

本機代理的限制

- 資源佔用：本機代理會佔用你電腦的 CPU、記憶體和網路資源
- 環境限制：受限於你本機的作業系統和已安裝的工具

第 8 章　背景代理（Background Agent）

- 穩定性：如果電腦關機或休眠，工作就會中斷
- 干擾性：長時間的任務會影響你使用電腦做其他事情

背景代理的優勢

- 非同步執行：你可以讓它在背景工作，然後去做其他事情
- 專用資源：有專門的 VM 資源，不會影響你的本機效能
- 持續運行：即使你關機，代理還在雲端繼續工作
- 標準環境：提供一致的開發環境，避免環境差異問題

實際使用場景

適合用背景代理的情況包括：「幫我重構這個大型專案的架構」、「分析這個 100GB 的日誌檔案並產生報告」、「將這個專案從 Python 2 遷移到 Python 3」、「為這個專案建立完整的測試覆蓋」。

適合用本機代理的情況包括：快速修復一個 bug、寫一個簡單的函數、調整程式碼格式、小範圍的程式碼最佳化。

簡單來說，背景代理就像是雇用一個專門的開發者在雲端為你工作，而本機代理更像是你的即時助手。選擇哪一個取決於任務的複雜度、執行時間和資源需求。

8.3　背景代理的環境設定

背景代理的環境設定是確保其正常工作的基礎。與本機開發不同，背景代理運行在遠端環境中，需要特別的設定來確保開發環境的一致性和可靠性。正確的環境設定能夠大幅提升背景代理的工作效率和穩定性。

8.3 背景代理的環境設定

背景代理需要一個完整的開發環境來運行，這個環境必須能夠支援各種開發任務。環境設定是確保背景代理正常工作的關鍵步驟。背景代理在一個隔離的 Ubuntu 虛擬機器上運行，這個虛擬機器有完整的網路存取權限，可以安裝任何需要的套件。

8.3.1 GitHub 連線設定

GitHub 連線是背景代理工作的基礎，它確保了程式碼的安全存取和版本控制。這個連線設定需要適當的權限設定，以確保代理能夠正常存取你的程式碼。

背景代理會直接從你的 GitHub 儲存庫複製程式碼，然後在一個獨立的分支上工作。當它完成工作後，會自動將結果推送到你的儲存庫。

你需要授予 Cursor 的 GitHub 應用程式讀寫權限，這樣背景代理才能存取你的程式碼。這個權限包括你的主要儲存庫以及任何相關的子模組。

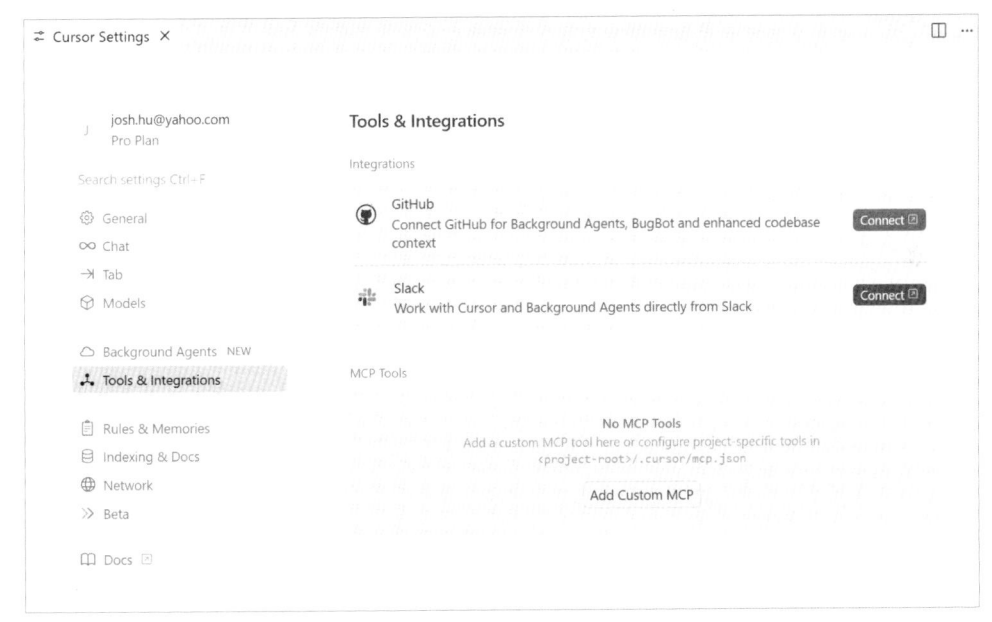

🎧 圖 8-7 首先要在 Cursor 下開啟 GitHub 連線

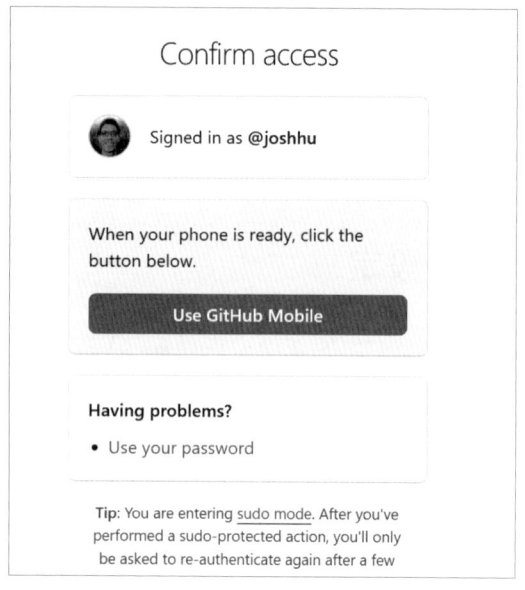

第 8 章　背景代理（Background Agent）

▲ 圖 8-8　需要認證你的 GitHub 帳號

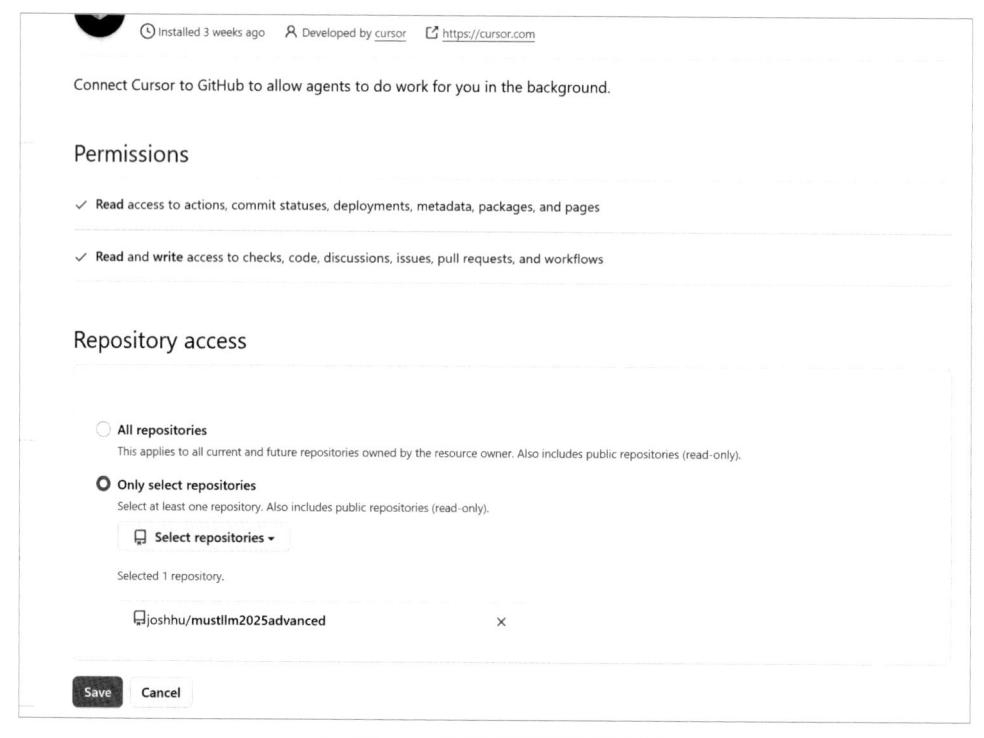

▲ 圖 8-9　選擇要使用的儲存庫

8.3.2 基礎環境設定

開發環境設定決定了背景代理能夠執行哪些任務。這個設定需要考慮你的專案需求，包括相依套件、開發工具和運行環境。正確的環境設定能夠大幅提升代理的工作效率。

對於進階使用者，你可以完全自訂背景代理的開發環境。這包括：

安裝指令：在代理開始工作前執行的指令，通常是安裝相依套件，例如 npm install 或 bazel build

終端機程序：在代理工作時持續運行的背景程序，例如啟動開發伺服器或編譯檔案

Dockerfile 設定：對於最複雜的專案，你可以使用 Dockerfile 來設定整個系統環境，包括特定的編譯器版本、除錯工具等

🎧 圖 8-10 你要先將使用背景代理的程式碼從 GitHub 程式下載回本機

8.3.3 機密資訊管理

機密資訊管理是背景代理安全性的重要環節。在開發過程中，經常需要使用 API 金鑰、資料庫密碼等敏感資訊。這些資訊必須得到妥善保護，避免外洩風險。

8-11

第 8 章　背景代理（Background Agent）

如果你的開發環境需要 API 金鑰、資料庫密碼等機密資訊，你可以安全地提供給背景代理。這些資訊會以加密方式儲存，只在代理運行時提供給它使用。

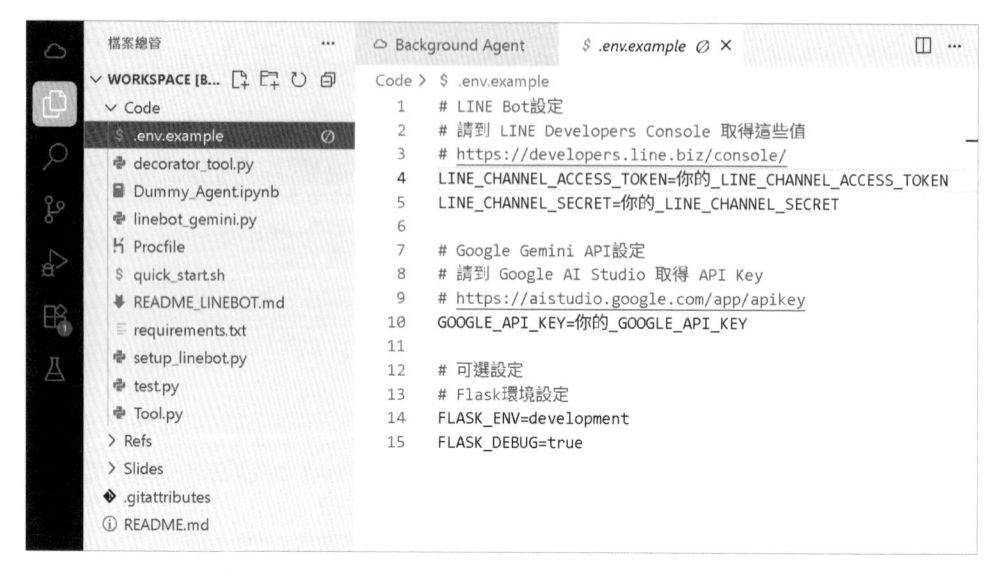

🎧 圖 8-11　背景代理的機密資訊通常會存在 .env 檔案之中

8.4　環境設定檔案

環境設定檔案是背景代理設定的技術核心，它決定了代理如何運行和執行任務。這個檔案包含了所有必要的設定資訊，從基礎環境到執行指令，都需要在這裡進行定義。掌握設定檔案的結構和設定方法，是有效使用背景代理的重要技能。

環境設定檔案是背景代理設定的核心，它定義了代理的運行環境和工作參數。這個檔案需要根據你的專案需求進行適當的設定。

背景代理的設定存在 .cursor/environment.json 檔案中，這個檔案可以提交到你的儲存庫，也可以私下儲存。

8.4.1 environment.json 的結構

設定檔案的結構決定了背景代理的運行方式。這個檔案包含了所有必要的設定資訊，包括環境快照、安裝指令和終端機程序。正確的設定能夠確保代理的穩定運行。

這個設定檔案看起來像這樣：

```json
{
  "snapshot": "POPULATED_FROM_SETTINGS",
  "install": "npm install",
  "terminals":[
    {
      "name": "Run Next.js",
      "command": "npm run dev"
    }
  ]
}
```

- **snapshot**：基礎環境的快照名稱
- **install**：安裝相依套件的指令
- **terminals**：需要持續運行的終端機程序

8.4.2 維護指令

維護指令是背景代理運行的關鍵環節。這些指令確保了代理能夠在正確的環境中啟動，並維持必要的背景程序運行。指令的設計需要考慮重複執行的安全性。

當設定新機器時，我們會從基礎環境開始，然後執行你的 environment.json 中的安裝指令。這個指令就像是開發者在切換分支時會執行的指令，用來安裝任何新的相依套件。

對於大多數人來說，安裝指令是 `npm install` 或 `bazel build`。

為了確保機器快速啟動，我們會在安裝指令執行後快取磁碟狀態。設計這個指令時要考慮它可以多次執行。只有磁碟狀態會從安裝指令中保留，在這裡啟動的程序在代理開始時不會保持運行。

8.4.3 啟動指令

在執行安裝指令後，機器會啟動，我們會執行啟動指令，然後啟動任何終端機程序。這會啟動在代理運行時應該保持活躍的程序。

啟動指令通常可以跳過。如果你的開發環境依賴 Docker，可以在啟動指令中加入 `sudo service docker start`。

終端機程序是用於應用程式碼的。這些終端機程序在一個 tmux 會話中運行，你和代理都可以存取。例如，許多網站儲存庫會將 `npm run watch` 作為終端機程序。

8.5 背景代理的模型支援

模型支援是背景代理功能的重要組成部分，它決定了代理能夠執行哪些類型的任務以及執行效果如何。不同的 AI 模型有不同的能力和限制，選擇合適的模型對於背景代理的工作效果至關重要。了解模型支援的限制和選擇標準，能夠幫助你更好地使用背景代理功能。

模型支援決定了背景代理能夠執行哪些類型的任務。不同的模型有不同的能力和限制，選擇合適的模型對於代理的工作效果至關重要。

背景代理只支援 Max Mode 相容的模型，這確保了代理能夠執行複雜的開發任務。

8.5 背景代理的模型支援

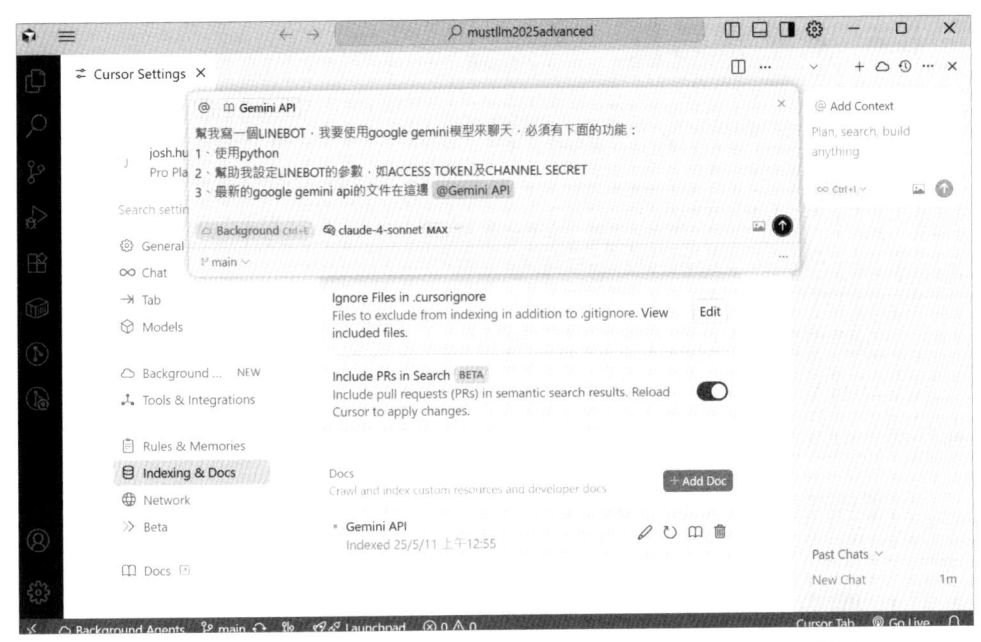

⚫ 圖 8-12 必須開啟 Max Mode，這時必須有 Cursor 的 Pro 帳號

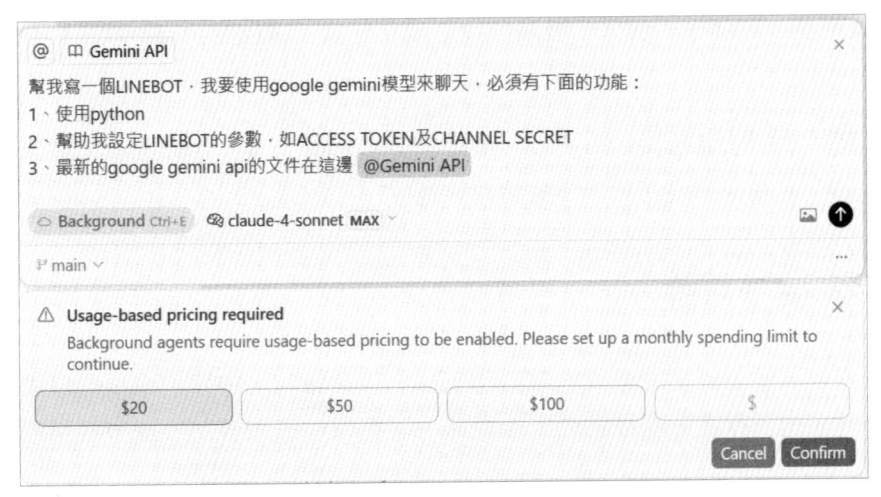

⚫ 圖 8-13 背景代理的計費方式必須先設定一個上限

8.6 安全性考量

安全性是背景代理使用中最重要的考量之一。由於背景代理具有自動執行指令的能力，並且運行在遠端環境中，必須建立完善的安全機制來保護你的程式碼和資料。這些安全考量涵蓋了隱私保護、資料安全、存取控制等多個方面，是使用背景代理前必須充分了解的重要議題。

安全性是背景代理使用中的重要考量。由於代理具有自動執行指令的能力，必須建立適當的安全機制來防止潛在的風險。這些安全考量涵蓋了隱私保護、資料安全和存取控制等多個方面。

背景代理提供了完整的隱私保護，但也有一些重要的安全考量需要了解。

8.6.1 隱私模式

隱私模式是背景代理的核心安全功能，它確保了你的程式碼不會被用於訓練 AI 模型。這個模式提供了最高等級的隱私保護，讓你能夠安心使用背景代理功能。

背景代理在隱私模式下運行，這意味著 Cursor 不會使用你的程式碼來訓練 AI 模型，只會保留運行代理所需的程式碼。

8.6.2 安全風險

安全風險是使用背景代理時必須了解的重要議題。由於代理具有自動執行指令的能力，存在一些潛在的安全風險。了解這些風險有助於採取適當的防護措施。

背景代理會自動執行所有終端機指令，這帶來了一些安全風險：

- **資料外洩風險**：攻擊者可能透過提示注入攻擊，誘騙代理將程式碼上傳到惡意網站

- **網路存取**：代理具有完整的網路存取權限，需要小心管理

- **機密資訊**：確保不要讓代理存取敏感的機密資訊

8.6.3 重要安全資訊

你應該了解以下安全資訊：

- 授予我們的 GitHub 應用程式對你想要編輯的儲存庫的讀寫權限。我們使用這個權限來複製儲存庫並進行變更。

- 你的程式碼在我們 AWS 基礎設施的隔離虛擬機器中運行，並在代理可存取時儲存在虛擬機器磁碟上。

- 代理具有網路存取權限。

- 代理會自動執行所有終端機指令，讓它能夠在測試上進行迭代。這與前景代理不同，前景代理需要使用者核准每個指令。自動執行會帶來資料外洩風險：攻擊者可能執行提示注入攻擊，誘騙代理將程式碼上傳到惡意網站。

- 如果隱私模式被停用，我們會收集提示詞和開發環境來改善產品。

- 如果你在啟動背景代理時停用隱私模式，然後在代理運行期間啟用它，代理會繼續以隱私模式停用的狀態運行，直到完成為止。

8.7 背景代理範例

在這一小節，我們來使用背景代理建立一個 LINEBOT 聊天機器人，使用已經有的 GitHub 程式碼。

第 8 章　背景代理（Background Agent）

8.7.1 先下載程式碼

到 GitHub 上找到你要使用的程式碼，並且將它下載到本機，這邊要先確定你的電腦和 GitHub 已經建立了 SSH 的金鑰連線。

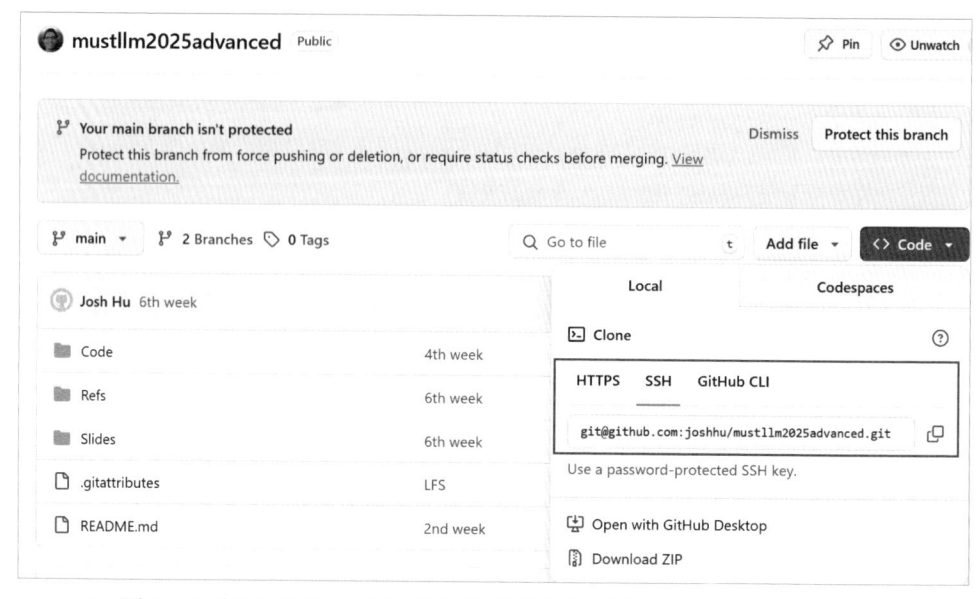

⋒ 圖 8-14　先到 GitHub 上找到你要使用的程式碼，並且將它下載到本機

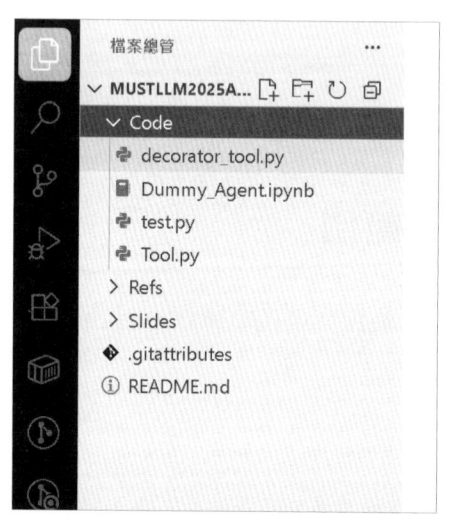

⋒ 圖 8-15　此時你會看到本機上有下載的程式碼

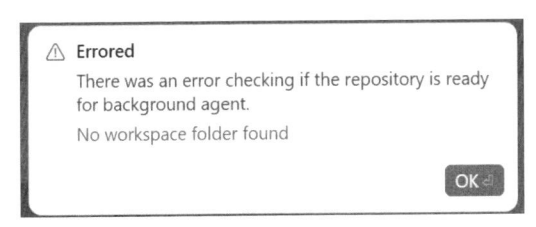

⚠ 圖 8-16 如果你沒有下載 GitHub 上的程式直接執行背景代理，會出現如圖的錯誤訊息

8.7.2 設定背景代理

此時我們用 Cursor 開啟這個資料夾，會發現這個資料夾已經有 git 管理的各個 commits 了。

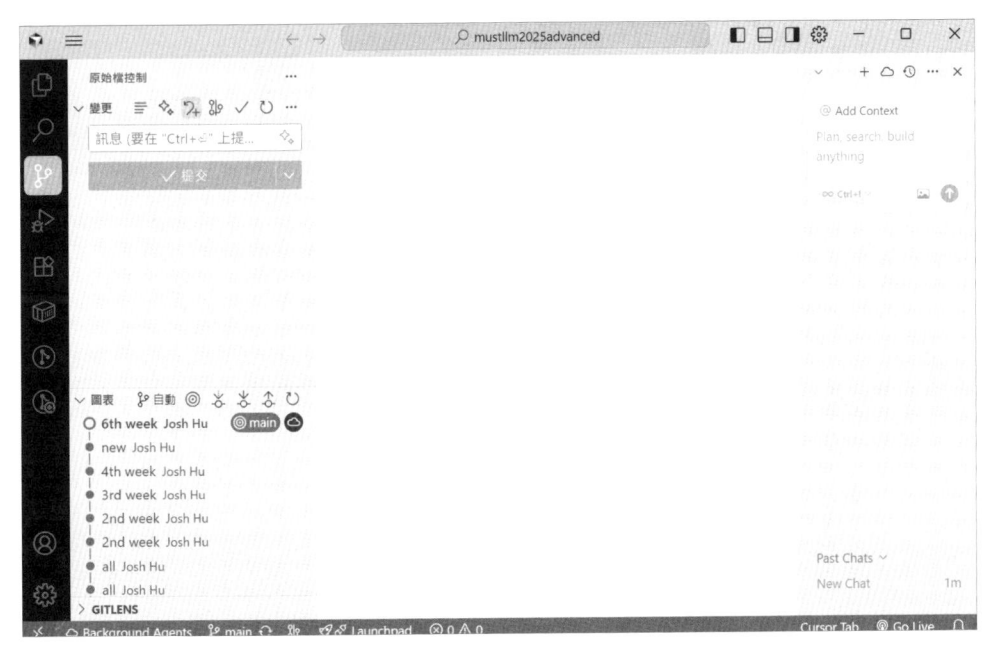

⚠ 圖 8-17 已經有之前做的各種修改

8-19

第 8 章　背景代理（Background Agent）

接下來我們就按下 `Ctrl + E` 開啟背景代理的控制面板，然後輸入需要完成的任務

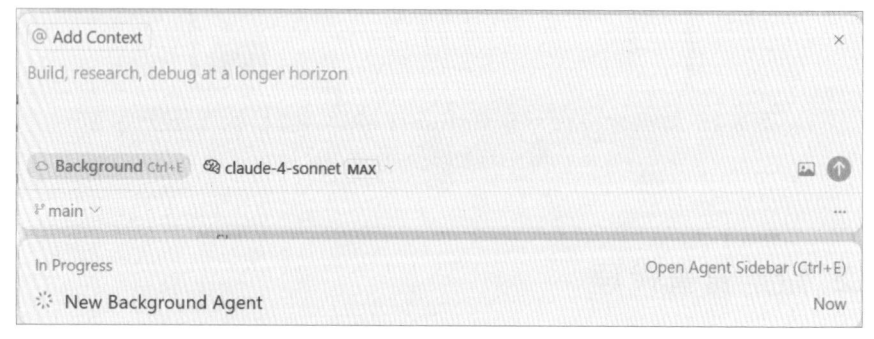

◯ 圖 8-18　進入 Cursor 的設定，然後選擇這裡

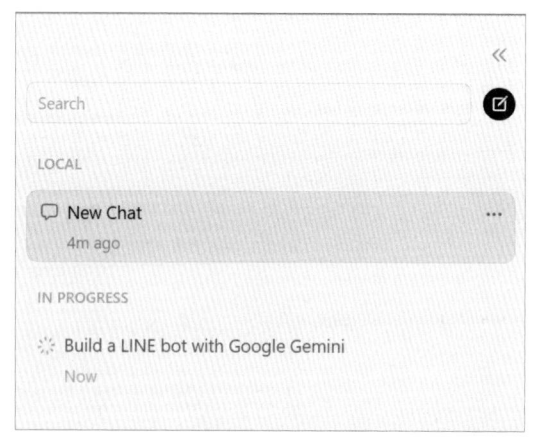

◯ 圖 8-19　會讓你進入 GitHub 的認證

8.7 背景代理範例

● 圖 8-20 選擇你要使用的儲存庫

8.7.3 開始使用

接下來就是和一般聊天的方式輸入你要它完成的任務。注意這邊模型通常無法選擇，只能選擇 Claude 3.5 Sonnet 或 Claude 4.0 Sonnet 模型。如果硬要選擇其它模型，會有警告訊息。我們就乖乖用它建議的模型即可。

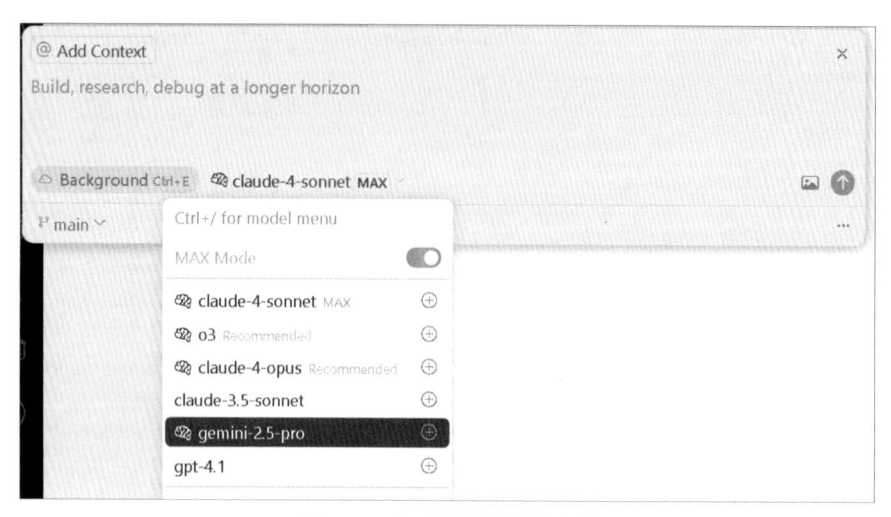

第 8 章　背景代理（Background Agent）

◐ 圖 8-21　如果要選擇其它模型

◐ 圖 8-22　會出現警告訊息

　　輸入完之後就會看到背景代理會開啟一個虛擬機器，並且用 Cursor 開啟這個虛擬機器上的工作目錄，並且開始執行產生程式碼。

8.7 背景代理範例

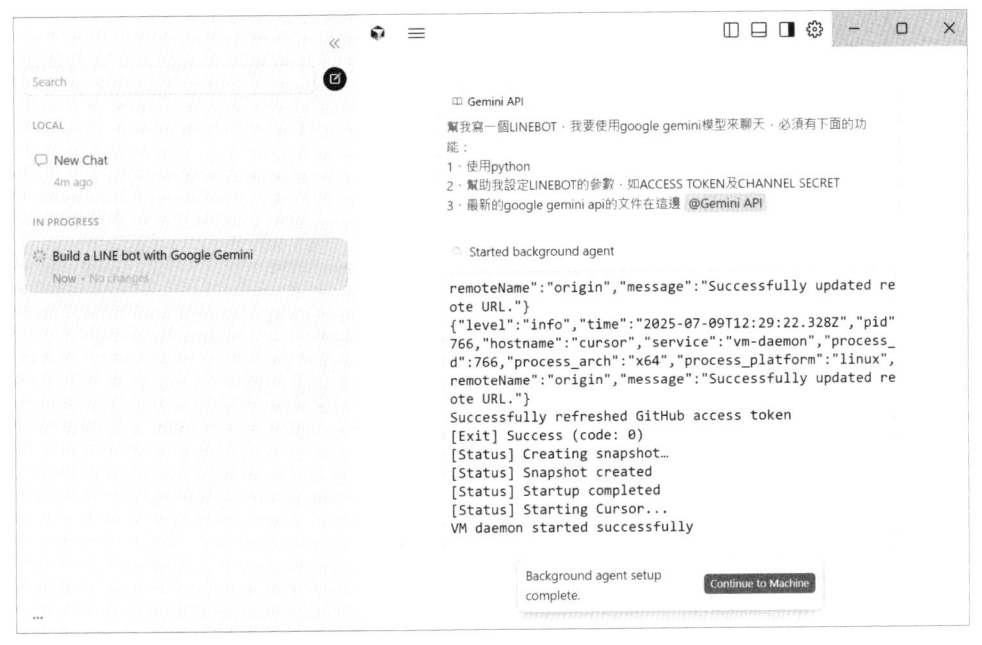

▲ 圖 8-23 開始安裝套件,產生程式碼了

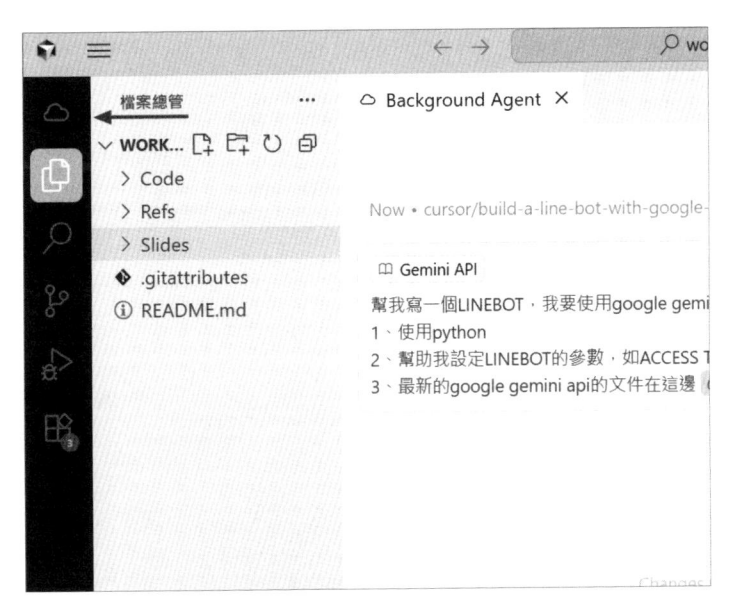

▲ 圖 8-24 在 Workbench 最上方會有一個雲端的圖示出現

8.7.4 完成工作

在生成程式碼之後，你的程式碼會存在雲端的工作目錄中，並且可以隨時修改。

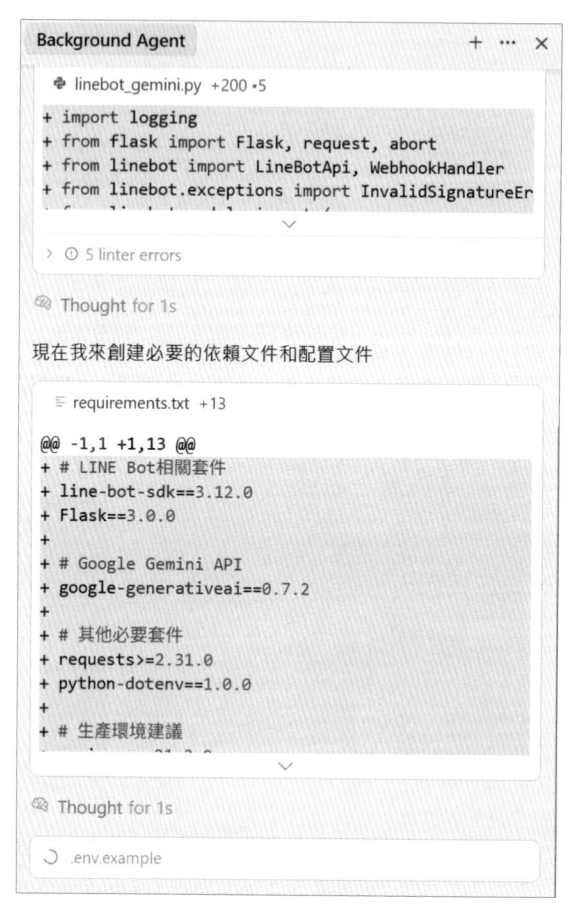

◑ 圖 8-25 程式碼產生完成

8.7 背景代理範例

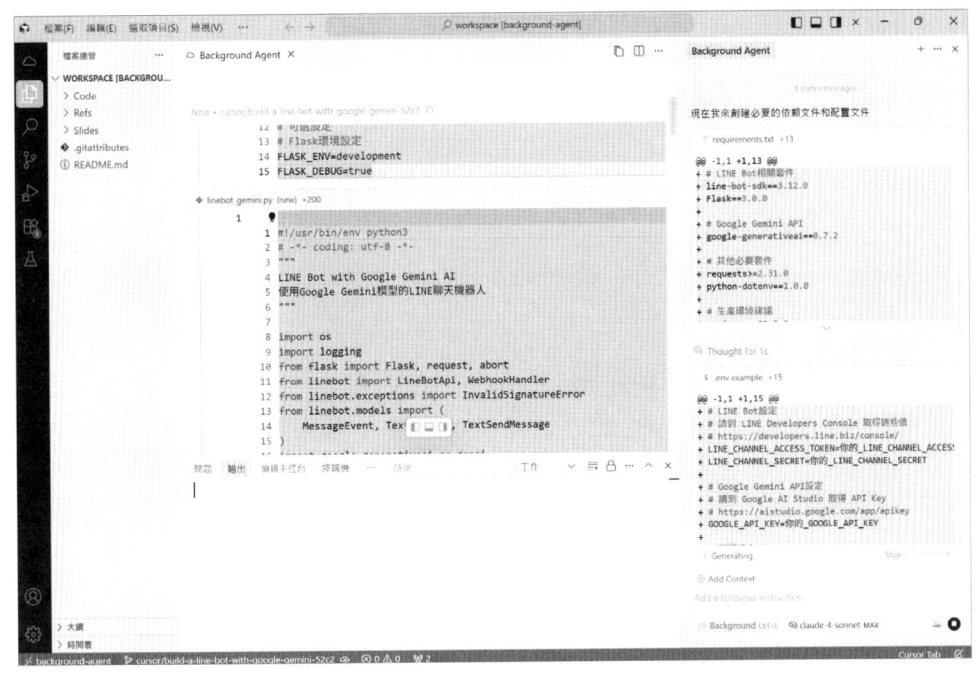

▲ 圖 8-26 過程和在本機生成一模一樣

▲ 圖 8-27 生成完成，你會發現多了許多檔案

8-25

第 8 章 背景代理（Background Agent）

🎧 圖 8-28 如果有啟動連接埠這邊也會顯示

8.7.5 將完成的程式碼備份到 GitHub

在完成工作之後，你必須將完成的程式碼備份到 GitHub，這樣才能在其它地方繼續使用，另外在備份之後，GitHub 會產生一個 PR，你可以直接在 GitHub 上看到這個 PR。

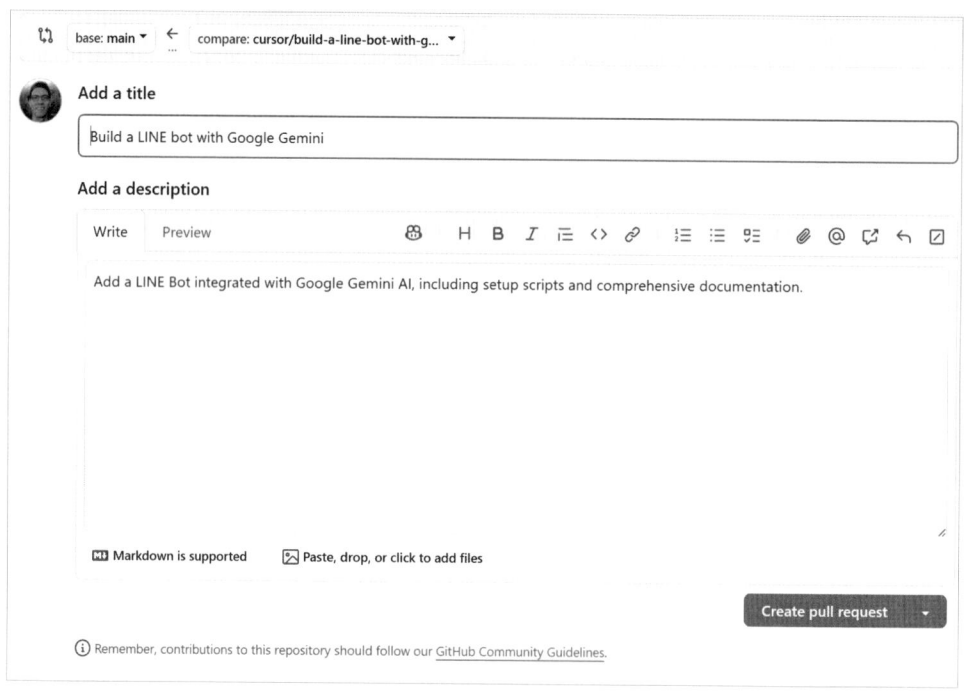

🎧 圖 8-29 產生一個 PR 或備份到本機，讓你的程式碼保持一致

8.7 背景代理範例

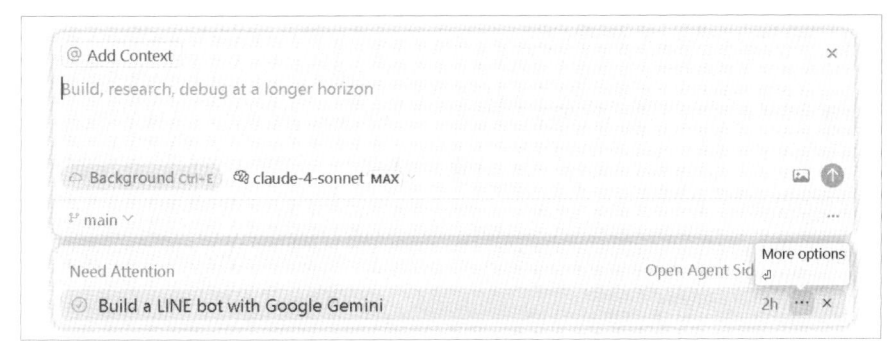

○ 圖 8-30 當你按下三個小點時

○ 圖 8-31 會出現一個選單讓你對程式碼做處理

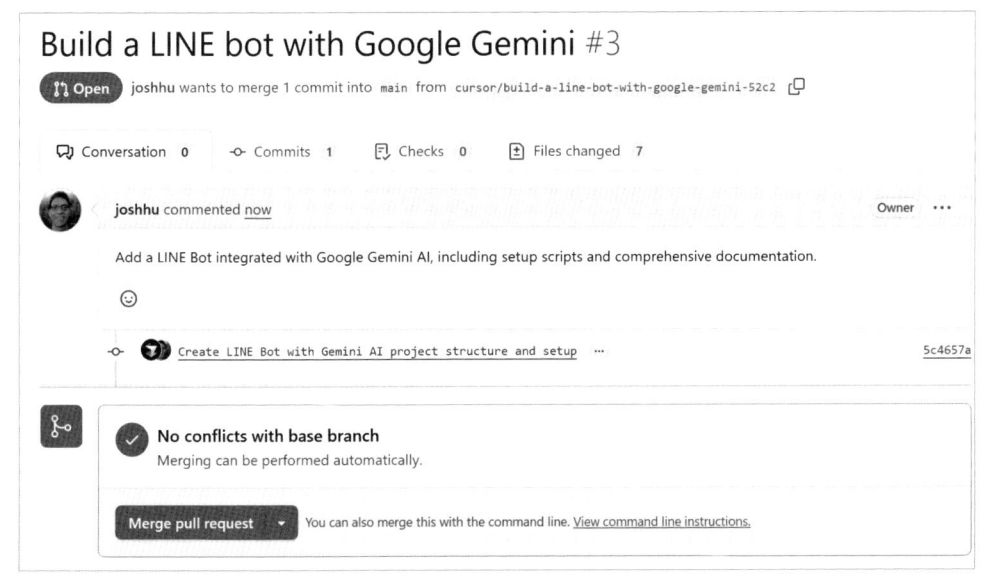

○ 圖 8-32 如果選擇備份到 GitHub，
會出現一個 PR 的連結，也可以 Merge 變更到主分支

第 **8** 章　背景代理（Background Agent）

8.7.6 將修改併入主分支

在完成工作之後，你必須將完成的程式碼併入主分支，這樣才能在其它地方繼續使用，另外在備份之後，GitHub 會產生一個 PR，你可以直接在 GitHub 上看到這個 PR。

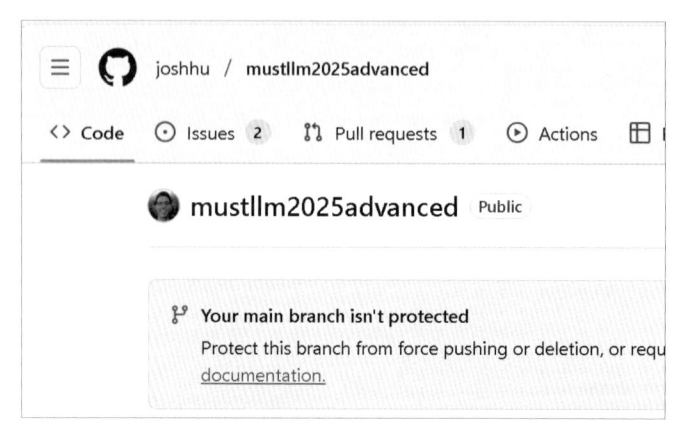

🎧 圖 8-33 這時我們要將完成的程式碼併入主分支

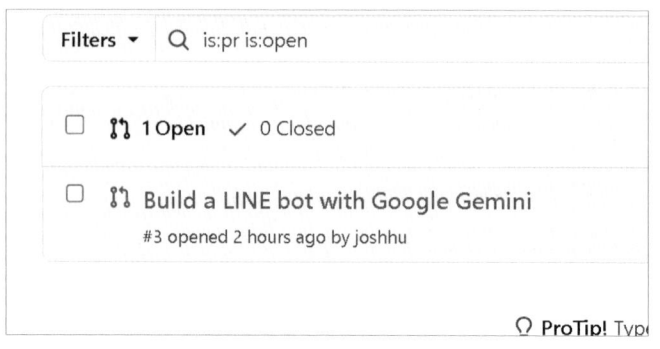

🎧 圖 8-34 這邊會顯示需要併入的分支

8-28

8.7 背景代理範例

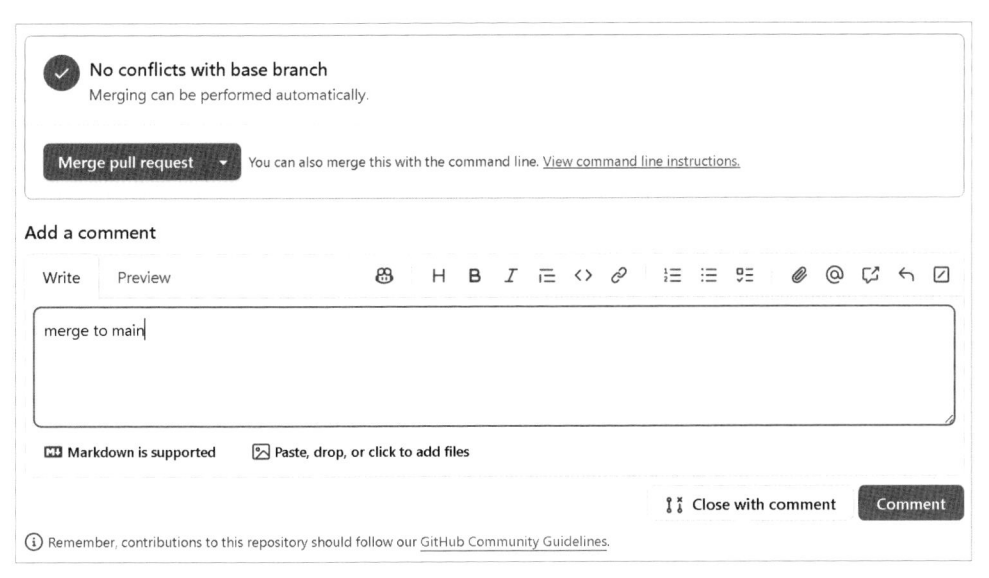

🎧 圖 8-35 建立一個 commit

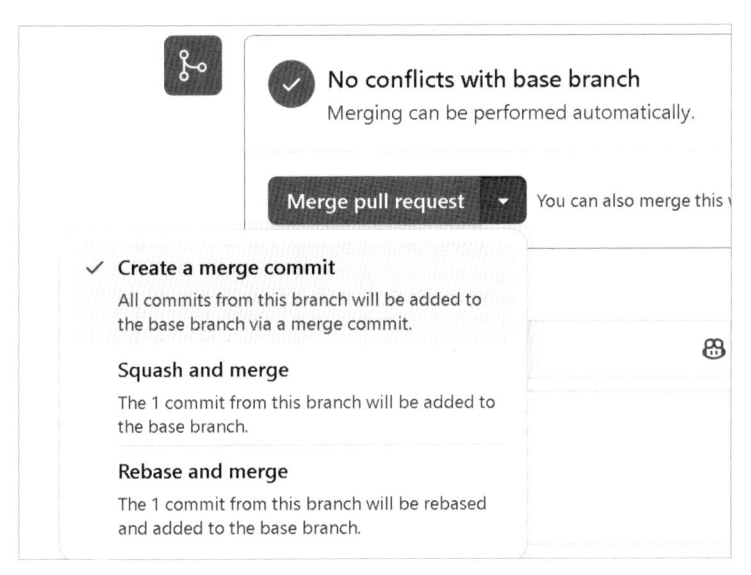

🎧 圖 8-36 選擇第一個

8-29

第 8 章　背景代理（Background Agent）

○　圖 8-37　建立 commit 併確定合併

○　圖 8-38　此時合併已成功

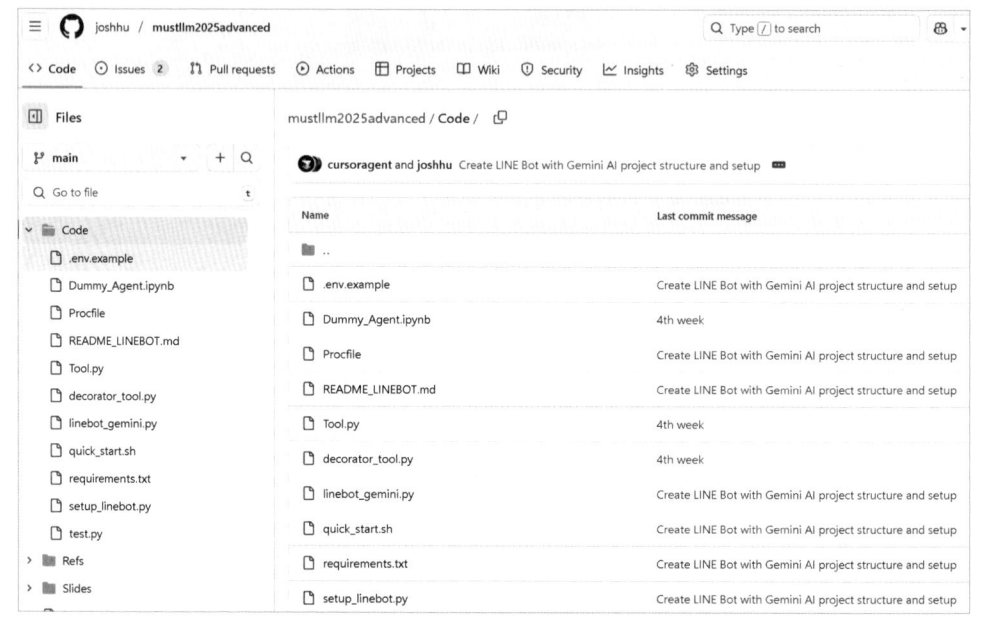

○　圖 8-39　目前的程式碼已經是最新的了

8.8 本章小結

背景代理是 Cursor 中最強大的功能之一，它讓你能夠在雲端環境中進行完整的程式開發。透過非同步執行、完整的開發環境和自動化工作流程，背景代理大大提升了開發效率。

本章介紹了背景代理的基本概念、使用方式、環境設定、安全考量等重要內容。掌握這些知識後，你就能夠充分利用背景代理來進行複雜的程式開發工作。下一章我們將學習 Cursor 的其他進階功能，進一步提升你的 Vibe Coding 能力。

第 8 章　背景代理（Background Agent）

MEMO

PART 3

上下文工程篇

　　大型語言模型（LLM）本質上是一個符合特定機率分佈的隨機文字產生器，但透過各種技術的發展，我們成功控制了其輸入，因而讓它輸出我們想要的結果，不管是文字或是程式碼。控制 LLM 的輸入是近代最重要的範式，稱為「上下文工程（Context Engineering）」，它是當代 AI Agent 技術最重要的基礎。在本部分，我們將學習如何使用 Cursor 中的上下文工程，來達成想要的結果。

章節介紹

第 10 章：上下文工程基礎概念

深入理解上下文工程的核心原理，學習如何透過精心設計的提示詞來控制 AI 的輸出，並掌握各種上下文工程的基本技巧。

第 11 章：Cursor 中的上下文工程實作

學習如何在 Cursor 中實際應用上下文工程，包括如何撰寫有效的提示詞、如何利用對話歷史，以及如何最佳化 AI 的回應品質。

第 12 章：進階上下文工程技巧

探索更進階的上下文工程方法，包括角色扮演、思維鏈推理、以及如何結合多種技巧來獲得最佳的 AI 協助效果。

第 13 章：MCP Server 與上下文工程

學習如何使用 MCP Server 來擴展 Cursor 的功能，並結合上下文工程來實現更複雜的開發任務。這將讓你的開發能力更上一層樓。

第 14 章：上下文工程的最佳實踐

總結上下文工程的各種最佳實踐，包括常見的錯誤避免、效率提升技巧，以及如何建立個人化的上下文工程工作流程。

第 15 章：上下文工程的未來發展

探討上下文工程技術的未來發展趨勢，以及如何持續學習和適應這個快速發展的領域。

透過這六個章節的學習，你將深入理解上下文工程的核心概念，並學會如何在 Cursor 中有效應用這些技術。這些知識將讓你能夠更精準地控制 AI 工具，實現更高效、更準確的程式開發。

9

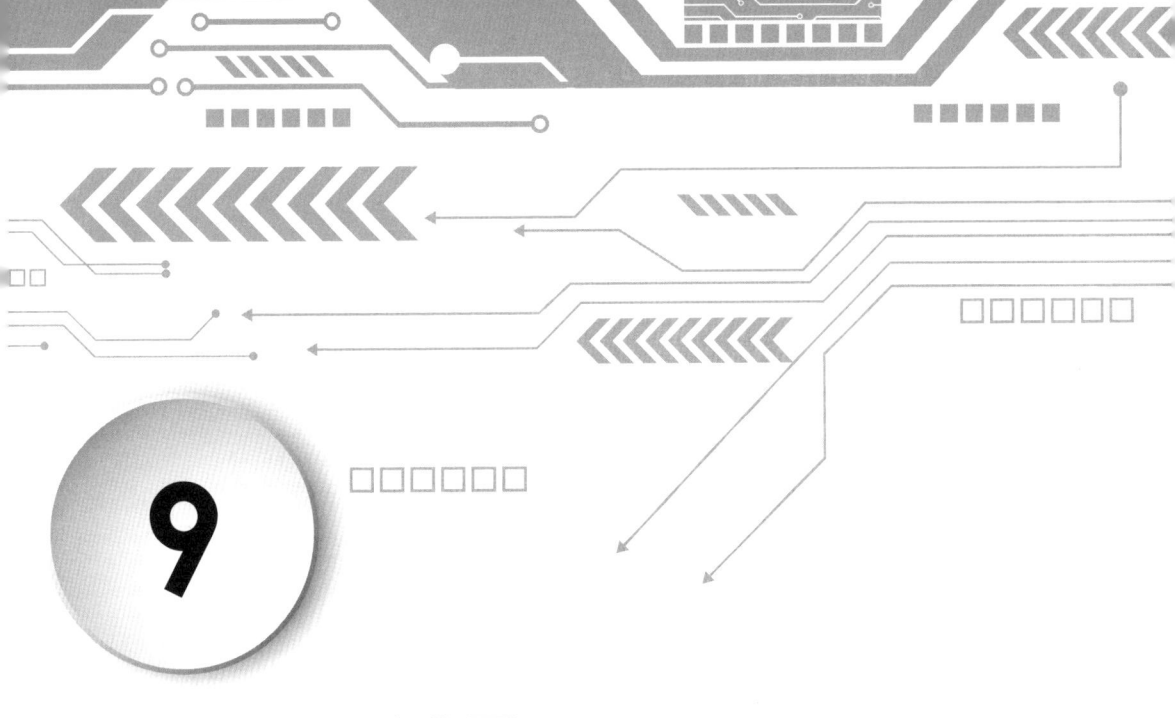

行內編輯
(Inline Edit)

    如果你已經開發出程式,但想要做一些更進一步的修改,並且你針對程式內容、結構及運作方式有相當程度的了解,那麼行內編輯是一個非常方便的工具。他可以在不進行大規模重構的情況下,針對程式碼進行細部的修改。

第 9 章　行內編輯（Inline Edit）

行內編輯讓 AI 的能力直接嵌入到你的編輯器中，只要按下 Ctrl+K，就能在不離開程式碼的狀況下，與 AI 進行即時互動。本章將帶你深入了解行內編輯的各種模式與實用技巧，讓你體驗到與 AI 無縫協作的開發流程。

9.1 核心操作模式

行內編輯提供了多種操作模式，以應對不同的開發情境。熟悉這些模式，是將行內編輯功能發揮到極致的關鍵第一步。

9.1.1 編輯與產生 (Edit and Generate)

行內編輯最基礎的功能，就是根據你是否選取程式碼，來決定要「編輯」還是「產生」。

- **編輯現有程式碼**：當你在編輯器中選取一段程式碼後，按下 Ctrl+K，AI 就會根據你的指令，針對選取的範圍進行修改。這對於重構、修正錯誤或添加註解等任務非常方便。

- **產生新程式碼**：若你未選取任何程式碼，直接在游標處按下 Ctrl+K，AI 則會根據你的提示，在該位置產生新的程式碼。此時，AI 會聰明地參考周圍的程式碼作為上下文，例如，若你在一個函式內部觸發，它產生的程式碼就會考慮到該函式的情境。

```
import os                Add to Chat  Quick Edit   Create LINE Bot with Gemin
import logging
from flask import Flask, request, abort
from linebot import LineBotApi, WebhookHandler
from linebot.exceptions import InvalidSignatureError
from linebot.models import (
    MessageEvent, TextMessage, TextSendMessage
)
import google.generativeai as genai
from datetime import datetime
from dotenv import load_dotenv
```

🎧 圖 9-1 選取程式碼後，可以直接將這段程式碼丟給 AI 進行修改

9.1 核心操作模式

△ 圖 9-2 如果按下 Ctrl+K，就可以進行修改

9.1.2 快速提問 (Quick Question)

有時候，我們不是想修改程式碼，只是想問個問題。在行內編輯的輸入框中，按下 Alt+Enter 即可切換到提問模式。

你可以針對選取的程式碼，快速詢問它的功能、用法或可能的改進方向。在得到 AI 的回答後，如果你覺得建議不錯，還可以在輸入框中接著輸入「do it」、「套用」或類似的指令，AI 就會將文字建議轉換為實際的程式碼變更。這個流程可以在動手修改前，先輕鬆地探索各種可能性。

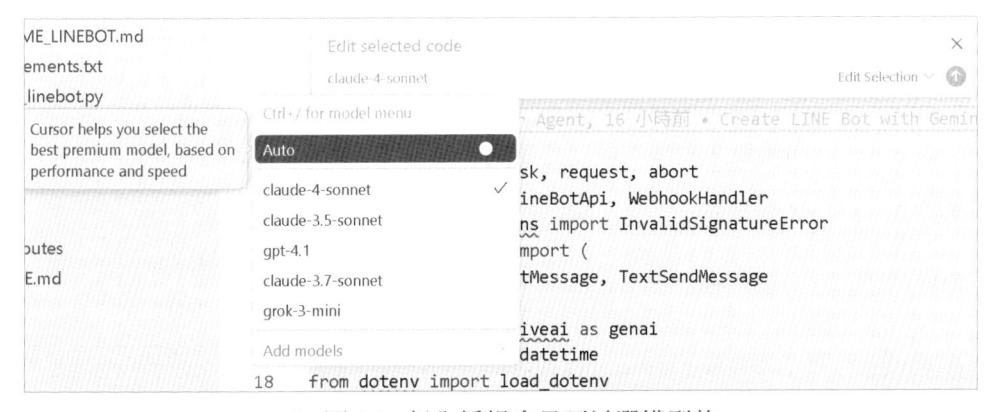

△ 圖 9-3 行內編輯也是可以選模型的

9-3

第 9 章　行內編輯（Inline Edit）

```
    這邊用的不是最新版的套件，包括LINE和google genai都是舊版本的     ×
    claude-4-sonnet ·                              Edit Selection ⌄  ⬆
 8  import os
 9  import logging
10  from flask import Flask, request, abort
11  from linebot import LineBotApi, WebhookHandler
12  from linebot.exceptions import InvalidSignatureError
13  from linebot.models import (
14      MessageEvent, TextMessage, TextSendMessage
15  )
16  import google.generativeai as genai
17  from datetime import datetime
18  from dotenv import load_dotenv
```

🎧 圖 9-4　由於程式碼較短，可以使用較基礎的模型，這邊還是用了比較強的模型

9.1.3　處理大規模修改 (Handling Large-Scale Edits)

面對更複雜的修改需求，行內編輯也提供了對應的進階模式：

- **完整檔案編輯**：若你需要對整個檔案進行修改，例如統一變數命名風格，可以在行內編輯的狀態下，按下 Ctrl+Shift+Enter。此模式會將編輯範圍擴大到整個檔案。

- **傳送到聊天視窗**：對於需要跨多個檔案，或是需要更深入討論的複雜任務，你可以選取程式碼後按下 Ctrl+L。這個操作會將選取的程式碼及你的問題，一併傳送到側邊欄的聊天視窗，讓你利用 Agent 更強大的分析與編輯能力。

▼ 表 9-1：行內編輯主要模式與快捷鍵

模式	快捷鍵	主要用途
編輯 / 產生	Ctrl+K	編輯選取的程式碼或在游標處產生新程式碼
快速提問	在行內編輯中按 Alt+Enter	對選取的程式碼提問，而不直接修改

9-4

9.1 核心操作模式

（續表）

模式	快捷鍵	主要用途
完整檔案編輯	在行內編輯中按 Ctrl+Shift+Enter	將編輯範圍擴展至整個檔案
傳送到聊天	Ctrl+L	將程式碼與問題傳送到聊天視窗以進行複雜處理

🎧 圖 9-5 當修改完成，一樣可以選擇接受或拒絕

🎧 圖 9-6 也可以使用 @ 符號來引用文件

第 9 章　行內編輯（Inline Edit）

△ 圖 9-7　修改所選部分，針對所選部分提問，修改全部檔案或是丟給聊天視窗

▍9.2　迭代式互動與智慧上下文

　　行內編輯的強大之處不僅在於單次的指令執行，更在於它支援連續對話，並且能聰明地運用上下文資訊，讓結果更貼近你的真實需求。

△ 圖 9-8　開始進行生成

△ 圖 9-9 修改完成後，可以選擇接受或拒絕

9.2.1 透過後續指令精煉結果

AI 第一次給出的結果，不一定百分之百完美。此時，你不必取消重來。可以直接在同一個輸入框中，繼續輸入新的指令來修正或補充，然後按下 Enter。AI 會根據你的新指令，對上一次的結果進行調整。這種迭代式的互動方式，可以逐步將程式碼雕琢成理想的模樣。

△ 圖 9-10 我們這邊先問問題

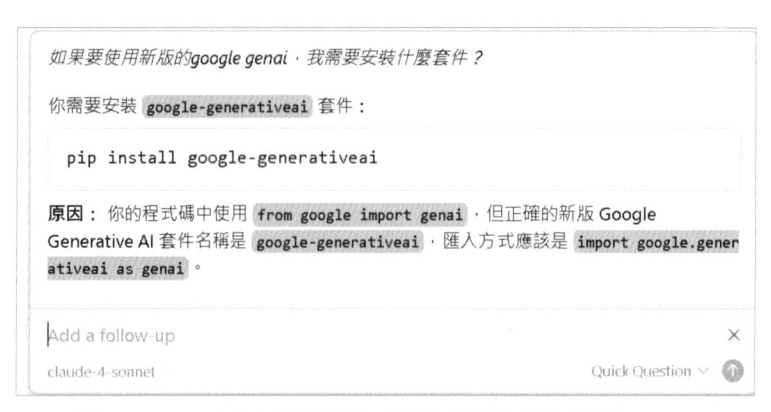

第 9 章 行內編輯（Inline Edit）

↟ 圖 9-11 AI 會先回答問題，這邊有點像精簡版的 ChatGPT

9.2.2 自動納入的預設上下文

為了提升程式碼生成的品質，行內編輯在運作時，除了你明確使用 @ 符號指定的檔案外，還會自動納入它認為相關的「預設上下文」。

↟ 圖 9-12 我們可以繼續問問題，或是直接修改，這邊有納入官方文件

這些上下文資訊可能包含：

- **相關聯的檔案**：專案中與你當前工作內容相關的其他檔案。
- **你最近看過的程式碼**：你在編輯器中近期瀏覽過的程式碼片段。

9.2 迭代式互動與智慧上下文

- **其他高關聯性資訊**：Cursor 會透過演算法，自動判斷並優先納入最相關的資訊，以提供更準確的結果。

這種智慧的上下文感知能力，讓行內編輯更像一個了解你專案背景的開發夥伴，而不只是一個指令工具。

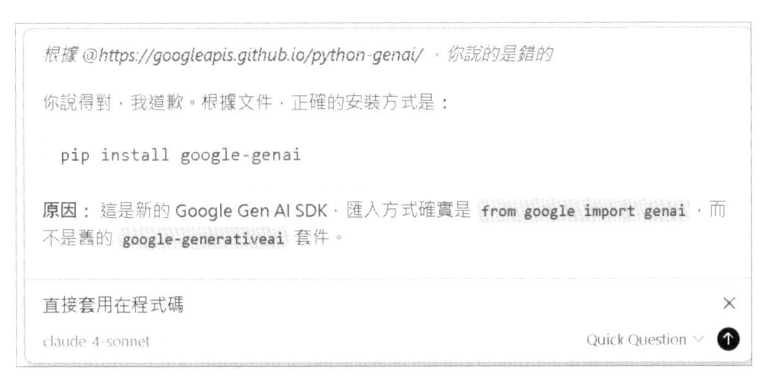

▲ 圖 9-13 Cursor 也會直接讀取你納入的資料

▲ 圖 9-14 可以直接完全將檔案給 AI 進行修改

▲ 圖 9-15 指令只會作用於該檔案，不會影響其他檔案

第 9 章 行內編輯（Inline Edit）

△ 圖 9-16 改完可以套用至整個檔案

9.2.3 使用聊天視窗進行複雜任務

行內編輯的另一個強大功能，就是可以將程式碼與問題傳送到聊天視窗，讓你利用 Agent 更強大的分析與編輯能力。

△ 圖 9-17 可以將程式碼與問題傳送到聊天視窗

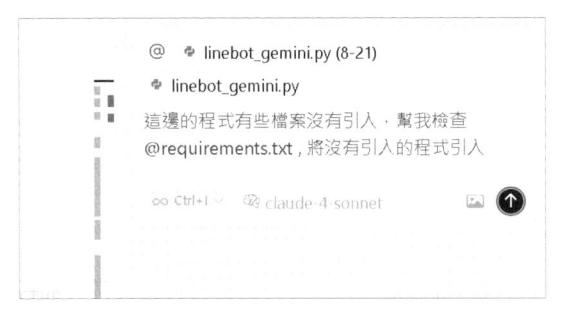

▲ 圖 9-18 聊天視窗可以進行更複雜的討論

▲ 圖 9-19 此時你可以看到選擇的行號被顯示出來

9.3 終端機整合 (Terminal Integration)

行內編輯的便利性，也同樣延伸到了 Cursor 的內建終端機中，讓你不必再去費心記憶那些複雜又不常用的指令。

只要在終端機中按下 `Ctrl+K`，螢幕下方就會出現一個指令輸入框。你只需要用自然的語言描述想執行的任務（例如：「顯示最近 5 次的 git 提交紀錄，只要作者和訊息」），AI 就會為你產生對應的指令。在產生指令時，AI 會參考你最近的終端機操作歷史與當前指令作為上下文，讓產出的指令更為精確。

第 9 章　行內編輯（Inline Edit）

```
PS C:\Users\joshhu\Projects\mustllm2025advanced>
```

顯示最近5次的 git 提交紀錄，只要作者和訊息

↑ 圖 9-20　在終端機中透過自然語言產生指令。

```
PS C:\Users\joshhu\Projects\mustllm2025advanced> git log -5 --pretty=format:"作者: %an%n訊息: %s%n"
```

↑ 圖 9-21　產生指令，你必須手動執行

```
作者: Josh Hu
訊息: Merge pull request #3 from joshhu/cursor/build-a-line-bot-with-google-gemini-52c2

作者: Cursor Agent
訊息: Create LINE Bot with Gemini AI project structure and setup

作者: Josh Hu
訊息: 6th week

作者: Josh Hu
訊息: new

:
```

↑ 圖 9-22　執行結果

9-12

9.4 本章小結

本章我們深入探討了 Cursor 中極為實用且高效率的功能——行內編輯 (Inline Edit)。我們從最核心的 `Ctrl+K` 快捷鍵出發,學習了它在不同情境下的多種模式,包括程式的編輯與產生、快速提問、全檔案修改,以及與聊天視窗的連動。

我們也了解到,行內編輯支援透過後續指令進行迭代式的修改,並且能自動利用專案的上下文資訊,讓 AI 的建議更貼近實際需求。最後,我們看到了此功能如何無縫整合至終端機,讓我們能用自然語言輕鬆產生複雜的指令。

熟練地運用行內編輯的各種技巧,將能顯著提升你的開發效率,讓你在日常的程式設計過程中,真正體驗到與 AI 無縫協作的流暢感。

第 9 章 行內編輯（Inline Edit）

MEMO

10

Rules 功能 - 讓 AI 乖乖聽話

　　我們現在都很習慣 ChatGPT 的問答方式,大家一定很好奇為何 ChatGPT 能這麼正確的答出你的問題?另外就是在 ChatGPT 剛出來時,對於沒有在知識截止之後補上的資訊,ChatGPT 都會亂答,但現在 ChatGPT 已經不會這樣了。其中的原因,其實就是在你和 ChatGPT 對話時,並不是直接將對話傳給 LLM,大部分的 AI 聊天機器人都會在對話的前後再加上一些內容,只是這些內容你看不見,這些內容,有一個很重要的部分,稱為 System Prompt。

第 10 章　Rules 功能 - 讓 AI 乖乖聽話

10.1 System Prompt

OpenAI 於 2023 年 3 月推出 Chat Completions API，正式規定每則訊息必含 role（`system/user/assistant`）與 `content`，開啟了三角色標準化，自此所有以多輪對話為主的 LLM 均照著這個標準來定義。System Prompt 是 AI 聊天機器人背後的設定，它會告訴 AI 聊天機器人，你希望它如何回答你的問題。ChatGPT 其實是可以設定 System Prompt 的，只是大部分的人都不會去設定，所以 ChatGPT 就會用它預設的 System Prompt 來回答你的問題。

圖 10-1 ChatGPT 其實是有 System Prompt 的設定的

10.1 System Prompt

　　此外，系統也會適當地加入一些內容，例如現在的時間、使用者之前強制 ChatGPT 記下來的內容、甚至是手機使用者的地理位置等。當有了這些內容，整個 AI 才能更精準的輸出結果。如果是多輪對話，ChatGPT 更會將之前的對話放入每一次的對話中，而這整個放入對話中的內容，稱為 Context（上下文）。

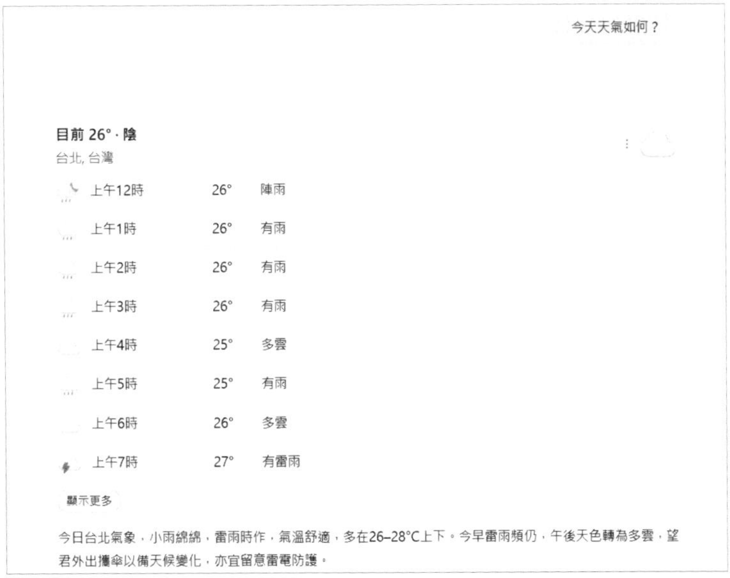

○ 圖 10-2 設定好 System Prompt 後 ChatGPT 就會用來回答問題

　　根據 LLM 最重要的 In-context Learning 概念，AI 模型在回答問題時，如果提供的 Context 越完整，AI 的回答就越精準。因此控制 Context 的內容，就是控制 AI 回答的精準度。

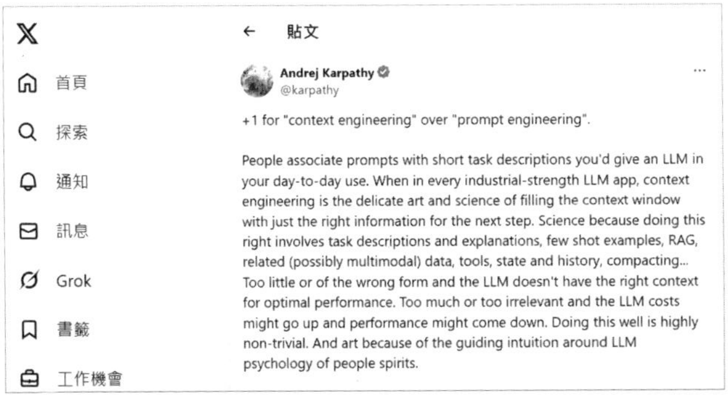

○ 圖 10-3 目前的新範式稱為 Context Engineering

第 10 章　Rules 功能 - 讓 AI 乖乖聽話

在 Cursor 中，控制程式碼撰寫的精準度，也是使用類似的概念。但使用 Cursor 不一定是開發某種程式，例如有時候使用 Python 開發，有時候用 JavaScript。不同應用，輸入的 Context 內容也不同。為此，Cursor 提供了規則（Rules）功能，可以控制 AI 模型在不同應用中的行為，而針對不同的應用，也有分成「使用者層級（或稱全域層級）」或「專案層級」的規則。

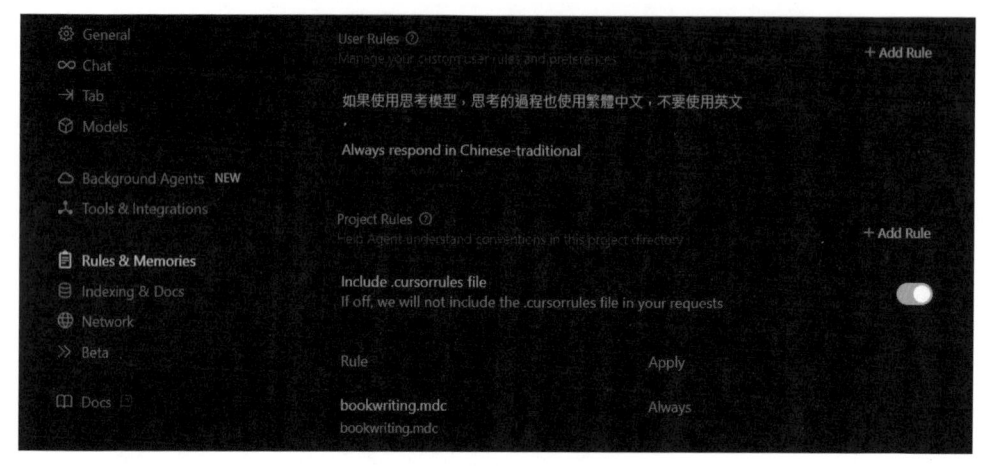

⭕ 圖 10-4　Cursor 的規則功能

10.2　三種 Rules 類型：各司其職的規則管理

在 Cursor 開發過程中，透過可重用、有範圍限制的指令，你可以控制 Agent 模型的行為表現。Rules 為 Agent 和 Inline Edit 提供系統層級的指令。把它們想像成你專案的持續性上下文、偏好設定或工作流程。Cursor 支援三種類型的規則，我們就來看看這三種規則的差異。

10.2 三種 Rules 類型：各司其職的規則管理

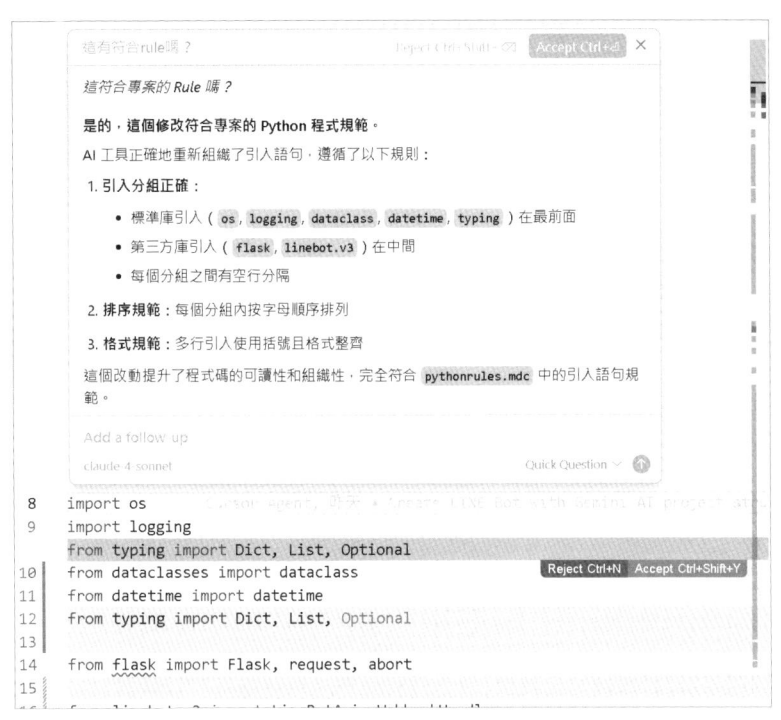

◐ 圖 10-5　在行內編輯時，Cursor 會自動套用規則

10.2.1　Project Rules：專案層級的規則

儲存在 .cursor/rules 目錄中，受版本控制管理，範圍限定在你的程式碼庫內。

10.2.2　User Rules：全域個人偏好

適用於你整個 Cursor 環境的全域設定。在設定中定義並總是套用。

10.2.3　.cursorrules（舊版）

仍然支援，但已被棄用。建議使用 Project Rules 替代。

第 10 章　Rules 功能 - 讓 AI 乖乖聽話

▼ 表 10-1：三種 Rules 類型比較

類型	儲存位置	適用範圍	版本控制	主要用途
Project Rules	.cursor/rules/	單一專案	是	專案特定規範
User Rules	Cursor Settings	所有專案	否	個人偏好設定
.cursorrules	專案根目錄	單一專案	是	舊版格式（建議升級）

10.3 Rules 的工作原理：持久化上下文

大型語言模型在完成任務之間不會保留記憶。Rules 在提示層級提供持久、可重用的上下文。當 Rules 被套用時，規則內容會包含在模型上下文的開頭。這為 AI 提供一致的指導，用於產生程式碼、解釋編輯或協助工作流程。這邊要注意的是，Rules 只會作用在 Chat 和 Inline Edit 中，Tab 中不會作用。

10.3.1 最簡單的 Users'Rules

要建立一個全域性 (User 等級) 的規則，你可以在 Cursor Settings → Rules&Memories 中來建立。只要按下「Add Rule」，就可以建立一個規則。事實上，在你安裝了繁體中文套件後，Cursor 預設就會有一個規則，就是「請用繁體中文回應」。

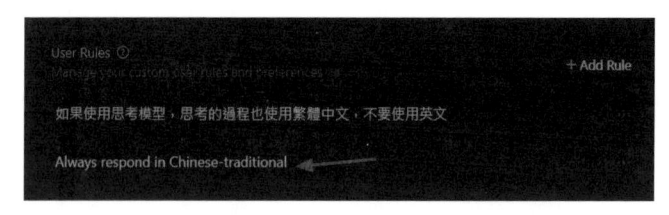

🔊 圖 10-6 Cursor 內建的一筆規則

建立的 Rules 則會顯示在 Cursor Settings → Rules&Memories 中，隨時可以修改及刪除。User Rules 並不是儲存在檔案系統的特定文字檔案中，無法直接

10-6

追蹤。有使用者想要將 User Rules 加入到他們的 `git dotfiles` 追蹤中，但找不到對應的檔案系統位置。只能等新版的 Cursor 看能不能用版本控制來解決這個問題。

🎧 圖 10-7 User Rules 的設定，可以編輯或刪除

10.3.2 建立 Users'Rules

建立的方法很簡單，只要遵照下面的步驟即可。

🎧 圖 10-8 進入設定，Rules&Memories 的設定

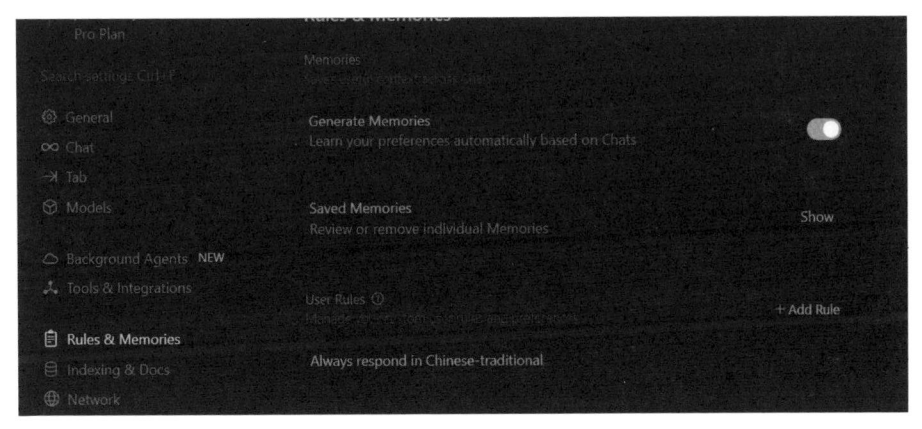

🎧 圖 10-9 直接新增規則，輸入規則的內容

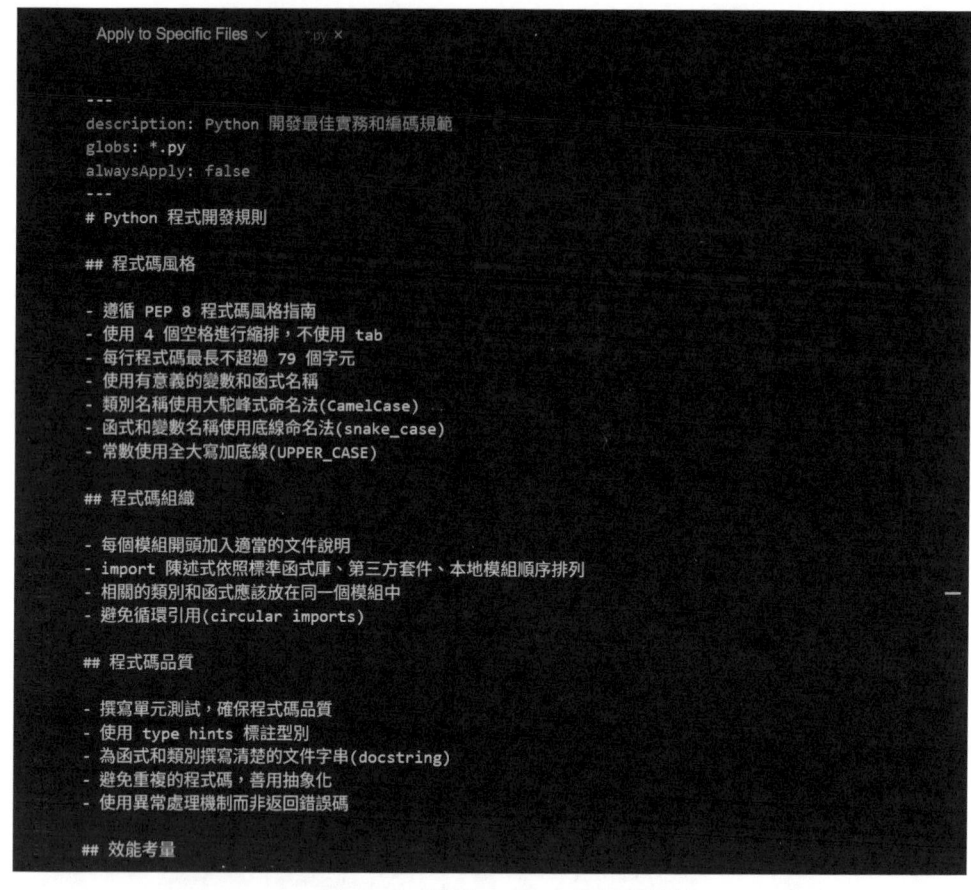

第 10 章　Rules 功能 - 讓 AI 乖乖聽話

```
Apply to Specific Files ∨    *.py  ✕

---
description: Python 開發最佳實務和編碼規範
globs: *.py
alwaysApply: false
---

# Python 程式開發規則

## 程式碼風格

- 遵循 PEP 8 程式碼風格指南
- 使用 4 個空格進行縮排，不使用 tab
- 每行程式碼最長不超過 79 個字元
- 使用有意義的變數和函式名稱
- 類別名稱使用大駝峰式命名法(CamelCase)
- 函式和變數名稱使用底線命名法(snake_case)
- 常數使用全大寫加底線(UPPER_CASE)

## 程式碼組織

- 每個模組開頭加入適當的文件說明
- import 陳述式依照標準函式庫、第三方套件、本地模組順序排列
- 相關的類別和函式應該放在同一個模組中
- 避免循環引用(circular imports)

## 程式碼品質

- 撰寫單元測試，確保程式碼品質
- 使用 type hints 標註型別
- 為函式和類別撰寫清楚的文件字串(docstring)
- 避免重複的程式碼，善用抽象化
- 使用異常處理機制而非返回錯誤碼

## 效能考量
```

🔊 圖 10-10 這是 Python 的規則範例

User Rules 的特點：

- 適用於所有專案

- 純文字格式

- 總是套用

- 不受版本控制

10.4 Project Rules：專案層級的規則

Project Rules 存放在 `.cursor/rules` 目錄中，每個規則都是一個檔案，並受版本控制管理。這些規則可以使用路徑型式進行範圍限定、手動呼叫，或根據相關性自動包含。子目錄也可以包含自己的 `.cursor/rules` 目錄，範圍限定在該資料夾內。

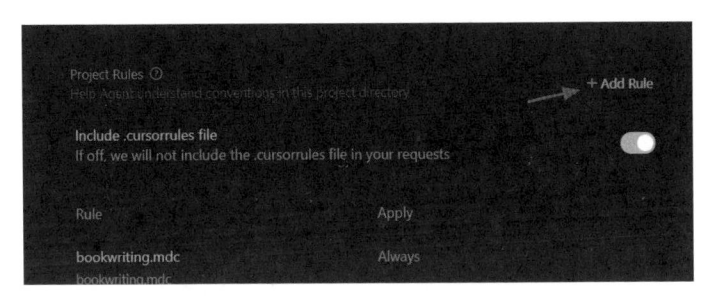

∩ 圖 10-11 可以從 Cursor 介面來新增 Project Rules

使用 Project Rules 來：

- 將領域特定知識程式開發到你的程式碼庫中
- 自動化專案特定的工作流程或範本
- 標準化風格或架構決策

10.4.1 專案規則建立方式

專案層級的規則的建立有兩個方式，一個是使用 New Cursor Rule 指令，另一個是直接在專案根目錄下建立 `.cursor/rules` 目錄，並在目錄中建立規則檔案。接下來我們就來看看這兩個方式怎麼使用。

第 10 章　Rules 功能 - 讓 AI 乖乖聽話

1. 進入 Cursor 的設定選單,選擇「Rules&Memories」,在專案的部分按下「Add Rule」。

2. 此時會要求輸入規則的檔案名稱,這個名稱會自動加上 .mdc 副檔名,並且會自動開啟規則編輯器。

△ 圖 10-12　輸入檔名

3. 此時會將這個檔案存在 .cursor/rules 目錄中。

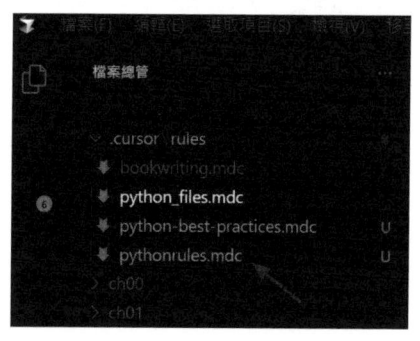

△ 圖 10-13　將規則檔案建立完成

4. 接下來你要選擇的就是這個規則的套用方式,有四種方式:

   - **Always Apply**:套用到每次聊天和 Ctrl+K 對話中
   - **Apply Intelligently**:當 Agent 基於描述判斷相關時套用
   - **Apply to Specific Files**:當檔案符合指定模式時套用
   - **Apply Manually**:當使用 @ 符號明確提及時套用

10-10

10.4 Project Rules：專案層級的規則

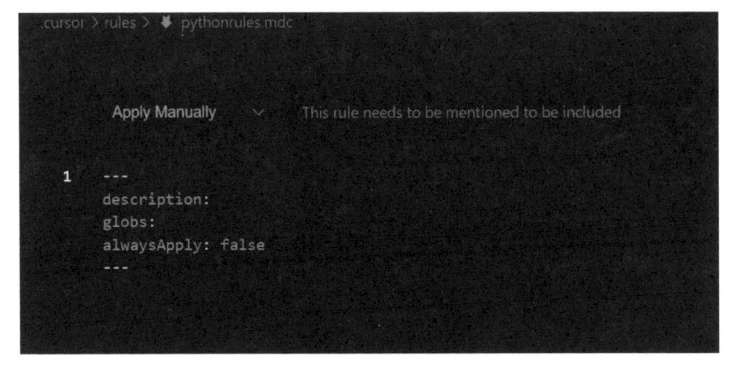

🎧 圖 10-14 此時會出現這個檔案的編輯內容

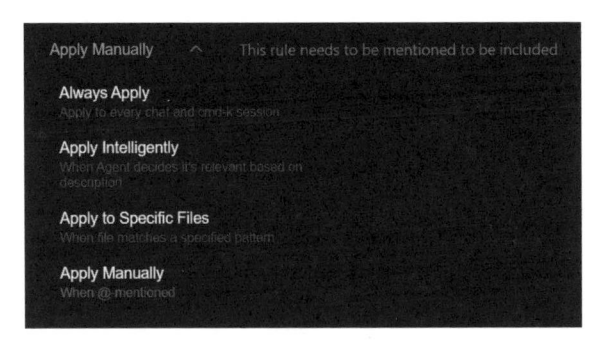

🎧 圖 10-15 選擇規則的套用方式

5. 如果你不想自己寫內容，何不讓 AI 幫你寫呢？對了，就是按下 Ctrl+ K，讓 Cursor 幫你寫 Cursor 規則。

🎧 圖 10-16 按下 Ctrl+K 後，Cursor 會自動產生規則

6. 你也可以在 AI 對話視窗中，直接下指令 /Generate Cursor Rules，讓 AI 幫你寫 Cursor 規則。

↑ 圖 10-17 也可以讓 AI 幫你寫規則

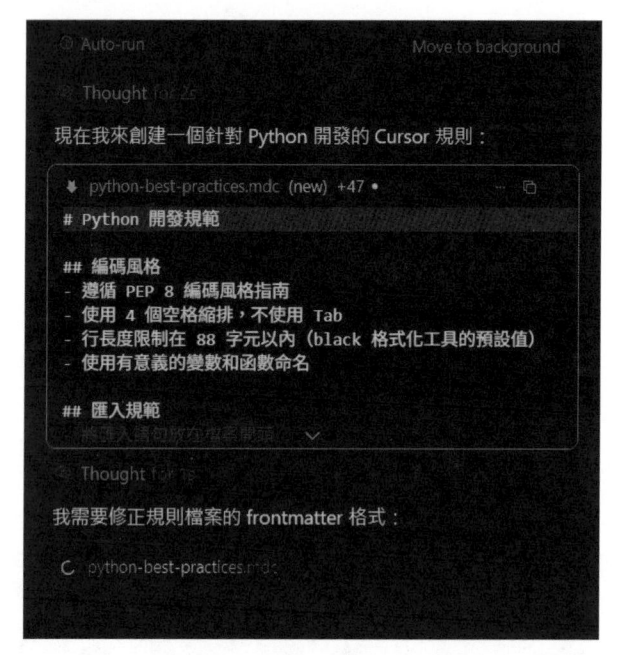

↑ 圖 10-18 AI 幫你寫規則

10.4 Project Rules：專案層級的規則

7. 之後這個專案中，符合條件的內容每次產生時，都會應用到這個規則，其中的 `globs: *.py` 表示只會套用到 `.py` 格式的檔案。

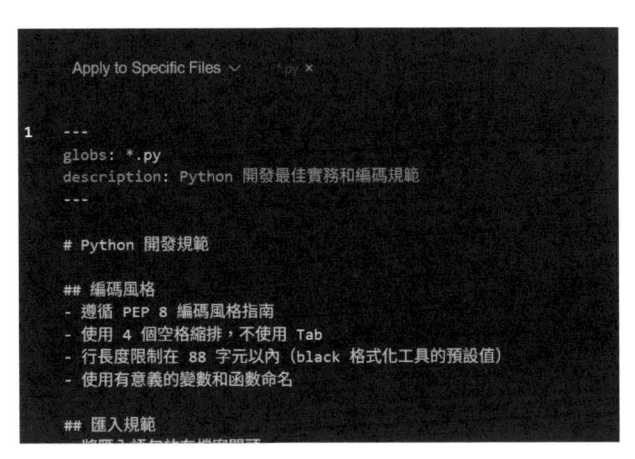

▲ 圖 10-19 規則已經建立

8. 你可以在 Cursor 的設定中看到規則是否有被應用。

▲ 圖 10-20 可以看到規則已經被套用了

10.4.2 巢狀規則：階層式組織

透過在專案子目錄放置 .cursor/rules 目錄來組織規則。巢狀規則會在引用其目錄中的檔案時自動附加。不過這種巢狀規則的建立無法使用 Cursor 的介面，而需要自己動手建立。在建立完之後在 Cursor 的設定介面並無法看到，必須重新啟動 Cursor 才能應用。

巢狀規則目錄結構範例：

```
project/
    .cursor/rules/        # 專案全域規則
    backend/
        server/
            .cursor/rules/    # 後端特定規則
    frontend/
        .cursor/rules/    # 前端特定規則
```

10.5 產生規則：從對話直接建立

使用 /Generate Cursor Rules 指令直接在對話中產生規則。當你對 Agent 行為做出決策並想要重複使用時很有用。

對話產生規則的操作步驟：

1. 在聊天視窗中輸入 /Generate Cursor Rules

2. AI 會分析對話內容並產生適當的規則

3. 規則會自動儲存到 .cursor/rules 目錄中

10.6 最佳實務：撰寫有效的規則

好的規則是專注、可執行且有明確範圍的。遵循以下原則可以讓你的規則更加有效。

最佳實務原則：

- 保持規則在 500 行以內
- 將大型規則拆分成多個可組合的規則
- 提供具體範例或引用檔案
- 避免模糊指導。撰寫規則要像清晰的內部文件
- 當在聊天中重複提示時，重複使用規則

10.7 規則範例：實際應用案例

以下是一些來自官方文件的實用規則範例，展示不同的應用場景。

10.7.1 前端組件和 API 驗證標準

前端組件標準規則：

```
在 components 目錄中工作時：

- 一律使用 Tailwind 進行樣式設計
- 使用 Framer Motion 製作動畫效果
- 遵循組件命名規範
```

API 端點驗證規則：

```
在 API 目錄中：

- 使用 zod 進行所有驗證
- 使用 zod schemas 定義回傳型別
- 匯出由 schemas 產生的型別
```

10.7.2 範本規則：Express 服務和 React 組件

Express 服務範本規則：

```
建立 Express 服務時請使用此範本：

- 遵循 RESTful 設計原則
- 加入錯誤處理中介軟體
- 設定適當的記錄功能
@express-service-template.ts
```

React 組件結構規則：

```
React 組件應遵循以下結構：

-Props 介面定義在最上方
- 組件使用具名匯出
- 樣式定義在最下方
@component-template.tsx
```

10.7.3 開發工作流程自動化

應用程式分析工作流程規則：

```
分析應用程式時：

- 執行 npm run dev 啟動開發伺服器
- 從主控台擷取記錄
- 提出效能改善建議
```

文件產生協助規則：

```
協助撰寫文件的方式：

- 擷取程式碼註解
- 分析 README.md 檔案
- 產生 markdown 格式文件
```

10.8 常見問題解答

mdc 檔案的格式十分重要，不能有一點錯誤，要不然規則是不會被套用的。下面是官方提供的常見問題解答，如果你的規則沒有建立成功，可以參考這邊。

10.8.1 為什麼我的規則沒有套用？

檢查規則類型。對於 Agent Requested，確保已定義描述。對於 Auto Attached，確保檔案型式符合引用的檔案。

10.8.2 規則可以引用其他規則或檔案嗎？

可以。使用 @filename 在你的規則上下文中包含檔案。

10.8.3 我可以從聊天中建立規則嗎？

可以，使用 /Generate Cursor Rules 指令從聊天中產生專案規則。如果啟用了 Memories，記憶會自動產生。

10.8.4 規則會影響 Cursor Tab 或其他 AI 功能嗎？

不會。規則只適用於 Agent 和 Inline Edit。

10.9 記憶（Memories）

記憶功能是 Cursor 根據你在聊天中的對話自動產生的規則。這些記憶會限定在你的專案範圍內，並在不同工作階段之間保持上下文。

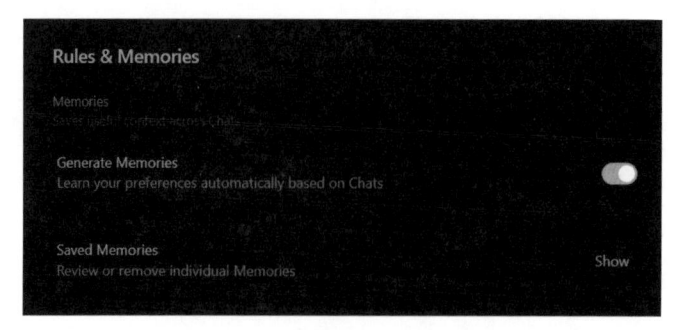

第 10 章　Rules 功能 - 讓 AI 乖乖聽話

△ 圖 10-21　啟用 Memories 功能

10.9.1 記憶的產生方式

當 Cursor 發現你常常輸入一些指令，或對程式進行修改時，就會出現提示，詢問你是否要將這些內容記錄下來，前提是你必須先啟用 Memories 功能。

這也是在 Cursor 的設定中開啟就行了。

記憶功能的設計採用了兩種主要的產生方式：

背景觀察模式

Cursor 使用背景觀察模式，由另一個模型在背景觀察你的對話，並自動擷取相關的記憶。這個過程會在你工作時被動進行。為了確保使用者對記憶內容的信任和控制，背景產生的記憶在儲存前都需要使用者的確認。

工具呼叫模式

Agent 可以在以下情況直接使用工具呼叫來建立記憶：

- 當你明確要求它記住某些內容時
- 當它發現應該保留給未來工作階段的重要資訊時

10.9 記憶（Memories）

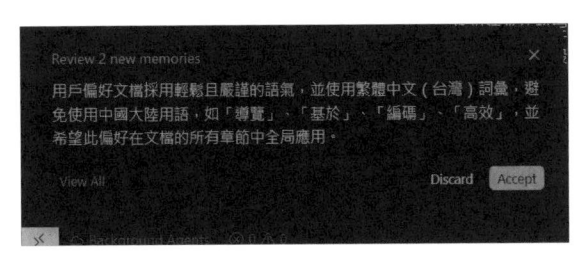

▲ 圖 10-22 當你常常提醒 Cursor 一件事時，他就會考慮將其加為記憶

10.9.2 記憶管理

你可以透過以下步驟管理記憶：

1. 開啟 Cursor 設定

2. 選擇 Rules&Memories 選項

3. 在記憶管理介面中檢視和編輯已儲存的記憶

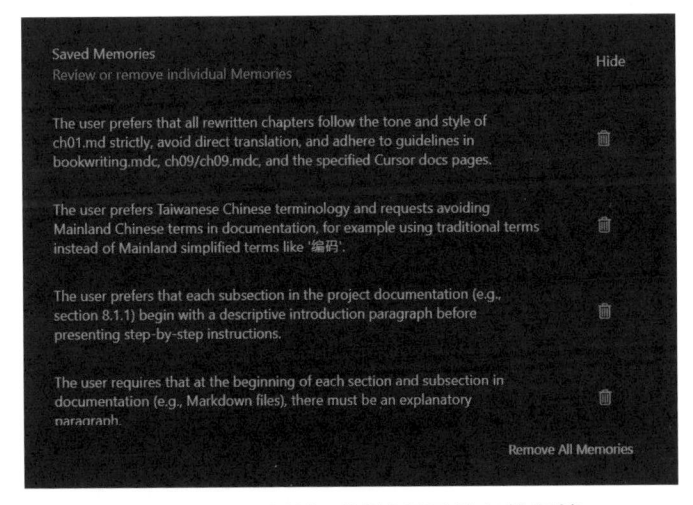

▲ 圖 10-23 這邊可以管理已儲存的記憶

10.10 誰說 Rules 要自己寫的？

在軟體開發中，大家用的程式語言、相依套件、框架、資料庫、API 等，其實都是大同小異的。全世界最優秀頂級的工程師，他們寫的規則一定比我們的好，我們只要找到他們寫的規則，就可以直接拿來用。

此外在第七章所介紹的「自訂模式」，也是一樣的道理，只要找到最優秀的工程師寫的模式，就可以直接拿來用。

你想的事情，別人其實都想到了。有一個網站專門收集全世界所有的 Cursor 規則及模式，你只要搜尋就可以找到最優秀的規則及模式。這個網站就是 playbooks.com。

在登入註冊之後，就會出現各式各樣的模式及規則，你可以直接套用這些模式及規則，就不需要自己寫，甚至也不需要浪費 Token 叫 Cursor 幫你寫了。

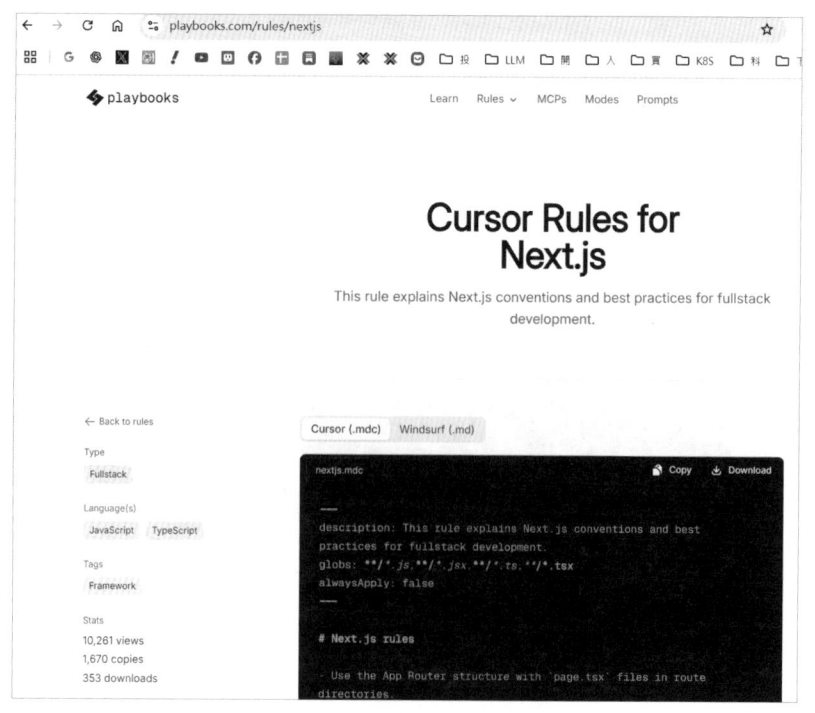

圖 10-24 Playbooks.com 上的各種規則

10.10 誰說 Rules 要自己寫的？

▲ 圖 10-25　還有 Cursor 的模式也有很多可以選擇

當然也有許多人在 GitHub 上收集了許多規則及模式，你也可以直接拿來用。

https://github.com/flyeric0212/cursor-rules

▲ 圖 10-26　這邊也有許多 Cursor 規則

10-21

第 10 章 Rules 功能 - 讓 AI 乖乖聽話

10.11 本章小結

Rules 功能是 Cursor 最重要的進階特色之一,透過它你可以建立專屬的 AI 助手。這個功能的核心概念就是控制 AI 的 Context,讓 AI 能夠按照你的需求來產生程式碼。

我們從 System Prompt 的概念開始,了解到為什麼 ChatGPT 能夠正確回答問題的關鍵,就在於背後有一套完整的 Context 系統。Cursor 的 Rules 功能就是讓你能夠自訂這個 Context 的內容。

本章重點整理:

1. **兩種規則層級**:User Rules 適用於所有專案、Project Rules 針對特定專案。

2. **四種套用方式**:Always Apply 永遠套用、Apply Intelligently 自動判斷、Apply to Specific Files 檔案特定、Apply Manually 手動引用

3. **建立方式多元**:可透過設定介面、`/Generate Cursor Rules` 指令或直接建立檔案

4. **巢狀規則支援**:在各子目錄中建立專門規則,讓管理更有彈性

5. **Memories 功能**:AI 會自動觀察你的習慣並建議儲存為規則

Cursor 和 VS Code 最大的不同就是 Rules 功能,這個功能可以控制 AI 的行為,讓 AI 能夠按照你的需求來產生程式碼,說穿了還是控制 Context 的內容。在 LLM 的世界,高維向量就是一切,Rules 也是一種向量,只是這個向量是針對 AI 的行為。在下一章,我們就來看看如何讓 Cursor 將你指定的程式碼整個轉成向量,並放入 Context Window 中,就是 Cursor 的程式碼庫索引功能。

11

程式碼庫索引
與忽略檔案

在前面的章節中，我們學習了 Rules 和其他功能來控制 AI 的行為。但是要讓 AI 真正理解你的專案，Cursor 需要先「讀懂」你的程式碼庫。本章將介紹 Cursor 如何透過程式碼庫索引來理解你的專案，包括強大的 PR 搜尋功能，以及如何使用忽略檔案來控制哪些檔案可以被 AI 存取，讓你在享受 AI 協助的同時，也能保護重要的機密資訊。

第 11 章　程式碼庫索引與忽略檔案

11.1 程式碼庫索引基礎

LLM 的輸入單位是 Token，所有文字必須在進入 LLM 之前被轉換成 Tokens。而每個 Token 都是一個高維的向量（從 512 到 4096 維）。為了讓 LLM 的輸出更加正確，我們要儘量用這些高維向量將 Context Window 放入最多的參考資料，因此在一個專案中，將你所有的程式碼都轉成向量，再放入 Context Window 中，方便 LLM 輸出資料，這就是程式碼庫索引。

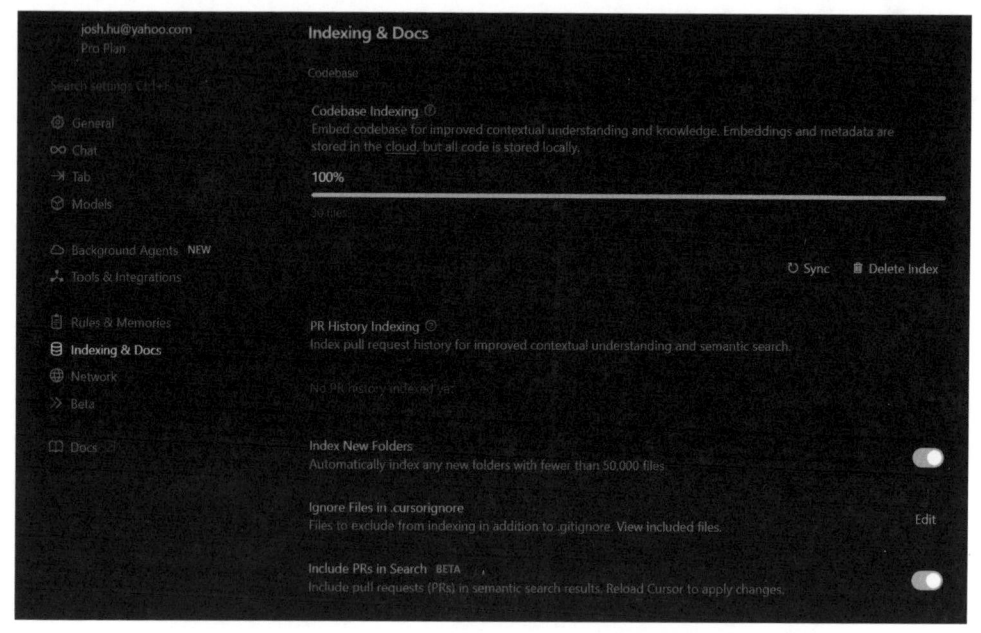

▲ 圖 11-1　這邊可以設定索引的內容

11.1.1 索引運作原理

程式碼庫索引是 Cursor 理解你專案的核心技術。透過為每個檔案計算嵌入向量（embeddings），Cursor 能夠大幅提升 AI 對你程式碼的理解和回答品質。在一年前我們還在討論 RAG，現在都轉向 Context Engineering 了。

11.1 程式碼庫索引基礎

索引過程具有以下特點：

- **自動啟動**：專案載入時立即開始索引
- **增量更新**：新檔案會被增量索引
- **語意理解**：不只是文字比對，還能理解程式碼意義
- **背景處理**：不影響編輯器的正常運作

你可以在 **Cursor Settings > Indexing&Docs** 檢查索引狀態。

🔊 圖 11-2 這邊可以重新索引，但 Cursor 在啟動時就會自動索引

11.1.2 索引設定與設定

Cursor 會索引所有檔案，除了忽略檔案中指定的內容（如 .gitignore、.cursorignore）。你可以透過設定來控制索引行為。忽略大型內容檔案能提升回答準確性，因為 AI 可以專注在重要的程式碼上。

如果有新的資料夾被加入到專案中，Cursor 會自動索引該資料夾，前提是這個資料夾內的檔案要小於 50000 個才行。此外如果你將網路上的文件加入至 Cursor 的 @docs 中，Cursor 也會自動索引該文件。我們在 @Symbol 章節中會有更多的說明。

🔊 圖 11-3 當你加入文件時，Cursor 會爬取該文件自動索引

第 11 章　程式碼庫索引與忽略檔案

11.1.3 索引的效能與限制

程式碼庫索引雖然強大，但也有一些限制需要注意。索引的效能會受到專案大小和檔案數量的影響。

索引的主要限制：

- **專案大小**：過大的專案會增加索引時間
- **記憶體使用**：大量檔案會佔用較多記憶體
- **更新延遲**：大型變更後需要時間重新索引
- **檔案類型**：某些二進位檔案無法被索引

為了維持最佳效能，建議：

1. 善用 .cursorignore 排除不必要的檔案
2. 定期清理不再使用的檔案
3. 將大型二進位檔案排除在索引之外

11.2 多根工作空間支援

Cursor 支援多根工作空間，讓你同時處理多個程式碼庫。這個功能對於管理大型專案或相關聯的多個專案特別有用。

多根工作空間的特點：

- **自動索引**：所有程式碼庫都會自動被索引
- **全域 AI 存取**：每個程式碼庫的內容都可供 AI 使用
- **統一 Rules**：.cursor/rules 在所有資料夾中都有效

設定多根工作空間：

1. 在 Cursor 中開啟第一個專案

2. 使用 **File > Add Folder to Workspace** 新增其他專案

3. 所有專案會自動開始索引

4. AI 可以跨專案提供建議和搜尋

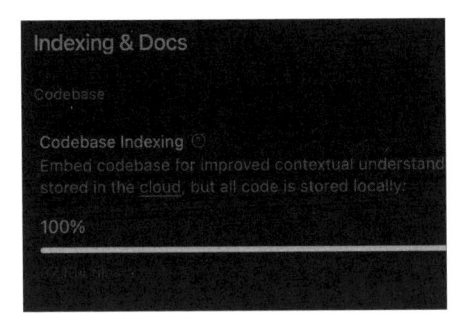

圖 11-4 當索引多根工作區時，必須預期會有很多檔案

11.3 PR 搜尋功能

當多人協作時，你會需要知道其他人的程式碼，這時候 PR 搜尋功能就派上用場了。舉例來說，使用者 B 開發了另一個功能在 `feature/new-feature` 分支上，當我們將這個分支合併到 `main` 分支時，Cursor 會自動索引這個 PR，可以在 PR 搜尋中找到這個功能。

圖 11-5 當我們有新分支上傳時，可以建立 PR

第 11 章　程式碼庫索引與忽略檔案

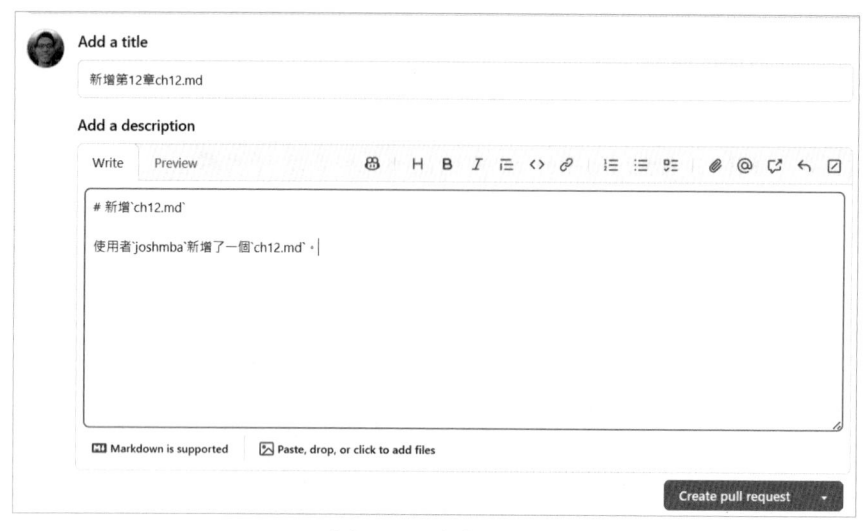

❶ 圖 11-6　建立一個 PR

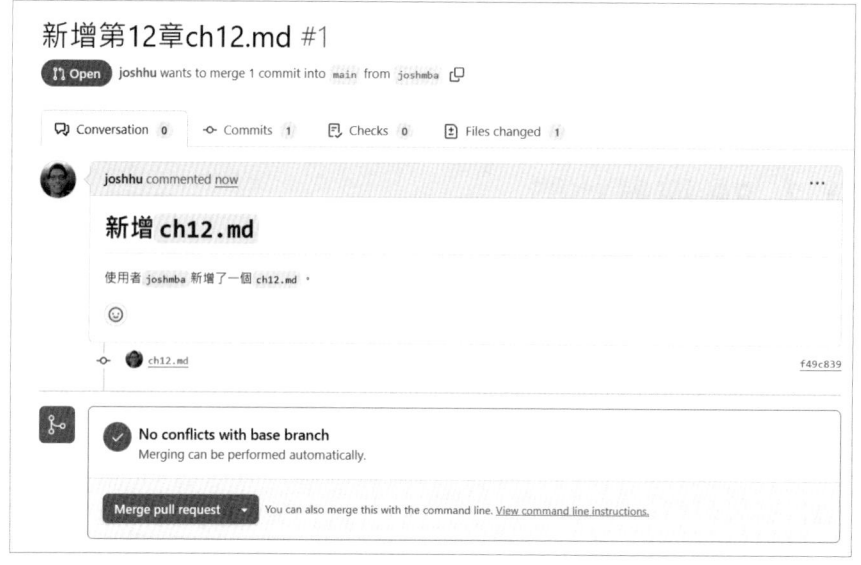

❶ 圖 11-7　此時我們建立了新 PR，可以選擇併入主分支

11.3 PR 搜尋功能

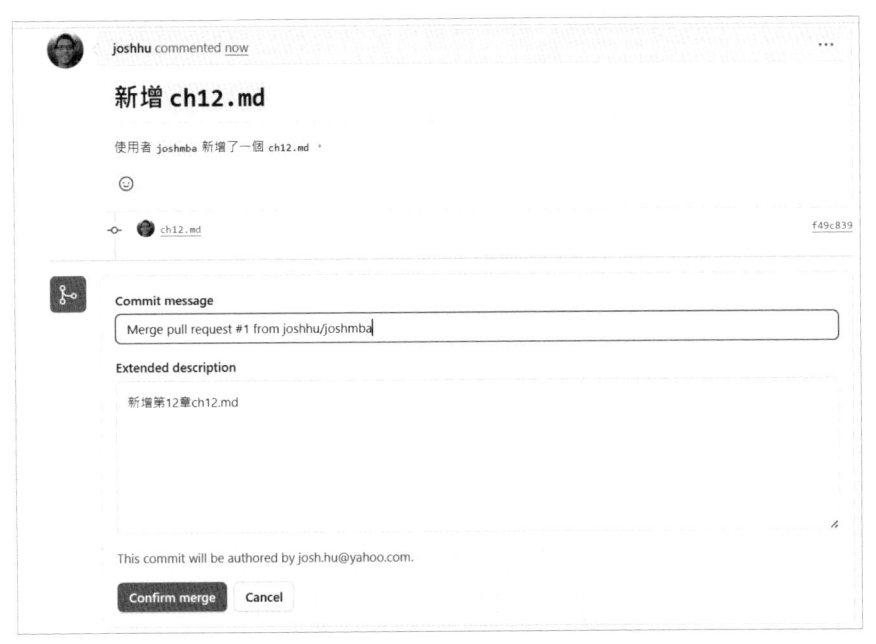

▲ 圖 11-8 建立新 PR，之後直接併入

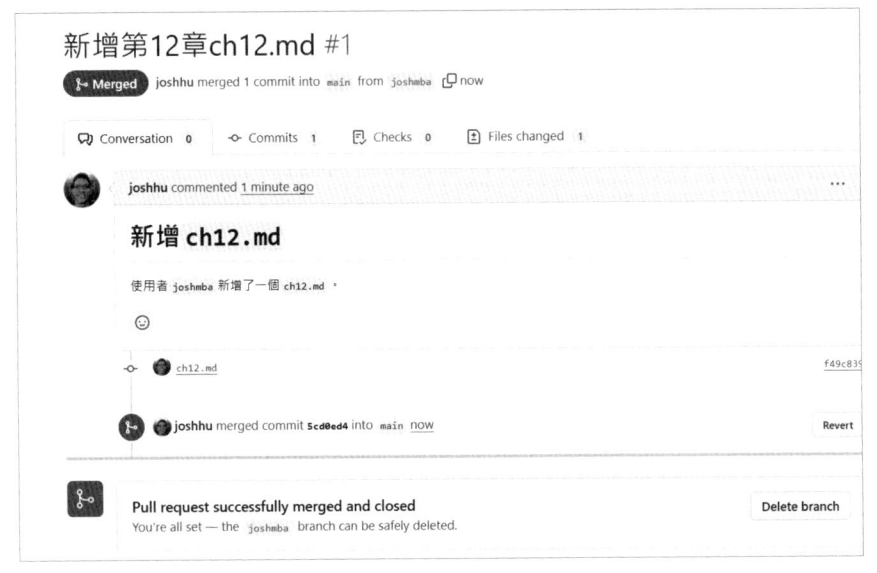

▲ 圖 11-9 新的 PR 建立了

11-7

第 11 章　程式碼庫索引與忽略檔案

PR 搜尋是 Cursor 的進階功能，透過索引歷史變更來幫助你理解程式碼庫的演進過程。這個功能讓 AI 能夠參考過去的提交紀錄和 PR，提供更全面的建議。我們可以透過 @ 符號來使用這個功能。

11.3.1 PR 搜尋運作原理

PR 搜尋功能讓你透過 AI 來理解程式碼庫的演進歷史。Cursor 會自動索引所有已合併的 PR，讓歷史變更變得可搜尋，並可透過 AI 存取。

🎧 圖 11-10　我們可以在 Cursor 之下看到 PR 的內容

運作機制：

- **自動索引**：Cursor 自動索引所有已合併的 PR

- **智慧過濾**：摘要會出現在語意搜尋結果中，優先顯示最近的變更

- **多平台支援**：支援 GitHub、GitHub Enterprise 和 Bitbucket（GitLab 目前不支援）

- **完整內容**：包含 GitHub 評論和 BugBot 評論（連接時）

11-8

Agent 可以使用特殊語法將內容載入到上下文：

- `@[PR number]`：載入特定 PR

- `@[commit hash]`：載入特定提交

- `@[branch name]`：載入特定分支

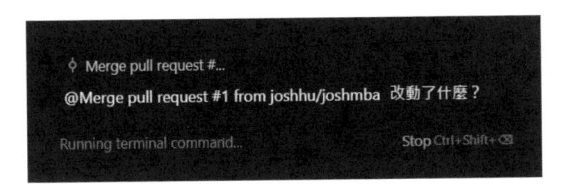

🎧 圖 11-11 可以使用 @ 符號來選擇 Git 並選擇要查看的部分

11.3.2 使用 PR 搜尋

PR 搜尋最大的優勢是可以詢問關於程式碼演進的問題，AI 會自動從歷史 PR 中尋找相關資訊來回答。

實際使用範例：

1. 詢問「其他 PR 中如何實作服務？」

2. Agent 會自動搜尋相關的歷史 PR

3. 將相關 PR 載入到上下文中

4. 基於歷史實作提供建議

常見的 PR 搜尋問題：

- 「這個功能在之前的 PR 中是如何實作的？」

- 「有哪些 PR 修改了認證邏輯？」

- 「類似的錯誤修正在歷史中是如何處理的？」

直接引用特定 PR：

> 請分析 @[#123] 這個 PR 的實作方式

這個功能特別適合：

- 了解程式碼的演進歷史

- 學習最佳實作範例

- 追蹤特定功能的開發過程

- 參考類似問題的解決方案

11.4 忽略檔案設定

忽略檔案是 Cursor 的重要安全和效能功能。透過設定忽略檔案，你可以精確控制哪些檔案可以被 AI 存取，哪些檔案需要保持私密。

11.4.1 忽略檔案的用途

忽略檔案主要有兩個重要用途：安全性保護和效能最佳化。在安全性方面，你可以排除包含 API 金鑰、憑證和機密資訊的檔案。在效能方面，可以排除不必要的檔案。

安全性考量：

- 保護 API 金鑰和憑證檔案

- 防止機密資料被 AI 讀取

- 避免敏感資訊意外洩露

效能最佳化：

- 排除大型的 node_modules 資料夾
- 忽略 build 產出檔案和暫存檔
- 減少不必要的索引時間

11.4.2 設定 .cursorignore 範例

要設定忽略檔案，在專案根目錄建立 .cursorignore 檔案。這個檔案使用與 .gitignore 相同的語法，讓你輕鬆移轉現有的忽略規則。

🎧 圖 11-12 在建立後會出現一個 .cursorignore 檔案

基本的 .cursorignore 檔案範例：

```
# 相依套件
node_modules/
vendor/

# 建置檔案
dist/
build/
*.log

# 環境變數和機密檔案
.env
.env.local
config/secrets.json

# 暫存檔案
```

```
*.tmp
*.cache
.DS_Store
```

設定完成後：

1. Cursor 會自動讀取這個檔案

2. 被忽略的檔案不會被索引

3. AI 無法存取被忽略的檔案內容

4. 索引效能得到提升

11.5 常見問題

在使用程式碼庫索引時，有一些常見的問題需要注意。了解這些問題能幫助你更好地管理索引功能。

如何查看所有已索引的程式碼庫？

目前沒有全域清單功能。需要開啟每個專案，在程式碼庫索引設定中個別檢查。

如何刪除所有已索引的程式碼庫？

從設定中刪除 Cursor 帳戶可以移除所有已索引的程式碼庫。否則需要從每個專案的程式碼庫索引設定中個別刪除。

已索引的程式碼庫會保留多久？

已索引的程式碼庫在 6 週未使用後會被刪除。重新開啟專案會觸發重新索引。

我的原始碼會儲存在 Cursor 伺服器上嗎？

不會。Cursor 建立嵌入向量時不會儲存檔案名稱或原始碼。檔案名稱會被混淆，程式碼片段會被加密。當 Agent 搜尋程式碼庫時，Cursor 會從伺服器取得嵌入向量並解密片段。

11.6 本章小結

本章介紹了 Cursor 的程式碼庫索引系統，包括基礎索引功能、多根工作空間支援、PR 搜尋功能和忽略檔案設定。程式碼庫索引透過語意分析讓 AI 深入理解你的專案結構，而 PR 搜尋功能更讓你能夠從歷史變更中獲得 insights。忽略檔案機制則讓你能夠精確控制 AI 的存取範圍，在保護機密資訊的同時最佳化效能。

掌握這些功能，能讓你的 Cursor 使用體驗更加安全和高效，特別是 PR 搜尋功能讓你能夠從團隊的歷史經驗中學習。下一章我們將學習更多進階的 Cursor 功能，讓你的 Vibe Coding 技能更上一層樓。

第 11 章 程式碼庫索引與忽略檔案

MEMO

12

@ 符號的上下文管理

在 Cursor 出來之前，所謂的 Vibe Coding，就是在 ChatGPT 中，你會先描述你想要做的事情，然後 ChatGPT 會產生程式碼，你再根據程式碼進行修改，之後再貼回你的編輯器如 VS Code 中。但常常會遇到一個問題，就是希望 ChatGPT 能參考專案中其它的檔案。例如寫前端時，在撰寫 React 的元件時，希望 ChatGPT 能參考專案中其它的 HTML 或 CSS 檔案。如果檔案很多又很雜亂，這時無法一一貼上 ChatGPT。

第 12 章　@ 符號的上下文管理

△ 圖 12-1　使用 ChatGPT 的 Vibe Coding 要貼來貼去

但是 Cursor 出來之後，這個問題就解決了。就算你的專案有數萬個檔案，就算是你的檔案有幾十萬行，只要使用 @ 符號，就可以快速找到你想要的檔案，再加上上一章提到的 Indexing 功能，AI 在寫程式時，就可以參考專案中其它的檔案，這樣就可以大幅提升你的 Vibe Coding 正確性。

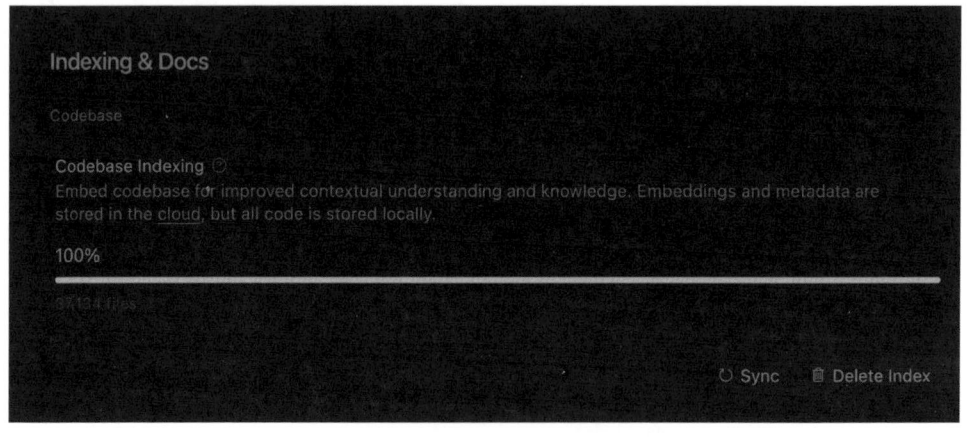

△ 圖 12-2　就算你有幾萬個檔案，也可以利用 Indexing 功能，
讓 AI 快速找到你想要的檔案

在 Cursor 中，@ 符號是一個強大的上下文管理工具，它能讓你精確地為 AI 提供相關的程式碼、檔案和文件資訊。這個功能的核心在於「上下文感知」（Context-Aware）的概念，透過正確的上下文提供，LLM 能夠產生更準確、更符合需求的程式碼。理解如何善用 @ 符號，將大幅提升你的 Vibe Coding 效率。

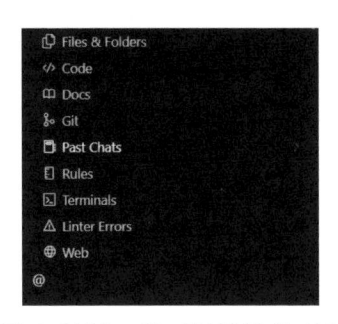

◯ 圖 12-3 使用 @ 符號，就可以快速找到你想要的檔案，這是筆者覺得 Cursor 最強大的功能

12.1 @ 符號的技術原理

@ 符號的運作原理是基於上下文視窗（Context Window）的概念。當你在 Cursor 中輸入 @ 符號時，系統會啟動一個智慧搜尋和建議機制，幫助你快速找到並引用相關的資源。

12.1.1 上下文視窗的重要性

每個 LLM 都有一個上下文視窗限制，這決定了它能夠「看到」和理解的資訊量。在 Cursor 中，當你使用 @ 符號引用資源時，這些資源會被納入 AI 的上下文視窗中，讓 AI 能夠基於這些資訊產生更準確的回應。

使用方法很簡單。首先在對話框中輸入 @ 符號，接著使用方向鍵瀏覽建議選單，然後按 Enter 鍵選擇想要的項目。如果你選擇的是類別（如 Files），系統會自動過濾顯示該類別中最相關的項目。

第 12 章　@ 符號的上下文管理

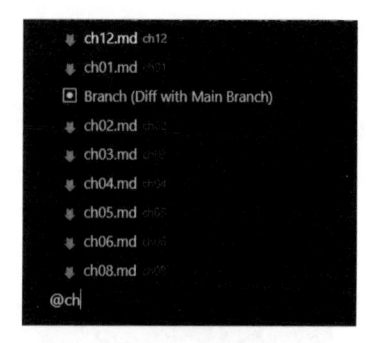

▲ 圖 12-4 當按下 @ 加關鍵字時，會跳出用過的引用

12.1.2 動態過濾機制

Cursor 的 @ 符號具有智慧過濾功能。當你選擇一個類別後，系統會根據你的專案內容、當前工作環境和相關性自動排序和過濾結果。這個機制讓你能夠快速找到最相關的資源，而不會被大量無關的選項干擾。

12.1.3 可用的 @ 符號清單

Cursor 提供了豐富的 @ 符號選項，每個都有其特定的用途：

符號	功能說明	適用場景
@Files	引用專案中的特定檔案	需要參考特定檔案內容時
@Folders	引用整個資料夾	需要理解整個模組或套件結構時
@Code	引用特定程式碼片段或符號	需要注意特定函式或類別時
@Docs	存取文件和指南	需要參考框架或函式庫文件時
@Git	存取 Git 歷史記錄和變更	需要了解程式碼變更歷史時
@Past Chats	引用過往的對話記錄	需要延續之前的討論脈絡時
@Cursor Rules	使用 Cursor 規則	需要確保符合專案規範時
@Web	引用外部網路資源	需要最新的技術資訊時
@Link	建立程式碼或文件連結	需要參考外部資源時

12.2 檔案引用技術 (@Files)

（續表）

符號	功能說明	適用場景
@Recent Changes	引用最近的程式碼變更	需要了解最近修改內容時
@Lint Errors	引用語法檢查錯誤	需要修正程式碼錯誤時
@Definitions	搜尋符號定義	需要理解函式或變數定義時
@Terminal	搜尋終端機	引用終端機的輸出
#Files	將檔案加入上下文但不引用	需要背景資訊但不特別強調時
/Commands	加入開啟和活動的檔案	需要了解當前工作環境時

接下來就來看看詳細的使用方法。

12.2 檔案引用技術 (@Files)

@Files 是最常用的引用方式，它能讓你在 Chat 和 Inline Edit 中引用完整的檔案內容。這個功能的技術實現包括了檔案內容的語義分析和智慧分割。

12.2.1 檔案搜尋和預覽系統

當你選擇 @Files 後，Cursor 會啟動一個即時搜尋系統。你只需要輸入 @Files 並開始輸入檔案名稱或路徑，系統就會即時顯示符合條件的檔案清單。每個檔案都會顯示完整路徑預覽，當你選擇後檔案內容就會被加入上下文中。

🎧 圖 12-5 引用的檔案會被放在對話框的上方

這個預覽功能特別重要，因為在大型專案中，同名檔案可能存在於不同的資料夾中。路徑預覽幫助你確保引用的是正確的檔案。

第 12 章　@ 符號的上下文管理

12.2.2 拖放整合功能

Cursor 提供了直觀的拖放介面，可以直接從檔案總管或側邊欄將檔案拖放到對話框中。這個功能在處理多個檔案時特別有用。你只要開啟 Cursor 的檔案總管，選擇你要引用的檔案，或是用滑鼠直接拖放到 Chat 或 Inline Edit 的輸入框，檔案就會自動被標記為 `@Files` 引用。

當你選擇了檔案之後，如果選擇的正確，你會在對話框上面看到引用的檔案。如果你是使用行內編輯，按下 `Ctrl+L` 轉過來的對話框，還會看到檔案的行號，這邊就可以更精準地引用程式碼。

　　圖 12-6　如果是使用 `Ctrl+L` 的方式，還能引用某個檔案的行號

舉例來說，我們要引用同目錄 `ch01/ch01.md`。你只要在對話框中輸入直接輸入 @，然後就會跳出對話根列出可引用的檔案。直接輸入 `ch01/ch01.md`，就會跳出這個檔案。當這個檔案被引入時，在對話框或對話框上方都會出現該檔案。

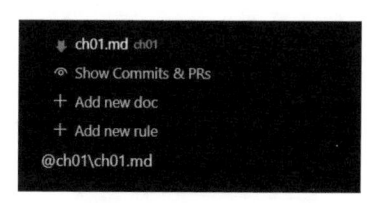

　　圖 12-7　如果要引用 `ch01.md`，可以輸入目錄名稱

12.2.3 長檔案的智慧分割處理

對於超過一定長度的檔案，Cursor 採用了智慧分割技術。系統會自動將大檔案切分為語義相關的片段，並根據查詢內容的相關性重新排序片段。這樣可以確保最相關的程式碼片段優先被 AI 看到，同時保持程式碼的完整性和可讀性。這個機制確保了即使是數千行的大檔案，AI 也能夠只關心於最相關的部分，想一想，這不就是大家最常討論的 RAG 嗎？

12.3 資料夾引用技術 (@Folders)

@Folders 功能提供了更高層次的程式碼結構理解，它能夠分析整個資料夾的組織結構和內容關係。

12.3.1 資料夾結構分析

當你使用 @Folders 時，Cursor 會執行完整的資料夾分析。系統會掃描資料夾內所有檔案，分析檔案之間的相依關係，然後建立資料夾的組織結構圖，最後提供資料夾內容的概覽摘要。這個分析結果會幫助 AI 理解你的專案架構，從而產生更符合專案組織方式的程式碼。

🎧 圖 12-8 舊版 Cursor 可以設定索引整個資料夾，現在變自動索引了

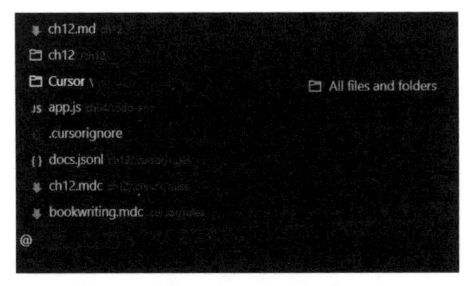

🎧 圖 12-9 引用資料夾時，會顯示資料夾的名稱

12.3.2 深層資料夾導覽

Cursor 提供了直觀的資料夾導覽功能，這個功能在大型專案中特別有用，你當然也可以選擇子目錄。你可以在選擇 @Folders 後輸入資料夾名稱，然後在資料夾名稱後加上 / 進行更深層的導覽。系統會顯示所有子資料夾和檔案，你可以繼續加上 / 深入更深層的結構。

12.4 程式碼片段引用 (@Code)

@Code 符號提供了最精細的程式碼引用控制，它能夠定位到特定的函式、類別或程式碼區塊。

12.4.1 符號索引技術

Cursor 使用先進的程式碼分析技術來建立符號索引。系統會分析程式碼的抽象語法樹 (AST)，建立函式、類別、變數的索引，追蹤符號之間的相依關係，並提供語義搜尋功能。這些技術讓 AI 能夠精確理解程式碼的結構和意義。

12.4.2 程式碼預覽和選擇

當你使用 @Code 時，系統會提供豐富的預覽資訊。你可以看到函式或類別的簽名，程式碼片段的前幾行，檔案位置資訊，以及相關的註解或文件。這些資訊讓你能夠精確選擇需要的程式碼片段。

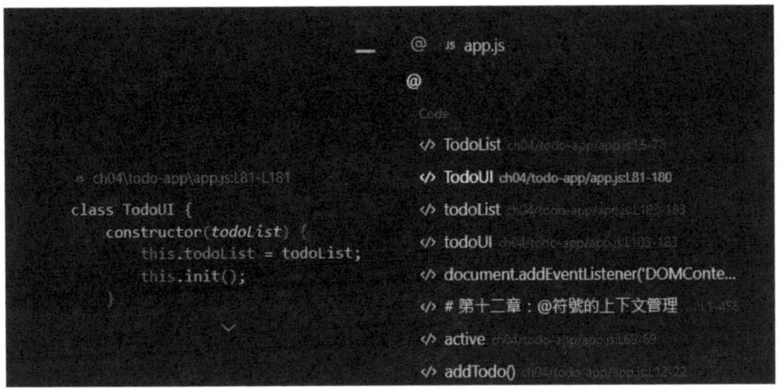

12.4 程式碼片段引用 (@Code)

● 圖 12-10 如果是函式或類別，會顯示函式或類別

12.4.3 從編輯器直接引用

Cursor 提供了便捷的快速鍵來直接引用選中的程式碼。你只需要選擇要引用的程式碼片段，然後按 Ctrl + Shift + L 就可以加入到 Chat，或按 Ctrl + Shift + K 加入到 Inline Edit。這個功能讓你能夠快速將正在編輯的程式碼片段加入到 AI 的上下文中。

一般來說，如果你的程式碼中有函式（或類別），則可以引用這個函式，這時在 @ 選單中也會自動幫你找到函式的部分。這一點在跨檔案開發時非常好用。

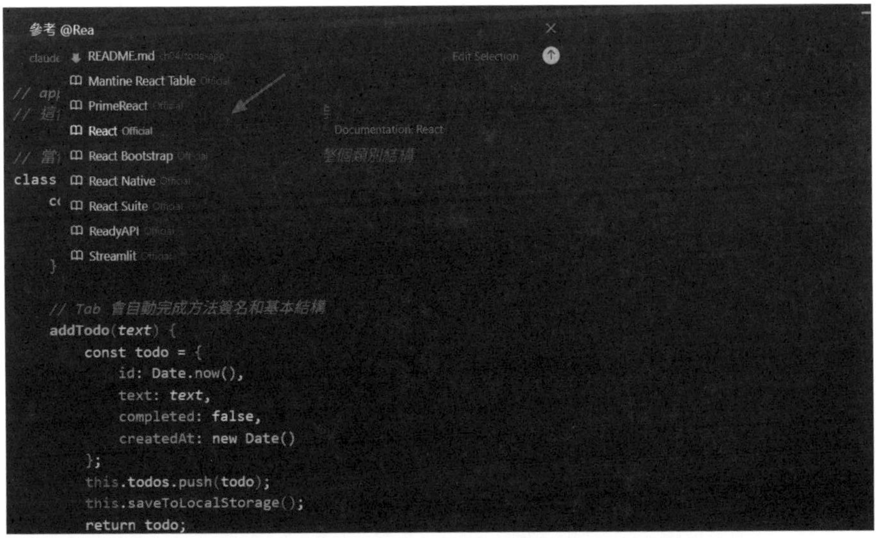

● 圖 12-11 也可以直接從行內編輯器引用

12.5 文件引用系統 (@Docs)

@Docs 功能是 Cursor 的重要特色之一，它能夠智慧地整合外部文件資源，為 AI 提供最新的技術資訊。

12.5.1 內建文件資源

Cursor 內建了豐富的熱門框架和函式庫文件。這些內建資源包括 React、Vue、Angular 等前端框架，Node.js、Python、Java 等後端技術，AWS、Google Cloud、Azure 等雲端服務，以及常用的開源函式庫和工具。本章所附的 `docs.jsonl` 是 Cursor 支援所有的文件列表，你可以參考這個列表來找到你需要的文件，目前支援超過 170 個官方的文件。

🎧 圖 12-12　內建超過 170 個官方文件可以直接引入

12.5.2 自訂文件新增技術

你可以新增自己的文件資源。首先在 Chat 中輸入 @Docs，然後選擇 **Add new doc** 選項，接著輸入文件網站的根 URL，Cursor 就會自動爬取並分析文件內容。

系統會智慧爬取網站的所有相關頁面，自動識別文件的結構和層次，建立搜尋索引以便快速搜尋，並定期更新文件內容。之後你會在「Indexing&Docs」中看到你新增的文件，你可以隨時移除不再需要的文件。

舉例來說，因為 Cursor 常常無法提供最新的 API，如果我們要引用 Google Gemini API 的文件，我們就可以使用下面的步驟

1. 按下 @ 並且找到 @Docs。

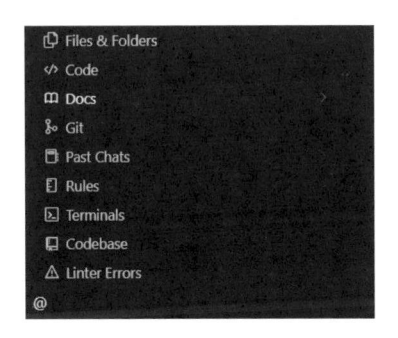

↑ 圖 12-13 新增文件

2. 在最下面按下「Add new doc」。

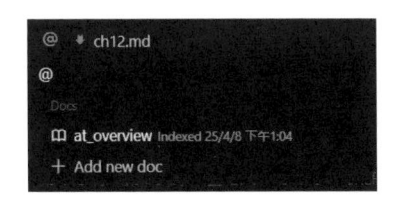

↑ 圖 12-14 按下這邊

第 12 章　@ 符號的上下文管理

3. 輸入文件的網站，如圖中就是 Google GEMINI API 的網址。

↑ 圖 12-15　輸入文件的網址

4. 為這個文件取一個名字之後再確定。

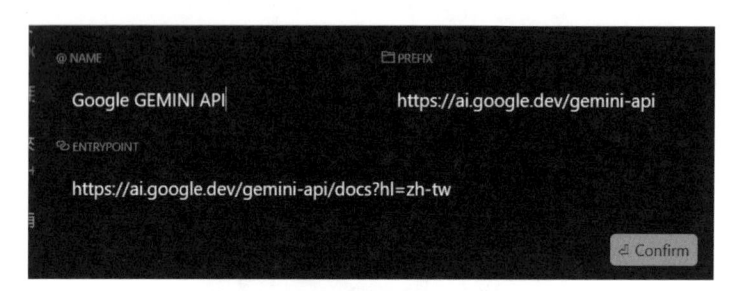

↑ 圖 12-16　幫這個文字取一個名字

5. 此時在 Cursor 的設定中會看到這個文件。

↑ 圖 12-17　可以看到文件可以引用了

6. 以後要引用時，直接按下 @Docs 就可以在選單中看到引用了。

12.6 Git 整合技術 (@Git)

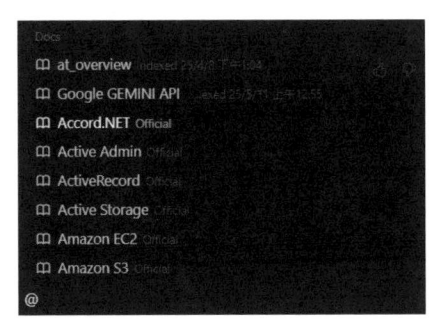

🎧 圖 12-18 以後可以直接引用

12.5.3 文件管理介面

Cursor 提供了完整的文件管理功能。你可以前往 **Cursor Settings → Indexing&Docs** 查看所有已新增的文件，編輯文件的 URL 或設定，以及移除不再需要的文件。這個介面讓你能夠有效管理所有的文件資源。

🎧 圖 12-19 這邊可以看到加入的文件

12.6 Git 整合技術 (@Git)

@Git 功能將版本控制系統深度整合到 AI 的上下文中，讓 AI 能夠理解程式碼的變更歷史。

12.6.1 提交狀態分析 (@Commit)

@Commit 功能會分析目前的工作狀態。系統會比較與最後一次提交的差異，列出所有修改過的檔案清單，顯示新增的檔案和刪除的檔案，並提供每個檔案的具體變更內容。這個功能使用 Git diff 命令分析變更，解析變更的語義意義，並提供變更的摘要和統計資訊。

12.6.2 分支差異分析 (@Branch)

@Branch 功能能夠比較不同分支之間的差異。系統會比較當前分支與主分支的差異，列出所有相關的提交記錄，分析程式碼變更的影響範圍，並提供合併衝突的預警。這個功能在團隊開發中特別有用，能夠幫助 AI 理解功能分支的開發脈絡。

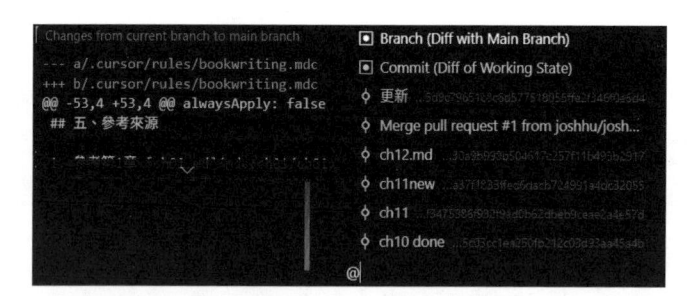

⊙ 圖 12-20 選擇 @Git 之後，可以看到許多變更，差異，提交，分支的訊息，都可以引用

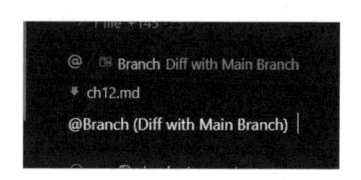

⊙ 圖 12-21 選擇 @Branch

12.7 對話歷史引用 (@Past Chats)

@Past Chats 功能讓你能夠延續之前的對話脈絡，這對於長期的專案開發特別重要。

12.7.1 對話摘要技術

Cursor 使用先進的摘要技術來處理長對話。系統會自動識別對話中的重要資訊，提取程式碼變更的關鍵決策，保留問題解決的思路，並建立對話的結構化摘要。這樣可以確保重要的開發決策不會遺失。

↑ 圖 12-22 選擇 @Past Chats

12.7.2 上下文連貫性

引用過往對話時，Cursor 會重建當時的上下文環境，理解問題的發展脈絡，連接相關的程式碼變更，並維持解決方案的一致性。這個機制確保了長期開發過程中的連貫性。

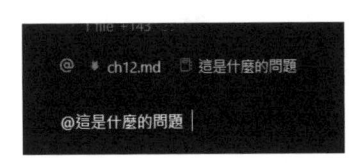

↑ 圖 12-23 引用歷史對話記錄時，你必須大概知道這個對話的標籤名稱

12.8 規則引用系統 (@Cursor Rules)

@Cursor Rules 功能讓你能夠確保 AI 遵循專案的特定規範和約定。

12.8.1 規則應用機制

當你引用 Cursor Rules 時，規則會被加入到 AI 的系統提示中，影響 AI 的程式碼風格和結構，確保產生的程式碼符合團隊規範，並維持程式碼的一致性。這個機制讓 AI 能夠理解並遵循你的專案規範。

12.8.2 規則優先級

Cursor Rules 具有高優先級，會影響程式碼的命名約定，檔案和資料夾的組織方式，註解和文件的風格，以及測試和錯誤處理的方式。這確保了 AI 產生的程式碼符合你的專案標準。

要注意的是，如果你的規則套用規則是「手動」時，這邊才需要引入，如果有套用規則並且觸發，就不需要特別引入了。

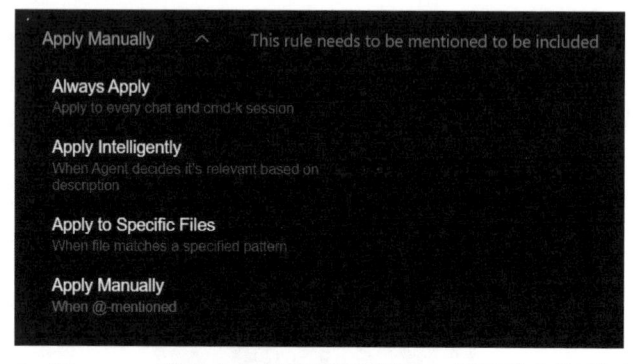

🎧 圖 12-24 當你在規則選擇手動時，才需要手動引用

12.9 網路搜尋整合 (@Web)

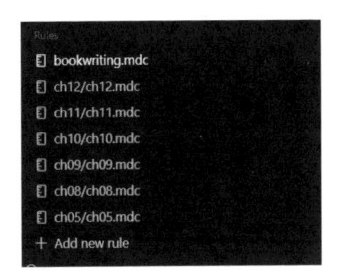

△ 圖 12-25 會列出所有可以引用的規則，
或是你不符合啟動規則時，也可以手動引用

12.9 網路搜尋整合 (@Web)

@Web 功能為 Cursor 提供了即時的網路資訊存取能力。

12.9.1 智慧搜尋引擎

Cursor 使用 exa.ai 作為搜尋引擎。這個搜尋引擎專門針對技術內容最佳化，能夠理解程式設計相關的查詢，提供高品質的搜尋結果，並支援多種檔案格式。這讓 AI 能夠獲得最新的技術資訊。

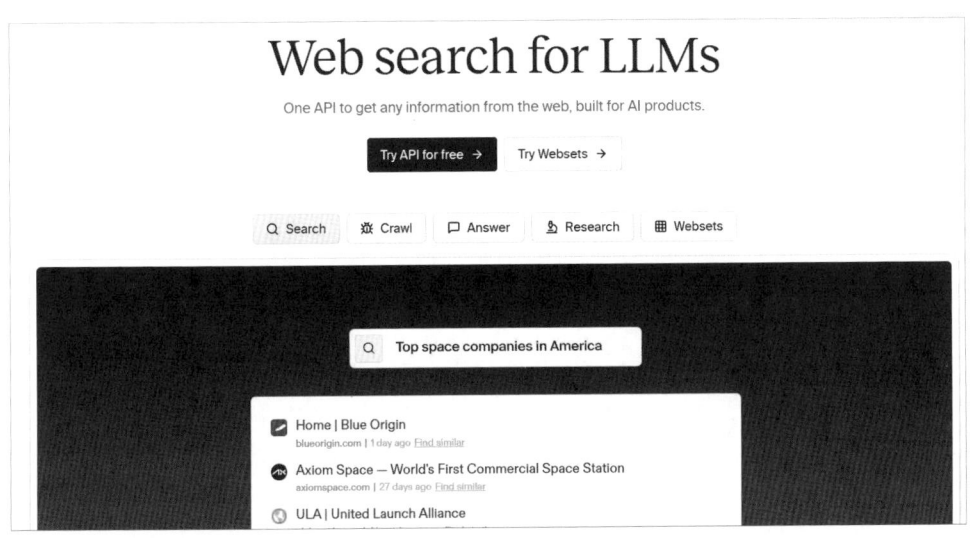

△ 圖 12-26 這邊是預設的搜尋引擎，會幫你將內容最佳化

12-17

第 12 章　@ 符號的上下文管理

○　圖 12-27　直接用 @Web 再加上關鍵字即可

12.9.2　PDF 文件處理

@Web 功能特別支援 PDF 文件的處理。系統可以從 PDF URL 中提取文字內容，解析 PDF 的結構和格式，將內容轉換為可搜尋的格式，同時保持原始文件的邏輯結構。這個功能對於存取學術論文或技術文件特別有用。

○　圖 12-28　如果是網頁上的 PDF 檔案，可以用 @ 來引用

12.9.3 啟用設定

網路搜尋功能需要手動啟用。你需要開啟 Cursor 設定，Web Search 一開始是關閉的。必須到設定中手動開啟才行然後設定搜尋偏好和限制。這樣可以確保搜尋結果符合你的需求。

12.10 連結處理技術 (@Link)

@Link 功能提供了智慧的 URL 處理能力，用來處理你貼上的網路 URL。最棒的地方，就是它可以讀取這個 URL 的真正內容，這一點目前 GPT-5 終於可以做到了。我們就來看看在 Cursor 中是怎麼做的。

12.10.1 自動連結識別

當你在 Chat 中貼上 URL 時，系統會自動識別並標記為 @Link，開始獲取網頁內容，分析內容的相關性，然後加入到 AI 的上下文中。這個自動化過程讓你能夠快速引用網路資源。

12.10.2 內容解析技術

Cursor 的連結處理包括 HTML 內容的解析和清理，提取主要文字內容，識別程式碼片段，以及解析表格和清單結構。這些技術確保了網頁內容能夠被 AI 正確理解和使用。

12.10.3 連結控制選項

你可以控制連結的處理方式。如果你不想要自動處理某個連結，可以點選標記的連結選擇 "Unlink" 取消自動處理。你也可以按住 Shift 鍵貼上 URL 防止自動標記，或在設定中調整自動連結行為。

第 **12** 章　@ 符號的上下文管理

🎧 圖 12-29　直接按 @ 貼上網址，就可以引用

12.11　變更追蹤系統 (@Recent Changes)

@Recent Changes 功能提供了智慧的程式碼變更追蹤。

12.11.1　變更排序演算法

系統會根據變更的時間新舊、變更的重要性、與當前工作的相關性，以及檔案的存取頻率來排序變更。這個排序演算法確保了最相關的變更會優先顯示。

12.11.2　忽略檔案處理

@Recent Changes 遵循 .cursorignore 檔案的設定。系統會自動排除設定檔案，忽略暫存和快取檔案，過濾不相關的變更，讓你能夠專注於重要的程式碼修改。

12.12　語法檢查整合 (@Lint Errors)

@Lint Errors 功能將靜態程式碼分析整合到 AI 的上下文中。

12.12.1 語言伺服器支援

這個功能需要相應的語言伺服器。系統支援 JavaScript/TypeScript 的 ESLint 和 TSLint，Python 的 Pylint 和 Flake8，Java 的 Checkstyle 和 SpotBugs，C# 的 Roslyn Analyzers，以及其他主流程式語言的語法檢查工具。

12.12.2 錯誤分析技術

Cursor 會分析語法錯誤的嚴重程度，找出錯誤之間的相關性，提供可能的修復方案，並評估錯誤對整體程式碼的影響。這個分析幫助 AI 提供更精確的修復建議。

🎧 圖 12-30 當你引用語法錯誤時，會尋找錯誤並提供修復建議

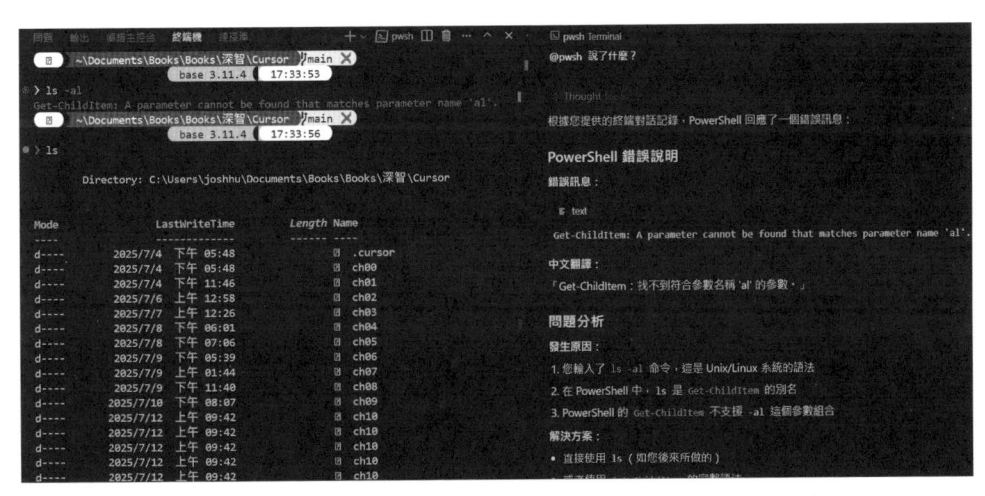

🎧 圖 12-31 其實還有 @Terminal 可以引用終端機的輸出

12.13 輔助引用功能

除了主要的 @ 符號外，Cursor 還提供了輔助功能。

12.13.1 檔案上下文 (#Files)

#Files 與 @Files 的差異在於它不會在對話中明確引用，而是作為背景資訊提供。這樣可以減少對話的視覺干擾，但仍然會影響 AI 的回應。這個功能適合用在你需要背景資訊但不想在對話中強調的情況。

12.13.2 快速指令 (/Commands)

/ 指令提供了快速存取編輯器分頁的功能，讓你能夠將多個檔案加入上下文中。這個功能設計用來簡化文件管理流程，讓你能夠快速調整 AI 的上下文範圍。

當你在對話框中輸入 / 時，系統會顯示所有可用的快速指令選項：

可用的快速指令清單：

指令	功能說明
/Reset Context	重置上下文到預設狀態
/Generate Cursor Rules	產生 Cursor 要遵循的規則
/Disable Iterate on Lints	不會嘗試修正語法檢查錯誤和警告
/Add Open Files to Context	引用所有當前開啟的編輯器分頁
/Add Active Files to Context	引用所有當前檢視中的編輯器分頁

使用方式：

1. 在對話框中輸入 / 符號

2. 從下拉選單中選擇需要的指令

3. Enter 鍵執行指令

實用場景：

- 當你需要重新開始一個乾淨的對話時，使用 /Reset Context 清除所有先前的上下文

- 在分割視窗佈局中工作時，/Add Active Files to Context 特別有用，它只會加入當前檢視中的檔案

- 需要快速將所有開啟的檔案加入上下文時，使用 /Add Open Files to Context

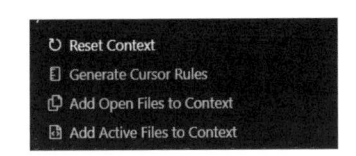

↑ 圖 12-32 這邊是 /Commands 的選單

12.14 最佳實踐和效能最佳化

在使用 @ 符號進行上下文引用時，掌握最佳實踐和效能最佳化策略能夠大幅提升開發效率。本節將介紹如何智慧地選擇引用方式、最佳化系統效能，以及在團隊協作中建立標準的使用慣例。

12.14.1 上下文選擇策略

選擇合適的引用方式需要考慮不同的情境。當你知道具體函式名稱時，建議使用 @Code 因為它最精確且上下文最小。當你需要了解檔案結構時，@Files 能提供完整檔案內容。分析整個模組時，@Folders 有助於理解模組間關係。需要最新資訊時，@Web 能獲取即時技術資訊。修正語法錯誤時，@Lint Errors 能針對性解決問題。

12.14.2 效能考量

為了獲得最佳效能，你應該避免同時引用過多大型檔案，盡量使用具體的程式碼片段而非整個檔案，定期清理不必要的文件索引，並合理設定網路搜尋的範圍。這些措施能夠確保 Cursor 的運作效率。

12.14.3 團隊協作建議

在團隊環境中，建議統一 Cursor Rules 的設定，共享重要的文件資源，建立標準的引用慣例，並定期同步專案的上下文設定。這些做法有助於團隊成員之間的協作效率。

12.15 本章小結

@ 符號是 Cursor 最強大的功能之一，它通過智慧的上下文管理大幅提升了 AI 輔助開發的效率。本章詳細介紹了各種 @ 符號的技術原理和使用方法。

從基礎的檔案引用 (@Files) 和資料夾引用 (@Folders)，到進階的程式碼片段引用 (@Code) 和文件整合 (@Docs)，每個功能都有其特定的技術實現和應用場景。Git 整合 (@Git) 讓 AI 能夠理解程式碼的版本歷史，而網路搜尋 (@Web) 則提供了即時的技術資訊存取。

掌握這些工具的關鍵在於理解每個符號的特性和最佳使用時機。透過合理的上下文管理，你能夠為 AI 提供最相關的資訊，減少不必要的上下文雜訊，提高程式碼產生的準確性，並維持開發工作的連貫性。

13

Context
上下文管理

在前面幾章的操作之後，你應該慢慢有點感覺了。要讓 Cursor「猜」出你的程式碼，你要給他夠多的參考資料。我們提到 Rules、自主收集、還有 @ 符號，一切的一切，就是給 Cursor 很多很多上下文。這就是我們在本部分一開始就說了。LLM 的最重要基礎就是 In-Context Learning，在沒有改變任何模型參數的情況下，只要不斷更換輸入的資料，也就是放入 Context Window 的資料，就能逐漸「逼」出你想要的結果。此外 LLM 很希望有範例給他看，因此適度加上「one shot（一個範例）」或「few shot（多個範例）」。他也會學的更好。

此外就是 LLM 獨具的 Chain of Thoughts 能力，就是將大的步驟拆成小的步驟，這都是 LLM 擅長的。當你希望他能自己逐步推理，而不是直接給出答案，選擇適當的推理模型也可以，這些 LLM 的原理及技術，就是你能更好使用 Cursor 的關鍵。

第 13 章　Context 上下文管理

現代的 LLM 具備巨量上下文的能力，至少也有 128K 的 Token 上下文視窗。128K 就是大約 10 萬個字，這個視窗大小，已經可以讓你寫一本小說了。當然當 Context Window 越來越大，從 Context Window 中取得重要內容的能力也越來越重要，這就是 LLM 必須不斷進步，而 Context Window 也需要不斷管理的原因。目前 Cursor 的御用模型 Claude 4 Sonnet 已支援 100 萬上下文了。

如果你已經用了一段時間的 Cursor，一定會發現有時候 AI 很聰明，有時候卻像個白痴。其實關鍵就在於你給了他什麼「上下文」（Context）。就像你跟朋友聊天，如果前面的話題都沒講清楚，突然問他「那個東西怎麼辦？」，他當然一頭霧水。AI 也是一樣的道理，給對了上下文，他就是天才；給錯了上下文，他就會開始胡言亂語。

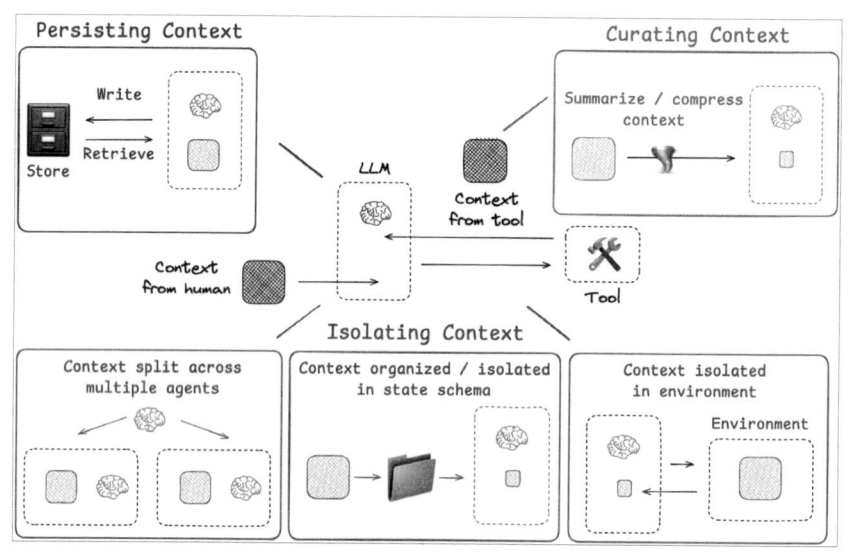

▶ 圖 13-1　上下文管理是一個很大的議題，最近隨著 LLM 的發展越來越重要
（圖片來源 https://blog.csdn.net/2401_84494441/article/details/149047492）

13.1　為什麼上下文這麼重要

要搞懂上下文管理，首先要知道為什麼上下文這麼重要。上下文就是 AI 的「記憶」和「判斷依據」。你可以想像 AI 就像一個超級厲害的實習生，他什麼

都會做，但是他不知道你現在的專案背景、不知道你的程式碼風格、也不知道你想要什麼。這時候你就需要告訴他這些背景資訊，這就是上下文。

13.1.1 什麼是上下文視窗

在了解上下文管理之前，我們先來理解什麼是上下文視窗。上下文視窗就像是 LLM 的「工作桌面」。想像你在辦公室工作，桌子就這麼大，你只能放這麼多資料在上面。AI 也是一樣，他有一個固定大小的「桌面」，叫做上下文視窗。這個「桌面」的大小用 Token 來計算。Token 就是 AI 理解文字的最小單位，你可以想像成是「字塊」。比如「程式設計」可能被拆成「程式」和「設計」兩個 Token，英文的「programming」可能被拆成「program」和「ming」。

現在的 AI 模型通常有 128K 的 Token 容量，相當於大約 10 萬個中文字。這已經是一本小說的份量了。換句話說，他不怕你的資料多，只怕你的資料不夠，資料越多，越能發揮 LLM 的威力。

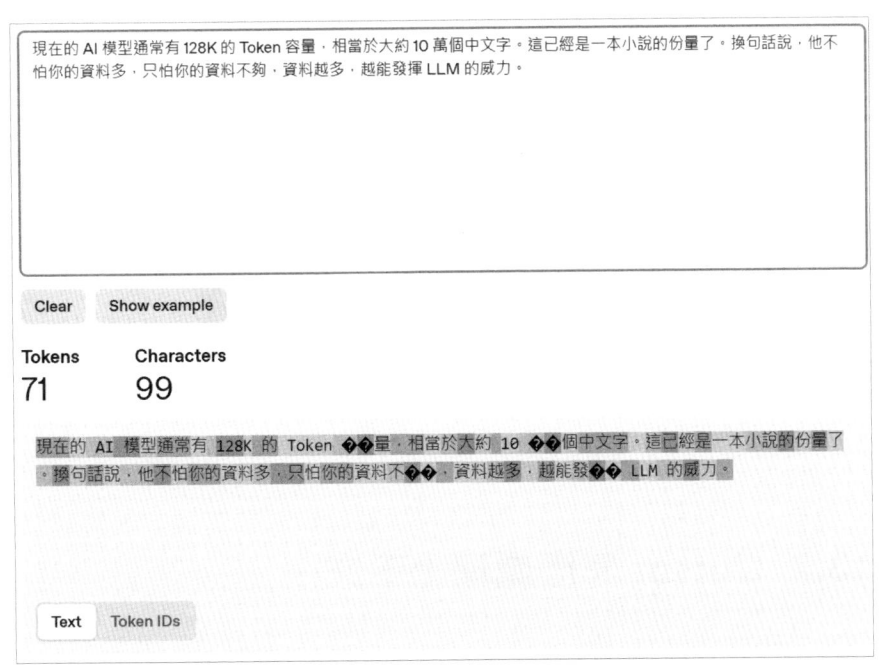

🎧 圖 13-2 在 LLM 中，一個字元可能被拆成多個 Token

13.1.2 上下文的兩種類型

了解了上下文視窗的概念後,我們來看看上下文的分類。在 Cursor 中,上下文主要分為兩種:

意圖上下文:就是你想要 AI 做什麼。比如「幫我寫一個登入功能」、「把這個 bug 修掉」、「最佳化這段程式碼」。這些都是在告訴 AI 你的目標。

狀態上下文:就是目前的情況。比如你的程式碼長什麼樣子、出現了什麼錯誤訊息、你的資料庫結構是什麼。這些都是在告訴 AI 現在的狀況。

這兩種上下文就像是「目標」和「現狀」,AI 需要知道你現在在哪裡,才能幫你到達你想去的地方。

🎧 圖 13-3 在這邊輸入的都算意圖上下文

13.2 Cursor 怎麼處理上下文

理解了上下文的重要性後,我們來看看 Cursor 是怎麼處理上下文的。Cursor 很聰明,他會自動幫你收集一些上下文,但有時候還是需要你手動指定。

就像 Google 搜尋一樣，他會猜你想要什麼，但有時候你還是需要加上更精確的關鍵字。

13.2.1 自動收集的上下文

首先我們來了解 Cursor 會自動收集哪些上下文資訊。Cursor 會自動幫你收集這些東西：

- 你現在正在編輯的檔案
- 看起來相關的其他檔案
- 你最近的操作記錄
- 專案的基本結構

這就像是有個助手在旁邊觀察你的工作，然後整理出可能有用的資料。大部分時候這樣就夠了，但有時候你需要更精確的控制。

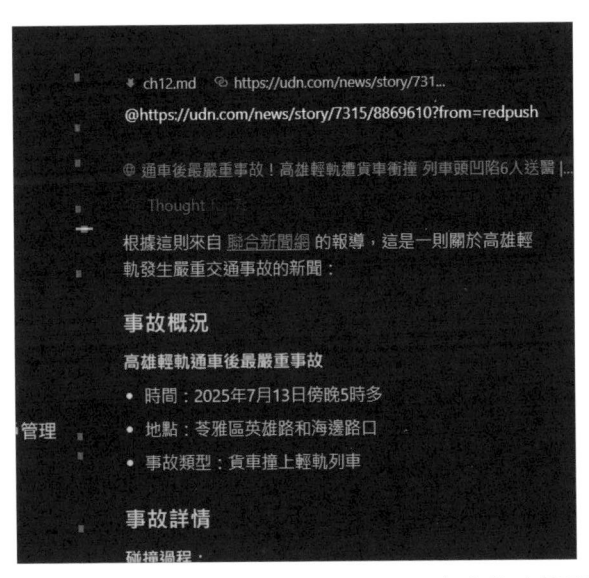

🎧 圖 13-4 每一次的多輪對話，都會被 Cursor 自身的小模型學習下來

第 13 章　Context 上下文管理

13.2.2 為什麼需要手動指定上下文

雖然 Cursor 的自動收集功能很強大，但有時候還是需要手動指定上下文。想像一下，你正在修改一個購物車功能，但 AI 卻一直參考到使用者管理的程式碼，結果越改越亂。這時候你就需要手動告訴 AI：「專注在購物車相關的程式碼就好」。

手動指定上下文的好處：

- 讓 AI 專注在相關的程式碼上
- 避免 AI 被無關的資訊干擾
- 加快 AI 的回應速度
- 得到更準確的結果

13.3 @ 符號：精確告訴 AI 要看什麼

既然我們知道了為什麼需要手動指定上下文，接下來就要學習如何使用 @ 符號來精確控制上下文。@ 符號就像是你在跟 AI 說：「喂，看這裡！」。這是最直接也最有效的方式來指定上下文。

符號	範例	什麼時候用	要注意什麼
@code	@getUserInfo	你知道要修改特定的函式或變數	需要記住函式名稱
@file	user.js	你知道要修改哪個檔案	整個檔案都會被載入
@folder	utils/	整個資料夾的檔案都相關	可能載入太多無關檔案

13.3 @ 符號：精確告訴 AI 要看什麼

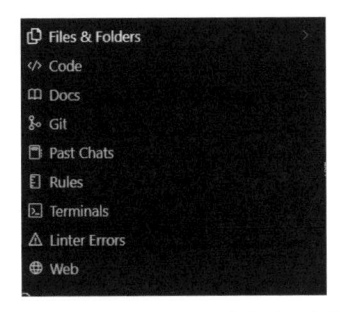

```
Files & Folders
Code
Docs
Git
Past Chats
Rules
Terminals
Linter Errors
Web
```

🎧 圖 13-5 在前面的章節有專門介紹 @

13.3.1 @code：指定特定程式碼

三種 @ 符號中，@code 是最精確的選擇。當你想要 AI 專注在某個特定的函式或變數時，用 @code 最精確。

```
@calculateTotal
```

這樣 AI 就會專注在 `calculateTotal` 這個函式上，包括它的定義、使用方式、相關邏輯等。

什麼時候用：

- 要修改特定功能
- 要了解某個函式的運作方式
- 要最佳化特定的程式碼片段

注意事項：

- 需要記住確切的函式名稱
- 可能會錯過相關的程式碼

13.3.2　@file：指定整個檔案

如果你不確定要修改哪個具體的函式，但知道要修改哪個檔案時，@file 是最合適的選擇。當你知道要修改哪個檔案，但不確定具體位置時，用 @file。

```
@user.js
```

這會把整個 user.js 檔案都載入到上下文中。

什麼時候用：

- 要修改整個檔案

- 要了解檔案的整體結構

- 不確定具體要修改哪個部分

注意事項：

- 大檔案會佔用很多上下文空間

- 可能包含太多無關資訊

13.3.3　@folder：指定整個資料夾

如果你要修改的功能涉及多個檔案，或者需要了解整個模組的結構時，@folder 是最適合的選擇。當整個資料夾的檔案都相關時，用 @folder。

```
@components/
```

這會把 components/ 資料夾中的所有檔案都載入。

什麼時候用：

- 要修改整個模組

- 要了解模組間的關係

- 要重構整個功能

注意事項：

- 很容易超過上下文限制
- 可能包含太多無關資訊

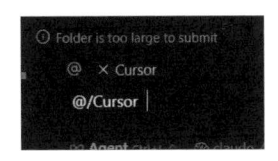

🎧 圖 13-6 @folder 使用要小心，會讓整個 Token 使用量暴增

13.4 Rules：AI 的工作守則

除了 @ 符號來指定具體的上下文外，還有一個更進階的方式來管理上下文，就是使用 Rules。Rules 就像是給 AI 的「工作守則」。你可以告訴 AI：「在這個專案中，我們都這樣寫程式」，然後 AI 就會按照你的規則來工作。

🎧 圖 13-7 目前的主流編輯器，只有 Cursor 有支援 Rules

13.4.1 什麼時候需要建立 Rules

Rules 不是隨便亂用的，要在對的時機建立才有效果。想像你是一個主管，剛來了一個新的實習生。你會告訴他：「我們公司的程式碼都要有註解」、「變數命名要用駝峰式」、「API 都要有錯誤處理」。Rules 就是在做同樣的事情。

適合建立 Rules 的情況：

- 程式碼風格約定

- 專案特定的慣例

- 常用的函式庫使用方式

- 錯誤處理的標準流程

13.4.2 從對話中產生 Rules

手動寫 Rules 很麻煩，但 Cursor 提供了一個聰明的方式來自動產生 Rules。假設你花了半小時教 AI 怎麼寫你們公司的 API，講了一堆細節。這時候你可以用 /Generate Cursor Rules 把這些教學轉換成 Rules。

步驟：

1. 跟 AI 進行詳細的對話

2. 輸入 /Generate Cursor Rules

3. AI 會分析對話，提取重要的規則

4. 檢查並編輯產生的規則

5. 儲存起來供以後使用

這就像是把你的「教學筆記」整理成「工作手冊」，以後就不用重複教了。

▲ 圖 13-8 直接將對話產生成 Rules 也是 Cursor 的特色

13.4.3 管理你的 Rules

建立了 Rules 之後，不是放著就好了，還需要定期維護和管理。Rules 就像是你的「工作手冊」，需要定期更新維護：

- 定期檢查是否還適用
- 刪除過時的規則
- 把相關的規則分類整理
- 和團隊成員分享重要規則

13.5 MCP：連接外部世界

MCP（Model Context Protocol）就像是幫 AI 裝上了「外部感知器」。本來 AI 只能看到你的程式碼、文件等文字資料，在安裝了 MCP 之後就可以連接到 Notion、Jira、GitHub Issues 等外部系統，換句話說，只要任何服務有提供 MCP 的介面，你的 Cursor 都可以連接。MCP 是個很大議題，我們留到下一章再詳細介紹。

第 13 章　Context 上下文管理

13.5.1 MCP 的主要用途

MCP 可以連接各種不同的系統，但最實用的主要是這兩大類。

文件系統：

- 公司的 Notion 知識庫
- Confluence 文件
- Google Docs
- 內部 Wiki

專案管理：

- Jira 票券
- Linear 任務
- GitHub Issues
- Trello 看板

想像一下，你在寫程式時，AI 可以自動查看相關的需求文件、了解 bug 的詳細描述、甚至知道其他同事的工作進度。這就是 MCP 的威力。

13.5.2 設定 MCP 的基本概念

雖然 MCP 聽起來很複雜，但設定的概念其實很簡單。設定 MCP 需要一些技術背景，但概念很簡單：

1. 確定要連接什麼系統
2. 設定 API 連接

13.6 讓 AI 自己收集資訊

3. 設定 Cursor 的 MCP 設定

4. 測試連接是否正常

MCP 的官方文件一直說連接 MCP 就像連接 USB 一樣簡單，事實上並沒有這麼簡單，一開始可能有點麻煩，但連接好了就很方便。

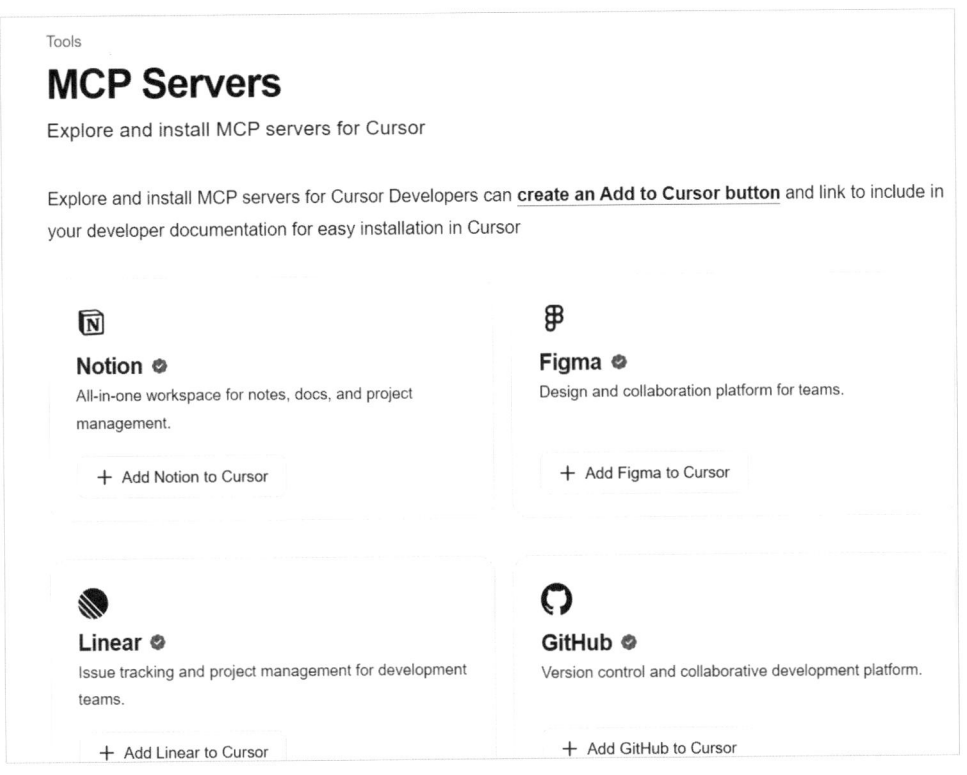

↑ 圖 13-9 Cursor 支援各種 MCP 的伺服器

13.6 讓 AI 自己收集資訊

前面我們講了手動指定上下文的方法，但還有一種更進階的方式：讓 AI 自己收集資訊。這是比較進階的技巧，讓 AI 自己寫程式來收集需要的資訊。就像是給 AI 一把鑰匙，讓他自己去找資料。

第 13 章　Context 上下文管理

13.6.1 除錯時的自動資訊收集

自動收集資訊最實用的場景就是除錯了。最常見的場景是除錯。你告訴 AI：「這個程式有問題」，然後 AI 可以：

1. 在程式碼中加入 `console.log()` 或 `print()` 語句

2. 執行程式碼

3. 看執行結果

4. 根據結果判斷問題所在

這就像是 AI 自己在做實驗，透過實際執行來了解程式的運作情況。

◐ 圖 13-10　通常 Cursor 會自動搜尋終端機中的訊息

13.6.2 安全考量

雖然讓 AI 自己收集資訊很方便，但也要注意安全問題。讓 AI 自己執行程式碼聽起來有點危險，所以建議採用「人工審查」的方式：

1. AI 產生要執行的程式碼

2. 你檢查程式碼是否安全

13-14

3. 確認無誤後才執行

4. AI 根據執行結果繼續工作

這就像是有個助手幫你準備實驗，但你要親自確認實驗是否安全。

13.7 上下文管理的實戰技巧

學會了各種上下文管理的方法後，重點是要知道什麼時候用什麼方法。管理上下文就像是整理你的工作桌面，太亂會找不到東西，太空會沒有參考資料。

13.7.1 不同任務用不同策略

上下文管理沒有萬用的方法，要根據不同的任務選擇適合的策略。

修改小功能：用 @code 指定特定函式

改整個檔案：用 @file 載入完整檔案

重構模組：用 @folder 載入相關檔案

開發新功能：結合 Rules 和多種上下文

13.7.2 避免「資訊過載」

上下文太多並不一定是好事，要學會識別和避免資訊過載。

資訊過載的徵兆：

- AI 回應變慢

- 答案變得不精確

- 開始回答無關的問題

第 13 章　Context 上下文管理

解決方法：

- 用最精確的上下文類型

- 定期清理不需要的上下文

- 把複雜任務拆成小步驟

- 善用 Rules 來減少重複資訊

- Reset Context 來清除上下文也是個好辦法

🎧 圖 13-11　有時全部重來也是個好主意

13.7.3　建立良好的工作習慣

良好的上下文管理需要養成習慣，在工作的不同階段都要注意。

開始工作前：

- 想想這次需要什麼上下文

- 選擇最適合的上下文類型

工作過程中：

- 逐步添加上下文，不要一次全部丟進去

- 觀察 AI 的回應品質

工作結束後：

- 整理有用的 Rules

- 記錄有效的上下文組合

13.8 本章小結

上下文管理是 Vibe Coding 的核心技能。就像是指揮一個樂團，你需要告訴每個樂手什麼時候該演奏、演奏什麼。AI 很強大，但他需要你提供正確的「指揮」。

記住幾個重點：

- 上下文是 AI 的「記憶」和「判斷依據」

- 用 @ 符號來精確指定需要的資訊

- 建立 Rules 來建立一致的工作標準

- 善用 MCP 來連接外部系統

- 讓 AI 自己收集資訊，但要保持審查

掌握了這些技巧，你就能讓 AI 成為你最得力的程式設計夥伴。下一章我們將探討如何提升 Cursor 的使用效率和個人化設定。

MEMO

14

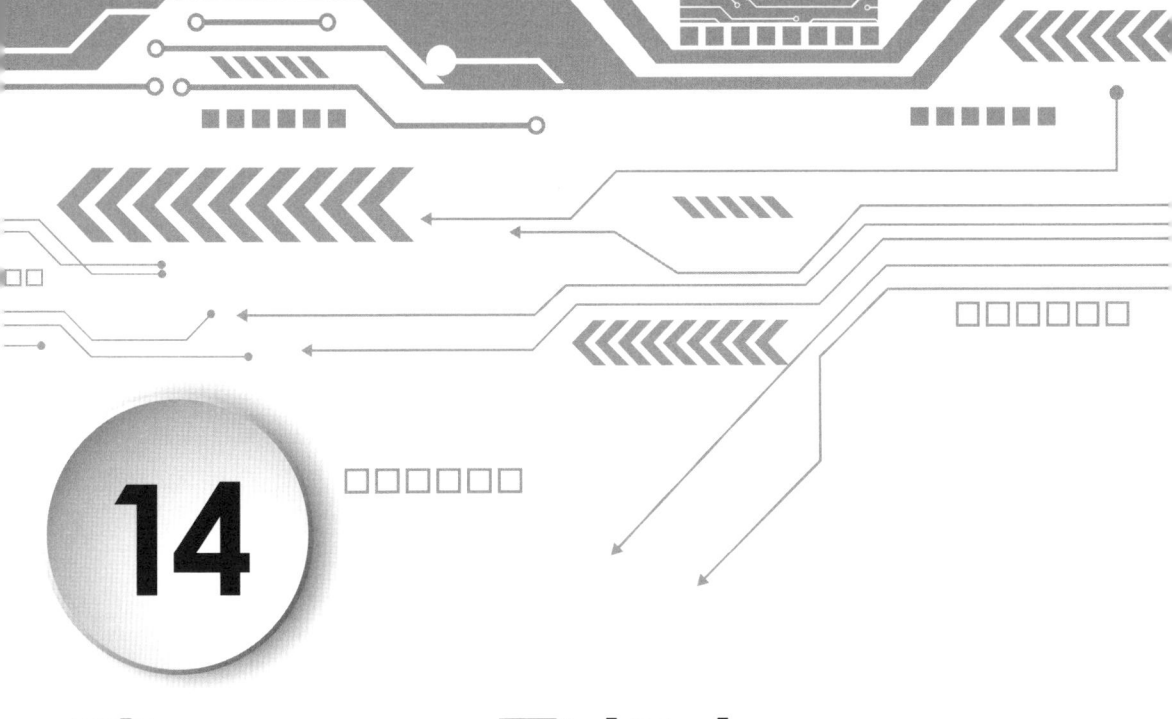

讓 Cursor 飛起來 -
模型上下文協議（MCP）

　　我們在本書的前面章節不斷強調上下文的管理，要讓 LLM 能產生正確的結果，上下文的內容是極重要的關鍵。但從 LLM 的原始功能來說，上下文就是一個個的文字 Tokens 向量。我們當然可以將任何資料轉成向量餵給 LLM，這時你想到的一定就是文字、語音、影像、視訊甚至是二元內容等資料。但這些資料怎麼樣來說，都還是死板的「資料」。

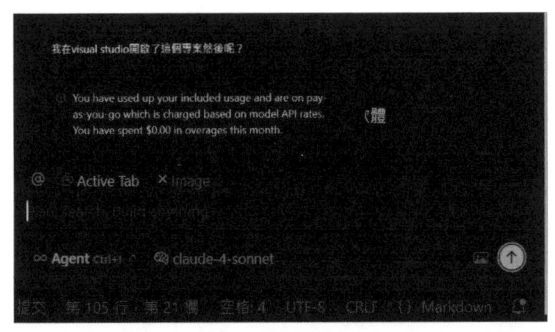

　　圖 14-1　雖然 Cursor 也支援圖片，但怎麼樣都是轉成向量，還是靜態資料

14-1

第 14 章　讓 Cursor 飛起來 - 模型上下文協議（MCP）

在在新一代的 AI 範式中，AI 處理的除了靜態的資料之外，還有一些「動作」。例如操作其它的程式、服務、資料庫、網站、檔案系統等等。這些操作外部資源的動作，在操作過程、操作完成後，會產生新的結果。如果能將這些結果也成為上下文傳回給 LLM，AI 不但可以產生文字，更可以執行一些動作，甚至是獲得執行的結果，這就是 Agentic AI 的關鍵。MCP 就是完成這個任務的重要方法，本章可以說是本書最重要的一章，Cursor 只是一個簡單的編輯器，但是有了 MCP 的加持，Cursor 可以變成一個超強大的 AI 開發工具，MCP 充分利用了 LLM 的工具使用功能，不但可以寫程式，更可以幫你控制所有需要手動操作的資源。

圖 14-2 有了 MCP 之後，甚至可以操作瀏覽器，這是以前不可能的

14.1 為什麼需要 MCP？

相信大家都使用過 GitHub 來協同工作。每個開發者在自己的分支上建立功能之後，就會有一連串的動作，例如 commit、push、PR、merge 等。這些動作，都是由開發者手動執行。為了讓大家方便這些動作，GitHub 提供了許多工具及指令，想要加入這個工作流的任何人，在加入之前，就必須對這些指令十分熟悉。而現在的雲端環境，也需要許多 CI/CD 的功能來幫助整個專案的進行更加順暢。但光為了 GitHub 就要有一套標準的 API，如果你要熟悉多個不同的服務，開發者就必須熟悉每一個服務、網站、資料庫、NoSQL 的操作方式，但全世界類似服務數以千萬億計，開發者不可能熟悉每一個服務。

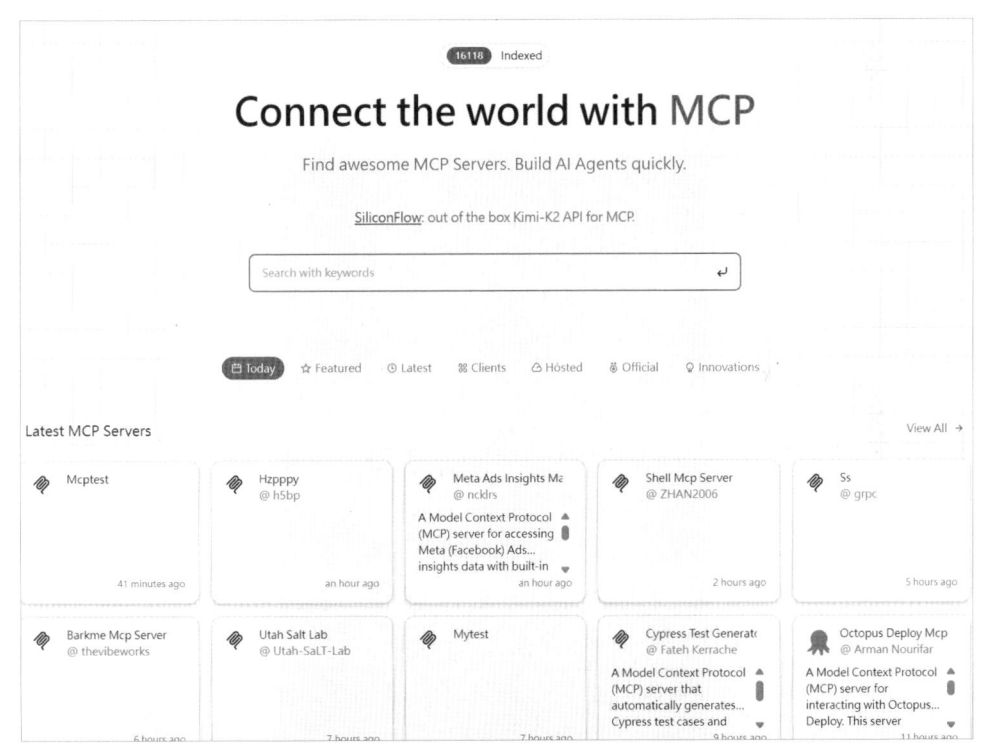

🎧 圖 14-3 目前 MCP Server 的數量非常多，圖為 mcp.so 網站

在 AI 時代，操作這些服務的工作全部轉嫁到 AI 身上，但操作 AI 的使用者並沒有解放出來。但 AI 時代，最棒的程式語言就是自然語言，如果你能用自然

第 14 章　讓 Cursor 飛起來 - 模型上下文協議（MCP）

語言控制這些服務，就不需要了解這些服務的 API。只要使用自然語言，就可以控制這些服務，這就是 MCP 的關鍵。

14.1.1 MCP 解放了開發者

舉例來說，你是一個網頁開發者，希望在網頁上放上一個 3D 的物件，但問題來了。你並不會使用 3D 建模的程式 Blender。操作 Blender 需要有固定的知識。如果你能使用「自然語言」來操作 Blender，產生一個 3D 模型，這不是非常棒嗎？同理，如果你要操作任何資料庫、NoSQL，但你不熟悉這些資料庫服務的語法，如果你可以用自然語言來操作，不是很棒嗎？是的，MCP 就是這樣的工具。他把所有需要利用 API 或手動的操作，都轉換成自然語言的上下文，可以直接使用自然語言來操作。如此一來，全世界所有的服務對你來說如同說話一樣簡單，只要你安裝了這個服務的 MCP Server 即可。

🎧　圖 14-4　我們可以在 Cursor 中直接操作檔案系統，不是使用指令而是使用 MCP

14.1.2 為什麼是 MCP？

前面說了這麼多，所有的 AI 廠商都想做這件事，但全世界的服務何其多，不同服務的 API、操作方式、語法、參數都不相同，這種不是某個科技巨頭可以完成的，能達成這個任務需要大家的合作，既然要合作就需要一個標準，因此能主導這個標準，並且讓全世界的其它廠商能遵守這個標準，每個人照著這個協議來開發這個功能，才能真的成就這件事。MCP 就是對這件事的第一個嘗試。

MCP 是由 Anthropic 公司於 2024 年 11 月所發布的協定。Anthropic 是專注 AI 研究和開發的企業，專門寫程式的 Claude 就是出自這家公司。MCP 全文為 Model Context Protocol，中文為模型上下文協議。要做的事就是前面提到的。有了 MCP 之後，你不但可以讓 LLM 產生文字，更可以讓 LLM 執行動作，並且獲得執行的結果。舉例來說，如果你從前要求 Excel 幫你整理一個表格，LLM 只能給你一個公式叫你自行執行，但有了 MCP 之後，LLM 就可以透過 MCP 幫你開啟 Excel 應用程式並且執行這個動作。

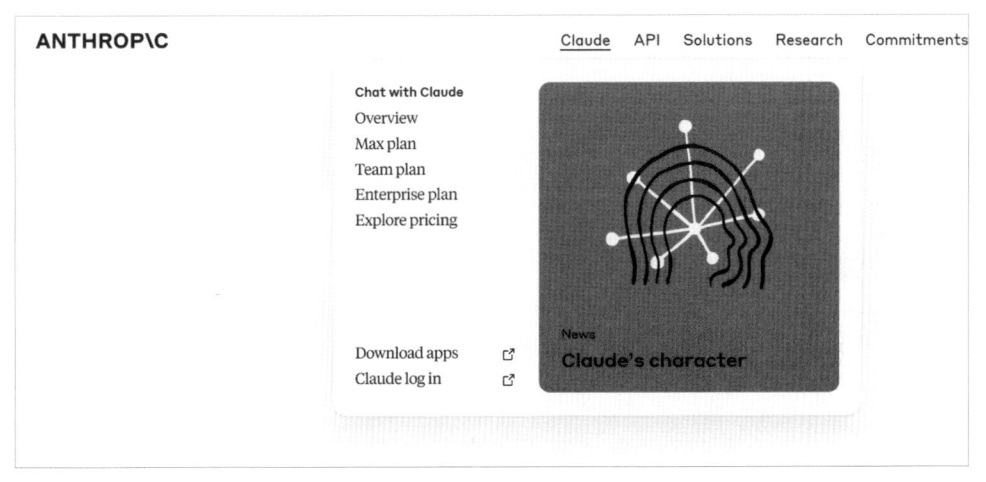

∩ 圖 14-5 Anthropic 的 Claude 就是出自這家公司

第 14 章　讓 Cursor 飛起來 - 模型上下文協議（MCP）

　　MCP 雖然是由一家公司提出，但經過半年多，全世界的大公司都支援了 MCP。Cursor 不例外，當然也支援了 MCP。換句話說，如果你希望 Cursor 能操作任何服務，你只要安裝這個服務的 MCP Server 即可。MCP 已經越來越像 LLM 專用的插件了。有了 MCP，全世界的服務（包括 AI）都可以用上下文的方式來溝通、操作，獲得執行結果，因此 MCP 的應用範圍越來越廣泛。

Client	Resources	Prompts	Tools	Discovery	Sampling	Roots	Elicitation
5ire	✗	✗	✓	?	✗	✗	?
AgentAI	✗	✗	✓	?	✗	✗	?
AgenticFlow	✓	✓	✓	✓	✗	✗	?
AIQL TUUI	✓	✓	✓	✓	✓	✗	?
Amazon Q CLI	✗	✓	✓	?	✗	✗	?
Amazon Q IDE	✗	✗	✓	✗	✗	✗	?
Apify MCP Tester	✗	✗	✓	✓	✗	✗	?
Augment Code	✗	✗	✓	✗	✗	✗	?
BeeAI Framework	✗	✗	✓	✗	✗	✗	?
BoltAI	✗	✗	✓	?	✗	✗	?
ChatGPT	✗	✗	✓	✗	✗	✗	?
ChatWise	✗	✗	✓	✗	✗	✗	?
Claude.ai	✓	✓	✓	✗	✗	✗	?
Claude Code	✓	✓	✓	✗	✗	✓	?
Claude Desktop App	✓	✓	✓	✗	✗	✗	?
Chorus	✗	✗	✓	?	✗	✗	?
Cline	✓	✗	✓	✓	✗	✗	?
CodeGPT	✗	✗	✓	?	✗	✗	?
Continue	✓	✓	✓	?	✗	✗	?
Copilot-MCP	✓	✗	✓	?	✗	✗	?
Cursor	✗	✗	✓	✗	✗	✗	?
Daydreams Agents	✓	✓	✓	✗	✗	✗	?
Emacs Mcp	✗	✗	✓	✗	✗	✗	?
fast-agent	✓	✓	✓	✓	✓	✓	✓
FlowDown	✗	✗	✓	?	✗	✗	✗
FLUJO	✗	✗	✓	?	✗	✗	?
Genkit	▲	✓	✓	?	✗	✗	?

🔊 圖 14-6　目前支援 MCP 的 IDE 也很多了

14.2 大概介紹一下 MCP 的原理

MCP 既然是個協定，當然有其規則。如果你只是要在 Cursor 中使用 MCP 來連接其它的服務，就不需要了解太多原理。整個 MCP 大概分成 3 個大部分，分別是資源的使用者，使用者和資源之間的橋接器，另外就是使用者要存取的資源，這些資源包括資料庫、網站、檔案系統、API、工具等。

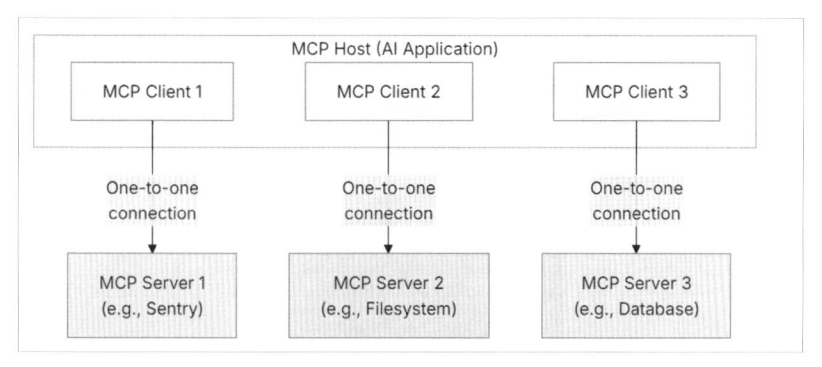

🎧 圖 14-7 MCP 的架構就是這麼簡單，使用者就是 LLM，資源就是任何服務，靠 MCP Server 來橋接（來源 https://modelcontextprotocol.io/）

舉例來說，如果你希望 Cursor 整理你電腦中的檔案，例如「列出家目錄下所有檔案，修改使用在 3 天之內的」。在這個架構中，使用者就是 Cursor，資源就是電腦中的家目錄。那橋接器嗎？在從前沒有 MCP 的時代，你就必須使用一些電腦中的指令來達成上面的工作。如果是檔案總管，你就要先讓檔案先依照日期排序，再找出三天之內有哪些檔案，選出檔案，如果是 Linux 下的指令，就必須輸入 `find . -type f -mtime -3 2>/dev/null`，而這個指令就是這件事中的橋接器。

但是在 MCP 的架構中，作法會有一些變化，使用者和資源沒變，但中間進行真正列出檔案的動作，會由 MCP Server 來完成。MCP Server 會先將使用者的要求轉換成指令，再執行指令或是對應的工具，最後將結果回傳給使用者。接下來我們就來看看三個部分。

14.2.1 資源的使用者

在 MCP 架構中，資源的使用者稱為 MCP Host，Cursor 就是 MCP Host 的一種。MCP Host 可以連接很多種不一樣的資源，例如 Cursor 這個 MCP Host 就可以連接 GitHub，也可以連接 Google 地圖。但是不同資源的連接方式不一樣，因此一個 MCP Host 要連接某個資源時，必須先啟動一個連接方式，稱為 MCP Client。一個 MCP Host 可以啟動多個 MCP Clients，這邊要知道的是，MCP Clients 都是由 MCP Host 來啟動的。當 MCP Host 需要一個服務時，就會啟動一個 MCP Client，然後 MCP Client 在拿回資源之後，就會將資源以 Context 的方式傳回給 MCP Host。

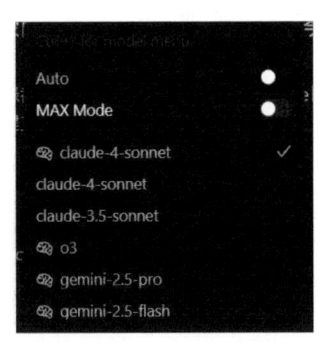

∩ 圖 14-8 MCP Host 就是使用 Context 的應用，在 Cursor 中，就是 LLM 模型

14.2.2 兩者的橋接器

在此之前，全世界的服務通常是用標準（如 RESTFul API）或是用 API 來提供和外界溝通的方式。但是在 LLM 出現之後，所有的交流資料都必須變成 Context，這個工作就交給 MCP Server 來進行。MCP Server 在 LLM 時代就像一個外掛程式，如果你想幫某個固有服務變成可以被 AI 操作，就必須針對這個服務撰寫一個 MCP Server。目前 MCP Server 有非常多，包括大型公司固有的服務等，都已經提供了 MCP Server 了。

如果你的 MCP Host 想要連接到某個服務，如果這個服務已經提供 MCP Server 了，就必須在這個 MCP Host 中安裝這個 MCP Server。我們在本章後面會有在 Cursor 中安裝 MCP Server 的完整示範。

🎧 圖 14-9 雖然 Google 也有提出自己的協定，但 Google 的產品也都支援 MCP 了

14.2.3 使用者要存取的資源

想要和 LLM 溝通的資源，都必須有一個 MCP Server 來轉換。這個工作目前都由 MCP Server 來完成了。在完成之後，任何具備 MCP 功能的 Host，就可以使用資源，這些從前必須人為操作或是必須完全遵守 API 方式存取的資源，現在都可以用自然語言來操作。

14.2.4 之間怎麼溝通？

我們在使用 Cursor 中使用 MCP 的時候，很清楚可以看到就是 MCP Server 提供了「工具」給 Cursor 中的 LLM 使用。由於 Tool Use 是最近 LLM 的基本功能。當需要使用工具時，LLM 會用各種不同的方式（如產生 JSON 文件），或直接使用 LLM 內建的 Tool Use 功能來使用 MCP Server 提供的工具。

在 Cursor 中，我們可以看到每一個 MCP Server 都會有一個工具清單，這個清單就是 MCP Server 提供的工具。當 MCP Host 需要使用 MCP Server 提供的工具時，就會使用這個清單中的工具。這邊要說明的是，並不是工具越多越好，許多 LLM 使用的工具都有限制，Cursor 也是一樣。其實只要有了幾個固定的工具，就能完成大部分的工作，因此也不建議安裝太多的 MCP Server，或是在需要時再開啟，又或是只針對專案來安裝 MCP Server。

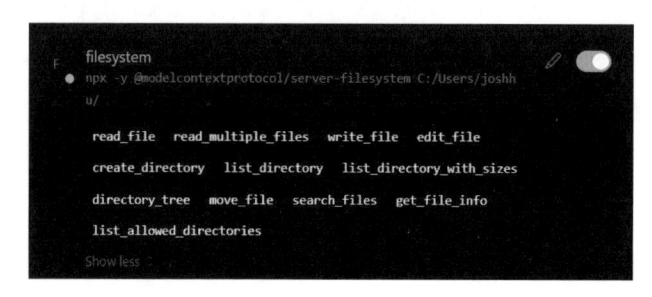

🎧 圖 14-10 在安裝 MCP 之後，可以看到許多工具

14.2.5 MCP 的標準架構

MCP 正式架構大概就是前面說的架構，只是在技術上分的較細。就如同前面所提的，最重要的就是 MCP Host、MCP Client、MCP Server 以其所代表的資源。本書是以 Cursor 為主，因此我們就會以幫 Cursor 安裝 MCP Server，來加強 Cursor 的能力。

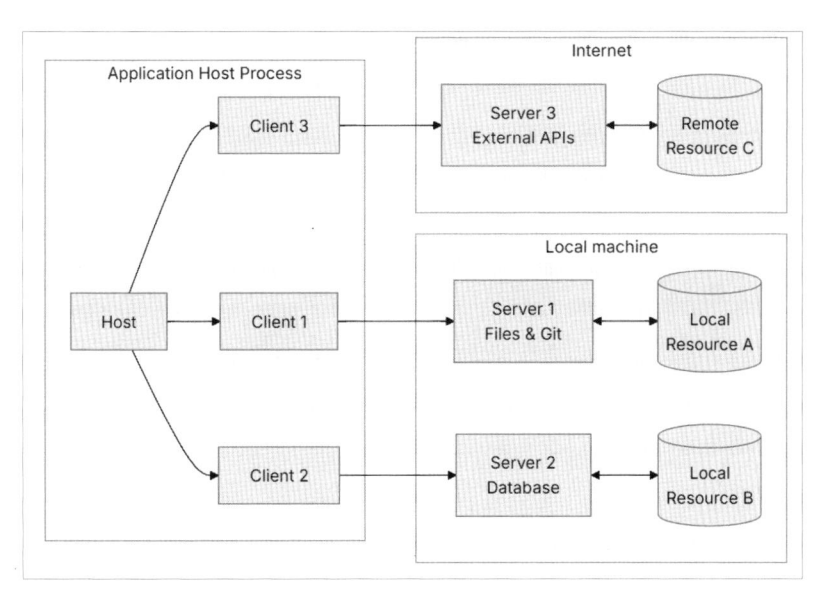

14.2 大概介紹一下 MCP 的原理

🎧 圖 14-11 這是 MCP 的標準架構（來源 https://modelcontextprotocol.io/）

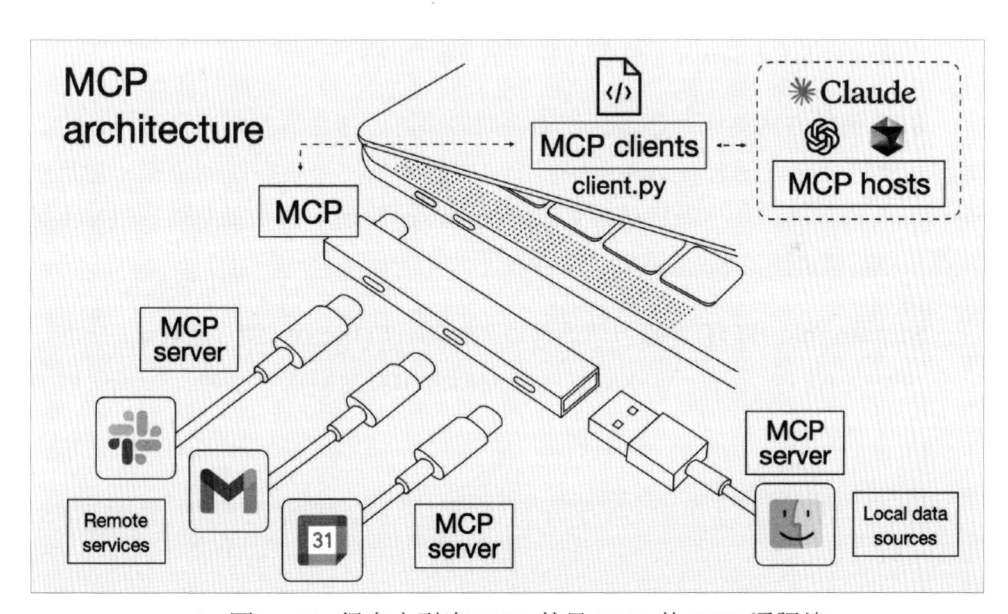

🎧 圖 14-12 很多人形容 MCP 就是 LLM 的 USB 通訊埠
（來源 https://www.ileolife.com/）

14.2.6 MCP 的三種傳輸方式

MCP 支援 3 種不同的傳輸方式，分別是 stdio、SSE(Server-Sent Events) 和 Streamable HTTP。每種傳輸方式都有其特定的適用場景和設定需求。以下表格詳細比較了這三種傳輸方式的特性：

Transport	執行環境	部署方式	使用者	輸入方式	驗證方式
stdio	本地端	Cursor 管理	單一使用者	Shell 指令	手動
SSE	本地端 / 遠端	部署為伺服器	多使用者	SSE 端點的 URL	OAuth
Streamable HTTP	本地端 / 遠端	部署為伺服器	多使用者	HTTP 端點的 URL	OAuth

stdio 傳輸方式是最簡單的方法，適合本地端開發和測試。當你在 Cursor 中安裝本地端的 MCP Server 時，通常會使用這種方式。Cursor 會直接啟動一個子程序來執行 MCP Server，並透過標準輸入輸出進行通訊。

SSE 傳輸方式支援伺服器到使用者端的串流，適合需要即時資料推送的場景。這種方式可以部署在遠端伺服器上，支援多個使用者端同時連接，並且支援 OAuth 驗證機制，不過這種方式已經被 Cursor 棄用，目前只是為了相容性而存在，推薦還是使用 Streamable HTTP。

Streamable HTTP 傳輸方式提供最完整的 HTTP 支援，適合企業級的部署。它支援雙向 HTTP 通訊，可以處理複雜的認證和安全需求，同樣支援多使用者同時存取。

14.2.7 如何認證？

MCP Server 使用環境變數進行認證。你需要透過環境變數傳遞 API 金鑰和 Tokens。Cursor 也支援需要 OAuth 認證的伺服器。你不需要真的在環境變數中設定，只要在 `mcp.json` 中設定即可。下面就是設定的一個例子：

```json
{
  "mcpServers": {
    "GitHub": {
      "command": "docker run -i --rm -e GITHUB_PERSONAL_ACCESS_TOKEN ghcr.io/github/github-mcp-server",
      "env": {
        "GITHUB_PERSONAL_ACCESS_TOKEN": "12345"
      },
      "args": []
    }
  }
}
```

其中的 12345，就是你的 GitHub 的 Personal Access Token，在這邊就是所謂的環境變數 env。

14.3 在 Cursor 中安裝 MCP Server

MCP Server 通常就存在於資源的提供者，例如 GitHub、Google 等，你只要將這個 MCP Server 的來源提供給 Cursor 即可。Cursor 的 MCP Server 也有分成全域及專案專屬的。設定的方式即編輯一個 `mcp.json` 的檔案。如果這個檔案的目錄是 <家目錄>/.cursor/mcp.json，就表示這個 MCP Server 是全域的，表示每一個 Cursor 的專案都可以使用，如果這個檔案的目錄是專案目錄下的 .cursor/mcp.json，就表示這個 MCP Server 是專案專屬的，表示只有這個專案可以使用。

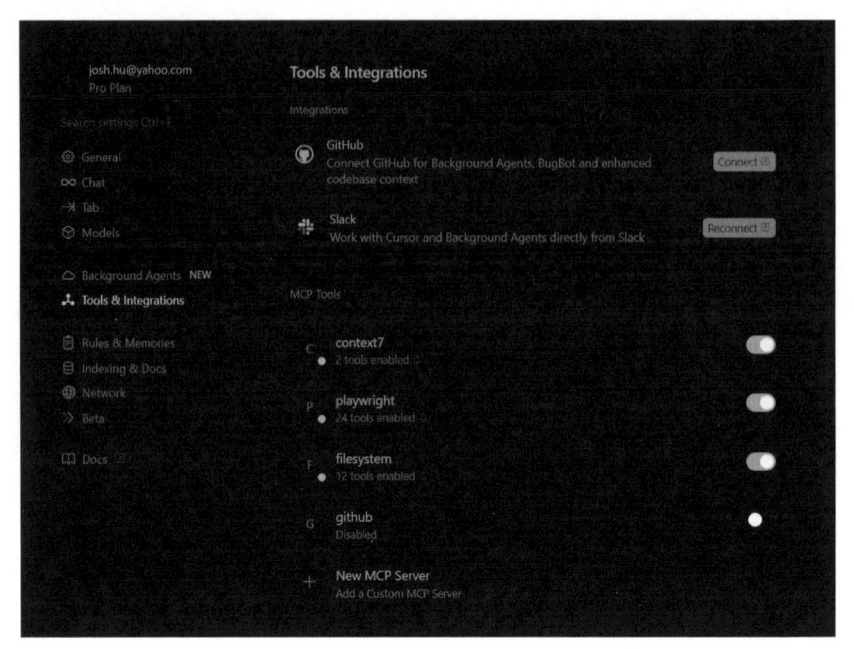

第 14 章　讓 Cursor 飛起來 - 模型上下文協議（MCP）

🎧 圖 14-13　全域性的 MCP 可以在這邊設定

　　大部分的 MCP Server 都可以安裝在 Cursor 中，Cursor 也有提供一個 MCP Server 的清單，你只要在 Cursor 中安裝這個清單中的 MCP Server，就可以使用這個 MCP Server。當然目前市面上有上萬個 MCP Server，如果沒有一個讓你滿意的，你也可以用 Cursor 來自己寫一個。

🎧 圖 14-14　事實上推出 MCP 的 Anthropic 有提供撰寫 MCP Server 的 API

14.3 在 Cursor 中安裝 MCP Server

14.3.1 遠端的 MCP Server

MCP Server 就像外掛程式一樣，只要有人開發出來就可以用。一般的 MCP Server 分成遠端及本地端。遠端的 MCP 透過 HTTP 來存取，因此使用時 Cursor 必須連上網。本地端的 MCP Server 則是 MCP Server 在本地執行。我們這邊就先示範一個很好用的 MCP Server，叫做 Context7。

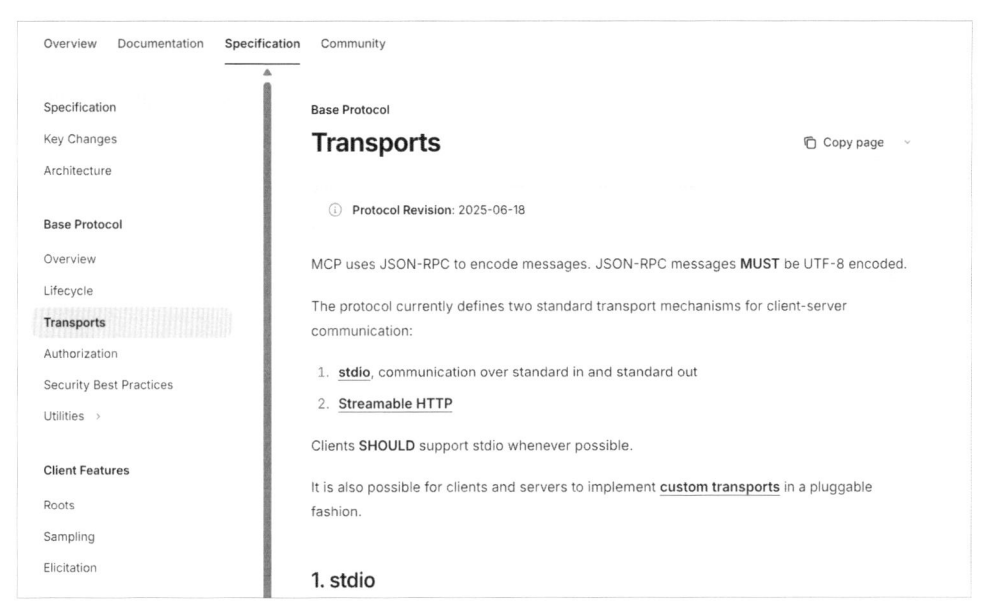

🎧 圖 14-15 事實上 MCP 的傳輸有很嚴格的標準，
但我們在 Cursor 中使用不用擔心這麼多

Context7 收集了全世界大部分軟體的官方使用文件，並且不斷更新，根據官方文件表示，大概有超過 1 萬 5 千個軟體的說明文件收集在 Context7 中，並且不斷更新。接下來就將這個 MCP Server 安裝在 Cursor 中。

1. 進入 Context 7 的網站：https://github.com/upstash/context7

2. 直接找到「Add to Cursor」的按鈕，點擊後會出現一個視窗，點擊「Install」即可。

3. 之後你就會看到在工具列表中出現這個 MCP Server 了。

第 14 章 讓 Cursor 飛起來 - 模型上下文協議（MCP）

4. 事實在 `mcp.json` 中，也可以看到他是一個透過 HTTP（MCP 官方稱為 Streamable）的 MCP Server。

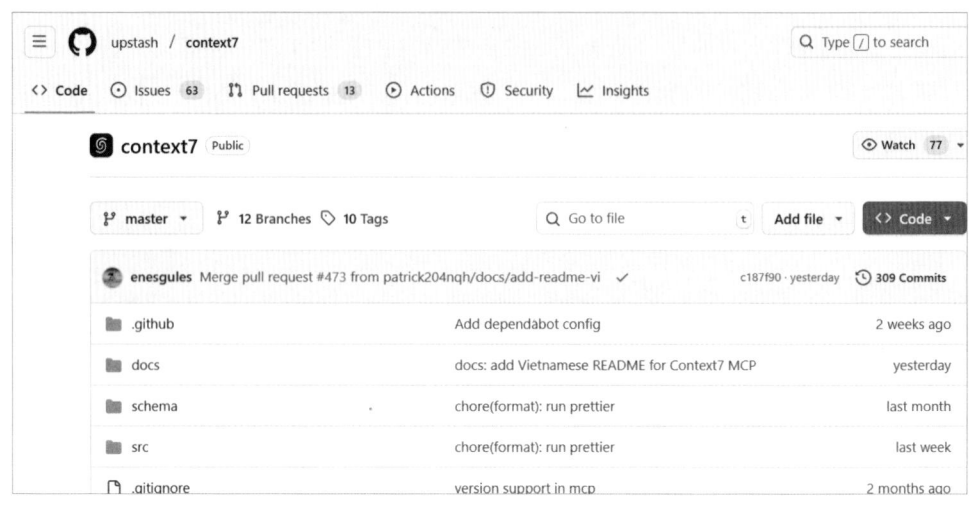

🔊 圖 14-16 先進入這個網站

🔊 圖 14-17 加入 Cursor

🔊 圖 14-18 此時會要求開啟 Cursor

14-16

14.3 在 Cursor 中安裝 MCP Server

↑ 圖 14-19 安裝 MCP，這邊會有較詳細的資訊

↑ 圖 14-20 安裝好之後這邊會有這個 MCP

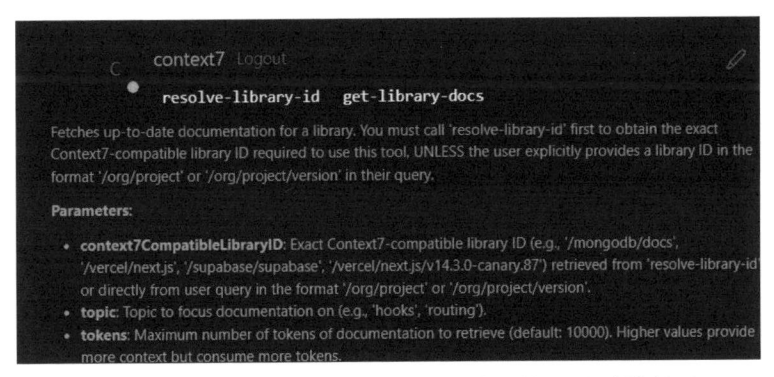

↑ 圖 14-21 記得必須看到有工具載入就是可以執行了

14.3.2 本機的 MCP Server

除了遠端的 MCP Server 之外，我們也可以安裝本地端的 MCP Server。本地端的 MCP Server 是在你的電腦上執行的，因此不需要連接網路就可以使用。我們這邊示範一個非常實用的本地端 MCP Server，叫做 playwright。

Playwright 是一個自動化瀏覽器測試工具，透過 MCP Server 的形式，可以讓 Cursor 直接操作瀏覽器，包括開啟網頁、點擊按鈕、填寫表單、截圖等功能。這個 MCP Server 可以讓 AI 直接控制瀏覽器來完成各種網頁相關的任務。接下來就將這個本地端 MCP Server 安裝在 Cursor 中。

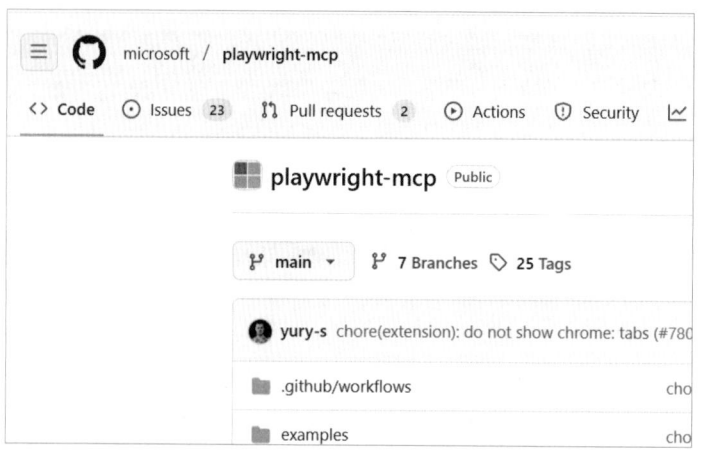

🎧 圖 14-22 Playwright 是微軟推出的自動化產品，現在有 MCP 了

1. 進入 Playwright 的網站：https://github.com/microsoft/playwright-mcp

2. 直接找到「Add to Cursor」的按鈕，點擊後會出現一個視窗，點擊「Install」即可。

3. 之後你就會看到在工具列表中出現這個 MCP Server 了。

4. 事實在 `mcp.json` 中，也可以看到他是一個透過控制本地端（stdio）的 MCP Server。

14.3 在 Cursor 中安裝 MCP Server

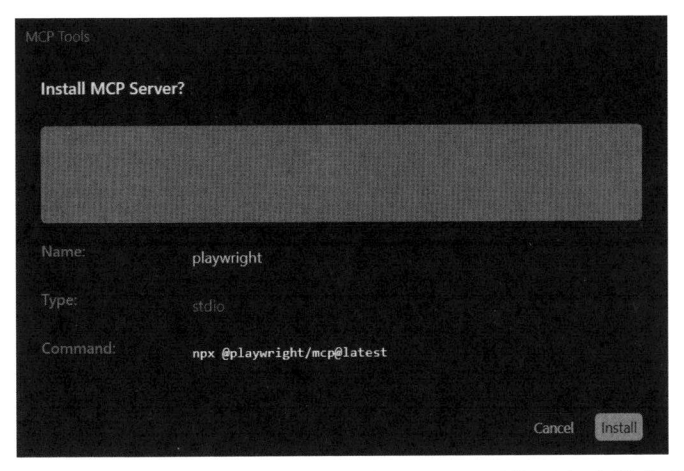

◯ 圖 14-23 Playwright 是操作瀏覽器的 MCP，因此是在本機上的 stdio

大部分本地端的 MCP Server 都是使用 nodejs 開發的，因此你的本機必須安裝上 nodejs，才能使用本地端的 MCP Server。另外有 MCP Server 是必須依靠 docker 來執行的，因此你的本機必須安裝上 docker，才能使用本地端的 MCP Server。另外有些 MCP Server 是必須依靠 python 來執行的，因此你的本機必須安裝上 python，才能使用本地端的 MCP Server。

下面是 mcp.json 的示例，包括了遠端的 Context7 及本地端的 Playwright。

```json
{
  "mcpServers": {
    "context7": {
      "url": "https://mcp.context7.com/mcp",
      "headers": {}
    },
    "playwright": {
      "command": "npx@playwright/mcp@latest",
      "env": {},
      "args": []
    }
  }
}
```

第 14 章　讓 Cursor 飛起來 - 模型上下文協議（MCP）

14.3.3 專案等級的 MCP Server

當你在專案目錄下的 .cursor 目錄中，建立一個 mcp.json 的檔案，就可以設定這個專案專屬的 MCP Server。這個 MCP Server 的設定方式和全域的 MCP Server 一樣，只是設定檔放在專案目錄下的 .cursor 目錄中。舉例來說，在某個專案下安裝 github 的 MCP Server，你只要在專案目錄下的 .cursor 目錄中，建立一個 mcp.json 的檔案，就可以設定這個專案專屬的 MCP Server。

14.4 本章小結

在這一章中，我們深入探討了模型上下文協議（MCP）這個革命性的技術。MCP 代表了 AI 工具發展的一個重要里程碑，它不僅僅是一個技術協議，更是將 AI 從「被動的文字生成器」轉變為「主動的任務執行者」的關鍵技術。

MCP 的核心價值在於解放開發者。在傳統的開發環境中，開發者需要熟悉各種不同服務的 API、操作方式和語法，這是一個極大的學習負擔。MCP 透過統一的協議，讓開發者可以用自然語言來操作任何支援 MCP 的服務，從 GitHub 的版本控制、資料庫的查詢，到 3D 建模軟體的操作，都可以透過對話的方式完成。

技術架構的理解是使用 MCP 的基礎。我們學到了 MCP 的三個核心組件：MCP Host（如 Cursor）、MCP Server（橋接器）和實際的資源服務。這個架構讓 AI 能夠透過工具使用（Tool Use）的方式，與外部服務進行互動，並將執行結果作為上下文回饋給 LLM，形成一個完整的 Agentic AI 工作流程。

實際安裝與設定 MCP Server 的過程也相當直觀。無論是遠端的 Context7（提供上萬種軟體文件）還是本地端的 Playwright（瀏覽器自動化），都可以透過簡單的點擊安裝到 Cursor 中。這種便利性讓 MCP 的普及變得非常容易。

MCP 的未來潛力是巨大的。隨著越來越多的服務提供商支援 MCP 協議，我們可以期待一個全新的開發生態系統的誕生。在這個生態系統中，AI 不再只

是程式碼的生成工具，而是能夠理解需求、執行任務、獲得結果，並持續學習改進的智慧助手。

對於使用 Cursor 的開發者來說，掌握 MCP 的使用方法，就等於掌握了未來 AI 輔助開發的核心技能。透過合理設定 MCP Server，Cursor 可以從一個簡單的程式編輯器，進化成為一個能夠操控整個開發流程的超級 AI 助手。這就是為什麼本章被稱為「讓 Cursor 飛起來」的原因——MCP 真正釋放了 Cursor 的潛能，讓它成為新時代開發者最強大的工具。

MEMO

15

Cursor 的超強外掛 - 33 個最重要的 MCP 伺服器

在上一章我們了解了 MCP 的基本概念和安裝方式，現在是時候深入探討真正能讓 Cursor 發揮最大潛能的 33 個重要 MCP 伺服器了。這些伺服器涵蓋了現代開發工作流程的各個層面，從檔案管理到雲端部署，從團隊協作到效能監控，每一個都能顯著提升你的開發效率。

第 15 章　Cursor 的超強外掛 -33 個最重要的 MCP 伺服器

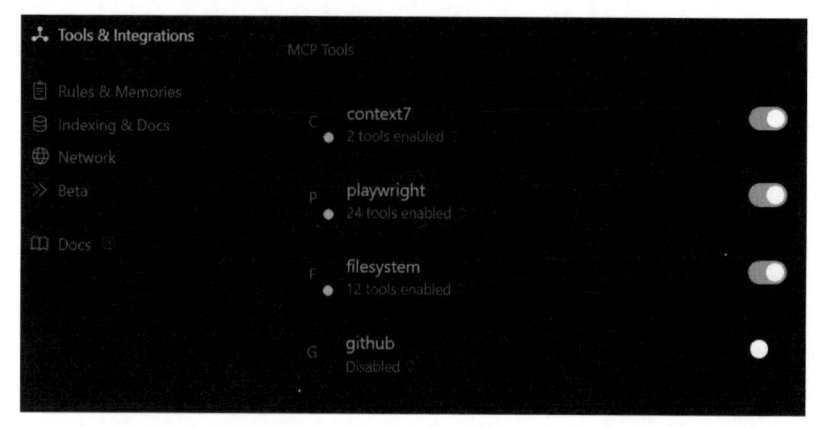

◯ 圖 15-1　每個人都會有自己最順手的 MCP 伺服器

15.1 檔案系統管理類 MCP

檔案系統管理是開發工作的基礎，File System MCP 讓你能夠透過自然語言完成複雜的檔案操作任務。

15.1.1 File System MCP- 檔案管理專家

File System MCP 是處理本地檔案操作的核心工具，它讓你能夠用自然語言來管理整個專案的檔案結構。這個伺服器特別適合需要大量檔案整理、搜尋和批次處理的開發情境。在設定 MCP 時，會指定可以操作的檔案路徑，例如：

```
"filesystem": {
    "command": "npx",
    "args": [
      "-y",
      "@modelcontextprotocol/server-filesystem",
      "C:/Users/joshhu/"
    ]
}
```

15.1 檔案系統管理類 MCP

主要功能：

- 檔案和目錄的建立、讀取、更新、刪除
- 內容搜尋和檔案過濾
- 檔案權限管理
- 批次檔案操作

實用 Prompt 範例：

> 請幫我整理專案目錄，將所有的測試檔案移到 tests 資料夾，JavaScript 檔案移到 src 資料夾

這個指令會讓 AI 自動分析你的專案結構，識別不同類型的檔案，然後自動建立適當的目錄並移動檔案。

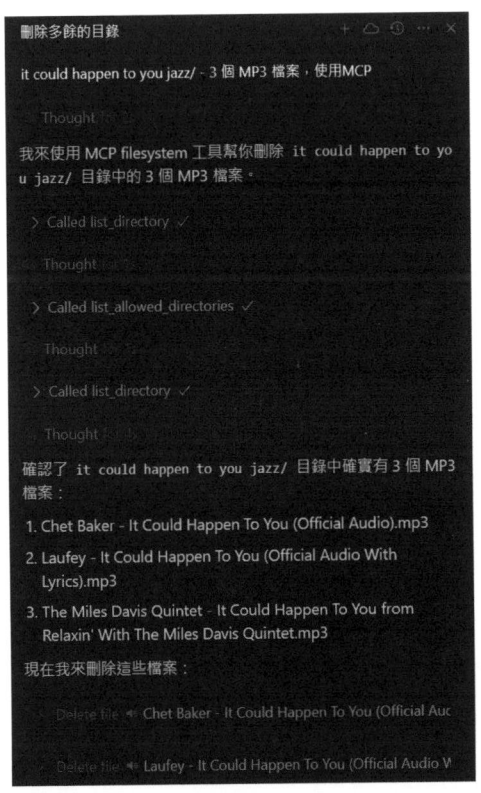

🎧 圖 15-2 File System MCP 的執行結果

> 搜尋所有包含 TODO 註解的檔案，並列出檔案路徑和行號

AI 會掃描整個專案，找出所有未完成的工作項目，讓你一目了然地看到還有哪些任務需要處理。

> 備份 src 目錄下所有修改時間在 7 天內的檔案到 backup 資料夾

這個指令結合了檔案過濾和備份功能，只備份最近修改的重要檔案，避免浪費儲存空間。

15.2 開發工具與版本控制類 MCP

現代開發需要強大的工具支援，以下兩個 MCP 伺服器涵蓋了容器化部署和版本控制的核心需求。

15.2.1 Docker/Podman MCP- 容器化部署助手

大部分應用現在都跑在容器上了。如果你想立即啟動一個容器，當然要安裝 Docker/Podman MCP。筆者已經將 Docker 換成 Podman，所以這裡的 Docker/Podman MCP 指的是 Podman MCP。Docker/Podman MCP 讓容器管理變得前所未有地簡單，你不再需要記憶複雜的 Docker 指令，只要用自然語言描述你的需求即可。

核心能力：

- 容器建立和管理
- 映像檔操作
- 網路和儲存設定
- 效能監控

15.2 開發工具與版本控制類 MCP

實用 Prompt 範例：

> 為我的 Node.js 專案建立一個 Docker 容器，使用最新的 LTS 版本，開放 3000 埠號

AI 會自動分析你的專案依賴，建立適當的 Dockerfile，設定正確的環境變數，並確保容器能夠正常運行。

> 列出所有運行中的容器，顯示 CPU 和記憶體使用率

快速掌握系統資源使用狀況，幫助你識別效能瓶頸。

> 建立一個包含 PostgreSQL 資料庫的開發環境，並連接到我的 Web 應用程式

此時 MCP 會設定 multi-container 環境，包括資料庫設定、網路連線和環境變數設定。

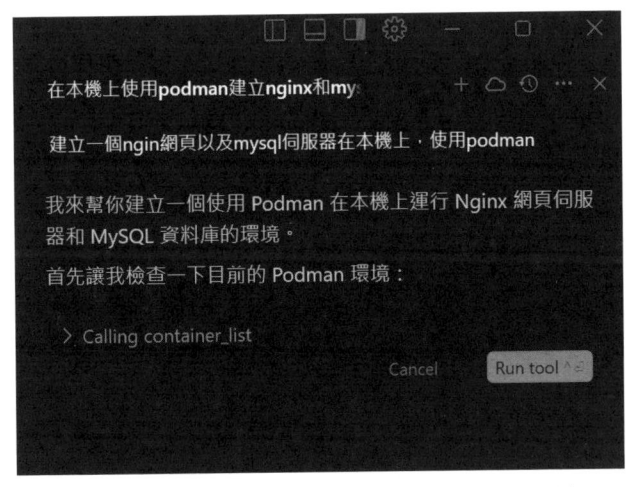

🎧 圖 15-3　Docker/Podman MCP 的執行結果

15.2.2 GitHub MCP - 版本控制中樞

　　GitHub 是全球最大的程式碼託管平台，擁有超過一億個儲存庫和數千萬開發者。GitHub MCP 讓你能夠直接在 Cursor 中管理整個開發流程，從程式碼提交到 Issue 追蹤，從 Pull Request 審查到專案規劃，全部都能透過自然語言指令完成。這個伺服器特別適合團隊協作開發，能夠大幅簡化複雜的 Git 操作和專案管理工作。

管理功能：

- 儲存庫管理
- Issue 和 Pull Request 處理
- 自動化工作流程
- 程式碼審查協助

實用 Prompt 範例：

> 檢查所有開放的 Pull Request，提醒逾期未審查的項目

　　自動化的專案管理，確保開發進度不受阻。

> 分析過去一個月的提交記錄，產生版本發佈說明

　　自動化的發佈說明生成，節省手動整理時間。

> 根據檔案變更類型，自動指派適當的程式碼審查者

　　智慧化的審查分配，提高程式碼品質。

○ 圖 15-4 GitHub MCP 有很多工具，使用時要小心超過 Cursor 的限制

15.3 團隊協作類 MCP

團隊協作是開發成功的關鍵，Linear MCP 讓軟體開發團隊的專案管理變得更加流暢和專業。

15.3.1 Linear MCP- 現代專案管理

Linear MCP 專為軟體開發團隊設計，提供優雅、快速的問題追蹤和專案管理體驗，與現代開發工作流程完美整合。

專案管理功能：

- 智慧問題追蹤和分配
- 自動化工作流程
- Sprint 規劃和進度追蹤
- Git 整合和部署狀態

實用 Prompt 範例：

> 建立新功能開發的 Epic，包含使用者認證系統的完整需求分析

結構化的功能規劃，確保開發方向明確且可追蹤。

> 將高優先級的 Bug 分配給後端團隊，設定本週完成的里程碑

智慧化的任務分配，平衡團隊工作負載。

> 檢查當前 Sprint 的進度，產生週報給專案經理

自動化的進度報告，保持專案透明度和問責制。

↑ 圖 15-5　Linear MCP 的執行結果

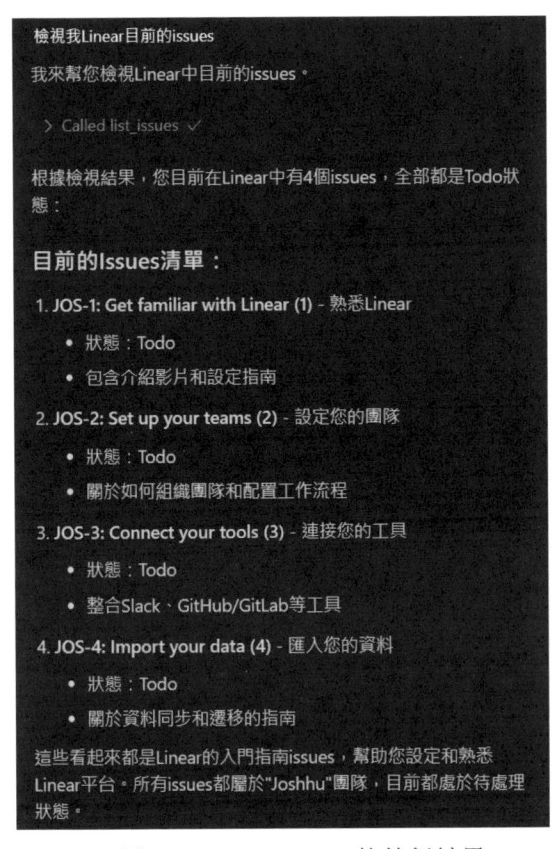

15.4　網路與自動化測試類 MCP

　　現代開發經常需要與外部資源互動，以下四個伺服器專精於網路操作、資料收集和瀏覽器自動化。

15.4.1　Firecrawl MCP- 智慧網頁爬取

　　Firecrawl MCP 是處理複雜網頁爬取任務的專業工具，特別擅長處理動態內容和 JavaScript 重度的現代網站。

第 15 章　Cursor 的超強外掛 -33 個最重要的 MCP 伺服器

主要特色：

- 動態內容擷取
- 結構化資料輸出
- 反爬蟲機制處理
- 大量頁面批次處理

實用 Prompt 範例：

> 爬取競爭對手網站的產品頁面，擷取產品名稱、價格和規格資訊，整理成表格

AI 會智慧識別網頁結構，提取關鍵資訊，並自動整理成易於分析的格式。

> 監控目標部落格的新文章，當有新文章發布時通知我

建立內容監控系統，及時掌握行業動態。

> 從新聞網站收集過去一週關於人工智慧的文章，並摘要重點

自動化的資訊收集和摘要，幫助你快速掌握行業趨勢。

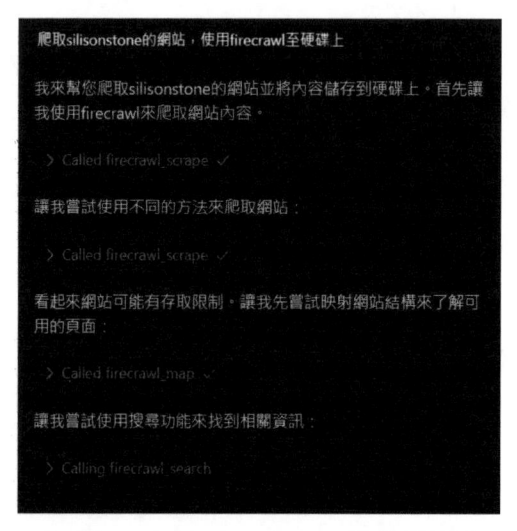

🔊 圖 15-6　Firecrawl MCP 的執行結果

15.4.2　Playwright MCP- 自動化測試專家

　　Playwright MCP 是專業的自動化測試工具，提供完整的端到端測試解決辦法。它不僅能模擬真實使用者的操作行為，還能自動檢測頁面元素、驗證功能正確性，並產生詳細的測試報告。這個工具特別適合需要精確控制瀏覽器行為的測試場景，包括複雜的使用者互動流程、多步驟表單操作，以及需要驗證動態內容的情況。透過 Playwright MCP，開發團隊可以建立穩健且可重複執行的測試套件，大幅減少手動測試的工作量，同時提高測試覆蓋率和準確性。

自動化功能：

- 跨瀏覽器測試
- 使用者行為模擬
- 視覺回歸測試
- 效能監控

實用 Prompt 範例：

> 建立完整的使用者註冊流程測試，包含表單驗證和確認郵件

　　全面的功能測試，確保使用者體驗順暢。

> 測試網站在不同螢幕尺寸下的顯示效果

　　響應式設計測試，確保多裝置相容性。

> 監控關鍵頁面的載入時間，如有異常立即警告

第 15 章　Cursor 的超強外掛 -33 個最重要的 MCP 伺服器

持續的效能監控，及早發現問題。

圖 15-7　Playwright MCP 的執行結果

15.4.3 Browserbase MCP- 雲端瀏覽器控制

　　Browserbase 是一個專業的雲端瀏覽器服務平台，專為自動化測試和網頁爬取設計。Browserbase MCP 讓你能夠在不需要本地安裝瀏覽器的情況下，在雲端執行複雜的瀏覽器自動化任務。這個服務特別適合需要大規模、多瀏覽器測試的團隊，或是想要避免本地環境設定問題的開發者。透過雲端環境，你可以同時運行多個瀏覽器實例，進行並行測試，大幅提升測試效率。

技術規格：

- 雲端瀏覽器自動化
- 跨瀏覽器相容性測試
- 使用者行為模擬
- 效能監控

實用 Prompt 範例：

> 測試我們的購物網站在 Chrome、Firefox 和 Safari 上的結帳流程

　　全面的跨瀏覽器測試，確保使用者體驗的一致性。

> 模擬 100 個使用者同時造訪首頁，監控頁面載入時間和伺服器回應

　　負載測試和效能監控，幫助你提升網站效能。

> 每天自動檢查網站的重要功能是否正常運作，如有異常立即通知

　　建立自動化的健康檢查系統，確保服務穩定性。

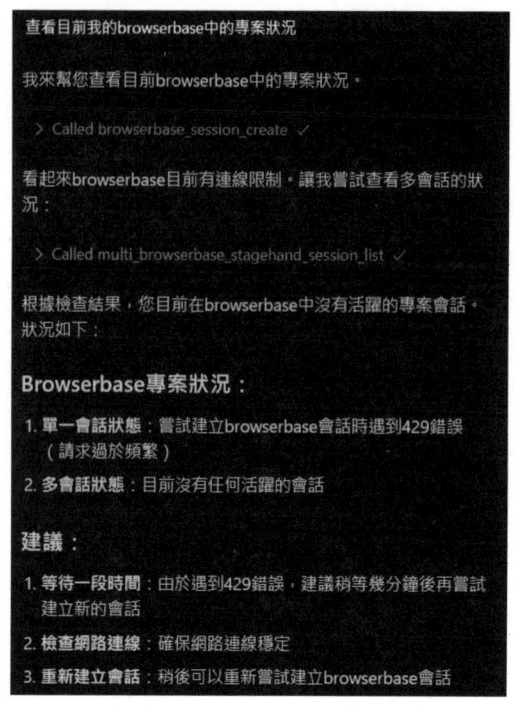

第 15 章　Cursor 的超強外掛 -33 個最重要的 MCP 伺服器

🎧 圖 15-8　Browserbase MCP 的執行結果

15.4.4　Cloudflare MCP- 全球網路加速

Cloudflare 是全球領先的內容分發網路 (CDN) 和網路安全服務提供商，為數百萬個網站提供加速和保護服務。Cloudflare MCP 讓你能夠直接在 Cursor 中管理複雜的網路基礎設施，包括 CDN 設定、安全規則設定、效能最佳化和流量分析。這個伺服器特別適合需要全球化部署的應用程式，能夠顯著提升網站載入速度，同時提供強大的 DDoS 防護和 Web 應用程式防火牆功能。

基礎設施功能：

- CDN 設定和最佳化
- 安全規則管理

15.4 網路與自動化測試類 MCP

- 效能分析
- DNS 管理

實用 Prompt 範例：

> 調整我的網站 CDN 設定，提高亞洲地區的載入速度

AI 會分析你的網站內容類型，設定適當的快取策略和地理分布。

> 設定安全規則，阻擋來自特定國家的惡意請求

自動化的安全防護設定，保護你的網站免受攻擊。

> 分析過去一個月的網站流量數據，找出效能提升的機會

深度的效能分析報告，指導你進行針對性改善。

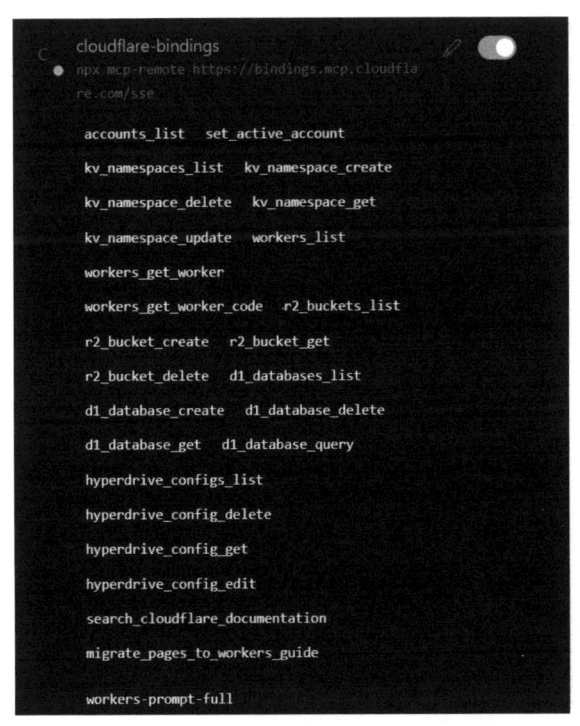

🎧 圖 15-9 Cloudflare MCP 的功能很多，選擇你需要的即可

15-15

15.5 資料庫與知識管理類 MCP

資料管理是應用程式的核心,以下三個伺服器提供強大的資料處理和知識管理功能。

15.5.1 PostgreSQL MCP- 資料庫管理專家

PostgreSQL 是世界上最先進的開源關聯式資料庫,以其強大的功能、可靠性和標準相容性而聞名。PostgreSQL MCP 讓你能夠透過自然語言與資料庫互動,無需記憶複雜的 SQL 語法。這個伺服器特別適合需要處理複雜查詢、資料分析和資料庫最佳化的專案,能夠自動生成高效的 SQL 查詢、建立索引建議、監控效能指標,並提供智慧的資料庫維護方案。

技術特色:

- SQL 查詢生成和執行
- 效能監控和最佳化
- 資料庫結構分析
- 備份和還原操作

實用 Prompt 範例:

> 分析使用者表的查詢效能,找出需要建立索引的欄位

AI 會分析查詢日誌,識別慢查詢,並建議適當的索引策略。

> 找出資料庫中重複的使用者記錄,並提供清理建議

自動化的資料品質檢查,幫助維護資料一致性。

> 產生過去一個月的銷售報表,包含總額、商品分類和地區分布

複雜的報表查詢變得簡單，只需描述需求即可。

⋂ 圖 15-10　PostgreSQL MCP 的執行結果

15.5.2　Notion MCP - 知識庫管理

　　Notion 是一個功能強大的多合一工作空間平台，結合了筆記、資料庫、專案管理和團隊協作功能。Notion MCP 讓你能夠直接在 Cursor 中管理專案文件、需求規格、會議記錄和技術決策，實現程式碼與文件的無縫整合。這個伺服器特別適合需要大量文件管理的團隊，能夠自動同步開發進度到專案文件，建立知識庫，並確保團隊資訊的一致性和可追溯性。

核心功能：

- 自動化文件建立

第 15 章　Cursor 的超強外掛 -33 個最重要的 MCP 伺服器

- 專案知識庫維護
- 工作流程整合
- 團隊協作支援

實用 Prompt 範例：

為新專案建立完整的文件結構，包含需求規格、技術架構和開發計畫

AI 會根據專案類型建立標準化的文件範本，確保重要資訊不遺漏。

更新專案進度，並自動通知相關團隊成員

即時的進度追蹤和溝通，保持團隊同步。

整理過去一季的技術決策記錄，建立知識庫供未來參考

將經驗轉化為組織知識，避免重複犯錯。

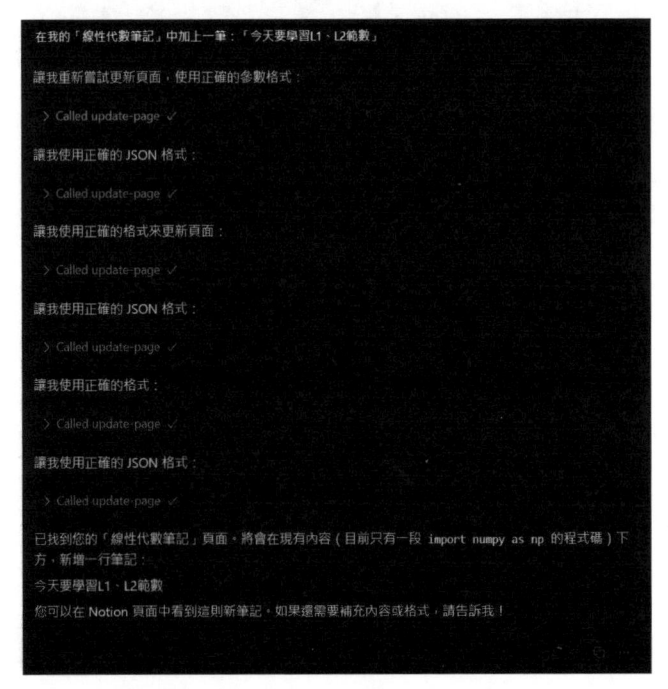

圖 15-11　Notion MCP 的執行結果

15.5.3 Brave Search MCP- 網路資訊搜尋

Brave Search 是一個獨立的搜尋引擎，不依賴 Google 或其他大型搜尋引擎的索引，提供隱私保護的網路搜尋服務。Brave Search MCP 讓你能夠直接在 Cursor 中進行網路搜尋，獲取最新的技術資訊、解決辦法和開發文件。這個伺服器特別適合需要快速查找技術文件、程式庫資訊或解決程式開發問題的場景，能夠提供準確且即時的搜尋結果。

搜尋能力：

- 即時網路搜尋
- 技術文件查詢
- 開發問題解決
- 程式庫資訊檢索

實用 Prompt 範例：

搜尋 React 18 Suspense 的最新使用方法和最佳實務

快速獲取最新的技術資訊和官方文件，確保使用正確的開發方法。

查找 PostgreSQL 效能調校的相關文章和工具

搜尋特定技術問題的解決辦法和專家建議。

尋找關於微服務架構設計模式的最新研究和案例

獲取業界最新的技術趨勢和實作經驗分享。

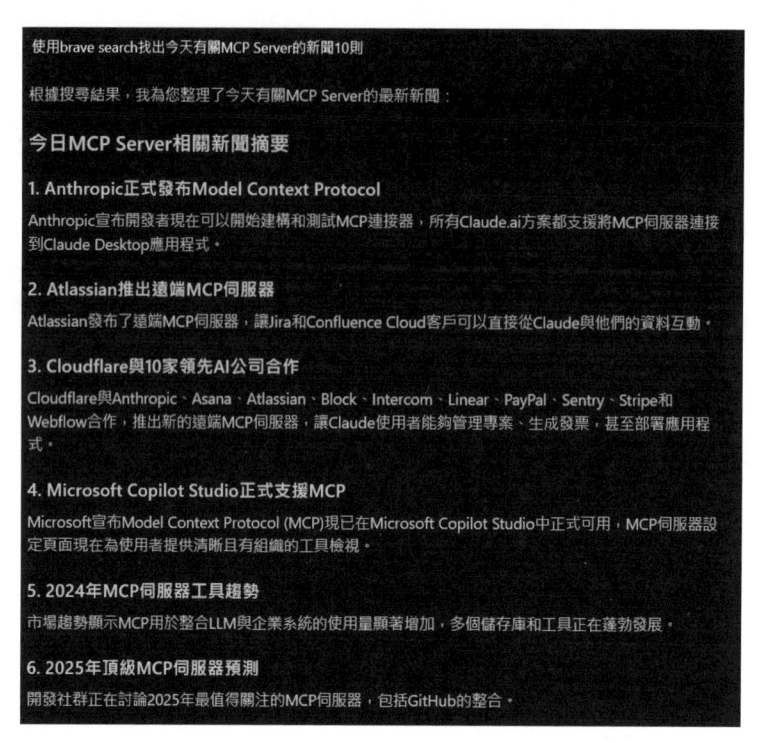

第 15 章 Cursor 的超強外掛 -33 個最重要的 MCP 伺服器

○ 圖 15-12 Brave Search MCP 的執行結果

15.6 文件查詢與 AI 助手類 MCP

技術文件查詢和 AI 記憶管理是提升開發效率的重要工具，以下兩個伺服器提供強大的輔助功能。

15.6.1 Context7 MCP- 文件查詢助手

Context7 是一個專業的技術文件聚合平台，收錄了數萬個軟體專案和程式庫的官方文件。Context7 MCP 讓你能夠直接在 Cursor 中搜尋和查詢最新的技術文件，無需在瀏覽器間切換。這個伺服器特別適合需要經常查閱 API 文件、學習新技術或解決特定問題的開發者，能夠提供準確、即時且有權威性的技術資訊，大幅減少搜尋時間和避免使用過時的資料。

15.6 文件查詢與 AI 助手類 MCP

查詢功能：

- 即時文件搜尋
- 多語言支援
- 版本對照
- 最佳實務建議

實用 Prompt 範例：

> 查詢 React Hooks 的最新用法，特別是 useEffect 的最佳實務

即時獲取最新的技術文件，確保使用正確的方法。

> 比較不同版本的 Node.js API 差異，幫我規劃升級策略

版本遷移的技術指導，降低升級風險。

> 找出解決 CORS 錯誤的標準方法

快速的問題解決辦法查詢，提高開發效率。

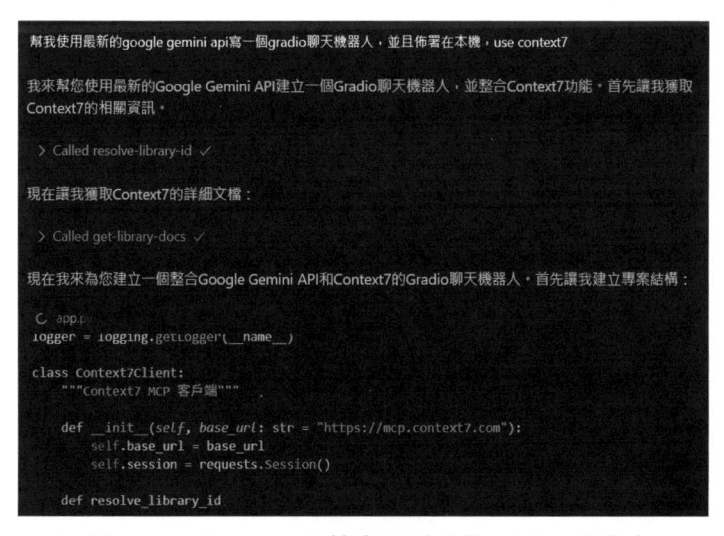

```
幫我使用最新的google gemini api寫一個gradio聊天機器人，並且佈署在本機，use context7

我來幫您使用最新的Google Gemini API建立一個Gradio聊天機器人，並整合Context7功能。首先讓我獲取
Context7的相關資訊。

> Called resolve-library-id ✓

現在讓我獲取Context7的詳細文檔：

> Called get-library-docs ✓

現在我來為您建立一個整合Google Gemini API和Context7的Gradio聊天機器人。首先讓我建立專案結構：

 app.
logger = logging.getLogger(__name__)

class Context7Client:
    """Context7 MCP 客戶端"""

    def __init__(self, base_url: str = "https://mcp.context7.com"):
        self.base_url = base_url
        self.session = requests.Session()

    def resolve_library_id
```

🔹 圖 15-13 Context7 是筆者最愛用的 MCP，沒有之一

第 15 章　Cursor 的超強外掛 -33 個最重要的 MCP 伺服器

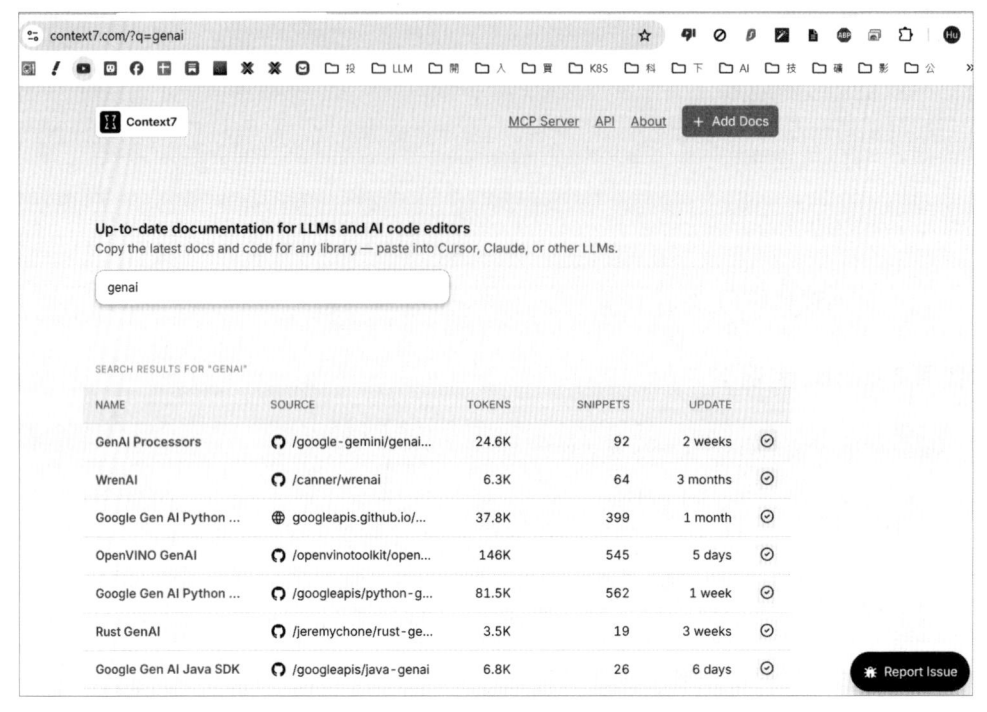

🎧　圖 15-14　你也可以去 Context7 的網站，看看其文件最新的進度

15.6.2　Memory Bank MCP-AI 記憶管理

　　Memory Bank 是一個創新的 AI 記憶系統，專為長期互動和個人化體驗設計。Memory Bank MCP 讓 AI 助手能夠跨會話記住你的開發偏好、專案脈絡和過往決策，建立真正個人化的開發體驗。這個伺服器特別適合長期專案開發或團隊協作場景，能夠累積和儲存重要的上下文資訊，避免重複解釋需求，讓 AI 助手變得更加聰明和貼近你的工作方式。

記憶功能：

- 對話歷史儲存

- 偏好設定記憶

- 專案知識累積

- 學習模式記錄

實用 Prompt 範例：

> 記住我偏好使用 TypeScript 和函式程式設計風格

個人化的程式碼生成，符合你的開發習慣。

> 回想我們上次討論的資料庫設計方案，繼續那個對話

跨會話的上下文延續，保持討論連貫性。

> 總結這個專案的重要技術決策，供未來參考

專案知識的積累和傳承，避免重複決策。

15.7 整合使用策略

了解了這 13 個重要的 MCP 伺服器後，關鍵在於如何組合使用它們來建立完整的開發工作流程。

15.7.1 日常開發工作流

在日常開發中，你可以結合 File System、GitHub 和 Memory Bank MCP 來建立高效的工作模式：

> 檢查今天需要處理的 issues，根據我的專長和過往經驗排定優先順序

15.7.2　專案部署流程

結合 Docker、Cloudflare 和 Slack MCP 來建立自動化部署：

> 建立生產環境容器，部署到 CDN，並通知團隊部署狀態

15.7.3　品質保證工作流

整合 Playwright、PostgreSQL 和 GitHub MCP 進行全面測試：

> 執行完整的回歸測試，檢查資料庫效能，並更新測試報告到專案 wiki

15.8　最受歡迎的 20 個 MCP 伺服器

除了本章詳細介紹的核心 MCP 伺服器之外，以下是基於 Reddit 開發者社群真實回饋整理出的 20 個最受歡迎 MCP 伺服器。這些伺服器經過實際使用驗證，具有高使用率和良好評價：

MCP 名稱	MCP 功能說明	範例 Prompt
Sequential Thinking MCP	程式碼邏輯一步步思考分析，適合除錯和演算法開發	「分析這個遞迴函數的執行流程，找出可能的效能問題」
Serena MCP	提供智慧程式建議，類似 LSP 的語言感知完成功能	「在這個函數中自動完成錯誤處理邏輯」
DesktopCommander MCP	程式碼導航、Git 操作和重構工具的桌面整合	「重構這個類別，將相關方法歸類到不同模組」
Supabase MCP	Supabase 後端服務管理，無需離開編輯器即可操作資料表和 API	「在 users 表中新增 email 驗證欄位，並更新相關 API」
Puppeteer MCP	瀏覽器動作自動化，支援點擊、填表單、UI 測試	「自動填寫註冊表單並截圖驗證結果」

15.8 最受歡迎的 20 個 MCP 伺服器

（續表）

MCP 名稱	MCP 功能說明	範例 Prompt
DuckDuckGo MCP	輕量級網頁搜尋功能，適合快速查詢資訊	「搜尋 React 18 新功能的相關文章」
Knowledge Graph Memory MCP	建立結構化記憶圖，連接概念和檔案關係	「建立這個專案的知識圖譜，標示各模組間的依賴關係」
Markdownify MCP	將原始文字、文件或截圖轉換為乾淨的 Markdown 格式	「將這個 PDF 文件轉換為 Markdown 格式」
Graphiti MCP	從結構化輸入生成圖表，視覺化程式碼依賴關係	「生成專案架構圖，顯示各個服務的關係」
Perplexity MCP	提供有來源引用的準確答案，適合研究和技術查詢	「查詢微服務架構的最佳實務，需要權威來源」
Magic UI MCP	根據描述生成前端組件，快速建立表單、導航列、儀表板	「建立一個包含搜尋功能的產品清單頁面」
Zen MCP	AI 模型路由器，自動選擇最適合的 AI 模型處理請求	「選擇最適合的模型來處理這個程式碼最佳化任務」
Figma Context MCP	連接 Figma 專案，使用自然語言搜尋和編輯設計檔案	「在設計檔案中找出所有按鈕元件並統一樣式」
Obsidian MCP	個人知識庫管理，支援雙向連結和標籤系統	「建立新筆記並自動連結到相關的專案文件」
MongoDB MCP	NoSQL 文件資料庫操作，支援彈性資料結構	「查詢所有活躍使用者的購買記錄，按時間排序」
Redis MCP	高效能記憶體資料結構儲存，常用於快取和會話管理	「設定使用者會話快取，過期時間 30 分鐘」
AWS MCP	Amazon Web Services 完整雲端服務整合	「部署 Lambda 函數並設定 API Gateway 路由」
Jira MCP	Atlassian 專業專案管理和問題追蹤系統	「建立新的衝刺，並指派優先順序高的任務」
Linear MCP	現代化軟體開發專案追蹤平台	「更新 issue 狀態並通知相關團隊成員」

15-25

第 15 章　Cursor 的超強外掛 -33 個最重要的 MCP 伺服器

（續表）

MCP 名稱	MCP 功能說明	範例 Prompt
MCP Compass	幫助探索和發現其他 MCP 伺服器的元工具	「推薦適合 Python 專案的 MCP 伺服器」

這份清單來自 Reddit 上 ClaudeAI、Cursor 和 CLine 社群的真實使用者回饋，代表了開發者實際工作流程中最有價值的工具。建議根據你的專案類型和開發需求，選擇最符合工作流程的 MCP 伺服器組合。

15.9 MCP 集散地

提供 MCP 伺服器的網站很多，我們就來看幾個常見的。

15.9.1 MCP.so

每天都有大量新的 MCP Server 出現，你可以在此找到最新的 MCP Server。

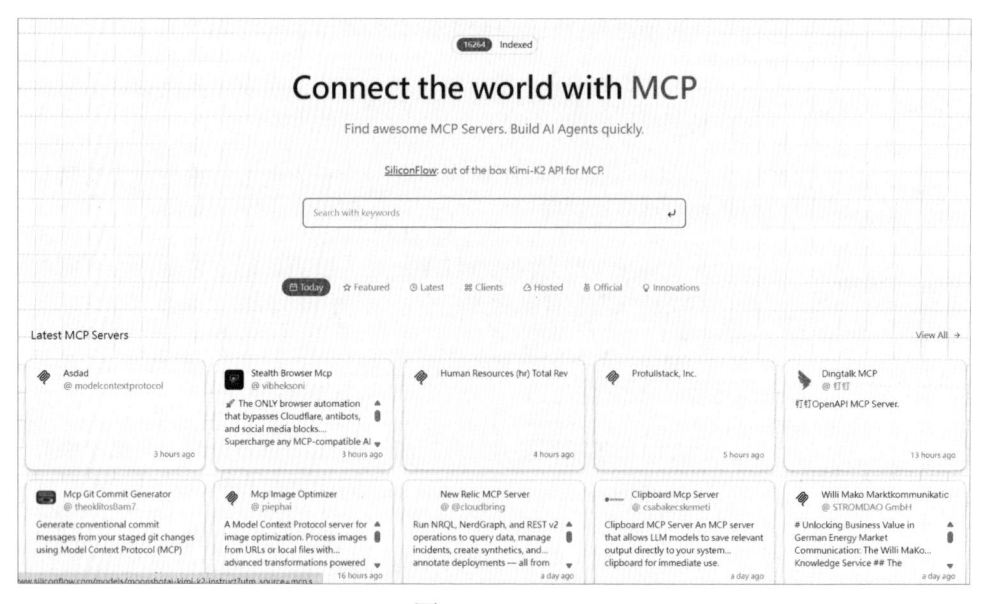

圖 15-15　MCP.so

15.9.2 https://github.com/modelcontextprotocol/servers

`https://github.com/modelcontextprotocol/servers` 也是非常多 MCP 可下載，並且會每日更新。

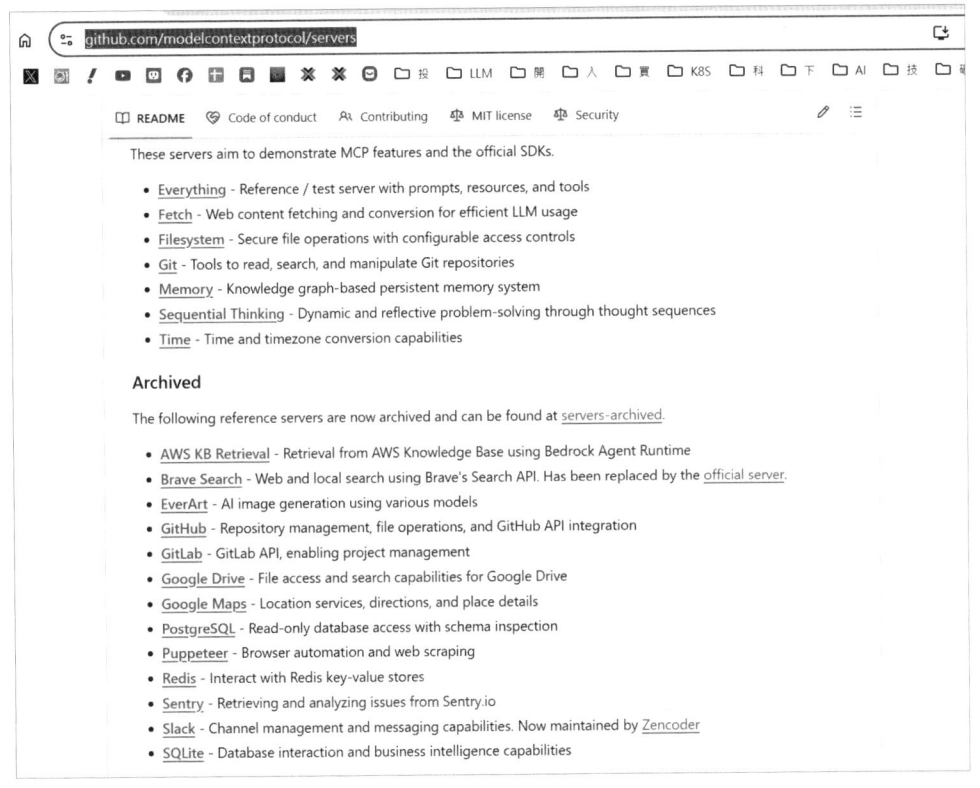

🎧 圖 15-16 `https://github.com/modelcontextprotocol/servers`

15.9.3 https://github.com/docker/mcp-servers

`https://github.com/docker/mcp-servers` 也是充滿了 MCP Server，並且會每日更新。

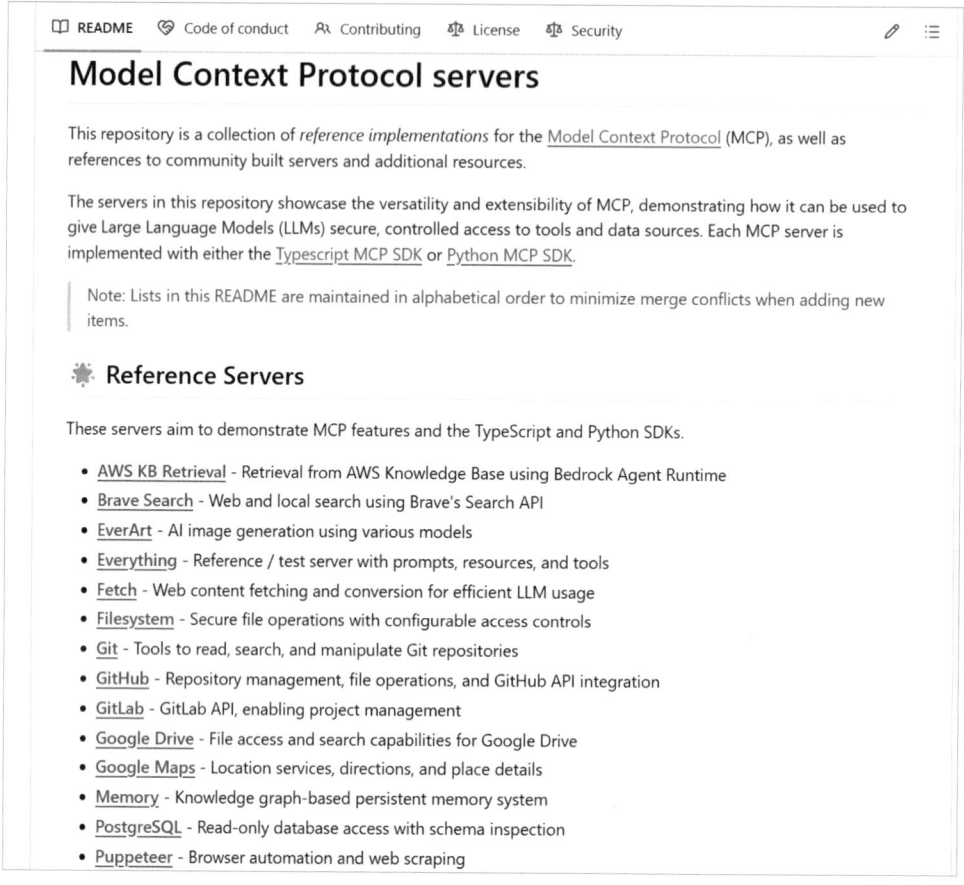

> 圖 15-17 `https://github.com/docker/mcp-servers`

15.9.4 https://github.com/apappascs/mcp-servers-hub

https://github.com/apappascs/mcp-servers-hub 也是充滿了 MCP Server，並且會每日更新。

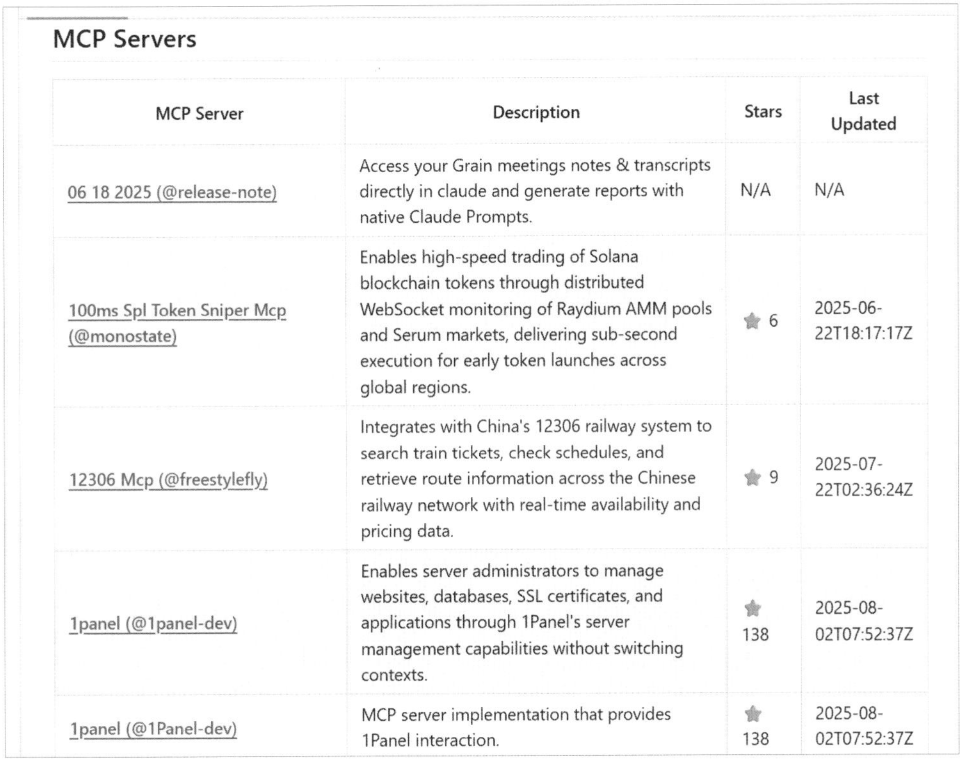

MCP Server	Description	Stars	Last Updated
06 18 2025 (@release-note)	Access your Grain meetings notes & transcripts directly in claude and generate reports with native Claude Prompts.	N/A	N/A
100ms Spl Token Sniper Mcp (@monostate)	Enables high-speed trading of Solana blockchain tokens through distributed WebSocket monitoring of Raydium AMM pools and Serum markets, delivering sub-second execution for early token launches across global regions.	6	2025-06-22T18:17:17Z
12306 Mcp (@freestylefly)	Integrates with China's 12306 railway system to search train tickets, check schedules, and retrieve route information across the Chinese railway network with real-time availability and pricing data.	9	2025-07-22T02:36:24Z
1panel (@1panel-dev)	Enables server administrators to manage websites, databases, SSL certificates, and applications through 1Panel's server management capabilities without switching contexts.	138	2025-08-02T07:52:37Z
1panel (@1Panel-dev)	MCP server implementation that provides 1Panel interaction.	138	2025-08-02T07:52:37Z

圖 15-18 https://github.com/apappascs/mcp-servers-hub

15.10 本章小結

這 13 個核心 MCP 伺服器加上 20 個熱門伺服器，構成了一個完整的開發生態系統，涵蓋了從程式碼編寫到部署運維的各個環節。每個伺服器都有其專精領域，但真正的威力在於它們的組合使用。

透過合理設定和使用這些 MCP 伺服器，Cursor 不再只是一個編輯器，而是成為了你的智慧開發夥伴。它能夠理解你的需求，執行複雜的任務，並持續學習改進。這就是 MCP 技術帶來的革命性改變 - 讓開發者能夠專注於創造性工作，而將重複性和技術性任務交給 AI 來處理。

掌握這些 MCP 伺服器的使用方法，就等於掌握了未來 AI 輔助開發的核心技能。在下一章中，我們將探討更多進階技巧，幫助你成為真正的 Cursor 專家。

16

Cursor 的模型選擇與設定

在上一章我們深入探討了 MCP 伺服器的強大功能，現在是時候了解 Cursor 的核心動力來源 -AI 模型了。Cursor 支援所有主要模型提供商的頂尖程式碼模型，包括 OpenAI、Anthropic、Google、DeepSeek 和 xAI 等。選擇合適的模型對開發效率有著決定性的影響，本章將帶你深入了解 Cursor 的模型系統。

🎧 圖 16-1 不同的 AI 模型就像不同的開發夥伴，各有特色

第 16 章　Cursor 的模型選擇與設定

▌16.1　模型選擇策略

選擇合適的模型是提升開發效率的關鍵，不同的開發任務需要不同的模型特性。Cursor 提供了豐富的模型選擇，從免費的基礎模型到高階的專業模型，每個都有其獨特的優勢。

16.1.1　根據任務類型選擇模型

不同的開發任務對模型有不同的要求，了解這些需求能幫助你做出最佳選擇。當你進行程式碼產生任務時，需要強大的程式碼理解能力和準確的語法產生，同時重視程式碼的可讀性和維護性。對於偵錯和問題解決，模型需要具備深度分析能力，能夠準確診斷錯誤並提供實用的解決方案。

程式碼重構任務要求模型理解程式架構，在保持程式碼品質的同時確保重構的安全性。學習新技術時，模型需要擁有最新的技術知識，提供清晰的解釋和實用的範例。這些不同的需求決定了你應該選擇什麼類型的模型。

🎧　圖 16-2　就連 ChatGPT 也有不同的模型對應到不同的使用場景

16.1.2 模型效能考量

選擇模型時需要考慮多個效能因素，這些因素會直接影響你的開發體驗。回應速度影響開發流程的流暢度，決定等待時間的長短，進而影響整體開發效率。準確性影響程式碼品質，決定除錯的難易度，影響專案的穩定性。

成本效益是另一個重要考量，它影響使用頻率，決定預算分配，影響長期使用策略。免費模型如 GPT-4o mini 和 Gemini 2.5 Flash 適合日常使用，而高階模型如 Claude 4 Opus 和 GPT 4.1 適合複雜任務。

🎧 圖 16-3 你可以選擇 Auto 模式，讓 Cursor 自動選擇最適合的模型

16.2 進階模型功能

Cursor 提供了多種進階模型功能，這些功能能顯著提升你的開發體驗。

16.2.1 Max Mode 最大模式

Max Mode 是 Cursor 的一個重要功能，它能將上下文視窗擴展到每個模型的最大可用範圍。這個模式擴展上下文視窗到最大容量，適合處理大型專案和複雜任務，提供更全面的上下文理解。

適用場景包括大型程式碼庫的分析、複雜系統的架構設計和多檔案協調的開發任務。不過需要注意的是，Max Mode 的回應速度可能較慢，成本相對較高，因此適合重要且複雜的任務。

第 16 章 Cursor 的模型選擇與設定

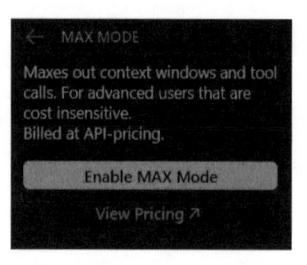

○ 圖 16-4 Max 模型可以增加上下文，但消耗的 Tokens 也會增加

16.2.2 Auto 自動模式

Auto 模式讓 Cursor 自動選擇最適合當前任務的優質模型，並根據當前需求選擇最高可靠性的模型。這個功能會自動檢測輸出品質下降，自動切換模型解決問題，提供最佳的任務適配性。

Auto 模式的工作原理是監控模型效能表現，分析任務複雜度需求，動態調整模型選擇。它適合不確定模型選擇的場景，適合需要穩定效能的專案，也適合多樣化開發任務。

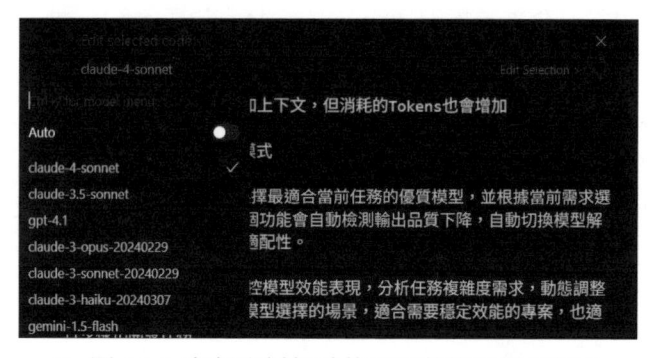

○ 圖 16-5 在行內編輯時能選用的模型限制較多

16.3 模型設定與組態

正確設定模型組態能大幅提升開發效率，了解各種設定選項的影響很重要。

16.3.1 模型設定介面

Cursor 提供了直觀的模型設定介面，讓你能輕鬆管理和切換不同的模型。你可以透過設定面板進入模型選項進行設定，並且可以即時切換和測試不同的模型。

主要設定項目包括預設模型選擇、上下文視窗大小、回應速度偏好和成本控制選項。這些設定讓你能根據自己的需求和預算來最佳化模型使用體驗。

16.3.2 API 金鑰管理

正確管理 API 金鑰是使用外部模型的重要環節，這關係到服務的穩定性和成本控制。你需要在 Cursor 設定中添加 API 金鑰，確保金鑰的安全性和有效性，並定期檢查金鑰的使用狀況。

安全考量方面，要避免在程式碼中暴露金鑰，使用環境變數管理敏感資訊，定期更新和輪換金鑰。成本監控包括設定使用量限制，監控 API 呼叫次數，最佳化使用策略降低成本。

🎧 圖 16-6 你可以輸入自己的 API Key，這樣的收費是由該服務提供，圖中為 Google

16.4 常見問題與解決方案

了解常見問題和解決方案能幫助你更好地使用 Cursor 的模型功能。

16.4.1 模型回應問題

當遇到回應速度慢的問題時，首先檢查網路連線狀況，並最佳化提示詞結構。如果回應品質不佳，可以調整提示詞的明確性，提供更多上下文資訊，或嘗試不同的模型。

面對上下文視窗限制時，使用 @ 符號精確引用檔案，分段處理大型任務，或考慮啟用 Max Mode 來擴展上下文視窗。

16.4.2 設定問題

API 金鑰錯誤通常是由於金鑰無效或權限設定不正確造成的。解決方法是檢查金鑰的有效性，確認金鑰的權限設定，並重新設定金鑰。

模型無法載入的問題可能是網路連線問題或模型提供商服務狀態異常。檢查網路連線，確認模型提供商的服務狀態，必要時重新啟動 Cursor。

設定無法儲存的問題通常與 Cursor 的權限設定或設定檔案完整性有關。檢查 Cursor 的權限設定，確認設定檔案的完整性，如果問題持續存在，可能需要重新安裝 Cursor。

🎧 圖 16-7 可以去對應的服務取得自己的 API Key

16.5 Cursor 支援的模型一覽表

Cursor 支援所有主要模型提供商的頂尖程式碼模型，以下是完整的模型列表及其功能特性：

提供商	模型名稱	預設上下文	最大模式	思考能力	工具使用
Anthropic	Claude 3 Opus	60k	-	✓	✗
Anthropic	Claude 3.5 Haiku	60k	200k	✗	✗
Anthropic	Claude 3.5 Sonnet	200k	200k	✓	✓
Anthropic	Claude 3.7 Sonnet	200k	200k	✓	✓
Anthropic	Claude 4 Opus	-	200k	✓	✓
Anthropic	Claude 4 Sonnet	200k	200k	✓	✓
Cursor	Cursor Small	60k	-	✗	✗
DeepSeek	Deepseek R1	60k	-	✓	✗
DeepSeek	Deepseek R1(05/28)	60k	-	✓	✗
DeepSeek	Deepseek V3	60k	-	✗	✓
DeepSeek	Deepseek V3.1	60k	-	✗	✓
Google	Gemini 2.0 Pro(exp)	60k	60k	✓	✗
Google	Gemini 2.5 Flash	1M	1M	✓	✓
Google	Gemini 2.5 Pro	200k	1M	✓	✓
OpenAI	GPT 4.1	200k	1M	✗	✓
OpenAI	GPT 4.5 Preview	60k	60k	✓	✗
OpenAI	GPT-4o	128k	128k	✓	✓
OpenAI	GPT-4o mini	60k	60k	✗	✗
xAI	Grok 2	60k	60k	✗	✗
xAI	Grok 3 Beta	128k	132k	✓	✓

（續表）

提供商	模型名稱	預設上下文	最大模式	思考能力	工具使用
xAI	Grok 3 Mini	128k	132k	✗	✓
xAI	Grok 4	200k	256k	✓	✓
OpenAI	o1	60k	200k	✓	✗
OpenAI	o1 Mini	60k	128k	✗	✗
OpenAI	o3	200k	200k	✓	✓
OpenAI	o3-mini	60k	200k	✓	✓
OpenAI	o4-mini	200k	200k	✓	✓
OpenAI	GPT-5	272k	272k	✓	✓
OpenAI	GPT-5 Fast	272k	272k	✓	✓

表格說明：

- **思考能力**：模型是否支援推理思考功能，能夠進行複雜的邏輯分析
- **工具使用**：模型是否能夠使用外部工具和 API，執行更複雜的任務
- **預設上下文**：模型在正常模式下的上下文視窗大小
- **最大模式**：模型在 Max Mode 下的上下文視窗大小（- 表示不支援）

這個表格可以幫助你快速了解每個模型的能力特性，根據你的具體需求選擇最適合的模型。

16.6 模型選擇的基本概念

選擇合適的模型能讓你工作更快、花費更少、效果更好。Cursor 支援所有頂級模型，大多數模型都能完成任何任務，但它們的行為方式不同，這些差異很重要。

16.6.1 模型有何不同

模型以不同方式訓練，回應風格也不相同。有些模型「程式設計前先思考」，有些則直接開始寫程式。有些主動且快速行動，有些則花時間理解你的指示後才開始。

主動性：某些模型（如 gemini-2.5-pro 或 claude-4-sonnet）很有自信，只需要最少提示就能做決定。

好奇心：其他模型（如 o3 或 claude-4-opus）會花時間規劃或提問，以更深入理解上下文。

上下文視窗：某些模型能一次處理更多程式碼庫，這對大型任務很有用。

16.6.2 為什麼這很重要

每個模型都有不同優勢。有些擅長快速實現，有些更適合規劃和探索選項。選擇合適的模型讓你能獲得更快輸出、更高品質建議，並最佳化使用成本。

就像和人類合作一樣，每個模型對提示的解讀都不同。隨著時間推移，你會培養出直覺，知道每個模型如何閱讀、思考和行動，這能幫你選出最適合任務的模型。

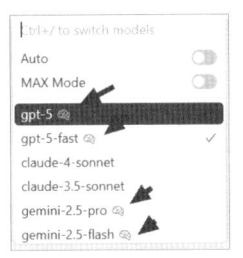

🎧 圖 16-8 思考模型會不斷反省自己的輸入，最後才會給出答案

16.7 模型的行為模式與選擇策略

模型行為的一種思考方式是看它需要多少主動性。

16.7.1 思考型模型

這些模型會推斷你的意圖，提前規劃，通常不需要逐步指導就能做決定。當你希望模型自主執行任務時很理想，需要的提示較少，但有時會比較主觀，可能做出比你預期更大的變更。

思考型模型的例子包括 claude-4-opus、gemini-2.5-pro、GPT-5 和 o3（專為複雜推理設計）。當你探索想法、廣泛重構，或希望模型更獨立行動時使用這些模型。思考型模型通常比非思考型模型更昂貴。

16.7.2 非思考型模型

這些模型等待明確指示，不會推斷或猜測，當你希望直接控制輸出時很理想。適合精確、受控的變更，需要更多提示，但行為更可預測，更容易指導、修改和微調。

非思考型模型的例子包括 claude-4-sonnet 和 gpt-4.1。當你需要嚴格控制、需要一致行為，或處理明確定義的任務時使用這些模型。

16.7.3 根據風格選擇

許多使用者根據互動風格而非任務類型選擇偏好的模型。有些人喜歡主動的模型，有些則偏好等待指示的模型。claude-4-sonnet、gemini-2.5-pro 和 gpt-4.1 都能作為可靠的日常使用模型，關鍵在於你想要多少控制權。

16.7.4 如何選擇模型

Cursor 讓你使用精選的高效能模型集合。你可以根據多個因素選擇，以下是常見考量：

提示風格：如果你偏好控制並給予明確指示，選擇 claude-4-sonnet 或 gpt-4.1。如果你希望讓模型主動，選擇 claude-4-opus、gemini-2.5-pro 或 o3。

任務類型：定向變更使用 claude-4-sonnet 或 gemini-2.5-pro。程式碼庫導覽搜尋使用 gemini-2.5-pro、claude-4-opus 或 o3。規劃或問題解決使用 claude-4-opus 或 gemini-2.5-pro。複雜錯誤或深度推理使用 o3。

o3 專為複雜、模糊的問題設計，功能強大但較慢且耗費資源，更適合偶爾使用。

16.8 實用的選擇技巧

這些是主觀建議，你應該選擇對你最有效的模型。

16.8.1 選擇決策樹

如果你想控制模型做什麼：定向變更使用 claude-4-sonnet，有明確指示的較大任務使用 claude-4-sonnet 或 gpt-4.1。

如果你希望模型自己想辦法：例行或一般使用選擇 claude-4-sonnet、gemini-2.5-pro 或 gpt-4.1，非常複雜或模糊的任務使用 o3。

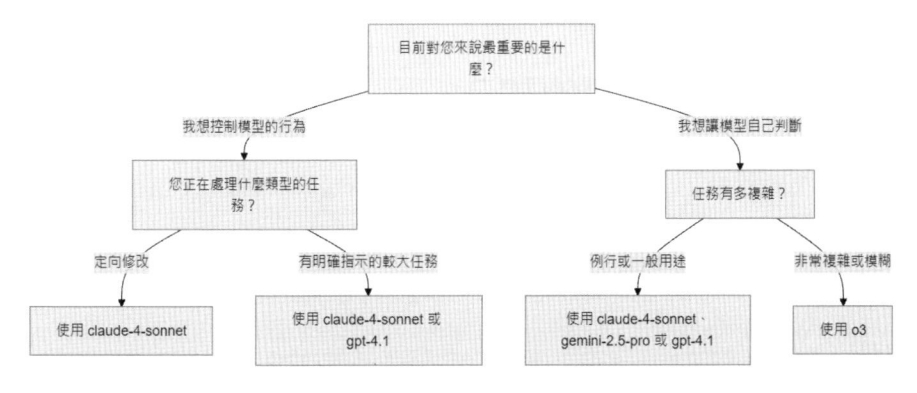

🔊 圖 16-9 根據你的工作風格選擇模型（來源 cursor.com）

第 16 章　Cursor 的模型選擇與設定

16.8.2　Auto 模式

Auto 模式從上述模型池中選擇可靠的模型（不包括 o3）來保持你的工作流程。它不會根據任務類型進行路由，但如果你不確定選哪個模型，這是個穩固的預設選項。

16.8.3　儲存有效設定

一旦你找到有效的組合，比如特定提示與某些模型的配對，你可以將它們儲存為自訂模式。這些模式讓你能預選模型、添加自訂指示，並為未來任務重複使用設定。

16.8.4　重要要點

你應該選擇對你最有效的模型。有些模型會主動，它們對探索、規劃和希望模型貢獻想法的任務很有用。其他模型嚴格遵循指示，它們對精確性、可預測性和需要直接控制的任務很有用。

claude-4-sonnet、gemini-2.5-pro 和 gpt-4.1 都是強勁的日常使用模型，你的選擇取決於互動風格。o3 專為最困難的問題設計。如果你不確定，Auto-select 是個安全的預設選項。將有效的設定儲存為自訂模式以簡化你的工作流程。

16.9　GPT-5 模型的加入

在本書付梓之前，OpenAI 推出了萬眾矚目的 GPT-5 模型，Cursor 當然在推出的第一天馬上加入了 GPT-5 模型的支援。

16.9 GPT-5 模型的加入

16.9.1 模型介紹

GPT-5 是 OpenAI 在人工智慧領域的最新突破，融合並超越了 4o 與 o 系列的推理與進階數學能力，同時在準確性、速度、推理深度、上下文理解、結構化思維與問題解決上全面提升。它不僅具備更高的智慧體整合能力與更穩定的程式設計 API 效能，也為多種複雜應用場景奠定了基礎。自推出以來，全球每週有超過 7 億人使用 ChatGPT，顯示 AI 已快速進入日常生活與專業工作中。

在應用層面，GPT-5 已被 BNY Mellon、加州州立大學、Figma、Intercom、Lowe's、Morgan Stanley、SoftBank、T-Mobile 等組織採納，協助員工直接運用 AI 提升生產力、效率與創造力。透過整合的 ChatGPT 體驗與強化的 API，先行部署 GPT-5 的企業能更快實現智慧決策、高效協作與成果實作，在 AI 驅動的競爭中取得領先優勢。

🎧 圖 16-10 GPT-5 的模型介紹

16.9.2 Cursor 的支援

Cursor 在 GPT-5 推出後立即提供完整支援，讓開發者能第一時間體驗這個革命性的模型。GPT-5 在 Cursor 中表現出色，特別是在程式碼理解、錯誤偵錯和複雜邏輯推理方面都有顯著提升。

在實際使用中，GPT-5 展現了更強的上下文理解能力，能更準確地掌握大型程式碼庫的結構和邏輯關係。當處理複雜的重構任務或多檔案間的相依性問題時，GPT-5 能提供更精確且完整的解決方案。

此外，GPT-5 的推理能力大幅提升，在面對模糊或不完整的需求描述時，能更準確地推測開發者的真實意圖，並提供更貼切的程式碼建議。這讓 Cursor 的 Agent 模式變得更加聰明，能更自然地協助開發者完成複雜任務。

對於追求最高品質程式碼輸出的專案，GPT-5 無疑是最佳選擇，雖然回應時間可能稍長，但其精確度和創新性足以彌補這個小缺點。

在推出的第一週，Cursor 使用者是可以無限使用 GPT-5 的，但之後就會開始收費，本書的讀者可以看到時已經來不及了，但 GPT-5 的加入對於 Cursor 來說是個重要的里程碑，因為這個模型是 OpenAI 目前最強大的模型，我們在第 18 章有一個完整的開發範例 PRD 撰寫，讀者們可以使用 GPT-5 來產生這個 PRD。

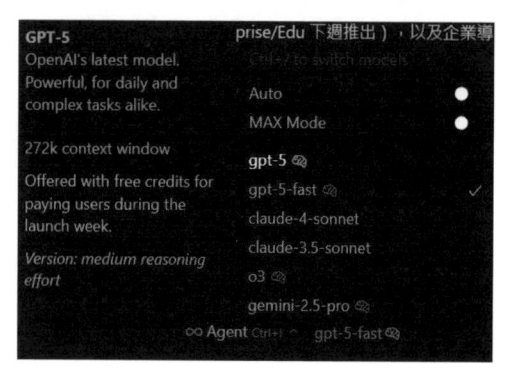

🎧 圖 16-11 在 Cursor 中有兩個模型使用，一個是標準的 GPT-5

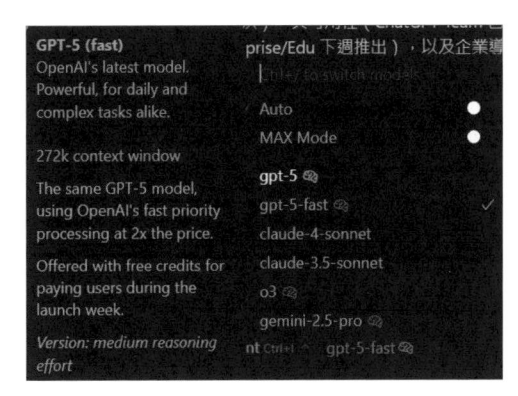

🎧 圖 16-12　GPT-5 Fast 和 GPT-5 一模一樣，但回應速度快，價格也是 2 倍

16.10　本章小結

本章深入探討了 Cursor 的模型系統，從基本設定到進階選擇策略。我們學習了如何選擇合適的 AI 模型、設定模型組態，以及解決常見問題。更重要的是，我們了解了不同模型的行為模式和選擇技巧。

掌握這些技能後，你的 AI 助手將變得更加聰明和貼心。每個模型都有自己的特色，就像選擇工作夥伴一樣，找到適合你風格的模型會讓開發工作更加順暢。在下一章中，我們將探討如何讓不同的程式語言在 Cursor V。

MEMO

PART 4

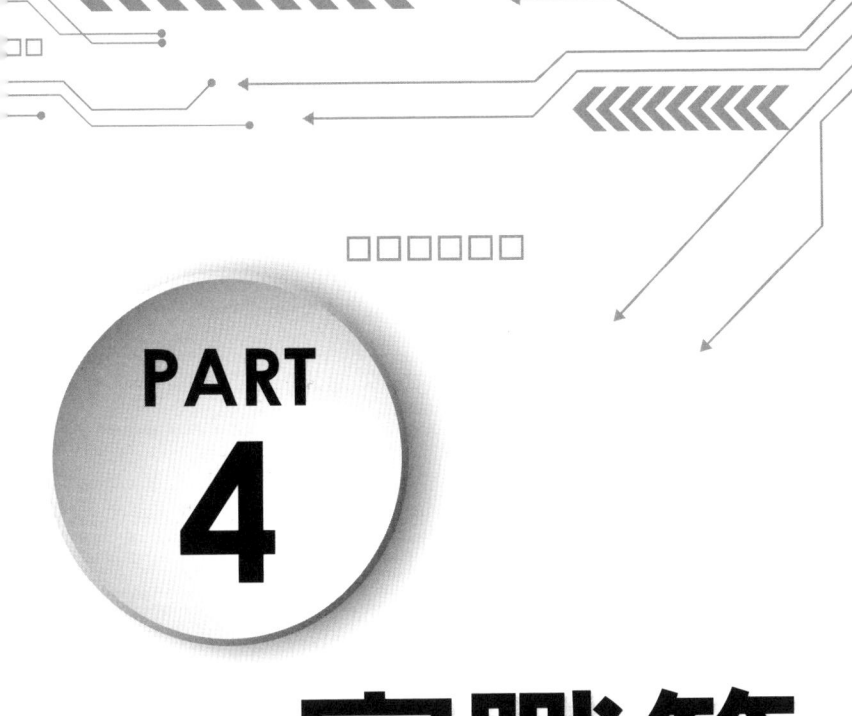

實戰篇

在完全了解了 Cursor 最重要的功能、上下文工程,以及最好用的 MCP Server 之後,我們就可以開始進行實戰了。本部分將使用真正業界常用的案例,來展示 Cursor 的強大功能,讓你真正感受到百倍的開發速度,而寫出來的程式碼也真正達到世界頂級工程師的水準。

章節介紹

第 17 章：建立各種應用的考量

學習如何建立大型系統，了解最重要的文件 PRD，以及新的開發趨勢 Spec Driven Development。這些基礎知識將為後續的實戰案例奠定基礎。

第 18 章：用 ChatGPT 產生產品的 PRD

學習如何使用 ChatGPT 來產生產品需求文件（PRD），包括一問一答的產生流程、需求細節的逐步完善、技術棧的確定，以及最終 PRD 的完成。這個過程將讓你學會如何與 AI 協作來定義產品需求。

第 19 章：用 PRD 建立一個完整的電影推薦社群網站

透過實際的電影推薦社群網站開發案例，學習如何使用 PRD 來指導整個開發流程，包括需求分析、技術選擇、功能實作，以及最終的部署。這個案例將展示完整的產品開發週期。

第 20 章：Cursor 的實際應用與多語言支援

深入探討 Cursor 在實際開發場景中的應用，包括網頁開發的完整流程、架構圖表與系統設計、大型程式碼庫的管理策略，以及 Python、JavaScript、Swift、Java 等多種程式語言的開發支援。

第 21 章：Cursor CLI 的應用

學習如何使用 Cursor CLI 快速建構前端介面、後端 API 與資料庫整合，完整走過全端開發流程。

透過這五個章節的實戰學習，你將能夠將前面所學的所有知識融會貫通，並在真實的開發場景中靈活運用。這些實戰經驗將讓你成為一名真正的高效 Vibe Coder，能夠快速、準確地完成各種複雜的開發任務。

17

叫 Cursor 乖乖聽話：AI 專用 PRD 的重要性

在前面的章節，我們完整介紹了 Cursor 的各種功能，包括 Agent、Indexing、@ 附加資料、MCP 等。這些功能如果由人類來操作，就完全失去 AI 開發的意義。在 AI 開發年代，我們必須使用 AI 專用的 PRD，將結構良好的 PRD 提供給 Cursor，等於為 AI 建立了理解產品目標的完全指南。

第 17 章　叫 Cursor 乖乖聽話：AI 專用 PRD 的重要性

17.1 AI 主導，不是輔助開發

AI 主導的開發正在徹底改變產品開發的方式。LLM 非常強大，但還是會有幻覺現象，因此將其「導正」到我們想要的方向，就是 PRD 的任務。

17.1.1 什麼是產品需求文件

產品需求文件（Product Requirements Document,PRD）是現代軟體開發中最關鍵的文件之一。在 AI 開發的環境中，PRD 不只是給人類開發者看的，也是 AI 理解專案需求的重要依據。

要注意的是，從前的 PRD 是給團隊的成員看的，但現在的 PRD 是給 AI 看的，因此 PRD 的格式和內容需要特別針對 AI 來撰寫，才能產生符合需求的程式碼。

△ 圖 17-1　PRD 的撰寫已經是軟體團隊的標配了

17.1.2　Cursor 遵守 PRD 的指導

　　Cursor 能夠觀察你的整個專案內容，自動產生程式碼，根據使用情況自動匯入所需的程式庫，甚至理解你的專案架構來提供更精準的建議。當你提供 Cursor 適當的 PRD，再加上賦與他和外界溝通的能力（MCP），甚至是佈署到 GitHub 或雲端平台。

　　這種能力讓開發流程產生劇烈的變化。過去需要花費大量時間查文件、思考程式架構的工作，現在 AI 可以協助加速這些過程。但要發揮 AI 的最大效能，需要給它正確的指導和上下文資訊。

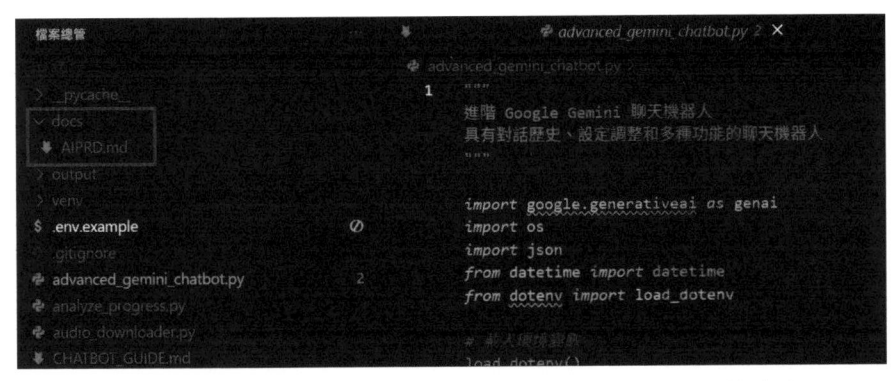

🎧 圖 17-2　在專案目錄下的 /docs 目錄就是放置 PRD 的地方

17.2　建立針對 AI 的 PRD

　　並非所有文件都能被 AI 有效了解。要讓 PRD 在 Cursor 中發揮最大效用，必須設計針對 Cursor 的方式來撰寫 PRD。目標是將需求拆解成清楚、易於理解的區塊，讓 Cursor 的語言模型能夠輕鬆解讀。下面我們就來看看撰寫的技巧。

第 17 章　叫 Cursor 乖乖聽話：AI 專用 PRD 的重要性

17.2.1 使用清楚的章節結構

將 PRD 組織成明確的章節是基礎中的基礎。每個主要部分都應該有清楚的標題，例如「問題陳述」、「解決方案概述」、「使用者故事」、「技術需求」、「驗收標準」、「限制條件」等。一致的格式能幫助 AI 快速定位相關資訊。

這種結構化的方法不只對 AI 有幫助，對團隊成員也是如此。當每個人都知道在哪裡找到特定資訊時，溝通效率會大幅提升。這邊非常推薦使用 Markdown 格式來撰寫 PRD，因為 Markdown 格式非常易於閱讀和編輯，而且非常適合 AI 閱讀。

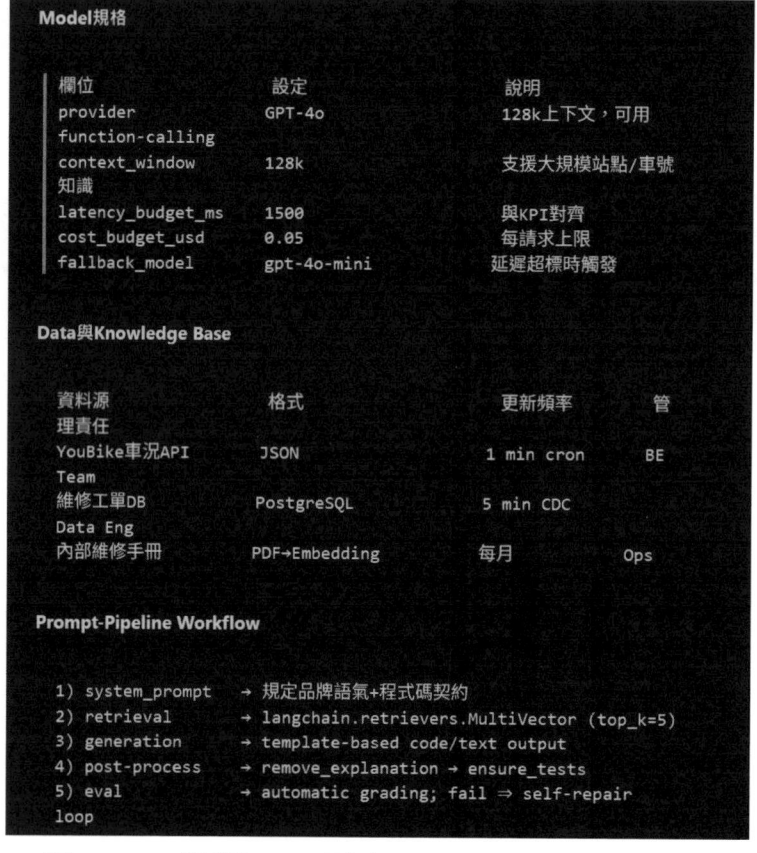

```
Model規格

欄位                    設定              說明
provider                GPT-4o            128k上下文，可用
function-calling
context_window          128k              支援大規模站點/車號
知識
latency_budget_ms       1500              與KPI對齊
cost_budget_usd         0.05              每請求上限
fallback_model          gpt-4o-mini       延遲超標時觸發


Data與Knowledge Base

資料源                  格式              更新頻率          管
理責任
YouBike車況API          JSON              1 min cron        BE
Team
維修工單DB              PostgreSQL        5 min CDC
Data Eng
內部維修手冊            PDF→Embedding     每月              Ops


Prompt-Pipeline Workflow

1) system_prompt   → 規定品牌語氣+程式碼契約
2) retrieval       → langchain.retrievers.MultiVector (top_k=5)
3) generation      → template-based code/text output
4) post-process    → remove_explanation → ensure_tests
5) eval            → automatic grading; fail ⇒ self-repair
loop
```

🎧 圖 17-3　AI 專用的 PRD 還包括了 Prompt 以及模型的使用資訊

範例：

```
# 產品需求文件

## 1. 問題陳述
使用者無法快速回報 UBIKE 故障問題

## 2. 解決方案概述
建立線上故障回報系統

## 3. 使用者故事
- 身為使用者，我希望能夠透過手機回報故障
- 身為管理員，我希望能夠查看所有故障報告

## 4. 技術需求
- 支援 iOS 和 Android
- 使用 RESTful API
```

17.2.2 撰寫清晰的使用者故事

在功能章節中，使用者故事或功能描述必須用簡潔的語言表達。雖然可以使用經典的「身為某類使用者，我希望某種功能，以便獲得某種好處」格式，但更重要的是確保每個故事都是獨立且清楚陳述的。

這讓 Cursor 能夠在產生程式碼時掌握具體的功能需求。避免在一個長段落中埋藏多個需求，而是將它們分開列出，每個需求都有明確的邊界。

範例：

```
## 使用者故事

### 故障回報功能
身為 UBIKE 使用者，我希望能夠透過手機 APP 回報故障的腳踏車，以便讓管理員及時處理問題。

### 故障查詢功能
身為管理員，我希望能夠查看所有故障報告的列表，以便了解故障分布情況。
```

第 17 章　叫 Cursor 乖乖聽話：AI 專用 PRD 的重要性

> ### 故障處理功能
> 身為維修人員，我希望能夠更新故障處理狀態，以便讓使用者知道處理進度。

17.2.3 明確的驗收標準

將驗收標準列成項目符號的清單，這些標準定義了「完成」的定義和邊界情況。例如：使用者可以透過電子郵件連結重設密碼、連結在 15 分鐘後失效、對無效或過期連結顯示錯誤訊息。

將這些條件寫成清單格式，確保 AI 能夠清楚看到每個條件。Cursor 會利用這種清晰度來指導程式碼建議，確保符合這些條件。

範例：

```
## 驗收標準

### 故障回報功能
-[ ] 使用者能夠選擇故障類型（輪胎、煞車、車架等）
-[ ] 使用者能夠上傳故障照片
-[ ] 系統自動記錄故障位置（GPS 座標）
-[ ] 故障報告在提交後立即顯示確認訊息
-[ ] 故障報告在提交後立即通知管理員

### 故障查詢功能
-[ ] 管理員能夠查看所有故障報告列表
-[ ] 管理員能夠按狀態篩選（未處理、處理中、已完成）
-[ ] 管理員能夠按日期範圍篩選
-[ ] 列表顯示故障類型、位置、提交時間
```

17.2.4 明確標示限制條件

如果有特定的限制條件（技術或商業），要在專門的章節或小節中清楚標示。例如：必須使用 OAuth 2.0 進行身分驗證、支援至少 10,000 個同時使用者、因合規要求不得使用外部雲端服務。

透過突出這些限制,你確保 AI 不會建議違反這些條件的解決方案。清楚標示的限制讓 Cursor 的 AI 更容易遵循必要的技術或架構決策。

範例:

```
## 限制條件

### 技術限制
- 必須使用現有的 UBIKE API 進行身分驗證
- 不得使用第三方雲端服務儲存敏感資料
- 系統必須支援至少 1,000 個同時使用者
- 故障照片大小不得超過 5MB

### 商業限制
- 系統必須符合 GDPR 資料保護法規
- 故障報告必須在 24 小時內處理
- 不得向使用者收取任何費用
- 必須支援繁體中文和英文介面
```

17.2.5 包含技術規格與商業邏輯

提供任何已知的技術指導原則,包括架構概述、資料模型或演算法。如果 PRD 包含技術規格章節,可以用來說明框架、API、資料流程圖等。AI 能夠利用這些資訊來提供更精準的建議。

同樣地,描述關鍵的商業邏輯(軟體必須實作的規則或公式)也很重要。用通俗的語言說明這些邏輯,將幫助 AI 產生符合這些規則的程式碼。

範例:

```
## 技術規格

### 系統架構
- 前端:React Native(iOS/Android)
- 後端:Python FastAPI
- 資料庫:PostgreSQL
- 檔案儲存:AWS S3
```

資料模型

```sql
-- 故障報告表
CREATE TABLE fault_reports(
    id SERIAL PRIMARY KEY,
    user_id INTEGER NOT NULL,
    bike_id VARCHAR(20) NOT NULL,
    fault_type VARCHAR(50) NOT NULL,
    description TEXT,
    location_lat DECIMAL(10,8),
    location_lng DECIMAL(11,8),
    photo_url VARCHAR(255),
    status VARCHAR(20) DEFAULT 'pending',
    created_at TIMESTAMP DEFAULT NOW()
);
```

商業邏輯
- 同一使用者 24 小時內只能回報同一台腳踏車一次
- 故障報告狀態：pending → processing → completed
- 管理員必須在 24 小時內回覆所有故障報告
- 系統自動計算故障熱點區域

17.3 完整的傳統 PRD 範本

傳統的 PRD 產生過程，一般就是使用者提出需求，經過討論後，產品經理將需求整理成 PRD，然後將 PRD 交給開發團隊，開發團隊再根據 PRD 進行開發。產品經理的工作就是一個將「人話」翻譯成「程式」的角色。

PRD 寫得越清楚，開發團隊的開發效率就越高，因此 PRD 的品質非常重要。以下是一個完整的傳統 PRD 範本，示範如何將所有最佳實踐整合在一起。

17.3.1 PRD 範本摘要表

以下表格整理了 PRD 的主要章節結構，方便快速參考：

章節編號	章節名稱	主要內容	重要性
1	標題與作者資訊	文件標題、建立者、版本資訊、建立日期	高
2	目的與範圍	技術和商業角度的目標、專案範圍定義	高
3	利害關係人識別	專案相關人員、決策者、使用者代表	高
4	市場評估與目標族群	市場分析、目標使用者人口統計	高
5	產品概述與使用案例	產品核心概念、主要使用情境	高
6	功能需求	產品應具備的功能、使用者介面需求	高
7	可用性需求	使用者體驗、易用性、可及性要求	高
8	技術需求	安全性、網路、平台、整合、客戶端需求	高
9	環境需求	部署環境、硬體需求、作業系統相容性	中
10	支援需求	維護、文件、訓練、客服需求	中
11	互動需求	與其他系統的整合、API 規格	中
12	假設條件	開發過程中的基本假設、前提條件	中
13	限制條件	技術、商業、法規限制	中
14	相依性	外部相依、第三方服務、資源需求	中
15	高層級工作流程	主要開發階段、時程規劃、里程碑	中
16	評估計畫與績效指標	測試策略、成功指標、品質標準	低

17.4 完整的 AI 專用 PRD 範本

在 AI 輔助開發中，我們需要一份能夠直接驅動 LLM 協作開發的 AI 專用 PRD。這種 PRD 不僅要讓人類理解，更要讓 AI 能夠準確執行。

17.4.1 AI 專用 PRD 的核心結構

AI 專用 PRD 需要包含以下關鍵區塊：

- Meta 資訊

- 目標與 KPI

- Model 規格

- Data 與 Knowledge Base

- Prompt-Pipeline Workflow

- Code-Gen Contract

- Evaluation 與 Metrics

- CI/CD Workflow

- Guardrails 與 Risk Mitigation

每個區塊都針對 AI 的理解和執行能力進行最佳化。這種結構化的方法確保 AI 能夠準確理解需求並產生符合預期的程式碼。

17.5 在 Cursor 中實際運用 AI 專用 PRD

在 Cursor 中使用 AI 專用 PRD 進行開發，需要一套完整的流程來確保 AI 能夠準確理解並執行 PRD 中的要求。

17.5.1 檔案組織與放置策略

舉例來說，我要開發一個 YouBike 故障回報系統，在 Cursor 專案中使用 AI 專用 PRD 的實際操作步驟如下：

1. 建立 PRD 檔案結構

- 將傳統 PRD 放在 docs/UBIKE_PRD.md
- 將 AI 專用 PRD 放在 docs/ai-prd.yaml
- 專案變大後可將舊版 PRD 加進 .cursorignore

2. 設定 AI 規則檔案

- 在專案根目錄新增 .cursor/rules/ai-prd.mdc
- 設定 alwaysApply:true 確保 AI 自動載入 PRD 內容
- 可用 globs 指定特定檔案類型套用規則,如 *.py、*.md、*.yaml 等

3. 重新索引專案

- 重開資料夾觸發自動 re-index
- 確保 AI 能讀取到最新內容

4. 開始 AI 協作開發

- 使用 @file docs/UBIKE_PRD.md 與 @file docs/ai-prd.yaml 注入上下文
- 使用 @file docs/ai-prd.yaml 來設定 AI 的行為,如:
- 直接使用 Agent 模式或自訂模式,「使用所附的規則及 PRD,開始開發系統」

5. 整合 CI/CD 流程

- 在 .github/workflows/ai-codegen-ci.yml 設定自動化測試
- 在 README 加上 workflow badge 監控 build 狀態
- 設定品質門檻自動攔截不合格程式碼

6. **維護與更新**

    - PRD 更新後重新索引專案

    - 大型 PRD 分段寫多個 Rule 避免上下文過載

    - 定期評估模型表現並調整參數

17.5.2 建立 AI 規則與自動化

在專案根目錄新增 .cursor/rules/ai-prd.mdc，設定 alwaysApply: true，這樣無論與 AI 聊什麼，它都會自動把這份 YAML 注入上下文。如果想更細粒度控制，可用 globs 指定只在後端檔案套用。

建立規則後，關閉 Cursor 再開啟，載入資料，就會更新後端嵌入向量，以免 AI 讀到舊內容。若只有少數檔案更新，也可直接重開資料夾觸發自動 re-index。

17.5.3 實際開發流程與指令

開始與 AI 協作時，使用 @file docs/UBIKE_PRD.md 與 @file docs/ai-prd.yaml 來注入上下文。例如：「根據 @file docs/UBIKE_PRD.md 與 @file docs/ai-prd.yaml，產生 pi/routers/report.py 與 tests/test_report.py。」

17.5.4 CI/CD 整合與品質控制

在 .github/workflows/ai-codegen-ci.yml 中放入 PRD 內提供的範例，或依 GitHub 官方 Python 測試範本修改。Push 後可在 README 加上 workflow badge 看 build 狀態。

持續迭代時，如果 AI 看不到機密檔，在 .cursorignore 列出路徑；規則更新後再次 re-index；檔案大量重構時，手動 @folder 或批量拖檔到 Chat。

17.5.5 維護與更新策略

更新 PRD 後，需要重新索引專案確保新內容被嵌入 Vector 索引。對於大型 PRD，可分段寫多個 Rule，以 globs 只對應後端或前端檔案，避免全部內容都進上下文。

若 PRD 含敏感商業數字，可放私有知識庫由 MCP 拉取，或在 .cursorignore 隱藏。定期評估模型與 Prompt，指標超出門檻自動回退，避免劣化上線。

17.5.6 完成第一個 AI 驅動 Commit

等 Cursor 產出程式後，檢查 tests/ 全通過；CI 也應綠燈。使用 Git 面板 Commit → Push；遠端 PR 頁面會自動執行 CI。若幻覺率或覆蓋率不達標準，CI 會擋下來，你再回到 Cursor Chat 提「依照同一 PRD 修正單測失敗」。

三個要點絕不忘：

1. 檔案放對（docs/ + .cursor/rules/）

2. 規則 alwaysApply 保證 AI 永遠遵守 contract

3. CI Gate 讓所有生成程式自動接受測試與靜態分析洗禮

照此流程，任何新專案都能在 Cursor 裡「一天內啟動、一週內穩定」，同時維持 PRD 與程式碼的一致性與可追蹤性。

17.6 本章小結

本章深入探討了在 AI 輔助開發時代建立應用程式的完整方法論。我們從 PRD 的核心定義開始，詳細解析了產品需求文件在 AI 時代的重要性和演進過程。接著學習了如何撰寫 AI 友善的 PRD 結構，以及如何運用 .cursorrules 實現專案一致性。

關鍵重點包括：PRD 已經從傳統的專案管理文件轉變為 AI 系統的「指導手冊」，在 AI 時代扮演前所未有的重要角色。AI 專用 PRD 需要更加結構化和精確，每個需求都應該用明確、無歧義的語言表達。結構化的 PRD 能讓 AI 更精準地理解需求並產生相應的程式碼，而 .cursorrules 檔案確保整個專案的程式碼風格和架構決策保持一致。

在實際應用中，我們學會了如何在 Cursor 中組織 PRD 檔案、建立 AI 規則、管理上下文，以及整合 CI/CD 流程。這些技能讓我們能夠真正實現人機協同的開發模式，讓 AI 成為我們的得力助手，而不是簡單的工具。

掌握這些技能後，你就能有效運用現代 AI 工具建立高品質的應用程式。下一章我們將透過實際案例，示範如何從零開始建立一個完整的產品，實際應用本章學到的所有概念和方法。

18

用 ChatGPT 產生產品的 PRD

上一章我們說明了 PRD，看起來好像有很多文字要寫，但 PRD 真的是人寫出來的嗎？當代軟體開發在沒有 AI 之前，PRD 的撰寫最重要就是和使用者討論並整理出重點。但是現在連這一步可能都省略了。最新的工作流程，當然要和使用者討論，但是已經不用手寫了。許多公司將使用者的討論會議用錄音的方式，然後將整個錄音的 .mp3 檔案丟給 AI，AI 就會自動產生 PRD。不過這樣的 PRD，AI 可能會寫錯，所以還需要人類的核對。

第 18 章　用 ChatGPT 產生產品的 PRD

另外的方法，當然就是讓 Cursor 幫我們寫 PRD。事實上任何 AI 工具都可以寫 PRD。我們在這一章，將會使用 ChatGPT 的 o3 思考模型來產生 PRD，然後再將產生的 PRD 丟給 Cursor 生成產品，這樣的過程不但可以省去許多時間，也可以讓 AI 更精準的了解需求。

18.1 使用 ChatGPT 來產生第一版的 PRD

你當然可以在 Cursor 內部的 Chat 或 Agent 產生 PRD，流程與使用 ChatGPT 完全一樣。但為了節省 Cursor 的費用，我們可以使用免費帳號的 ChatGPT 來產生 PRD，下載之後，再根據這個 PRD 讓 Cursor 產生程式碼。下面我們就來看看完整的步驟。

我們要利用 Cursor 產生一個電影評測網站，這個網站有以下幾個功能：

1. 使用者可以註冊帳號（電子郵件）
2. 使用者可以登入帳號
3. 使用者可以瀏覽電影資訊
4. 使用者可以對電影評分（1-10 分）
5. 使用者可以撰寫電影評論
6. 顯示電影的平均評分

18.1.1 清楚你的需求

下面就是我們與 ChatGPT 的對話，我們要產生一個電影評測網站，這個網站有以下幾個基本要求：

功能需求：

1. 使用者註冊與登入系統（使用電子郵件與密碼）

2. 電影資訊展示頁面

3. 使用者評分功能（1-10 分）

4. 評論撰寫與顯示功能

5. 熱門電影排行榜

技術需求：

1. 前端使用 HTML、CSS、JavaScript

2. 後端使用 Python Flask 框架

3. 資料庫使用 MySQL

4. 開發環境為 Windows 11

5. 可以整合 TMDB API 獲取電影資料

6. 可以佈署到雲端環境如 Render、Vercel、Supabase 等

現在就開始產生 PRD，這是一個一問一答的步驟，因此產生的 PRD 也是一個迭代的過程。

18.1.2 為何不在 Cursor 中產生 PRD

事實上你想要在 Cursor 中用一問一答的方式產生 PRD 也是可以，但如果你在操作時稍有不慎，Cursor 可能就會直接開始寫程式，程式也會越來越亂。到時整個 GitHub 中充滿了 PR 與 Issue，這樣的結果不是我們想要的。

第 18 章　用 ChatGPT 產生產品的 PRD

PRD 越完整，程式碼的產生就越精準，這樣的結果才是我們想要的，因此我們使用 ChatGPT 來產生 PRD。

18.2 產生 PRD 的過程

接下來我們全部用圖與圖說來說明，這樣比較清楚。

> 我要建立一個電影評測網站，功能包含使用者註冊登入、電影評分評論、熱門排行榜。技術棧使用 HTML/CSS/JS 前端、Flask 後端、MySQL 資料庫，部署在 Windows 11 環境。請和我一問一答來建立這個網站的 PRD。

◯ 圖 18-1　我們的需求

已思考 35 秒鐘

在正式開始一問一答之前，以下先用一段話說明我們將採用的流程與框架：業界指南（如 Atlassian、Jama Software）指出，一份有效的 PRD 必須清楚陳述產品遠景、目標市場、核心功能與衡量指標，並透過持續的跨職能對話來收斂需求。Atlassian　Jama Software　。我們將依循這些建議，把整份 PRD 拆解成多個小節，逐一詢問並確認您的想法，確保最終文件同時滿足商業目標與技術可行性。

產品需求文件（PRD）骨架

區塊	內容說明	參考來源
產品遠景／問題陳述	說明為何要做這個電影評測網站，解決哪些痛點	Atlassian
目標使用者（Persona）	描繪主要受眾、使用場景	Notion
核心功能	例如註冊登入、評分評論、排行榜等	Reddit　Letterbox　Vocal
功能優先級／MVP 範圍	v1 先做哪些，延伸功能留到 v2	The Product Manager
非功能需求	效能、相容性、安全性、部署平台	Jama Software
KPI 與衡量指標	DAU、評論數、平均評分量等	ProductPlan
競品分析	IMDb、Letterboxd、Metacritic 等現有方案	Letterbox　Metacritic
風險與假設	技術可行性、授權、資料來源	Medium

↓

◯ 圖 18-2　ChatGPT 的回答

18.2 產生 PRD 的過程

接下來的對談方式
我會一次丟出 2–3 個與「骨架區塊」對應的問題；您回答後，我會將內容寫入 PRD 草稿，並進入下一輪問題。
若您需要先看到草稿摘要、或想調整順序，再隨時告訴我。

問題 1：產品遠景與差異化定位
1. 核心目的
   - 您希望這個網站最終解決什麼使用者痛點？（例如「集中散落各處的評論資訊」、「建立在地化華語影評社群」…）
2. 差異化亮點
   - 與 IMDb、Letterboxd、Rotten Tomatoes 相比，您想突出的獨特價值是什麼？（內容深度、中文評論品質、互動機制、AI 推薦…）
   - 這個亮點是否有可量化的指標（如評論字數、回覆率）？

問題 2：目標使用者（Persona）
1. 主要受眾輪廓
   - 以年齡、觀影習慣、技術素養來看，您的核心族群是誰？
   - 他們平常在哪些通路（社群、論壇）討論電影？
2. 關鍵使用場景
   - 這些使用者在什麼情境下會打開您的網站？（看完電影想發表心得、選片前評估…）

問題 3：成功指標（KPI）
1. 短期（3–6 個月）
   - 您最看重哪三個量化指標？（例如：月活躍用戶、每部電影平均評論數、首次評論完成率）
2. 長期（1 年）
   - 當前端成長趨緩時，您希望哪些體驗或社群指標能持續提升？

請先回答 **問題 1–3**，我們再繼續深入核心功能與技術細節。

🎧 圖 18-3 ChatGPT 的回答，希望我們用回答問題的方式來進行作答

我只是想做個 PRD 的練習

已思考 26 秒 >

在做 PRD（Product Requirements Document）練習時，不必一次寫出一整份大文件；根據業界常見模板，只要先釐清「產品概述、目標使用者、核心功能、成功指標」四個區塊，就能快速排出可迭代的草稿 Atlassian perforce.com AltexSoft ProductPlan。以下我會採「一問一答」方式，一輪只聚焦 2～3 個重點，讓你逐步填空完成 PRD——這種漸進式寫法也被多位產品經理推薦，用來避免一次收集太多資訊而卡關 Medium Exponent Jama Software Medium。

PRD 骨架（簡化版）

區塊	目標	典型內容
1. 產品概述	說明要解決的痛點與願景	一句話定位、差異化亮點
2. 目標使用者	描述核心受眾與使用情境	Persona、關鍵場景
3. 核心功能	v1 最重要的 3～5 項功能	功能描述、優先順序
4. 成功指標	如何衡量成效	KPI、里程碑

互動規則
- "我一次提出 2～3 個小問題。"
- "你用最直覺的想法回答；如果還沒想好，直接說「略過」也沒關係。"
- "我會把你的答案整理進骨架，再進入下一輪，直到四個區塊都補齊為止。"

🎧 圖 18-4 不想太複雜，因此我們回答只想做 PRD 的練習

第 18 章　用 ChatGPT 產生產品的 PRD

> **第一輪問題：產品概述＆目標使用者**
>
> 1. 一句話產品定位
>   - 請用一句話描述「這個電影評測網站想解決什麼問題，或帶給使用者什麼價值」？
>   > 範例：「提供中文影評社群，讓影迷找到同好並留下長篇評析」。
> 2. 核心受眾 (Persona) 粗描
>   - 主要年齡層與觀影習慣是什麼？
>   > 範例：「20－35 歲愛看院線＋串流，習慣用手機查資料」。
> 3. 首要使用情境
>   - 這些受眾在什麼時機最可能打開你的網站？
>   > 範例：「看完電影回家途中想記錄心得」或「選片前比較 IMDb 與本地評分」。
>
> 請回答以上 3 個問題；有任何還沒想好的，直接回「略過」。等你回覆後，我會把內容寫進 PRD 草稿並進入下一輪（核心功能 & KPI）。

◐ 圖 18-5　ChatGPT 提出問題要求我們回答

> **問題 1 (產品概述)：**
>
> 請用一句話描述，你想做這個電影評測網站的核心目的或價值，例如：「建立一個中文影評社區，讓影迷能分享深入評論」，請回答這一句話定位。
>
> 　
>
> 　　　　　　　　　　　　　　　　　　　　　　　建立一個中文影評社區，讓影迷能分享深入評論

◐ 圖 18-6　我們要要求一問一答

> 已思考 27 秒鐘 >
>
> 已將「**建立一個中文影評社區，讓影迷能分享深入評論**」記錄為產品概述。市場資料顯示，台灣 20–39 歲族群的電影院觀影率最高，為潛在核心用戶 taicca.tw；而國際影評平台 Letterboxd 多為英文介面 方格子，中文使用者常轉向豆瓣電影等標記型工具，深度評論功能仍有缺口 少數派-產品質數字消費指南。
>
> **問題 2**
>
> 請描述這個網站的**核心受眾 Persona**：
> - 主要年齡層？
> - 他們習慣的觀影與評分方式（院線、串流、手機或桌機）？
>
> 　　　　　　　　　　　　　　　　　　　　　　　　　　　　　　　　　　　　　串流

◐ 圖 18-7　回答上一個問題，並提出下一個問題

18-6

18.2 產生 PRD 的過程

已思考 9 秒鐘 >

已記錄：核心受眾偏好「串流」觀影。

下一個單一問題：這些核心受眾的主要年齡層是？

15-60歲

🎧 圖 18-8 接下來詢問年齡，我們也回答

15-60歲

已思考 22 秒鐘 >

已記錄：核心受眾年齡層 15–60 歲，且台灣線上影音服務的主要用戶年齡分布確實涵蓋青少年到中壯年

report.twnic.tw　DataReportal - Global Digital Insights　TNL Mediagene

問題 3

這些受眾通常在什麼情境 / 時刻會打開你的網站來查看或撰寫影評？（例如：看完電影立刻寫短評、選片前比對評分、追蹤熱門榜單……）

想看電影時

🎧 圖 18-9 繼續問答

想看電影時

已思考 20 秒鐘 >

已記錄：主要使用情境為「想看電影（選片前）打開網站比對評分、閱讀評論」；調查顯示多數觀眾在觀影決策前會查看線上影評或口碑資訊　today.yougov.com　臺灣博碩士論文知識加值系統　國立臺灣師範大學閱覽圖書館

問題 4

請列出 v1 最重要的 3 個功能，並依優先順序排列（例如：註冊登入、電影評分、熱門排行榜…）。

註冊登入、電影評分、熱門排行榜

🎧 圖 18-10 繼續問答

18-7

第 18 章　用 ChatGPT 產生產品的 PRD

註冊登入、電影評分、熱門排行榜

已思考 19 秒鐘 >

問題 5（功能優先度）
請為「註冊登入、電影評分、熱門排行榜」各打 1–5 分（5 最高），並附 10 字內理由。
（功能排序是 MVP 常見步驟　Net Solutions　Atlassian　theproductmanager.com）

資料來源

註冊登入 5
電影評分 5
熱門排行榜 4

🎧 圖 18-11　繼續問答

註冊登入 5
電影評分 5
熱門排行榜 4

已思考 24 秒鐘 >

已記錄：註冊登入 5、電影評分 5、熱門排行榜 4。依據 MoSCoW 與 RICE 等主流優先度框架，為每項功能附上極短理由能讓決策更聚焦　Atlassian　ProductPlan　Atlassian
請為上述三項功能，各寫一句不超過 10 個中文字的理由。

資料來源

註冊登入：確定使用者身份
電影評分：觀看的依據
熱門排行榜：可看最新的電影

🎧 圖 18-12　繼續問答

註冊登入：確定使用者身份
電影評分：觀看的依據
熱門排行榜：可看最新的電影

已思考 28 秒鐘 >

已記錄功能理由：
- **註冊登入**：確定使用者身份，防止濫用並建立信任　Guardian Digital
- **電影評分**：提供觀影決策依據，評分顯著影響選片行為　ResearchGate
- **熱門排行榜**：即時榜單能提升參與度與留存　PubNub

問題 6（KPI）
請列出你想追蹤的 **前三個量化指標**（例：月活躍用戶、平均評論數、排行榜點擊率）。每項不超過 8 字。

資料來源

🎧 圖 18-13　這邊先都是較大的指標，後面會越來越細節

18.2 產生 PRD 的過程

> 月活躍用戶、平均評論數、排行榜點擊率
>
> 已思考 25 秒鐘 >
> 已記錄 KPI：
> 1. **月活躍用戶 (MAU)** — 網站整體活躍度核心指標　AltexSoft　Finro Financial Consulting
> 2. **平均評論數** — 反映社群互動與內容深度　PMC　Reddit
> 3. **排行榜點擊率 (CTR)** — 衡量熱門榜單功能吸引力　Netcore Cloud

↑ 圖 18-14　這邊是一些指標

> **下一個單一問題：**
> 請為這三項 KPI 設定「3 個月內想達到的目標數值」（例如 MAU 3,000 人、平均評論數 5 則/電影、CTR 25 %）。
>
> MAU 3,000 人、平均評論數 5 則/電影、CTR 25 %

↑ 圖 18-15　設定 KPI

> MAU 3,000 人、平均評論數 5 則/電影、CTR 25 %
>
> 已思考 20 秒鐘 >
> 已記錄 KPI 目標：
> - **MAU ≥ 3,000**（早期產品到 3 k MAU 可視為有效市場驗證）　jigsawmetric.com
> - **平均評論 ≥ 5 則/電影**（研究指出 5–10 則即可形成可信評分基數）　Medium
> - **排行榜 CTR ≥ 25 %**（一般內容頁平均 CTR 僅 3–5 %，此目標屬激進）　Backlinko
>
> **下一個問題**
> 請列出 v1 三項非功能需求（如效能、安全性、部署環境...），每項不超過 8 字。

↑ 圖 18-16　繼續設定問答

> **下一個問題**
> 請列出 v1 三項非功能需求（如效能、安全性、部署環境...），每項不超過 8 字。
>
> 效能、安全性、部署環境
>
> 已思考 11 秒鐘 >

↑ 圖 18-17　繼續設定問答

第 18 章　用 ChatGPT 產生產品的 PRD

效能、安全性、部署環境

已思考 11 秒鐘 ›

已記錄非功能需求：

- **效能** — NFR 通常以回應時間、併發量與可擴充性量化，例如「用戶操作 < 2 秒」 1202Performance GeeksforGeeks
- **安全性** — 需符合 OWASP 驗證與授權建議，如強式登入、多因素認證、傳輸加密 cheatsheetseries.owasp.org owasp.org
- **部署環境** — Windows 11 + Flask + MySQL 屬常見 Web 堆疊，須考量安裝腳本與持續整合流程 perforce.com BrowserStack

下一個問題

請為「效能」訂一個量化目標，例如「首頁載入時間 < 2 秒」或「同時 100 名用戶不降速」──你的目標是？

▲ 圖 18-18　繼續設定問答

下一個問題

請為「效能」訂一個量化目標，例如「首頁載入時間 < 2 秒」或「同時 100 名用戶不降速」──你的目標是？

資料來源

同時 100 名用戶不降速

已思考 18 秒鐘 ›

已記錄效能目標：「同時 100 名用戶不降速」。Flask 需透過 WSGI（如 Gunicorn）多進程/多執行緒才能一次處理百筆請求 Stack Overflow，而 MySQL 預設 `max_connections = 100`，可視需要上調以避免瓶頸 Stack Overflow；經負載測試，Flask 在適當佈署下可於十數毫秒內回應 20+ 併發，擴充工人數後達百並發屬可行範圍 Gist。

▲ 圖 18-19　繼續設定問答

問題 7（安全性目標）

請為「安全性」訂一項具體且可驗證的要求（例：全站 TLS 1.3、密碼使用 bcrypt 雜湊、登入須支援 MFA）。

資料來源

初版就單純帳號密碼

已思考 15 秒鐘 ›

已記錄安全性需求：初版僅支援帳號 + 密碼登入；密碼必須採用 bcrypt / Argon2 等安全雜湊並加鹽，符合 OWASP 存放指引 cheatsheetseries.owasp.org 與 NIST 800-63 密碼強度建議 pages.nist.gov。Flask 的 `generate_password_hash()` 可直接套用上述雜湊流程，避免明文存庫 flask.palletsprojects.com。

▲ 圖 18-20　繼續設定問答

18.2 產生 PRD 的過程

問題 8（部署環境）

在 Windows 11 部署時，你希望有哪些具體要求？（例：直接本機跑 Flask、透過 WSL2 + Gunicorn、或使用 Docker 容器化...）

直接本機跑 Flask

已思考 22 秒鐘 >

已記錄：部署環境為 Windows 11 本機直接執行 Flask；官方安裝說明與 `flask run` 說明顯示，只要 `pip install Flask` 後在 CMD / PowerShell 設定 `FLASK_APP` 並執行即可啟動本地伺服器。flask.palletsprojects.com Stack Overflow

🎧 圖 18-21 繼續設定問答

單一問題

請列出此專案最主要的**一項風險或假設**（8 字以內），例如「API 授權成本高」。

沒有風險

已思考 24 秒鐘 >

已記錄風險：無顯著風險。提醒：即便風險看似極低，軟體專案仍建議做最基本的風險識別與追蹤，才能及早處理時程延誤、安全缺口或額外成本等潛在問題。Institute of Data productschool.com wrike.com

🎧 圖 18-22 繼續設定問答

問題 9

MVP（註冊登入 + 評分 + 排行榜）預計何時上線？請給一個日期（YYYY-MM-DD）。

1 週後

已思考 23 秒鐘 >

已設定 MVP 上線日期：**2025-08-12**（距今一週）。一週衝刺完成可行的最小可行產品屬常見快速驗證做法，社群案例顯示 7 天內完成並獲得收購意向亦有先例 Reddit；多數 MVP 文章亦指出若功能單純，1–2 週即可交付並進入測試階段 adamfard.com。

🎧 圖 18-23 繼續設定問答

第 18 章　用 ChatGPT 產生產品的 PRD

單一問題

在資料庫設計上，**每部電影你打算儲存哪些主要欄位？**（請列舉 3–5 個欄位名即可，如 `title`、`year`、`avg_rating`, … ）

你自己設計

建議電影 `movies` 表 5 欄位

- `movie_id`：自動遞增主鍵，唯一識別電影　Stack Overflow
- `title`：電影標題　developer.imdb.com
- `release_year`：上映年份　developer.imdb.com
- `avg_rating`：平均評分　kaggle.com
- `poster_url`：海報圖片連結　kaggle.com

▲ 圖 18-24　繼續設定問答

下一個問題

請列出 **使用者（`users`）表** 你想儲存的 3–5 個主要欄位名。

你自己設計

已思考 18 秒鐘 ＞

建議 `users` 表 5 欄位

欄位	型別	說明
`user_id`	INT AUTO_INCREMENT PRIMARY KEY	系統指派，不變主鍵　Stack Overflow
`email`	VARCHAR(255) UNIQUE	登入識別，保證唯一　Rithm School
`password_hash`	VARCHAR(255)	存 bcrypt 雜湊後密碼　Medium
`display_name`	VARCHAR(100)	顯示暱稱，與 email 分離　thatsoftwaredude.com
`created_at`	DATETIME DEFAULT CURRENT_TIMESTAMP	帳號建立時間　corbado.com

▲ 圖 18-25　繼續設定問答

18.2 產生 PRD 的過程

下一個單一問題
請列出 影評 (reviews) 表 你想儲存的 3–5 個主要欄位名。

你幫我設計

已思考 13 秒鐘 >

reviews 表建議 6 欄位

欄位	型別	說明
review_id	INT AUTO_INCREMENT PRIMARY KEY	唯一識別一筆評論　Stack Overflow
user_id	INT NOT NULL	外鍵，連到 users.user_id　Software Engineering Stack Exchange
movie_id	INT NOT NULL	外鍵，連到 movies.movie_id　Reddit
rating	TINYINT UNSIGNED	1–10 分整數評分　Medium
comment_text	TEXT	影評內容，長度彈性　Codemia
created_at	DATETIME DEFAULT CURRENT_TIMESTAMP	發表時間　Medium

▲ 圖 18-26 繼續設定問答

下一個單一問題：
評論需要允許後續編輯嗎？（是 / 否）若要，可加 updated_at 欄位。

要

已思考 21 秒鐘 >

已將 reviews 表加入 updated_at 欄位，並以 ON UPDATE CURRENT_TIMESTAMP 自動寫入最後編輯時間；這是常見的審計與除錯最佳實務，可追蹤內容變動　Software Engineering Stack Exchange　Stack Overflow。在 Flask-SQLAlchemy 中可用 server_onupdate=db.func.now() 一行設定　Stack Overflow。

▲ 圖 18-27 繼續設定問答

18-13

第 18 章 用 ChatGPT 產生產品的 PRD

單一問題：
允許編輯評論後，你希望 **保留編輯歷史** 或 **限制可編輯時間／次數** 嗎？請用一句話說明你的偏好。

不用

已思考 28 秒鐘 >

已記錄：影評可隨時編輯，不保留歷史或次數限制； `updated_at` 欄位可用 `ON UPDATE CURRENT_TIMESTAMP` 自動寫入最後修改時間 dev.mysql.com 。許多產品在 MVP 階段先不實作版本追蹤，待用戶反饋再評估 User Experience Stack Exchange ；也有平台僅提供短暫編輯窗以減少濫用（如 Stack Overflow 留言 5 分鐘內可改）Meta Stack Overflow 。

△ 圖 18-28 繼續設定問答

下一個單一問題：
「熱門排行榜」要依哪些指標排序？請選 1–2 項（平均評分、評論數、上映日期…或其他）。

已思考 25 秒鐘 >

已記錄：排行榜先依**評論數**排序，再以**上映日期**作為次序補正。評論量對觀眾選片的影響最顯著，因此置頂可提高榜單點擊率 scholars.unh.edu ；串流與影評平台常以「最新上架／上映」作二階排序，確保新片獲得曝光 Reelgood for Business ；主流站點（IMDb 等）亦提供按上映年篩選機制，驗證此做法通行 WIRED 。

下一個單一問題：
電影的基本資料（片名、年份、海報……）你打算 **人工輸入**，還是 **透過外部 API（如 OMDb、TMDb）自動匯入**？

過外部 API TMDb

△ 圖 18-29 繼續設定問答

過外部 API TMDb

已思考 27 秒鐘 >

已記錄：電影基本資料將透過 **TMDb API** 自動匯入。TMDb 的 `/movie/{id}` 端點可直接取得片名、上映年份、海報連結等欄位 The Movie Database (TMDB) ；使用前須在帳號設定頁先申請 **API Key** The Movie Database (TMDB) ；免費層請求量官方建議控制在「約 50 requests／秒」以下，以免觸發 429 錯誤 The Movie Database (TMDB) 。

△ 圖 18-30 繼續設定問答

18-14

18.2 產生 PRD 的過程

```
單一問題：
你目前是否已擁有 TMDb API Key？（請回答「是」或「否」）

                                                                    否

已思考 23 秒鐘 >
要申請 TMDb API Key，先在 TMDb 官網註冊並登入，然後到 Account → Settings → API 點選 Request
an API Key，填寫用途後即可取得 `api_key` 或 Bearer Token。  The Movie Database (TMDB)   The Movie Database (TMDB)
```

◐ 圖 18-31　繼續設定問答

```
下一個問題：從 TMDb 抓回電影資料時，你想要哪些欄位？請列出 3–5 個（例：genre、runtime、
tagline）。

                                                                你幫我設計

已思考 17 秒鐘 >
建議擷取的 5 個欄位
  • `genre_ids` ── 片種 ID 陣列
  • `runtime`  ── 片長（分鐘）
  • `tagline`  ── 宣傳標語
  • `overview` ── 劇情簡介
  • `vote_average` ── 平均評分
以上 5 欄位都可直接透過 `/movie/{id}` 端點取得。  The Movie Database (TMDB)
```

◐ 圖 18-32　繼續設定問答

```
下一個問題：這 5 個欄位是否滿足需求？（請答「是」或列出需增刪的欄位）

                                                                    是

  💡 已思考 >

                                                                  請繼續

已思考 18 秒鐘 >
根據電影 / 串流平台的 UX 案例，首頁常見做法是以 卡片式網格 搭配大幅海報橫幅，方便用戶快速掃描片單
與評分。 Tubik Blog: Articles About Design 。成功的網站會持續追蹤點擊熱區並迭代版面，以提高轉換率與留存 filmgrail.com
；而像 Netflix 的個人化推薦卡片更能縮短選片時間 CXL 。
```

◐ 圖 18-33　中間 ChatGPT 停頓了一次，就請他繼續作答

18-15

第 18 章　用 ChatGPT 產生產品的 PRD

下一個單一問題：
你偏好網站預設為 淺色主題還是深色主題？

淺色

已思考 7 秒鐘 >
已記錄：預設採 淺色主題。

▲ 圖 18-34　繼續設定問答

下一個單一問題：
前端 UI 你想用現成框架（如 Bootstrap）還是純 HTML/CSS/JS 手寫？

Bootstrap或tailwind，選一個最流行的

已思考 23 秒鐘 >
我建議選 Tailwind CSS

- 2024 State of CSS 調查顯示，Tailwind 在「實際使用率」與「滿意度」兩項都高居第一，明顯領先 Bootstrap。 CSS 狀態 2024
- 2025 Q1 npm 週下載量估算：Tailwind ≈ 9.2 M，Bootstrap ≈ 4.8 M，可見生態與社群成長更快 Medium
- 技術媒體 2025 比較文同樣指出，專案新建時開發者更傾向採用 Tailwind 的「utility-first」模型，以提升客製化彈性 Strapi

▲ 圖 18-35　繼續設定問答

下一個單一問題：
Tailwind 有官方 Typography / Forms 等外掛，初版要一起安裝嗎？（請答「是」或「否」）

你來決定

已思考 25 秒鐘 >
建議 **安裝** Tailwind 的 Typography 與 Forms 兩個官方外掛。

- Typography 提供 `prose` 樣式，快速讓評論文字排版更易讀 Tailwind CSS
- Forms 為表單元素套用乾淨 reset，方便再用實用類別客製 GitHub
- 多篇社群/調查文章也把這兩個列為最實用的入門插件 LogRocket Blog

▲ 圖 18-36　繼續設定問答

18-16

18.2 產生 PRD 的過程

下一個單一問題：
TMDb API Key 你想放在 **環境變數** 還是 **專案設定檔** ？

資料來源

專案設定檔

已思考 20 秒鐘 >
已記錄：API Key 會寫在專案設定檔（如 `config.py`），請注意，設定檔若被提交到 Git 會導致金鑰外洩，業界建議將含祕密的檔案列入 `.gitignore` 並用環境變數或 CI 密鑰注入方式在部署端讀取 Stack Overflow GitHub medium.com

單一問題：
要把這個設定檔加入 `.gitignore` 嗎？（請答「是」或「否」）

🎧 圖 18-37 繼續設定問答

單一問題：
要把這個設定檔加入 `.gitignore` 嗎？（請答「是」或「否」）

資料來源

已思考 12 秒鐘 >
已記錄：`config.py` 將加入 `.gitignore`，避免 API Key 被提交。

下一個單一問題：
程式碼準備放在哪個 Git 倉庫平台？（請選「GitHub」或「GitLab」或其他）

資料來源

GitHub

🎧 圖 18-38 繼續設定問答

GitHub

已思考 17 秒鐘 >
已記錄：程式碼將託管於 **GitHub**。GitHub 目前擁有超過 1 億開發者帳號與 4.2 億個儲存庫，市佔率仍居各大 Git 託管平台之首。CoinLaw · 6sense · GitProtect ·

下一個單一問題：
你偏好採用哪種 **分支策略** ？
- A. Git Flow（ `main` + `develop` + 功能分支）
- B. GitHub Flow（僅 `main`，每個功能直接拉 PR）
- C. 其他（請簡述）

資料來源

B

🎧 圖 18-39 繼續設定問答

18-17

第 18 章　用 ChatGPT 產生產品的 PRD

下一個單一問題
你偏好採用哪種 **分支策略**？

- A. Git Flow（`main` + `develop` + 功能分支）
- B. GitHub Flow（僅 `main`，每個功能直接拉 PR）
- C. 其他（請簡述）

B

已思考 15 秒鐘 >

已記錄：採用 **GitHub Flow**（`main` + 功能分支，由 PR 合併）。流程精簡且適合小型 Web 專案快速部署。
GitHub Docs　GitKraken　Harness.io

▲ 圖 18-40　繼續設定問答

單一問題：
要啟用 GitHub 的 **分支保護規則**（如合併前須 1 位 reviewer 通過）嗎？請答「是」或「否」。

否

已思考 27 秒鐘 >

GitHub Actions 已成為 GitHub Flow 常用的 CI/CD 解決方案，2025 年每天約有 400 萬條工作流程被執行 CoinLaw；官方文件也建議用它在推送時自動跑測試與部署 GitHub Docs；同時 GitHub 擁有逾一億開發者用戶與活躍社群支援 Kinsta®。
你希望在此專案啟用 GitHub Actions 來自動化測試 / 部署嗎？（請答「是」或「否」）

▲ 圖 18-41　繼續設定問答

先不要這麼麻煩，這只是一個測試產品

已思考 16 秒鐘 >

了解，先跳過 GitHub Actions：官方文件強調內建 `flask run` 伺服器僅供開發測試，非正式環境仍建議改用 WSGI 伺服器，但在本機做小型練習沒問題 flask.palletsprojects.com　Reddit。GitHub 說明亦指出 CI/CD 工作流可於日後需要時再新增，不必一開始就設定 GitHub Docs。

▲ 圖 18-42　繼續設定問答

18-18

18.2 產生 PRD 的過程

下一個問題：
「熱門排行榜」的資料更新頻率要怎麼設定？（請選：每日、自動即時、手動或其他）

你來決定

已思考 29 秒鐘 ＞

排行榜將 **每天凌晨 02:00 自動重新計算並寫入**——Netflix 的 Top 10 榜單亦採每日更新機制 Netflix 幫助中心，而 Letterboxd 與 IMDb 的熱門／評分榜單皆至少日更或多次／日更新，以保持榜單時效性 Reddit help.imdb.com。

○ 圖 18-43 這邊有一個技巧，就是當你不知道答案時，就請 ChatGPT 來幫你回答

下一個單一問題：
為了執行每日 02:00 的更新，你偏好使用哪種排程工具？

- A. Windows Task Scheduler
- B. Flask 內嵌 APScheduler
- C. 其他（請簡述）

回應良好

B

已記錄：排行榜將透過 **Flask 內嵌 APScheduler** 於每天 02:00 自動重新計算並寫入。

○ 圖 18-44 繼續設定問答

下一個單一問題
首頁（Landing Page）預設要顯示哪些主要區塊？請列舉 2–3 個（例如：最新上映、熱門排行榜、隨機推薦）。

你來決定

已思考 19 秒鐘 ＞

建議首頁 3 區塊
1. **熱門排行榜** — 參考 IMDb「Top Box Office」區塊，使用評論數 + 上映日期雙排序，可快速吸引用戶點擊。 IMDb
2. **最新上映** — 類似 IMDb「Upcoming Releases」，讓用戶掌握近期新片資訊。 IMDb
3. **隨機 / 為你推薦** — 受 Netflix 個人化行列啟發，降低決策疲勞並提高留存。 CXL

這樣的首頁配置可以嗎？（請答「是」或「否」）

○ 圖 18-45 繼續設定問答

第 18 章　用 ChatGPT 產生產品的 PRD

建議首頁 3 區塊

1. **熱門排行榜** — 參考 IMDb「Top Box Office」區塊，使用評論數 + 上映日期雙排序，可快速吸引用戶點擊。 IMDb
2. **最新上映** — 類似 IMDb「Upcoming Releases」，讓用戶掌握近期新片資訊。 IMDb
3. **隨機 / 為你推薦** — 受 Netflix 個人化行列啟發，降低決策疲勞並提高留存。 CXL

這樣的首頁配置可以嗎？(請答「是」或「否」)

可

已思考 14 秒鐘 >

根據 NNG 研究，靜態列表若超過 5 項就需分組或分頁，否則掃讀效率會下降 Nielsen Norman Group ；Netflix 的首頁橫向捲動畫面通常一次約顯示 6–10 張縮圖，以兼顧畫面密度與可讀性 techblog.netflix.com ；UX 討論亦指出每行顯示 4–5 張卡片最易維持均衡節奏 User Experience Stack Exchange *

▲ 圖 18-46　繼續設定問答

請決定首頁三個區塊各要顯示多少張電影卡片 (輸入 3 個整數，例如 8 10 8)：

8 10 8

已思考 23 秒鐘 >

已記錄首頁卡片數：**熱門排行榜 8 | 最新上映 10 | 隨機推薦 8**；此密度落在 NNG 建議的「每行 4–10 張卡片易於掃讀」範圍，亦接近 Netflix 新版首頁每列約 6–10 張的實務做法 Nielsen Norman Group　The Verge *

▲ 圖 18-47　繼續設定問答

下一個問題 (單選)
電影評分顯示方式要採 A. 1–10 分 還是 B. 5 星制？

回應不佳

B

已思考 9 秒鐘 >

已設定評分方式為 **5 星制** (Letterboxd、Netflix 等主流影評平台皆採用此方法，符合使用者習慣) Film Nut
cinemayward　Letterbxd *

▲ 圖 18-48　繼續設定問答

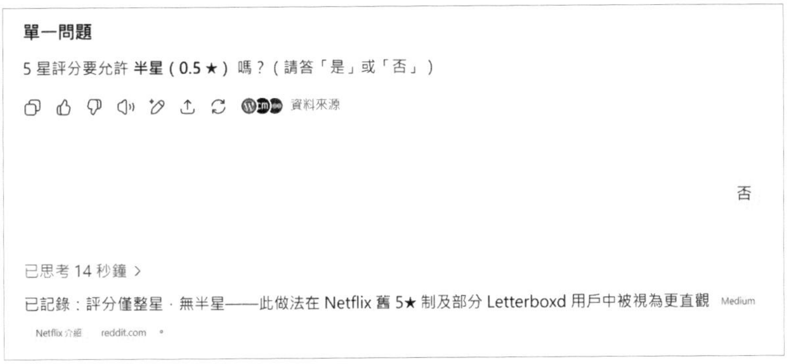
單一問題
5 星評分要允許 半星（0.5 ★）嗎？（請答「是」或「否」）
資料來源
否
已思考 14 秒鐘 >
已記錄：評分僅整星，無半星——此做法在 Netflix 舊 5★ 制及部分 Letterboxd 用戶中被視為更直觀 Medium
Netflix 介紹 reddit.com 。

圖 18-49 繼續設定問答

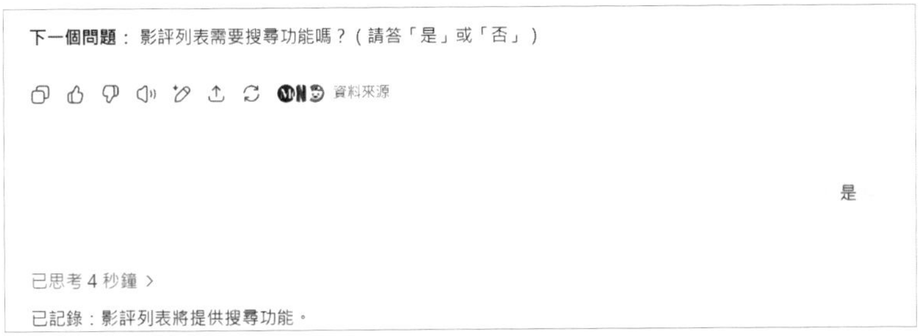
下一個問題： 影評列表需要搜尋功能嗎？（請答「是」或「否」）
資料來源
是
已思考 4 秒鐘 >
已記錄：影評列表將提供搜尋功能。

圖 18-50 繼續設定問答

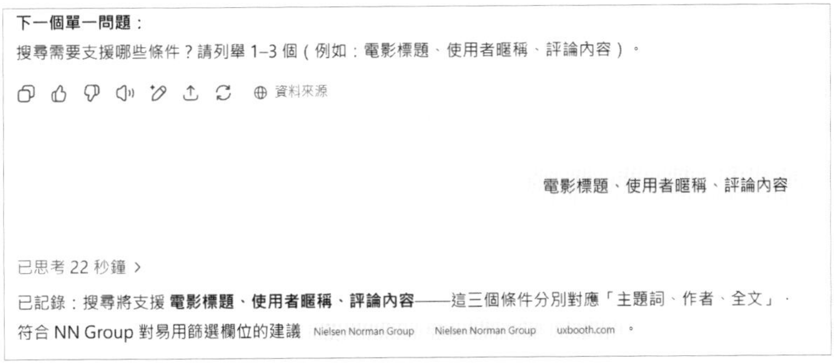
下一個單一問題：
搜尋需要支援哪些條件？請列舉 1–3 個（例如：電影標題、使用者暱稱、評論內容）。
資料來源
電影標題、使用者暱稱、評論內容
已思考 22 秒鐘 >
已記錄：搜尋將支援 電影標題、使用者暱稱、評論內容——這三個條件分別對應「主題詞、作者、全文」，符合 NN Group 對易用篩選欄位的建議 Nielsen Norman Group Nielsen Norman Group uxbooth.com 。

圖 18-51 繼續設定問答

第 18 章　用 ChatGPT 產生產品的 PRD

單一問題
搜尋結果預設要以「**相關度**」還是「**最新**」排序？

相關度

已思考 8 秒鐘 >

已記錄：搜尋結果預設依 **相關度** 排序；多數內容網站與 UX 指南建議以相關度為預設，因為能更快讓使用者找到精準結果，比單純按日期更符合搜尋意圖。 UX Planet　User Experience Stack Exchange　SearchWP

▶ 圖 18-52　繼續設定問答

下一個單一問題：
搜尋結果頁還需要哪些「篩選器」？請列出 1–3 個（例如：片種、評分區間、上映年份）。

已思考 14 秒鐘 >

已記錄：搜尋結果將提供 **片種、評分區間、上映年份** 三種篩選。IMDb 的 Advanced Title Search 就支援相同條件（Genre、User Rating、Release Date）IMDb；Letterboxd 亦可按片種與年份過濾片單 Letterboxd；NNG 的篩選設計指南建議優先提供與任務最相關的類別，以提升搜尋效率。 Nielsen Norman Group

下一個單一問題：
這些篩選器要放在 **側欄常駐** 還是 **頁面上方可折疊面板**？請答「側欄」或「上方」。

側欄

已思考 17 秒鐘 >

已記錄：篩選器將採 **側欄常駐** 形式。NN Group 指出桌面介面側欄能讓使用者在瀏覽結果時隨時調整條件，效率優於頂部折疊 Nielsen Norman Group；Smashing Magazine 亦建議將多重篩選保持可見，以避免反覆展開面板的不便 Smashing Magazine；2025 年電商 UX 文章同樣強調「桌面選側欄、行動選滑出」的最佳做法 evinent.com。

▶ 圖 18-53　繼續設定問答

單一問題
搜尋結果清單要採 **分頁** 還是 **無限滾動**？（請答「分頁」或「無限」）

分頁

已思考 12 秒鐘 >

已記錄：搜尋結果將以 **分頁** 呈現。研究指出無限滾動雖減少翻頁中斷，但易造成「沉浸迴圈」與心智負荷；而分頁能讓使用者保持進度控制、降低資訊過載，尤以桌面介面效果較佳。 Nielsen Norman Group　arXiv　Medium

▶ 圖 18-54　繼續設定問答

18-22

18.2 產生 PRD 的過程

單一問題
影評列表需要「按讚」功能，讓優質評論浮上前面嗎？（請答「是」或「否」）

是

已思考 12 秒鐘 >
已記錄：評論將加入「按讚（helpful vote）」功能；研究指出評論若能按讚，讀者更容易找到高品質內容，且 helpful vote 數可顯著提升評論可見度與信任度 ScienceDirect assets.amazon.science ScienceDirect

↑ 圖 18-55 繼續設定問答

下一個單一問題：
評論列表預設要 **依讚數排序**，還是仍 **依時間排序**（並允許使用者自行切換）？請選「讚數」或「時間」。

仍 依時間排序（並允許使用者自行切換）

已思考 17 秒鐘 >
已記錄：評論列表預設依時間排序，並允許使用者切換至「按讚數」；YouTube 與 Yelp 皆採此做法來兼顧時序閱讀與品質排序 Stack Overflow yelp-support.com User Experience Stack Exchange

↑ 圖 18-56 繼續設定問答

下一個單一問題：
需要提供「檢舉/刪除評論」的機制嗎？（請答「是」或「否」）

否

已思考 18 秒鐘 >
回覆
已記錄：**初版不提供檢舉/刪除評論機制**。請留意，業界普遍認為讓使用者能「舉報不當內容」有助於維持社群安全與信任，屬於後續可考慮的改版項目。Number Analytics khoros.com 串視

↑ 圖 18-57 繼續設定問答

18-23

第 18 章　用 ChatGPT 產生產品的 PRD

下一個問題
每則影評需要設定「字數上限」嗎？（請答「是**＋上限字數**」或「否」。）

已思考 22 秒鐘 >

已記錄：初版不設檢舉 / 刪除功能；不過多份業界指引仍建議預留「檢舉」機制，以維護社群信任並降低法律風險。　Moast　Google 幫助中心　Elizabeth Alarcon

問題：每則影評需要字數上限嗎？（請答「是＋上限字數」或「否」。）

是 500

已思考 14 秒鐘 >

已記錄：**每則影評字數上限 500**。NNG 建議為開放式回饋欄位設定適度上限，以鼓勵精簡且便於後續分析 Nielsen Norman Group；IMDb 等影評平台雖允許更長內容，但仍明訂最小與最大長度區間以維持品質 help.imdb.com；UX 討論指出若限制過低，可能壓縮使用者表達空間，因此 500 字屬中庸折衷做法 User Experience Stack Exchange。

🔊 圖 18-58　繼續設定問答

單一問題
註冊流程**是否需要電子郵件驗證**？（請答「是」或「否」。）

是

已思考 11 秒鐘 >

已記錄：註冊流程將加入電子郵件驗證，以防止假帳號並提升寄送可靠度　supertokens.com　owasp.org　EmailTooltester.com

🔊 圖 18-59　繼續設定問答

下一個單一問題：
電子郵件驗證要採 double opt-in（使用者先填信箱，再點確認信中的連結）嗎？（請答「是」或「否」）

是

已思考 5 秒鐘 >

收到：註冊流程採 double opt-in。

🔊 圖 18-60　繼續設定問答

18-24

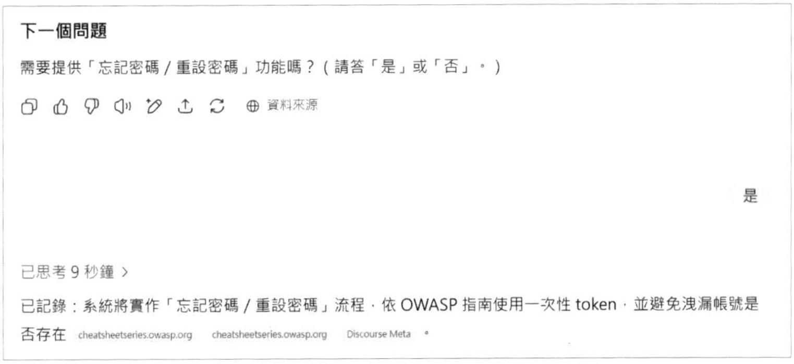

18.2 產生 PRD 的過程

下一個問題

需要提供「忘記密碼 / 重設密碼」功能嗎？（請答「是」或「否」。）

〔圖示按鈕〕 資料來源

　　　　　　　　　　　　　　　　　　　　　　　　　　　是

已思考 9 秒鐘 ⌄

已記錄：系統將實作「忘記密碼 / 重設密碼」流程，依 OWASP 指南使用一次性 token，並避免洩漏帳號是否存在。 cheatsheetseries.owasp.org　cheatsheetseries.owasp.org　Discourse Meta

▲ 圖 18-61 繼續設定問答

下一個問題：

重設密碼連結的有效期限要多久？請給一個數字（例如 30 分鐘或 24 小時）。

〔圖示按鈕〕 資料來源

　　　　　　　　　　　　　　　　　　　　　　　　　　30 分鐘

已思考 12 秒鐘 ⌄

已記錄：重設密碼連結有效 30 分鐘；此區間落在 OWASP 建議「20 分鐘左右」及業界常見 30 分鐘上限範圍內，可兼顧安全與可用性。 User Experience Stack Exchange　Information Security Stack Exchange　Mailpro

▲ 圖 18-62 繼續設定問答

下一個單一問題

登入 Session 的有效期限要多久？（請給出一個數值，例如「8 小時」或「7 天」）。

〔圖示按鈕〕 資料來源

　　　　　　　　　　　　　　　　　　　　　　　　　　　7 天

已思考 13 秒鐘 ⌄

已記錄：登入 Session 有效期設為 7 天。

安全與業界基準

- "OWASP Session Management Cheat Sheet 建議：若屬一般風險網站，絕對逾時可依使用情境放寬至「4–8 小時」，再利用「Remember Me」等機制延長 cookie 壽命 cheatsheetseries.owasp.org。"
- "安全社群討論指出，長效 Session 應搭配伺服器端權杖輪替與失效機制，才能避免憑證被竊用 news.ycombinator.com　Information Security Stack Exchange。"
- "若啟用「Remember Me」，多數服務會將持久 cookie 設在 7 天至 60 天不等，再由伺服器端控管實際有效期；開源專案 Phoenix 的典型作法即為不勾選則瀏覽器關閉即失效，勾選則 60 天 Elixir Programming Language Forum。"
- "NIST 與多篇實務文章亦提到，在改善體驗與降低攻擊面之間，7 天屬中等期限，可接受但仍建議配合續期檢查與閒置超時保護（如 30 分鐘未操作就強制重新登入） Reddit　owasp.org。"

▲ 圖 18-63 繼續設定問答

18-25

第 18 章　用 ChatGPT 產生產品的 PRD

下一個問題

需要提供「保持登入（Remember Me）」勾選項目嗎？（請答「是」或「否」。）

是

已思考 10 秒鐘 >

已記錄：登入頁將提供「**保持登入 (Remember Me)**」勾選；後端會發送長效 token 並於伺服器端驗證以確保安全。cheatsheetseries.owasp.org

　　　　　　　　　　圖 18-64　繼續設定問答

單一問題

Remember Me 的有效期限要多久？（請給出天數，例如 30 天）。

30 天

已思考 9 秒鐘 >

已記錄：**Remember Me token 有效 30 天**。

　　　　　　　　　　圖 18-65　繼續設定問答

下一個單一問題

驗證信／重設密碼信要透過哪種郵件服務寄送？
A. Gmail SMTP　　B. SendGrid　　C. 其他（請簡述）

A

已思考 16 秒鐘 >

已確認：驗證信與重設密碼電郵將以 Gmail SMTP（`smtp.gmail.com`，port 587 TLS）寄送。Gmail 免費帳號每日發信上限為 500 封 GMass。Google 2025 年起已全面停用「不安全應用程式」密碼登入，需改用 **App Password 或 OAuth 2.0 認證** WP Mail SMTP　Google 幫助中心；官方設定說明建議使用 TLS 587 或 SSL 465 連線 Mailtrap Reply

　　　　　　　　　　圖 18-66　繼續設定問答

18-26

18.2 產生 PRD 的過程

問題

寄信認證方式選擇？
A. **App Password**（啟用兩步驟驗證後產生 16 位密碼，程式端僅需使用帳號 + 此密碼）
B. **OAuth 2.0**（透過 client ID / secret 交換 access token，安全性更高，Google 亦優先推薦）

請回覆 A 或 B。

A

已思考 17 秒鐘 >

已記錄：寄信將使用 Gmail **App Password**；此方式需先在 Google 帳戶啟用 2-Step Verification 後，於安全設定頁產生 16 位專用密碼，再於程式中搭配 `smtp.gmail.com:587` TLS 使用。Gmail SMTP 以 App Password 認證仍受每日約 500 封寄信上限，足以應付測試階段負載。

☊ 圖 18-67 繼續設定問答

單一問題

請為這個電影評測網站取一個簡短名稱（最多 **12 個字**）。

蒙太奇之愛

已思考 15 秒鐘 >

已記錄：網站正式名稱「**蒙太奇之愛**」。
「蒙太奇」（montage）源自蘇聯導演愛森斯坦等人的電影剪接理論，強調透過鏡頭排列激發觀眾情感；中文影視作品中亦曾出現《愛的蒙太奇》等片名，可作為創意參考並避免重名。

☊ 圖 18-68 繼續設定問答

單一問題

首頁大幅橫幅（Hero Banner）要放 **輪播多張海報**，還是 **固定一張精選電影**？請回覆「輪播」或「固定」。

輪播

已記錄：首頁 Hero Banner 使用輪播。

☊ 圖 18-69 繼續設定問答

18-27

第 18 章　用 ChatGPT 產生產品的 PRD

下一個問題（請輸入數字）：
輪播要顯示幾張海報？（建議 3–10 張）

5

已思考 15 秒鐘 ›

已記錄：首頁 Hero 輪播將顯示 **5 張海報**。多數 UX 指南建議把 Hero Carousel 控制在 **3–5 張**，避免資訊過載並確保每張圖都有合理曝光率 UX Planet ；NN Group 的研究也指出過多幻燈片會快速降低使用效率 Nielsen Norman Group ，而近期實務文章同樣建議在 5 張以內設計以維持可用性 Evolving Web。

△ 圖 18-70　繼續設定問答

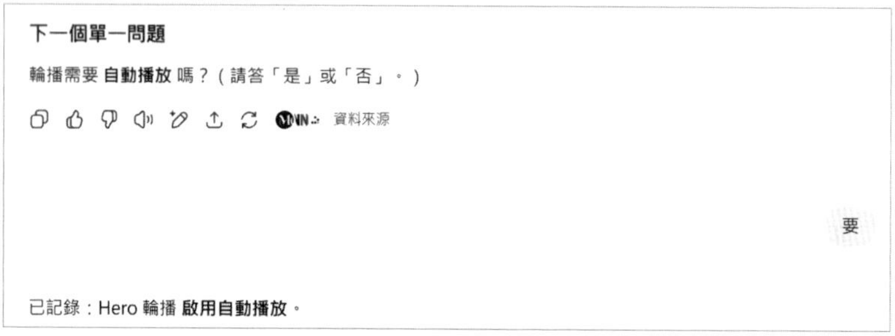

下一個單一問題
輪播需要 **自動播放** 嗎？（請答「是」或「否」。）

要

已記錄：Hero 輪播 **啟用自動播放**。

△ 圖 18-71　繼續設定問答

下一個單一問題：
自動播放的切換間隔要幾秒？（請輸入 3–10 之間的整數）

5

已思考 17 秒鐘 ›

已記錄：Hero 輪播自動切換間隔設為 **5 秒**，位於多份 UX 研究建議的 5–7 秒最佳區間內，可兼顧閱讀時間與流暢度。Nielsen Norman Group　Evolving Web　User Experience Stack Exchange

△ 圖 18-72　繼續設定問答

18-28

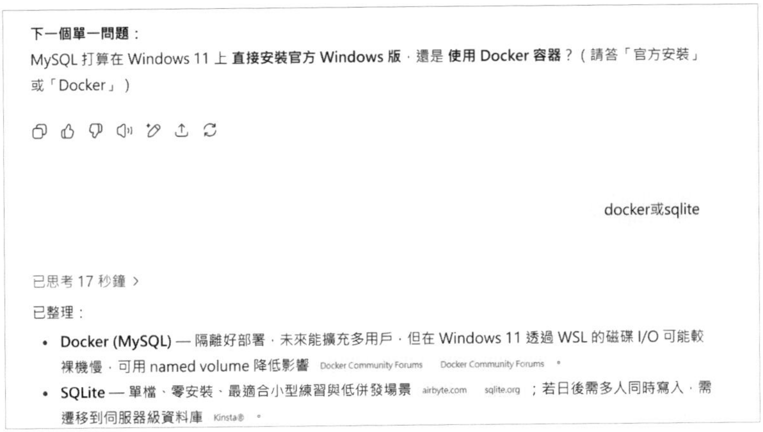

18.2 產生 PRD 的過程

下一個單一問題：
MySQL 打算在 Windows 11 上**直接安裝官方 Windows 版**，還是**使用 Docker 容器**？（請答「官方安裝」或「Docker」）

docker或sqlite

已思考 17 秒鐘

已整理：
- **Docker (MySQL)** ── 隔離好部署，未來能擴充多用戶，但在 Windows 11 透過 WSL 的磁碟 I/O 可能較裸機慢，可用 named volume 降低影響。Docker Community Forums　Docker Community Forums
- **SQLite** ── 單檔、零安裝、最適合小型練習與低併發場景。airbyte.com　sqlite.org；若日後需多人同時寫入，需遷移到伺服器級資料庫。Kinsta®

▲ 圖 18-73 繼續設定問答

請在兩者擇一：輸入「Docker(MySQL)」或「SQLite」。

資料來源

sqlite

已思考 14 秒鐘

已記錄：資料庫改用 **SQLite**──單檔、零維護、低併發情境下最省事，官方建議在本機原型或小型網站時優先選用 sqlite.org　Epic Web Dev；Flask 官方與多篇教學亦示範直接在專案中嵌入 SQLite，設定僅需數行即可完成連線與 CRUD。flask.palletsprojects.com　digitalocean.com

▲ 圖 18-74 繼續設定問答

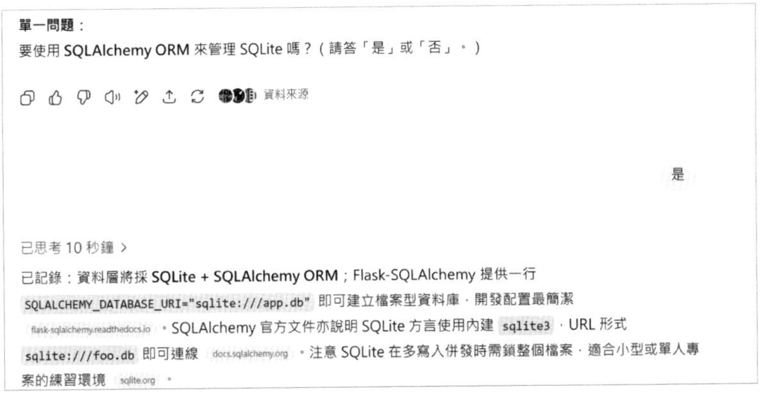

單一問題：
要使用 **SQLAlchemy ORM** 來管理 SQLite 嗎？（請答「是」或「否」。）

資料來源

是

已思考 10 秒鐘

已記錄：資料層將採 **SQLite + SQLAlchemy ORM**；Flask-SQLAlchemy 提供一行 `SQLALCHEMY_DATABASE_URI="sqlite:///app.db"` 即可建立檔案型資料庫，開發配置最簡潔 flask-sqlalchemy.readthedocs.io。SQLAlchemy 官方文件亦說明 SQLite 方言使用內建 `sqlite3` URL 形式 `sqlite:///foo.db` 即可連線 docs.sqlalchemy.org。注意 SQLite 在多篇併發寫時需鎖整個檔案，適合小型或單人專案的練習環境 sqlite.org。

▲ 圖 18-75 繼續設定問答

18-29

第 18 章　用 ChatGPT 產生產品的 PRD

下一個單一問題：
需要加入 Alembic / Flask-Migrate 來管理資料庫遷移嗎？（請答「是」或「否」。）

是

已思考 11 秒鐘 >

已記錄：將整合 Alembic / Flask-Migrate 來版本化 SQLite 資料庫，能自動根據 SQLAlchemy 模型產生遷移腳本並安全升級 / 回滾。flask-migrate.readthedocs.io　digitalocean.com

　　　　　　　　　　圖 18-76　繼續設定問答

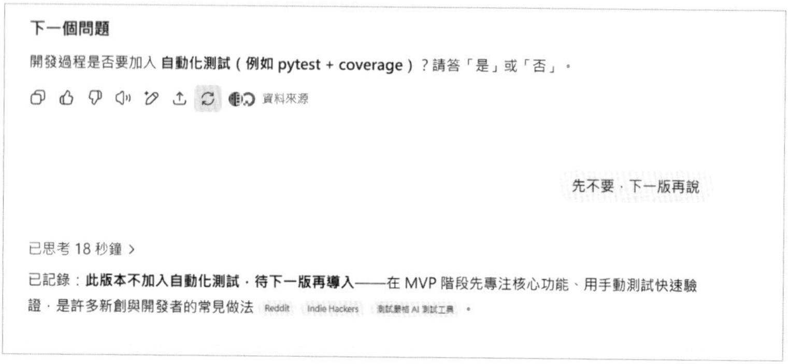

下一個問題
開發過程是否要加入 自動化測試（例如 pytest + coverage）？請答「是」或「否」。

先不要，下一版再說

已思考 18 秒鐘 >

已記錄：此版本不加入自動化測試，待下一版再導入──在 MVP 階段先專注核心功能、用手動測試快速驗證，是許多新創與開發者的常見做法。Reddit　Indie Hackers　測試勝枯 AI 測試工具

　　　　　　　　　　圖 18-77　繼續設定問答

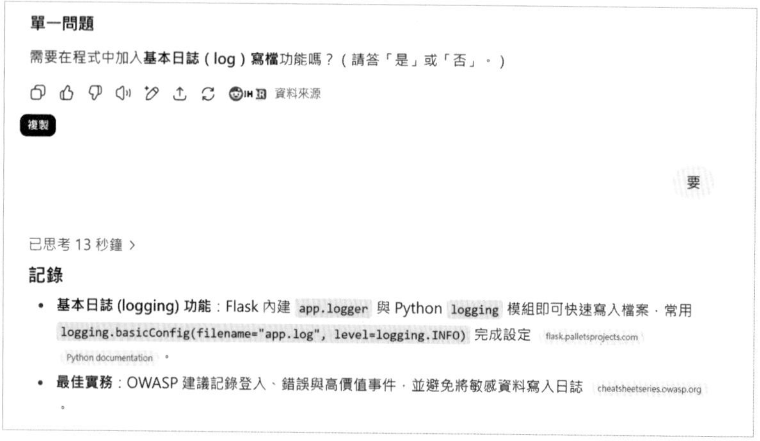

單一問題
需要在程式中加入 基本日誌（log）寫檔功能嗎？（請答「是」或「否」。）

複製

要

已思考 13 秒鐘 >
記錄
- **基本日誌 (logging) 功能**：Flask 內建 `app.logger` 與 Python `logging` 模組即可快速寫入檔案，常用 `logging.basicConfig(filename="app.log", level=logging.INFO)` 完成設定。flask.palletsprojects.com　Python documentation
- **最佳實務**：OWASP 建議記錄登入、錯誤與高價值事件，並避免將敏感資料寫入日誌。cheatsheetseries.owasp.org

　　　　　　　　　　圖 18-78　繼續設定問答

18.2 產生 PRD 的過程

下一個問題
預設 log 等級 想設為哪一級？
請回覆四選一： DEBUG / INFO / WARNING / ERROR。

error

已思考 14 秒鐘 ›
已記錄：預設 log level = ERROR（Python logging 對應數值 40） Python documentation ；ERROR 層級可捕捉會使請求失敗的例外並降低雜訊，符合 OWASP 對生產環境最小必要紀錄的建議 cheatsheetseries.owasp.org ；Flask 預設也會在此層級寫入未捕捉例外的堆疊資訊 flask.palletsprojects.com。

🎧 圖 18-79 繼續設定問答

下一個單一問題：
要在寫入 ERROR 時 同時記錄完整 stack trace 嗎？（請答「是」或「否」。）

是

已思考 17 秒鐘 ›
已記錄：ERROR 級別時同時寫入完整 stack trace，可用 `logging.error(..., exc_info=True)` 或 `logger.exception()` 達成 Python documentation Stack Overflow OWASP Cheat Sheet Series。

🎧 圖 18-80 繼續設定問答

單一問題
需要設定 log rotation（自動輪替/壓縮舊檔）嗎？（請答「是」或「否」。）

是

已思考 17 秒鐘 ›
已記錄：啟用 log rotation；Python 官方 `logging.handlers` 提供 `RotatingFileHandler`（依檔案大小）和 `TimedRotatingFileHandler`（依時間）兩種常用作法，皆可設定 `backupCount` 來保留舊檔份數 Python documentation Python documentation。實務文章示範 TimedRotatingFileHandler(when="midnight", interval=1, backupCount=7) 以每日切割 Mouse Vs Python michaelcurrin.github.io；RotatingFileHandler(maxBytes=5*1024*1024, backupCount=10) 以 5 MB 為界輪替 TutorialEdge.net Discussions on Python.org。

🎧 圖 18-81 繼續設定問答

18-31

第 18 章　用 ChatGPT 產生產品的 PRD

單一問題

請選擇輪替策略，並給出參數：

A. **按大小**──檔案超過 x MB 切割，保留 n 份
B. **按時間**──每隔 t 時間（如「每日 00:00」）切割，保留 n 份

請回覆 A 或 B，並填入你想要的大小／時間點與保留份數。

〔資料來源〕

B

請指定 **切割時間點**（例如 00:00）與 **保留份數**（例如 7 份）；請直接回「時間, 份數」即可。

〔資料來源〕

7

好的，我已收到「保留 7 份」。
請再提供「切割時間點」（例如 00:00）。

● 圖 18-82 繼續設定問答

好的，我已收到「保留 7 份」。
請再提供「切割時間點」（例如 00:00）。

〔資料來源〕

00:00

已思考 13 秒鐘 ›

已記錄：將使用 `TimedRotatingFileHandler(when="midnight", interval=1, backupCount=7)`，每天 00:00 切割，最多保留 7 份舊檔，並在 `ERROR` 等級含 stack trace 時寫入檔案。官方 `logging.handlers` 文件說明 `when="midnight"` 會在系統本地時間的 00:00 觸發輪替，`backupCount=7` 會自動刪除超過 7 份的舊檔，適合日誌保留一週 Python documentation；社群範例同樣示範每天午夜切割並指定備份份數的典型寫法 Gist；實務文章也建議在 Windows 或容器環境中使用 `TimedRotatingFileHandler` 進行時間式輪替，以避免檔案大小不定帶來的 I/O 抖動 Discussions on Python.org。

● 圖 18-83 繼續設定問答

18.2 產生 PRD 的過程

單一問題

首頁 Hero 輪播的 **自動播放** 是否要在使用者「滑鼠懸停」或「觸控停留」時暫停？（請答「是」或「否」。）

已思考 10 秒鐘 >

已設定 **輪播自動播放遇滑鼠懸停/觸控停留即暫停**——這是多份 UX 指南的共同建議，可避免使用者正要點擊時畫面換片，亦符合 WCAG 2.2.2「Pause, Stop, Hide」無障礙要求。 Smashing Magazine　Baymard Institute　web.dev

▲ 圖 18-84 繼續設定問答

問題（單選）

在 **手機裝置** 上，你是否還要保持輪播「自動播放」？

- **A. 是**（手機也自動播放）
- **B. 否**（手機預設靜止，由使用者滑動查看）

請回覆 A 或 B。

已思考 12 秒鐘 >

已記錄：在 **手機裝置** 上，Hero 輪播預設 **不自動播放**；這符合 NNG 對行動介面「避免自動換片，因頁面短、用戶易忽略」的建議 Nielsen Norman Group，同時滿足 WCAG 2.2.2「Pause·Stop·Hide」要求，讓使用者能掌控移動內容 W3C　Stark。多數行動-UX 文章也指出，靜態預設可節省流量並減少干擾，僅在桌面自動播放即可 Smashing Magazine　Slider Revolution。

▲ 圖 18-85 繼續設定問答

下一個單一問題

網站需要提供 **深色模式（Dark Mode）切換** 嗎？（請答「是」或「否」。）

已思考 6 秒鐘 >

已記錄：網站將提供 **深色模式切換**。

▲ 圖 18-86 繼續設定問答

18-33

第 18 章　用 ChatGPT 產生產品的 PRD

下一個單一問題：
是否要內建 Google Analytics（或 Matomo）等追蹤碼來收集使用數據？（請答「是」或「否」。）

　　　　　　　　　　　　　　　　　　　　　　　　　　　　　　不要

已記錄：不加入任何追蹤碼。

▲ 圖 18-87　繼續設定問答

下一個單一問題：
此網站是否需要一個 後台管理介面（用於管理電影資料、使用者、評論）？請答「是」或「否」。

　　　　　　　要，網站儘量簡單一點，不要問一些太細節的問題，以快速建立為主，
　　　　　　　後面的功能再迭代

已思考 29 秒鐘 ›
以下先用一段話總結：你已確認網站名稱為「蒙太奇之愛」。MVP 採 **Tailwind CSS + Flask + SQLite + SQLAlchemy**，支援註冊 / 登入（e-mail double-opt-in、Remember Me 30 天）、電影評分（5 星整星制）、影評搜尋與側欄篩選、每日 02:00 自動重算排行榜（APScheduler）、Hero 輪播 5 張（桌機 5 秒自動，行動靜止，懸停暫停），並在本機以 `flask run` 執行。你希望 加上一個簡易後台，同時保持整體流程精簡、後續再迭代功能。以下列出精煉版 PRD 與立即可做的實作步驟。

▲ 圖 18-88　終於完成了

MVP PRD 快照	
區塊	內容（MVP）
產品定位	中文影評社區，提供深入評論與快速選片依據
目標使用者	15–60 歲偏好串流觀影者，在選片前查評分
核心功能	① 註冊 / 登入（double opt-in、Remember Me） ② 電影評分 + 評論（500 字上限） ③ 每日熱門排行榜（評論數→上映日雙排序） ④ 搜尋 + 側欄篩選（片種 / 評分區間 / 年份） ⑤ Hero 輪播（5 張、桌機自動/行動手動） ⑥ 簡易後台（Flask-Admin）
非功能需求	同時 100 併發不降速；ERROR 級別日誌每日 00:00 輪替保留 7 份（stack trace on）
KPI（3 個月）	MAU ≥ 3 k；平均評論 ≥ 5 / 片；排行榜 CTR ≥ 25 %
資料層	SQLite + SQLAlchemy；Flask-Migrate 版本化
自動工作	APScheduler 每天 02:00 更新排行榜
安全性	bcrypt 雜湊密碼；30 分鐘重設連結；Session 7 天
部署	Windows 11 本機；Gmail SMTP（App Password）發信
日誌	TimedRotatingFileHandler midnight/7 files；ERROR+Trace

▲ 圖 18-89　這就是我們要的 PRD，非常細了

18.2 產生 PRD 的過程

▲ 圖 18-90 最後下載 PRD 即可

▲ 圖 18-91 可以直接下載這連結

第 **18** 章　用 ChatGPT 產生產品的 PRD

18.3 本章小結

　　是的，很冗長，很麻煩，細節很多，不知道的地方很多。但這就是一個 PRD 產生的過程。用一問一答的方式，省去了收集需求與討論的時間。通常來說，自己開發產品自己就是使用者，必須很了解需求是什麼。但使用 ChatGPT 的方式，你可以把「想法」直接轉換成「PRD 的需求」，從而產生一紙正確的 PRD 內容。有了 PRD，就不是用聊天的方式和 Cursor 進行軟體開發了，只要將 PRD 提供給 Cursor，就可以產生符號這個 PRD 的程式碼，這才是真正用 Cursor 精準開發的真正意義。

19

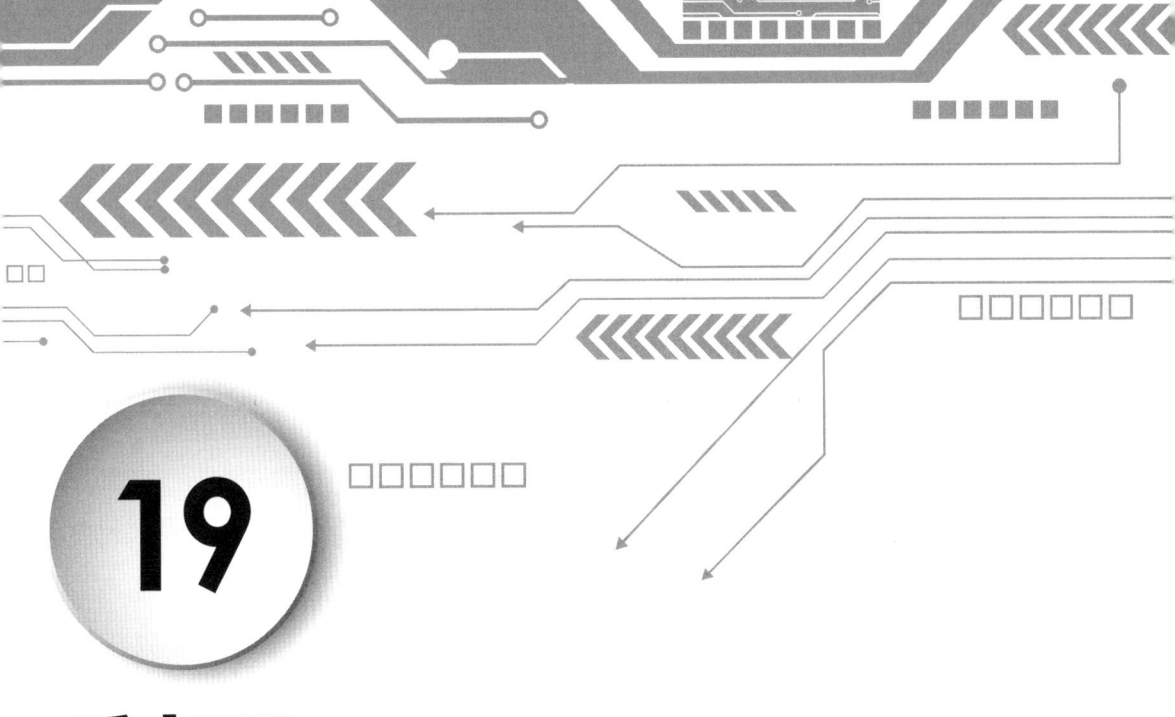

利用 PRD
建立完整系統

　　我們在第十八章時產生了 PRD，現在是時候利用 PRD 建立完整系統了。在 Cursor 中，使用 PRD 建立完整系統也不是一蹴可幾的，就算有了完整的 PRD，還需要經過多次的迭代與調整，才能建立出符合需求的系統。但有了模式、Rules、MCP Server 與 PRD 之後，Cursor 慢慢就有被我們馴服的感覺了。現在我們就來看怎麼做。

第 19 章 　利用 PRD 建立完整系統

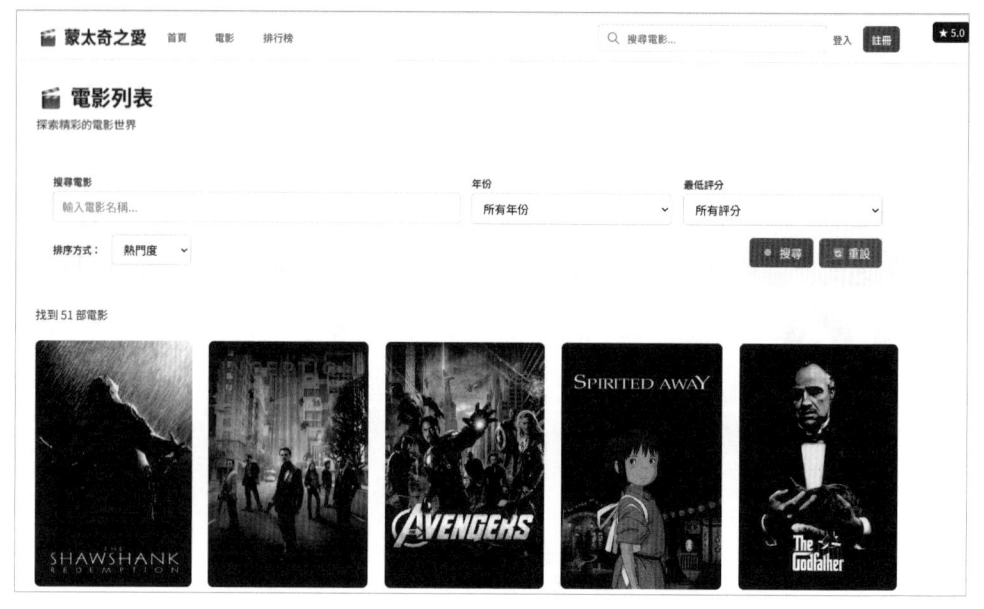

◐ 圖 19-1　這是專案完成後的畫面，有模有樣吧！

19.1　事先的預備工作

雖然 Cursor 的 Agent 很強大，但有些事不需要浪費 Cursor 的 token，我們可以先做好預備工作，這樣可以節省 token 的使用，速度也比較快，讓 Cursor 可以專注在程式碼的撰寫。

19.1.1　安裝本機必要的套件

這個專案我們使用 Windows 11 開發，後端使用 Flask，因此自然需要安裝 Python。前端使用 HTML/CSS/JavaScript，並使用 TailwindCSS，因此需要安裝 Node.js。而資料庫使用 SQLite 或 MySQL，但為了方便起見，我們可以使用 Docker 來建立 MySQL 的容器。下面就是需要安裝套件的列表：

套件類型	安裝方式
Python 環境	使用 uv 安裝
Node.js 環境	使用 nvm 安裝
資料庫	使用 Docker 安裝 MySQL

這邊要注意的是，如果是 Windows 系統，需要先安裝 WSL2，才能安裝 Linux 的環境，之後才能安裝 Docker Desktop。如果是 Mac 系統，直接安裝 Docker Desktop 即可。另外目前較流行的容器環境是 Podman，如果你對 Podman 熟悉，也可以直接套用。

19.1.2 需要額外設定的部分

除了開發環境，我們的電影資料庫要使用公開的資料，並且需要申請 API Key，還有一些就是 Git 與 GitHub 的設定了。我們就來看看：

需要項目	說明
Git 版本控制	專案已使用 Git 來管理，並且已經同步到 GitHub 上，相關設定在前面章節已經說明
電影資料庫 API Key	使用 TMDB 而非 IMDB，因為 IMDB 需要 AWS 帳號且限制較多

19.1.3 需要安裝的 MCP Server

如果你已經使用 Cursor 開發 Python 程式，那該有的擴充套件應該也都裝好了。我們這邊安裝幾個 MCP Server，讓 Cursor 可以更方便的開發，包括 SQL 相關與 Docker 相關的 MCP Server。

功能	MCP Server	連結
控制容器	docker mcp server	https://github.com/ckreiling/mcp-server-docker
控制資料庫	sqlite mcp server	https://github.com/docker/mcp-servers/tree/main/src/sqlite

19.2 建立專用的模式與 Rules

我們通常會針對不同的專案類型建立不同的模式與 Rules，這樣可以讓 Cursor 更了解我們的專案需求，從而撰寫出更符合我們需求的程式碼。因為已經有完整的 PRD，因此模式與 Rules 的建立只要將原則寫出來就行了。

19.2.1 建立模式

模式的建立在前面的章節已經提了，這邊就不重複，只要勾選幾個重要的部分即可。我們在圖中顯示勾選的部分以及系統的提示詞。

下面就是這個模式的 System Prompt：

```
你是專業的全端 (Full Stack) 開發工程師，擅長使用 Python、Flask、SQLite、MySQL、
Docker、TailwindCSS、HTML、CSS、JavaScript 等技術。使用下面的規則來對話

1. 全繁體中文
2. Use context7
3. 完全遵守 docs/PRD.md 的規則
```

把這個 Mode 取一個名字 (如 MovieReviews)，然後將大部分的 Tools 都勾選，MCP 只選上面提供的幾個，還有 context7 也要勾選。

19.2.2 建立 Rules

在 Mode 中建立是原則性的問題，而 Rules 是細節性，真正實作的重點則放在 PRD 中。接下來我們來看看這個專案的 Rules 是什麼。

```
### 專案識別
專案名稱：蒙太奇之愛。完整規格請查看 docs/PRD.md。

### 核心守則 ( 不可違反 )
```

1. 程式碼必用 Python 3.12，符合 PEP 8 與型別註解慣例。
2. 架構：Flask Blueprint 與 SQLAlchemy ORM；資料表遷移交給 Flask-Migrate。
3. 密碼必須 bcrypt 雜湊並加鹽（依 OWASP 指南）。
4. 資料庫採 SQLite，啟用 WAL，避免拼接 SQL，全部使用參數化查詢。
5. 只記錄 ERROR 等級以上的日誌；使用 TimedRotatingFileHandler 每天 00:00 輪替，保留 7 份；敏感資訊不得寫入。
6. 前端僅用 Tailwind utility 類（含 Typography 與 Forms plugin），禁止行內 CSS。
7. 禁止加入半星評分、分析追蹤碼、自動化測試或 CI/CD；留待下一版。
8. 回覆一律使用繁體中文；遵守 KISS 與 DRY 原則，避免過度工程。
9. 在撰寫程式碼時，嚴格遵守 docs/PRD.md 的規則。

19.2.3 將 PRD 放在 docs 目錄下

我們在專案目錄下建立一個 docs 目錄，將 PRD 放在 docs 目錄下，之後就可以用 @file:docs/PRD.md 來參考 PRD。

19.3 開始實作

我們現在已經有了模式、Rules 與 PRD，接下來就可以開始實作。在正式開始之前，我們先與 Cursor 進行對話，看他還有什麼問題，當問題確定之後就可以開始實作了。

19.3.1 與 Cursor 對話

這邊就直接開啟我們建立的模式 (MovieReviews)，然後開始對話。首先就輸入下面的提示詞：

依照 @file:docs/PRD.md、以及本專案的規則，開始建立應用程式

第 19 章　利用 PRD 建立完整系統

之後你就會看到 Cursor 開始回應了，我們用圖說來說明。

▲ 圖 19-2　開始輸入

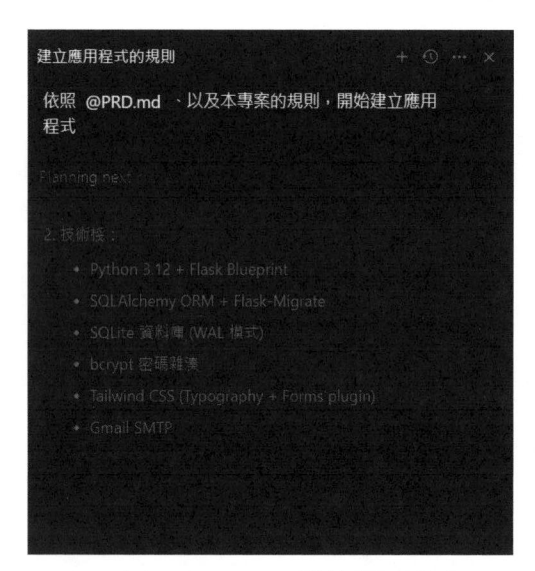

▲ 圖 19-3　Cursor 開始有回應了

19.3 開始實作

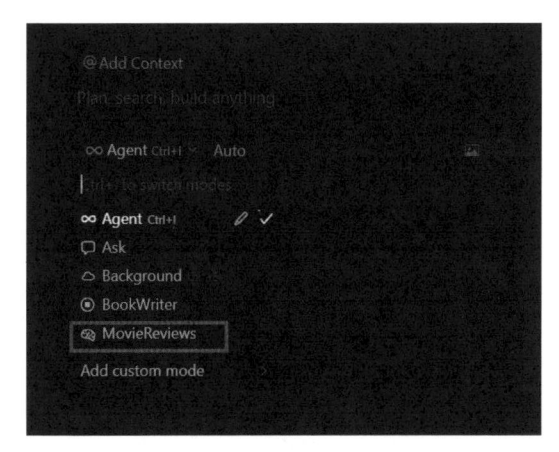

🎧 圖 19-4 這邊使用的是自訂的模式

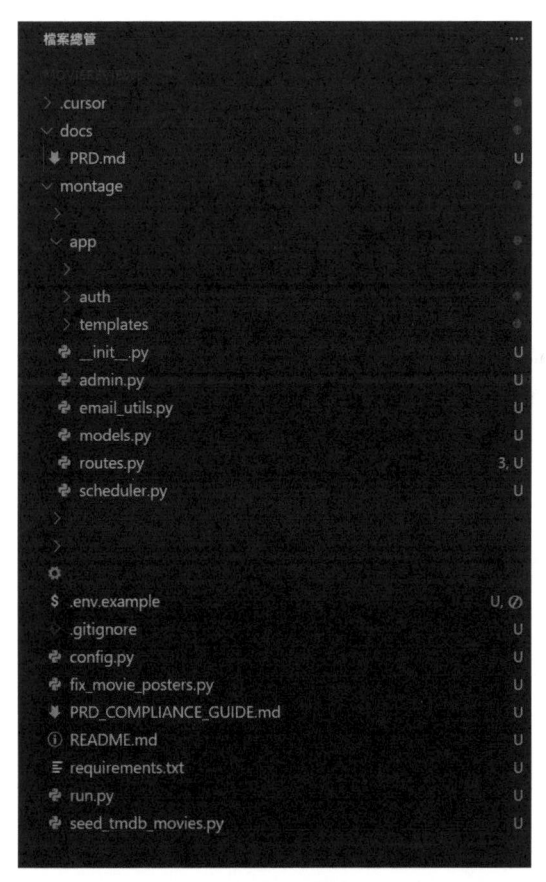

🎧 圖 19-5 建立資料夾完成

19.3.2 自動執行

為了安全起見，Cursor 會在每一次執行檔案操作時和你確認一次，如果你想讓 Cursor 自動執行檔案操作，可以設定自動執行，我們的模式在設定時也勾選了自動執行。

自動執行啟動時，會有一個警告視窗，你只要按下 Continue 即可。之後的執行就會全部自動完成，你會發現 Cursor 的額度大量消失中！

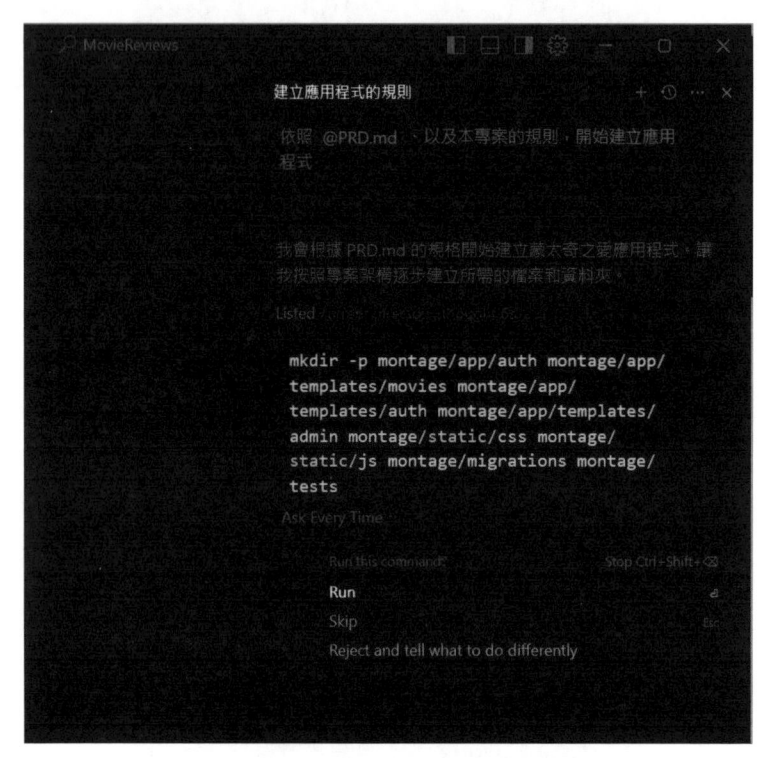

🎧 圖 19-6 會每次執行時詢問

19.3 開始實作

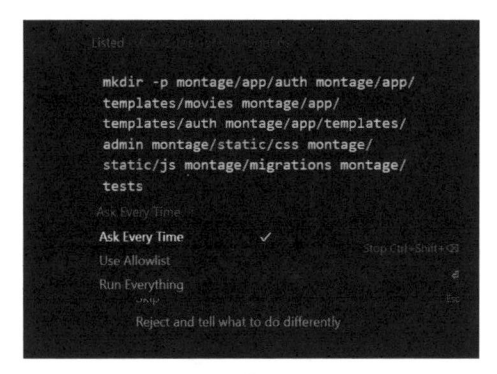

◐ 圖 19-7 選擇「Run Everything」

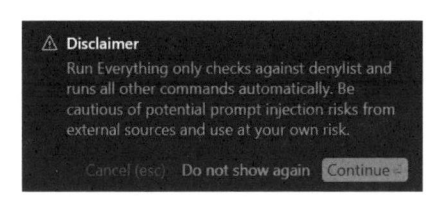

◐ 圖 19-8 會有一個警告

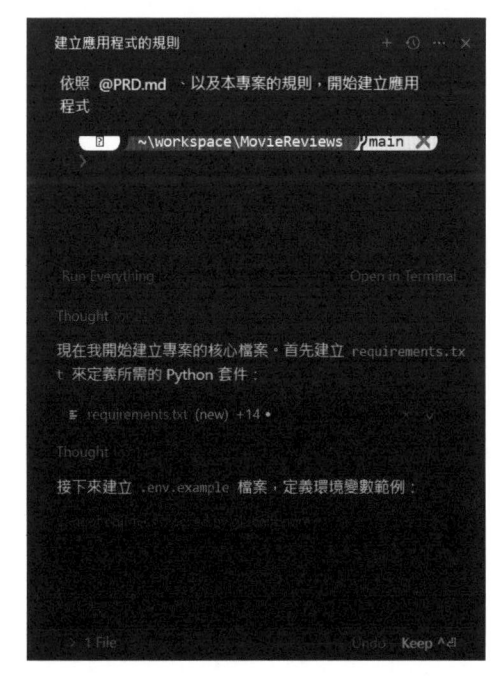

◐ 圖 19-9 之後就會全部自動執行了

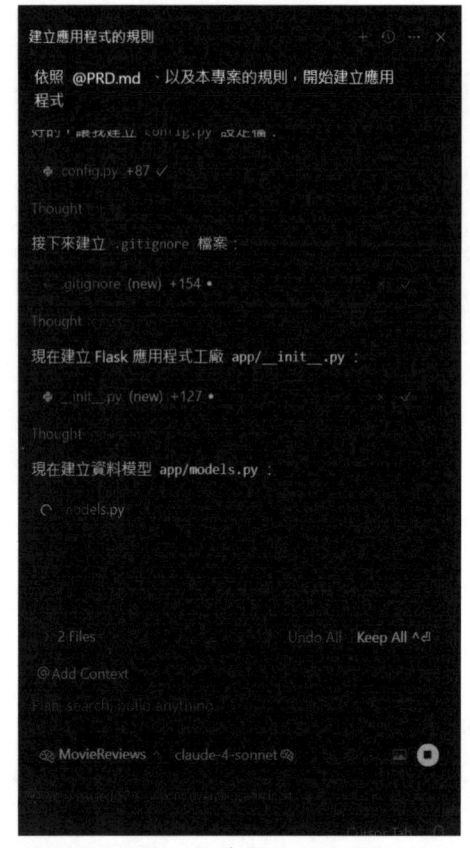

↑ 圖 19-10　繼續建立檔案

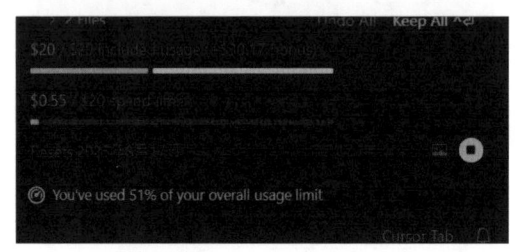

↑ 圖 19-11　你會發現 Cursor 的額度一下就用滿了！

19.3.3 網站出現了

在建立過程中，Cursor 不斷自問自答 (因為我們選的是思考模型)，並且可以看到 Cursor 不斷呼叫 MCP Server 來完成任務。

這個過程不斷持續，你甚至可以離開去喝杯凍檸茶，回來時網站就出現了。不一會兒，Cursor 啟動了網站，你就看到使用了 Playwright MCP Server 的結果。網站自動開啟一個瀏覽器，然後網站就出現了。

🎧 圖 19-12　你也可以手動啟動網站，這是 Cursor 教的

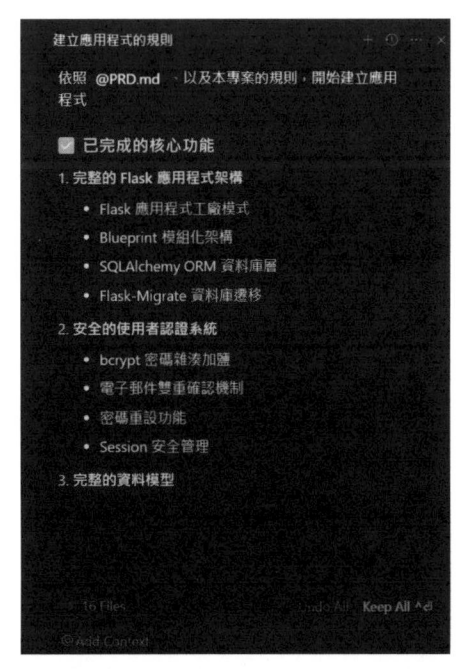

🎧 圖 19-13　當所有程式完成，Cursor 也會撰寫一個結論

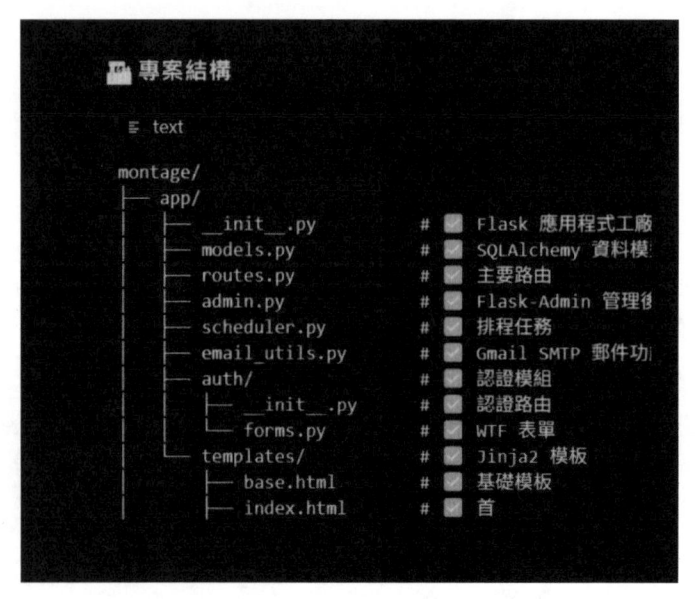

第 19 章　利用 PRD 建立完整系統

```
📁 專案結構

≡ text

montage/
├── app/
│   ├── __init__.py        # ✓ Flask 應用程式工廠
│   ├── models.py          # ✓ SQLAlchemy 資料模
│   ├── routes.py          # ✓ 主要路由
│   ├── admin.py           # ✓ Flask-Admin 管理後
│   ├── scheduler.py       # ✓ 排程任務
│   ├── email_utils.py     # ✓ Gmail SMTP 郵件功
│   ├── auth/              # ✓ 認證模組
│   │   ├── __init__.py    # ✓ 認證路由
│   │   └── forms.py       # ✓ WTF 表單
│   └── templates/         # ✓ Jinja2 模板
│       ├── base.html      # ✓ 基礎模板
│       └── index.html     # ✓ 首
```

🎧 圖 19-14　給出專案的結構

🎬 蒙太奇之愛　　首頁　　電影　　排行榜　　　　　🔍 搜尋電影...　　　　登入　註冊

© 2024 蒙太奇之愛。電影評論社區。
讓每部電影都有屬於它的故事

🎧 圖 19-15　網站出現了

　　目前的網站還有很多問題，但已經有一個雛形了，接下來我們就來看看怎麼修正這些問題。

19.3 開始實作

低俗小說、侏羅紀公園、風之谷、第一滴血，沒有電影海報
- ☑ 海報：TMDb官方海報
3. 🚩 風之谷 (1984)
- ☑ 狀態：正常顯示
- ☑ 海報：高品質隨機圖片
4. 🩸 第一滴血 (1982)
- ☑ 狀態：正常顯示
- ☑ 海報：高品質隨機圖片

📊 系統狀況
- 總電影數：51部
- 有海報電影：51部
- 海報覆蓋率：100% ☑

🚀 立即查看
應用程式已啟動！請訪問：

http://127.0.0.1:5000

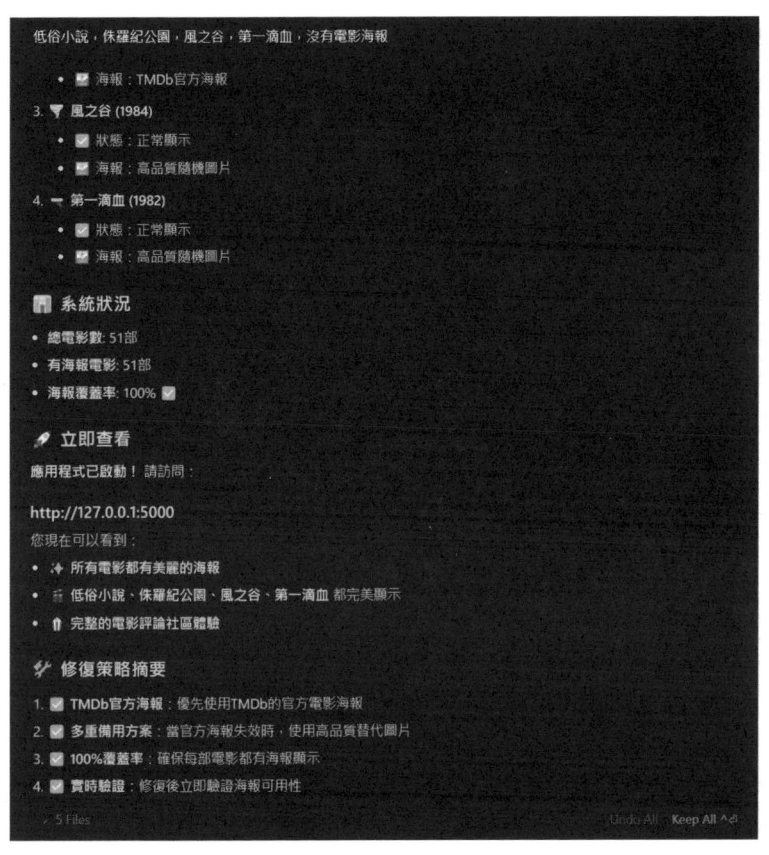

您現在可以看到：
- ✨ 所有電影都有美麗的海報
- 🎬 低俗小說、侏羅紀公園、第一滴血 都完美顯示
- 🏆 完整的電影評論社區體驗

🔧 修復策略摘要
1. ☑ **TMDb官方海報**：優先使用TMDb的官方電影海報
2. ☑ **多重備用方案**：當官方海報失效時，使用高品質替代圖片
3. ☑ **100%覆蓋率**：確保每部電影都有海報顯示
4. ☑ **實時驗證**：修復後立即驗證海報可用性

∩ 圖 19-16 完成的總結

```
~/workspace/MovieReviews/montage  main ✗
> python run.py
[2025-08-09 00:15:13,437] INFO in scheduler: 排程器已啟動
 * Serving Flask app 'app'
 * Debug mode: on
WARNING: This is a development server. Do not use it in a production deployment. Use
 * Running on http://127.0.0.1:5000
Press CTRL+C to quit
 * Restarting with stat
[2025-08-09 00:15:14,615] INFO in scheduler: 排程器已啟動
 * Debugger is active!
 * Debugger PIN: 873-000-629
127.0.0.1 - - [09/Aug/2025 00:15:34] "GET /movies HTTP/1.1" 200 -
127.0.0.1 - - [09/Aug/2025 00:15:35] "GET /favicon.ico HTTP/1.1" 404 -
127.0.0.1 - - [09/Aug/2025 00:15:57] "GET /movies?sort=recent HTTP/1.1" 200 -
127.0.0.1 - - [09/Aug/2025 00:15:59] "GET /movies HTTP/1.1" 200 -
127.0.0.1 - - [09/Aug/2025 00:16:01] "GET /movies?sort=rating HTTP/1.1" 200 -
127.0.0.1 - - [09/Aug/2025 00:22:24] "GET /movies?sort=rating HTTP/1.1" 200 -
127.0.0.1 - - [09/Aug/2025 00:22:25] "GET /favicon.ico HTTP/1.1" 404 -
```

∩ 圖 19-17 也可以在終端機中手動啟動

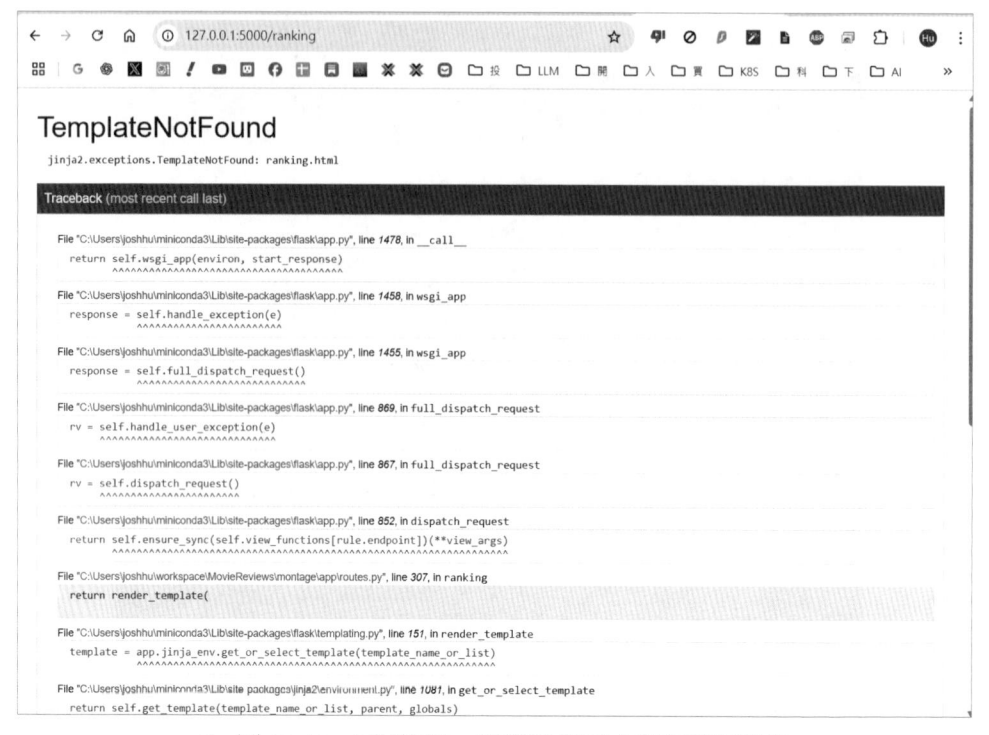

第 19 章　利用 PRD 建立完整系統

🔊 圖 19-18　上面的每一個連結按下去都有錯誤訊息

19.4 修正錯誤

網站雖然建立，但有很多問題：

1. 沒有真正的電影資料

2. 很多按鍵沒有實作完成

我們就一個一個來改正，事實上，Cursor 也會產生一個待辦事項讓你完成後面的工作，或是你與 Cursor 合作完成。

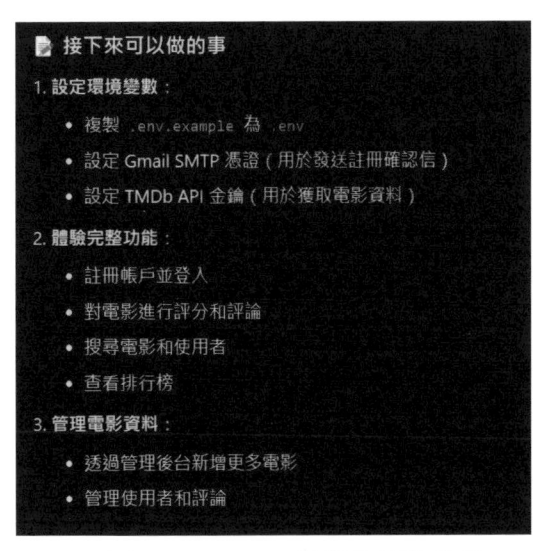

```
📄 接下來可以做的事
1. 設定環境變數：
   • 複製 .env.example 為 .env
   • 設定 Gmail SMTP 憑證 ( 用於發送註冊確認信 )
   • 設定 TMDb API 金鑰 ( 用於獲取電影資料 )
2. 體驗完整功能：
   • 註冊帳戶並登入
   • 對電影進行評分和評論
   • 搜尋電影和使用者
   • 查看排行榜
3. 管理電影資料：
   • 透過管理後台新增更多電影
   • 管理使用者和評論
```

🎧 圖 19-19 Cursor 建議的待辦事項

19.4.1 放入真正的電影資料

雖然目前 AI Agent 很強大，但很多事 Cursor 還是做不到的。Cursor 很體貼的寫了一個小小的說明檔案教你怎麼做一些手動做的事，首先我們發現電影網站根本沒有電影資料，之前我們也申請了 TMDB 的 API Key，但沒有使用，現在就來使用來放入一些電影的資料，這個動作稱為「資料填充 (Seed Data)」。

19.4.2 使用 TMDB API Key

TMDB 的 API Key 是免費的，但需要申請，申請後就可以使用 TMDB 的 API 來取得電影資料。

第 19 章　利用 PRD 建立完整系統

我們的專案使用 TMDB API Key 有以下幾個用途：

1. 批次匯入資料：透過 TMDb API 抓取「熱門 / 高分 / 現正上映」等清單，分頁取得共 500 部真實電影，並存入資料庫（滿足 PRD 要求）。

2. 補齊欄位：擷取每部電影的詳細資訊：`title`、`release_year`、`runtime`、`tagline`、`overview`、`vote_average`、`genres`（存成 `genre_ids`）、以及 `poster_path` 組成可用的 `poster_url`（w500 尺寸）。

3. 多語內容：以 `language=zh-TW` 取得繁體中文片名與簡介，改善站內顯示品質。

4. 資料一致性：將 `tmdb_id` 一併寫入，未來可用於更新、去重、修復海報。

影響範圍：首頁 Hero 輪播、電影列表、詳情、搜尋與排行榜，皆依賴上述已匯入的真實電影與海報。

事實上，Cursor 已經將我們的一些設定寫在 .env 檔案中，我們只要將 TMDB 的 API Key 填入即可。設定位置：在 .env 加上 TMDB_API_KEY 的金鑰即可。

當你將 API Key 填入後，直接與 Cursor 說：

> 已在 .env 檔案中放入 TMDB_API_KEY，請使用 TMDB_API_KEY 來取得電影資料

此時如果還沒建立資料填充程式，Cursor 會開始撰寫程式，並且將 TMDB_API_KEY 填入，最後就會產生資料。如果你在 PRD 中已經確定與 Cursor 說要求使用資料填充程式，Cursor 就會在建立時直接寫一個，並且在放入 TMDB 的 API Key 之後直接產生。

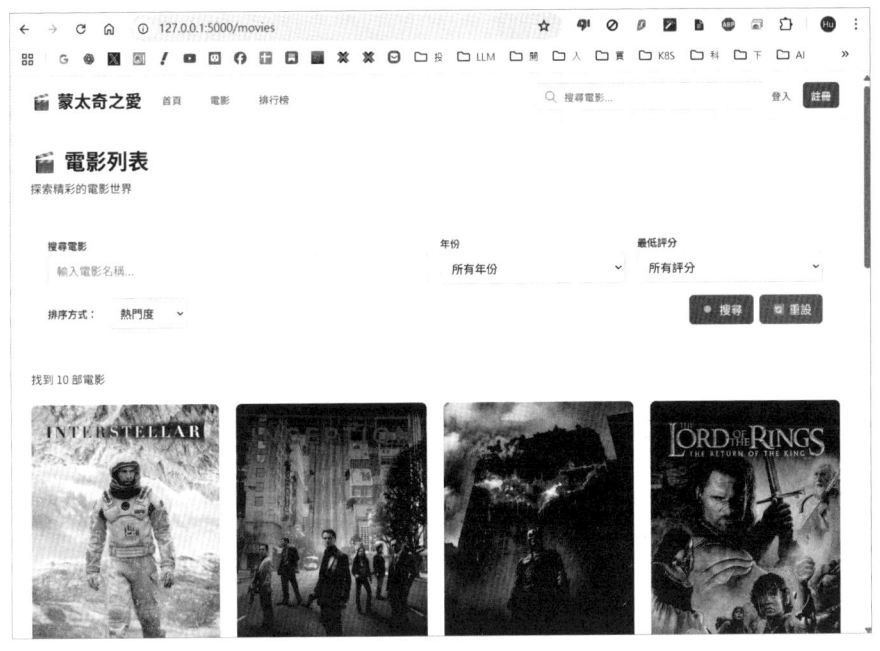

▲ 圖 19-20 電影網站有資料了

▲ 圖 19-21 每一頁也有自己的介紹

19.4.3 實作電子郵件認證

目前網站是還沒設定電子郵件認證的，因此我們要求使用 GMail SMTP 來實作電子郵件認證。當然就是一句話，然後把 .env 中檔案的資料填好 (這也是 Cursor 在對話中與我們說的)，你當然可以直接請 Cursor 幫你改這些 SMTP 的值，但有時候自己動手做會比較快，就不用浪費 Tokens 了。

圖 19-22　目前能註冊

圖 19-23　但沒有電子郵件真正寄出認證

19.4 修正錯誤

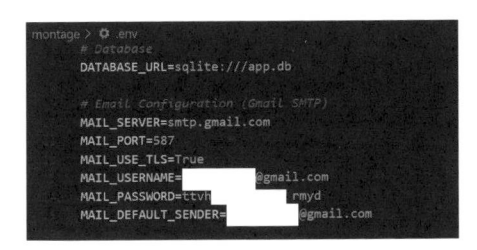

🎧 圖 19-24 先將 .env 中的 SMTP 設定好

🎧 圖 19-25 詢問 Cursor 如何設定 SMTP

🎧 圖 19-26 再請 Cursor 幫你寫一個認證

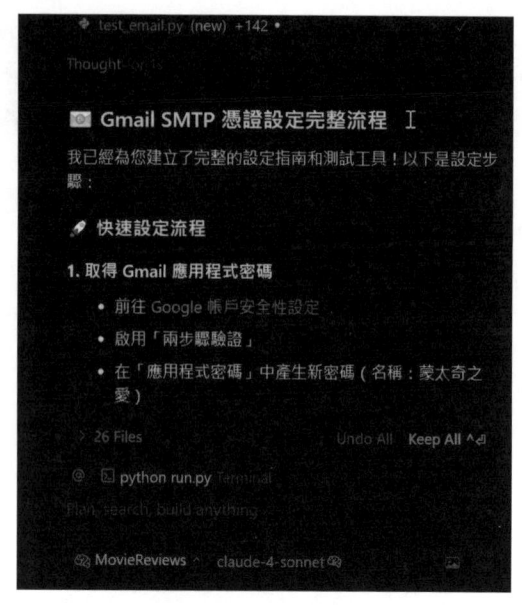

第 19 章　利用 PRD 建立完整系統

圖 19-27　認證完成

圖 19-28　註冊帳號

▲ 圖 19-29 真的寄出認證信了

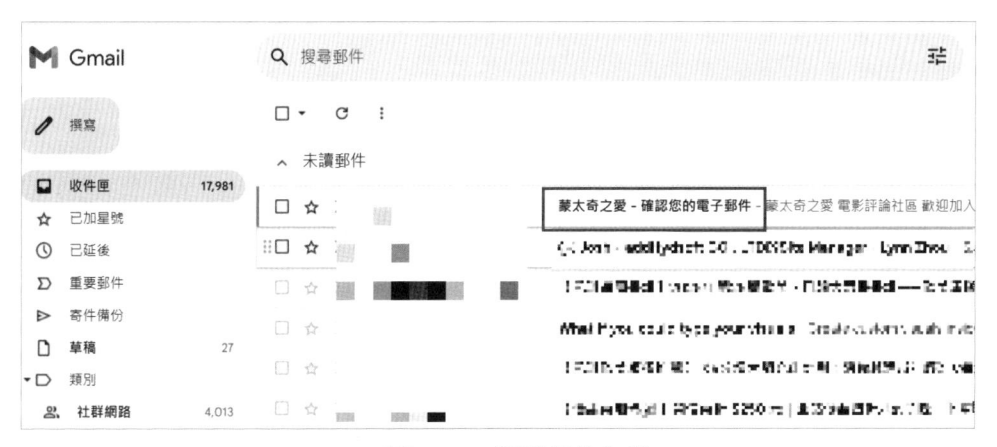

▲ 圖 19-30 認證信的內容

第 19 章　利用 PRD 建立完整系統

蒙太奇之愛 - 確認您的電子郵件　收件匣

@gmail.com　　　下午6:52 (1 分鐘前)

寄給 我

蒙太奇之愛
電影評論社區

歡迎加入蒙太奇之愛！

親愛的

感謝您註冊蒙太奇之愛！為了確保您的帳戶安全，請點選下方連結確認您的電子郵件地址：

確認電子郵件

如果上方按鈕無法點選，請複製下方連結到瀏覽器網址列：

http://127.0.0.1:5000/auth/confirm/TP6gF75NAOKI9jXEDWcfAMqyxgOCfAdd80DIGmG4tjM

🎧 圖 19-31　認證信的連結

電子郵件確認成功！您現在可以登入了。

登入您的帳戶
還沒有帳戶？立即註冊

電子郵件
請輸入您的電子郵件

密碼
請輸入您的密碼

☐ 記住我　　　　　　　　忘記密碼？

登入

🎧 圖 19-32　按下連結後真的可以回到網站

19.5 功能驗證

🎧 圖 19-33 登入後就可以看到自己的帳號

19.5 功能驗證

這次的專案雖然是實驗性質，但功能在 PRD 中定義的相當完整，我們可以手動驗證一下每一個功能是否完成。

19.5.1 手動驗證

我們就用使用者的身份，一個一個來看功能是否完成。

🎧 圖 19-34 直接進入網站

19-23

第 19 章　利用 PRD 建立完整系統

▲ 圖 19-35　下滑到底部

▲ 圖 19-36　按下「查看更多」

19.5 功能驗證

🎧 圖 19-37 按下「高分電影」

🎧 圖 19-38 按下「熱門電影」

19-25

第 19 章 利用 PRD 建立完整系統

↑ 圖 19-39 按下「最新電影」

↑ 圖 19-40 搜尋電影

19.5 功能驗證

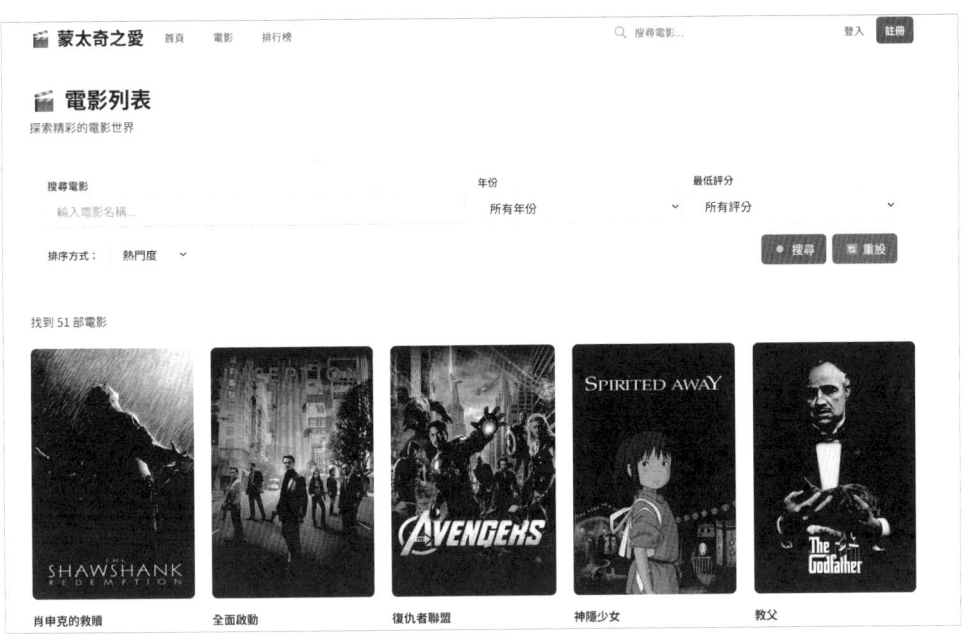

▲ 圖 19-41 按下「電影」

▲ 圖 19-42 下滑到底部

19-27

第 19 章　利用 PRD 建立完整系統

計程車司機　　　　尚無評分
1976
馬丁史柯西斯的紐約計程車司機心理崩潰。

2001太空漫遊　　　尚無評分
1968
庫柏力克的科幻史詩巨作。

北西北　　　　　　尚無評分
1959
廣告人被誤認為間諜的驚險追緝。

迷魂記　　　　　　尚無評分
1958
希區考克的懸疑經典。

公民凱恩　　　　　尚無評分
1941
報業大亨的一生，被認為是電影史上最偉大的作品。

龍貓　　　　　　　尚無評分
1988
宮崎駿的兩姊妹與森林精靈的溫馨故事。

東京物語　　　　　尚無評分
1953
小津安二郎的老夫婦拜訪成年子女的溫馨故事。

風之谷　　　　　　尚無評分
1984
宮崎駿的生態環境寓言。

銀翼殺手　　　　　尚無評分
1982
2019年洛杉磯追獵複製人的賽博龐克經典。

洛基　　　　　　　尚無評分
1976
史特龍的小拳手美國夢。

←上一頁　1　**2**　3　下一頁→

© 2024 蒙太奇之愛。電影評論社區。
讓每部電影都有屬於它的故事

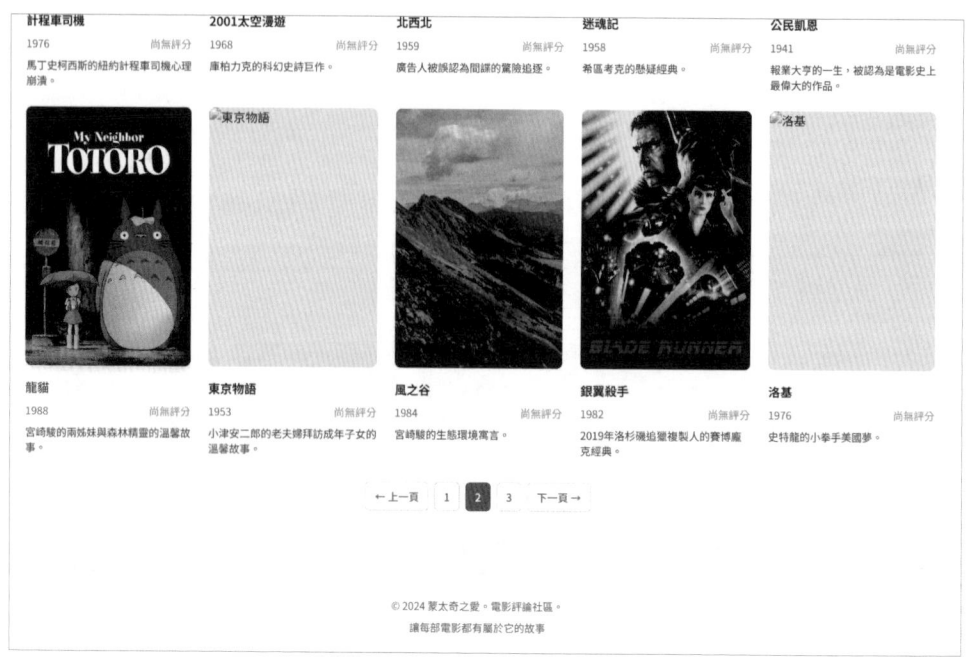

🎧 圖 19-43　換到第二頁

🎧 圖 19-44　切換排序方式「熱門度」

19.5 功能驗證

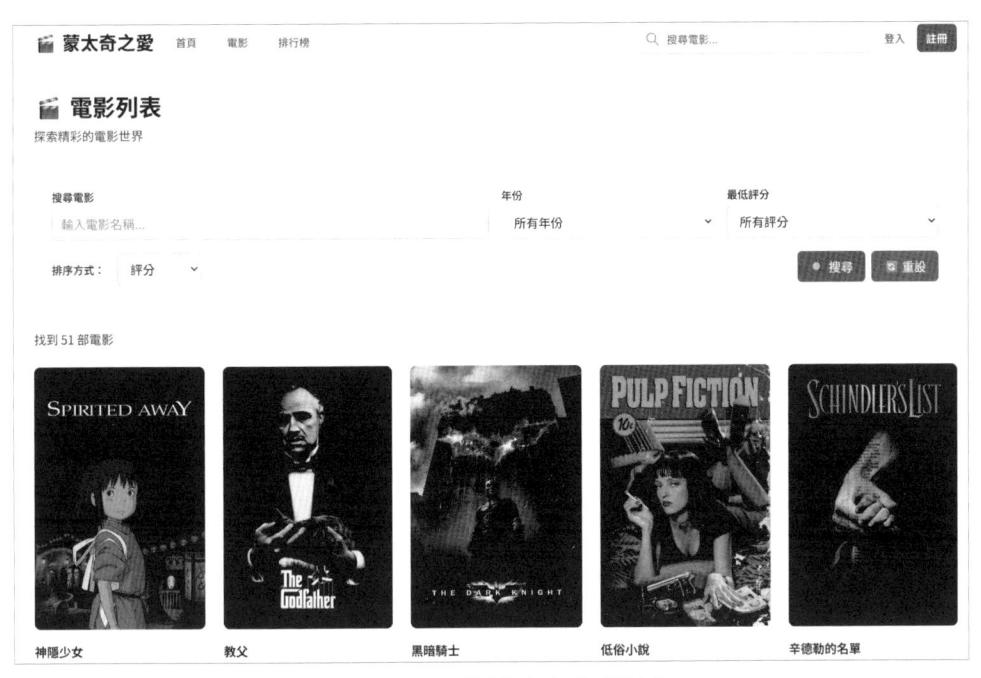

🎬 圖 19-45 切換排序方式「評分」

🎬 圖 19-46 切換排序方式「上映日期」，
其中有些海報沒出現，這是資料填充的問題

19-29

🎧 圖 19-47 選擇年份，按下搜尋，也會出現對應的

🎧 圖 19-48 按下排行榜，就會出現評分的排行榜

19.5.2 登入與註冊功能驗證

接下來是登入與註冊功能的驗證，其實如果你的程式是使用 TDD 方式開發，不需要手動驗證，或是你可以要求 Cursor 幫你寫一個測試，我們這邊只是要看畫面而已。

19.5 功能驗證

🎧 圖 19-49 按下「登入」

🎧 圖 19-50 輸入帳號密碼

🎧 圖 19-51 成功登入

19-31

第 19 章　利用 PRD 建立完整系統

▲ 圖 19-52　按下任何一部電影

▲ 圖 19-53　進入發表評論

19.5 功能驗證

蒙太奇之愛　　首頁　　電影　　排行榜

您的評論已提交！

電影列表
探索精彩的電影世界

搜尋電影　　　　　　　　　　　　　　　　　　　年份
輸入電影名稱...　　　　　　　　　　　　　　　所有年份

排序方式：　熱門度　⌄

◯ 圖 19-54　評論已經建立

找到 51 部電影

肖申克的救贖　　　　　　**全面啟動**　　　　　　**復仇者聯盟**
1994　　　　★ 5.0 (1)　　2010　　　　★ 5.0 (1)　　2012　　　　★ 5.0 (1)
一位銀行家被錯誤判刑，在監獄中尋　　在夢境中執行任務的科幻驚悚片。　　漫威超級英雄的史詩集結。
找希望與友誼的故事。

◯ 圖 19-55　這邊是已經有評論的電影

🔺 圖 19-56 這邊是評論

🔺 圖 19-57 使用者還可以自行編輯評論

19.5 功能驗證

搜尋電影...　　　　　　　　joshhu　管理　登出

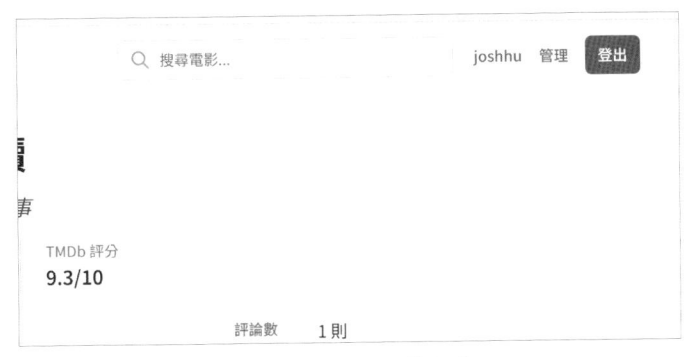

TMDb 評分
9.3/10

評論數　1 則

🎧 圖 19-58 按下「登出」

🎬 蒙太奇之愛　首頁　電影　排行榜

您已成功登出。

🔥 熱門電影

🎧 圖 19-59 回到主畫面

蒙太奇之愛 - 確認您的電子郵件 - 蒙太奇之愛 電影評論社區 歡迎加入蒙太奇之愛！親愛的

🎧 圖 19-60 註冊成功的頁面，會有認證信件，前面示範過了，這邊就不再重複

19.5.3　忘記密碼功能驗證

接下來看忘記密碼功能。

第 19 章　利用 PRD 建立完整系統

🎧　圖 19-61　忘記密碼

🎧　圖 19-62　重設密碼

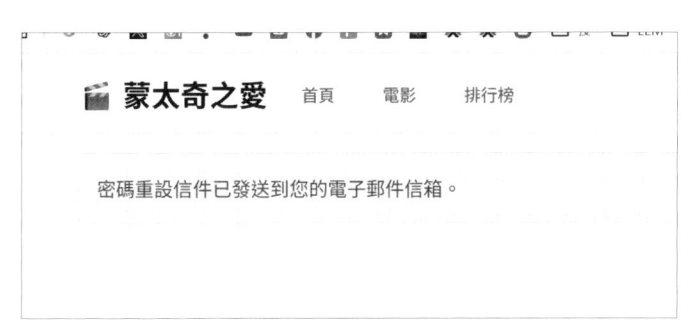

▲ 圖 19-63 重設密碼信件

▲ 圖 19-64 信件內容

▲ 圖 19-65 重設密碼畫面

第 19 章 利用 PRD 建立完整系統

🎧 圖 19-66 重設密碼內容

🎧 圖 19-67 重設密碼成功

19.5.4 後台管理

接下來看後台管理功能,雖然很陽春,但還是可以進行管理工作。

↑ 圖 19-68 後台管理介面

↑ 圖 19-69 管理使用者

↑ 圖 19-70 可以選擇管理

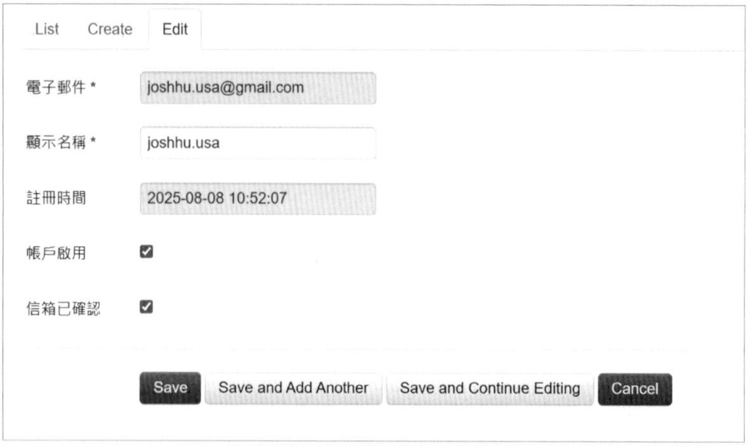

第 19 章　利用 PRD 建立完整系統

○ 圖 19-71　進行管理，但使用 Tailwind CSS 的關係，這邊的畫面有點醜，但功能是完整的

○ 圖 19-72　對內容進行管理

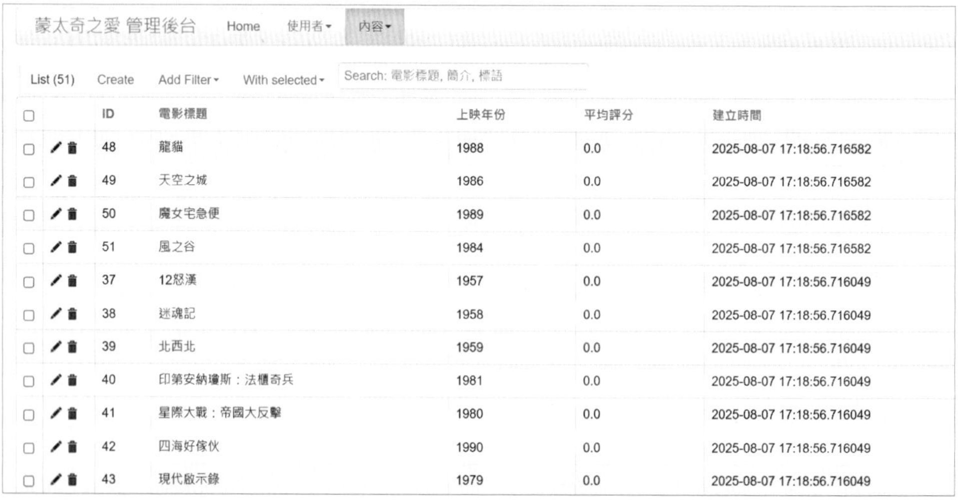

○ 圖 19-73　電影管理

19-40

19.5 功能驗證

◐ 圖 19-74 電影內容管理

◐ 圖 19-75 評論管理

◐ 圖 19-76 評論內容管理

19.6 在你的電腦上執行這個程式

這個程式很簡單，但功能算是一個完整網站的功能。讀者如果想執行這個程式，可以從書附程式的 GitHub 倉庫下載，然後安裝好相關的套件 (如 Python、Node、WSL2、Docker、MySQL 或 SQLite)，然後就可以執行了。

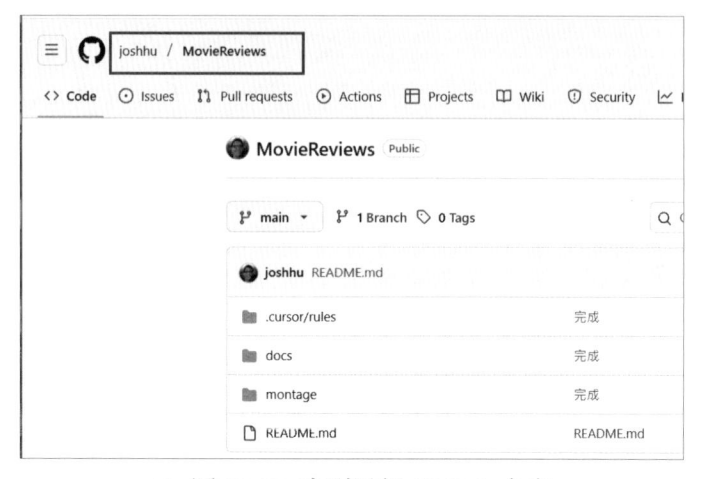

◯ 圖 19-77 來到這個 GitHub 倉庫

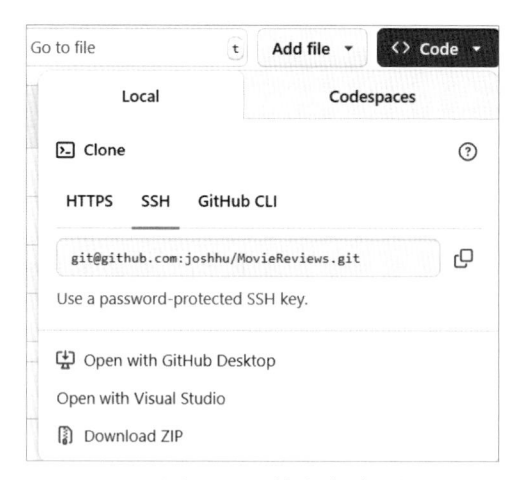

◯ 圖 19-78 拉取程式碼

19.6 在你的電腦上執行這個程式

△ 圖 19-79 事實上 Cursor 已經幫我寫好一個非常完整的 README.md 檔案，我們只要照著做就可以了

19.6.1 修改 .env 檔案

程式中的 .env 中有關 SMTP 的設定，要改成自己的 GMail 信箱，並且要去 Google 申請應用程式帳號，而 TMDB 的 API Key 則是免費的，只要申請一個帳號就可以使用。

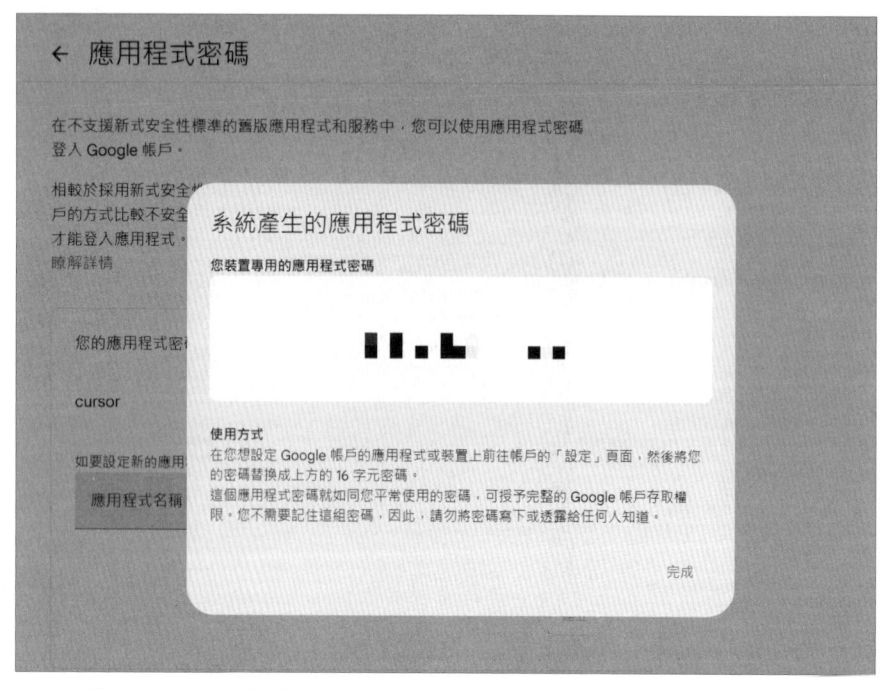

第 19 章　利用 PRD 建立完整系統

◯ 圖 19-80　.env 檔案中有關 Google 密碼的設定要自己去 Google 申請

19.7　用 TDD 的方式開發專案

本書重點在 Cursor，因此有關設計方法論的部份就請讀者自行參考其他書籍，但是以測試為基礎的開發方式 (Test-Driven Development, TDD) 是相當重要的一種方法論。

19.7.1　什麼是 TDD？

TDD 是一種軟體開發流程，在你寫真正的程式之前，先去寫測試，然後再讓程式碼通過這些測試。這個流程通常被稱為「紅 - 綠 - 重構」循環：

- 寫測試（Red）：先寫一段期望的測試，這時因為功能未實作，所以測試會失敗，你看到紅燈。
- 寫程式（Green）：接著只寫足夠讓測試通過的代碼，不求完美，只求過綠燈。
- 重構（Refactor）：在測試通過後，再改善代碼結構、清理多餘的程式碼，讓設計更優雅。

19.7.2 傳統開發方式 vs TDD

傳統流程：先寫功能，再寫測試。往往功能完成後才補測試，容易漏掉邊界情況或不好維護。

TDD 流程，就是先「空想」功能應該怎麼用（寫測試），測試失敗後，實作剛好能過測試的程式，通過後再最佳化程式碼。這樣不但能提高程式品質，也更容易設計出符合使用情境的功能介面。

為什麼強調「傳統的方式」與「重視過去的做法」，TDD 其實很符合這種態度：「追根究底」。

TDD 要你先想好需求，再設計測試，是一種重視邏輯與規格的方式，很有「回歸本質」的味道。

- 保持習慣與原則——重構這一步要求我們不斷改善品質，哪怕是小步改進，也是對「過去」設計的尊重與提升。
- 從小處維護大方向——TDD 鼓勵單元測試，一步一步確保每一部分都沒問題，有點像用老方法（測試）來守護新開發（程式碼）。
- 總結一句話，TDD 就是：「先寫測試、再寫程式、最後重構」，是一種能減少出錯又能反覆提升品質的開發方法。

第 19 章　利用 PRD 建立完整系統

19.7.3　要求 Cursor 撰寫測試用例

由於我們的程式是用傳統方式開發的，因此會將程式開發完成後再測試，這樣就不是 TDD 的精神了。但 Cursor 可以幫我們撰寫測試用例，在這種事後補救的檢查也不會是壞事。

只要在對話中輸入下面的提示詞，Cursor 就會開始撰寫測試用例。

> 請撰寫這個專案的測試用例，並且執行功能測試，在測試時，請使用 Playwright MCP Server 來執行功能測試，並且測試有誤就直接修正程式碼

之後就會看到 Cursor 開始工作，並且過程會不斷使用 Playwright MCP Server 開啟瀏覽器，然後修改程式碼。

19.7.4　在開發前就寫測試用例

如果你想體驗 TDD 真實的開發方式，可以在本專案的一開始就直接說明。例如：

> 依照 @file:docs/PRD.md、以及本專案的規則，開始建立應用程式，並且在開發前就寫好測試用例，並且執行功能測試，在測試時，請使用 Playwright MCP Server 來執行功能測試，並且測試有誤就直接修正程式碼

這樣，Cursor 就會在開發前就寫好測試用例，就是一個標準的 TDD 開發的方式。

▍19.8　本章小結

本章從 PRD 出發，示範如何用 Cursor 逐步把規格實作成可執行的網站。先完成開發環境與外部依賴（Python、Node、WSL2 與 Docker、MySQL 或 SQLite、TMDB API Key、必要的 MCP Server），再建立專用的模式與 Rules，並把 PRD 放入 docs/PRD.md 作為單一事實來源。接著透過對話驅動開發與自動

執行，讓 Cursor 建立專案骨架、反覆自我檢查與修正，最後以 Playwright MCP 啟動網站雛形。

實作階段我們補上關鍵資料，使用 .env 的 `TMDB_API_KEY` 撰寫資料填充程式匯入真實電影資料，並設定 GMail SMTP 完成寄送驗證信與連結回傳的驗證流程。功能完成後先做人工驗證，再請 Cursor 產出測試並以紅 - 綠 - 重構的節奏自動化驗證；若在專案一開始就撰寫測試，更能完整實踐 TDD。整體流程強調「清楚的規格、可執行的原型、可迭代的修正、可重複的驗證」，讓 Cursor 成為可靠的全端開發好幫手。

MEMO

20

Cursor 的實際應用與多語言支援

經過前面章節的學習，我們已經掌握了 Cursor 的核心功能，我們也在前面兩章介紹了實際的案例，現在讓我們來看看這些功能在實際開發中如何運用，以及如何支援不同的程式語言。這就像學會了各種工具後，要了解在什麼場合使用什麼工具最合適。

第 20 章　Cursor 的實際應用與多語言支援

20.1 網頁開發的完整流程

網頁開發是現代軟體開發中最常見的場景之一。Cursor 提供了完整的網頁開發支援，從專案規劃到最終部署都有相應的工具。如果你安裝了 MCP Server，甚至可以直接在 Cursor 中完成部署工作。

20.1.1 開發流程的視覺化管理

網頁開發是一個循環的過程，從規劃到實作，再到測試和改進。Cursor 支援使用 Mermaid 圖表來視覺化這個流程：

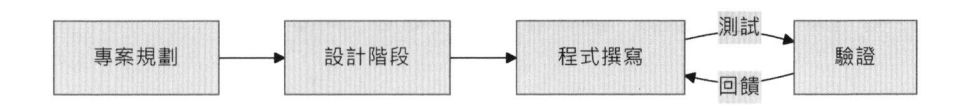

```
graph LR
  A[ 專案規劃 ] --> B[ 設計階段 ]
  B --> C[ 程式撰寫 ]
  C -- 測試 --> D[ 驗證 ]
  D -- 回饋 --> C
```

♠ 圖 20-1　網頁開發的流程

這個簡單的流程圖展示了網頁開發的基本步驟：規劃、設計、撰寫、測試，然後根據回饋進行改進。在 Cursor 中，你可以直接在 Markdown 檔案中使用這些圖表，AI 會理解整個開發脈絡。

20.1.2 UI 組件開發的最佳做法

在網頁開發中，保持 UI 組件的一致性很重要。Cursor 可以透過 Rules 來確保組件開發遵循最佳做法：

```
---
description: 實作設計並建構使用者介面
---
- 重複使用來自 /src/components/ui 的現有 UI 組件
- 如果找不到現有組件來解決問題，則透過組合 UI 組件來建立新組件
- 當缺少組件和設計時，詢問開發者希望如何進行
```

這個規則確保開發團隊優先使用現有的 UI 組件，避免重複開發，並在需要新組件時主動與開發者確認方向。

20.1.3 Issues 的概念與應用

任何程式開發都習慣用 Issues 來追蹤產品的問題，前提是你有安裝 GitHub。Issues 是軟體開發中用來追蹤和管理工作項目的基本單位，可以說是開發團隊的「完善待辦清單」。

Issues 最初用來記錄軟體錯誤，現在已擴展為管理各種工作項目，包括新功能開發、文件撰寫、效能改善等。每個 Issue 包含標題、描述、負責人、優先級、標籤等結構化資訊，並透過不同狀態（待處理、進行中、已完成）來追蹤工作進展。

20.1.4 Linear 專案管理工具

Linear 是專為軟體開發團隊設計的現代化 Issue 追蹤平台，以快速、簡潔、高效率為核心理念。

Linear 的主要特色包括極簡設計的介面、鍵盤優先的操作方式、即時同步功能，以及與 Git 整合的自動化功能。相較於傳統工具如 Jira，Linear 載入更快、操作更直覺，特別重視開發者的使用體驗。

你可以安裝 Linear 的 MCP Server，在 Cursor 中直接操作 Linear 的任務：

> 列出與此專案相關的所有議題

這種整合讓開發者無需離開編輯器就能管理專案進度，大幅提升工作效率。

20.1.5 設計工具的順暢整合

設計與開發的協作是網頁開發的重要環節。在現代開發流程中，設計工具與程式碼編輯器的整合變得越來越重要。

Cursor 支援與多種設計工具整合，特別是透過 MCP 協議可以直接存取設計檔案、同步設計變更，並自動產生對應的程式碼，大幅提升設計到開發的轉換效率，包括大家最愛用的 Figma，也早就透過 MCP Server 整合在 Cursor 的開發流程中了。

20.1.6 Figma 設計工具

Figma 是一個雲端式的介面設計工具，專門用於建立使用者介面、原型設計和設計系統管理。

Figma 的核心優勢包括即時協作功能（多人同時編輯）、可重複使用的組件系統、自動布局功能，以及適合開發者的規格輸出。與傳統設計工具不同，Figma 提供詳細的 CSS 屬性、間距、顏色代碼等，大幅減少設計與開發之間的溝通成本。

20.1.7 Figma 與 Cursor 的整合

你可以安裝 Figma 的 MCP Server，讓 Cursor 能夠直接存取 Figma 設計檔案。這種整合提供三大優勢：直接存取設計規格（顏色、字型、間距等）、AI 理解組件結構並建議對應的程式碼實作、以及設計變更時的程式碼同步提醒。

實際應用時，設計師在 Figma 中建立組件後，開發者可以在 Cursor 中查詢規格，AI 會自動生成對應的 CSS 與 JavaScript 程式碼。當設計更新時，開發者也能快速識別需要修改的程式碼部分。

20.2 架構圖表與系統設計

在複雜的專案中，清楚的架構圖表是不可或缺的。Cursor 內建對 Mermaid 圖表的全面支援，可以直接在程式碼中繪製各種系統圖表。

20.2.1 認識 Mermaid 圖表

Mermaid 是一個文字式的圖表和圖形工具，讓開發者可以使用簡單的文字語法來建立複雜的圖表。它的最大優勢是可以直接在 Markdown 檔案中撰寫，並且支援版本控制，非常適合軟體開發專案使用。

第 20 章　Cursor 的實際應用與多語言支援

Mermaid 支援多種圖表類型，常用的包括：

流程圖（Flowchart）：用於描述程序流程和決策邏輯

```
flowchart TD
    A[ 開始 ] --> B{ 條件判斷 }
    B -->| 是 | C[ 執行動作 A]
    B -->| 否 | D[ 執行動作 B]
    C --> E[ 結束 ]
    D --> E
```

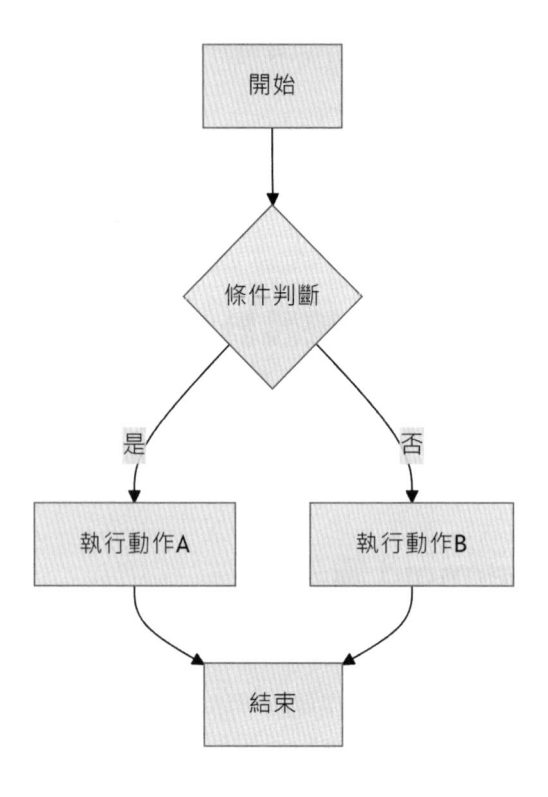

🎧 圖 20-2　流程圖

20.2 架構圖表與系統設計

序列圖（Sequence Diagram）：展示物件之間的互動時序

```
sequenceDiagram
    使用者 ->> 系統：登入請求
    系統 ->> 資料庫：驗證使用者
    資料庫 -->> 系統：驗證結果
    系統 -->> 使用者：登入成功
```

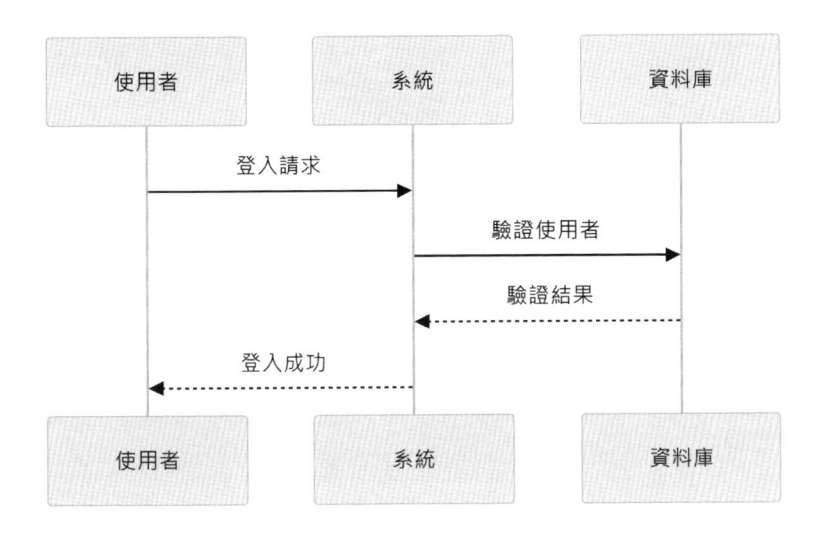

🎧 圖 20-3　序列圖

類別圖（Class Diagram）：描述系統的靜態結構

```
classDiagram
    class User{
        +String name
        +String email
        +登入()
        +登出()
    }
    class Admin{
        +管理使用者()
    }
    User <|--Admin
```

20-7

第 20 章　Cursor 的實際應用與多語言支援

```
          ┌─────────────────┐
          │      User       │
          ├─────────────────┤
          │ +String name    │
          │ +String email   │
          ├─────────────────┤
          │ +登入()         │
          │ +登出()         │
          └────────△────────┘
                   │
          ┌─────────────────┐
          │      Admin      │
          ├─────────────────┤
          │                 │
          ├─────────────────┤
          │ +管理使用者()   │
          └─────────────────┘
```

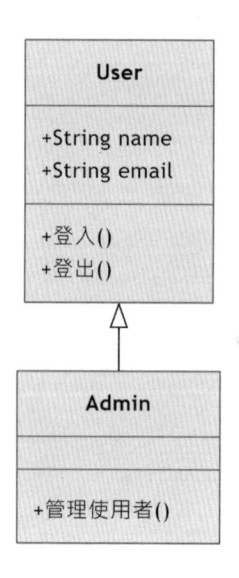

　　▲ 圖 20-4　類別圖

　　在 Cursor 中使用 Mermaid 圖表時，AI 不僅能理解圖表的結構和邏輯，還能根據圖表內容生成相應的程式碼。這讓設計和實作之間的橋接變得更加順暢。

20.2.2　序列圖的應用

　　序列圖特別適合描述系統間的互動流程。下面是一個典型的網頁應用互動範例：

```
sequenceDiagram
    participant User as 使用者
    participant Server as 伺服器
    participant Database as 資料庫

    User->>Server: 提交表單
    Server->>Database: 儲存資料
    Database-->>Server: 成功
    Server-->>User: 確認
```

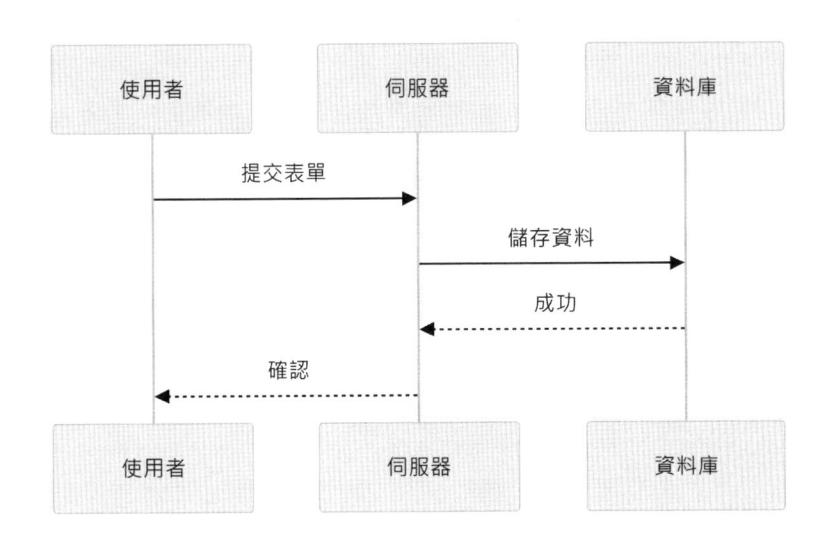

◐ 圖 20-5 序列圖

這個序列圖清楚展示了使用者提交表單、伺服器處理請求、資料庫儲存資料，以及回傳確認訊息的整個流程。在 Cursor 中，AI 能夠理解這些圖表並據此生成相應的程式碼。

20.3 多層級架構的 C4 模型

C4 模型是一種用來視覺化軟體系統架構的階層式模型。它提供從高階到低階的四個層級視圖，非常適合呈現系統的整體結構與細節。

C4 模型採用階層式抽象結構，可依使用者需求逐層放大或深入，如同 Google 地圖的「Overview → Zoom In → Details-on-demand」原則。前三層使用基本元素：「人（Person）」、「系統 (System)」、「容器 (Container)」、「組件 (Component)」、「關係 (Relationship)」，圖形簡單且易協作。

20.3.1 System Context（系統上下文圖）

描述目標系統與外部使用者與其他系統之間的互動關係，定義系統邊界、業務前提與外部依賴。這個層級適合所有人員（技術與非技術）閱讀。

```
graph TD
    User[ 使用者 ] --> WebApp[ 網頁應用程式 ]
    WebApp --> API[API 服務 ]
    API --> Database[( 資料庫 )]
    ExternalSystem[ 外部系統 ] --> API
    WebApp --> PaymentSystem[ 付款系統 ]
```

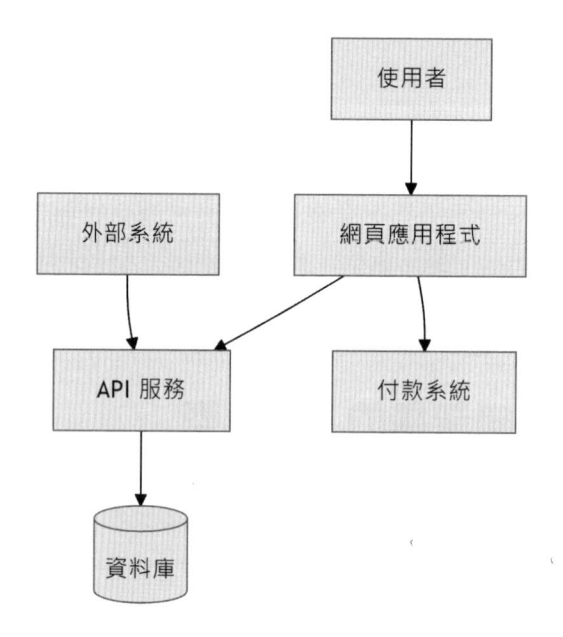

🎧 圖 20-6 System Context（系統上下文圖）

這個上下文圖清楚展示了系統與外部環境的互動關係，包括使用者、外部系統和付款系統等關鍵參與者。

20.3.2 Container Diagram（容器圖）

將系統拆解為可執行或部署的容器（如後端 API、前端應用、資料庫等），顯示容器之間的互動方式與技術選擇。適合對技術決策有興趣的產品與開發團隊。

```
graph TD
    subgraph " 網頁應用程式 "
        Frontend[ 前端 React 應用 ]
    end

    subgraph "API 服務 "
        Backend[ 後端 Node.js API]
    end

    subgraph " 資料儲存 "
        Database[(PostgreSQL 資料庫 )]
        Cache[(Redis 快取 )]
    end

    Frontend --> Backend
    Backend --> Database
    Backend --> Cache
```

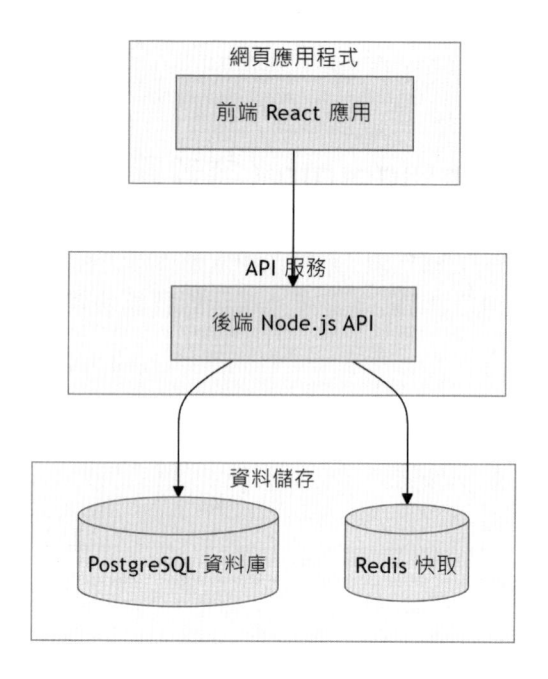

第 20 章　Cursor 的實際應用與多語言支援

▶ 圖 20-7　Container Diagram（容器圖）

容器圖展示了系統的主要技術組件，包括前端應用、後端 API 和資料儲存層，以及它們之間的互動關係。

20.3.3　Component Diagram（組件圖）

深入某一容器內部結構，展示內部的組件（功能模組）及其介面關係，可與其他容器或系統互動。適合架構師與開發工程師。

```
graph TD
    subgraph" API 服務內部組件 "
        AuthController[ 認證控制器 ]
        UserController[ 使用者控制器 ]
        PaymentController[ 付款控制器 ]
        AuthService[ 認證服務 ]
        UserService[ 使用者服務 ]
        PaymentService[ 付款服務 ]
```

```
end

AuthController --> AuthService
UserController --> UserService
PaymentController --> PaymentService
AuthService --> UserService
```

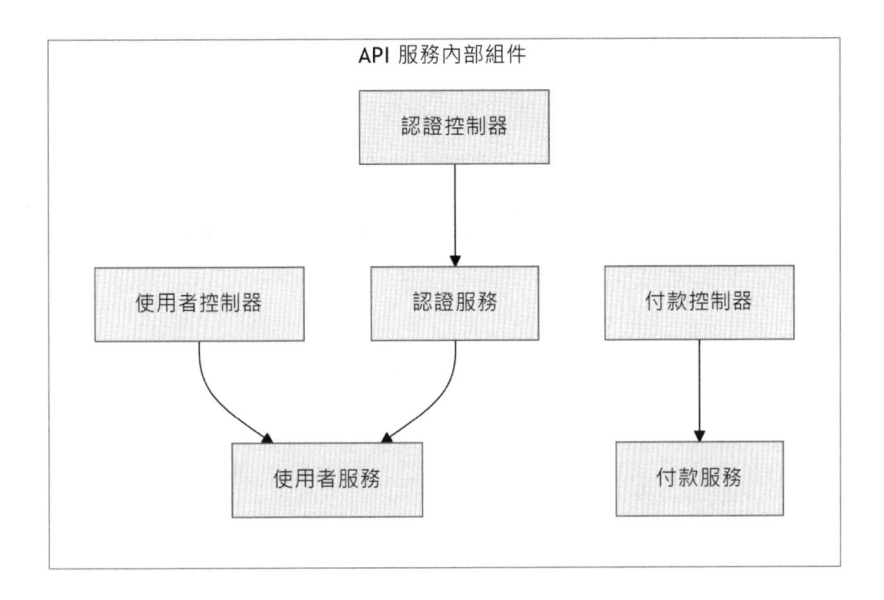

△ 圖 20-8　Component Diagram（組件圖）

組件圖深入展示 API 服務內部的具體模組，包括控制器層和服務層的分離，以及它們之間的依賴關係。

20.3.4 Code Diagram（程式碼圖）

提供單一組件的細節設計，如 UML 類別圖、ER 模型或 IDE 自動產生的視圖。極具技術深度，一般僅在需要時使用。

```
classDiagram
    class UserController{
        +getUser(id: string): Promise<User>
```

```
    +createUser(userData: UserInput): Promise<User>
    +updateUser(id: string,userData: UserInput): Promise<User>
    +deleteUser(id: string): Promise<void>
}

class UserService{
    -userRepository: UserRepository
    +findById(id: string): Promise<User>
    +create(userData: UserInput): Promise<User>
    +update(id: string,userData: UserInput): Promise<User>
    +delete(id: string): Promise<void>
    +validateUserData(userData: UserInput): boolean
}

class UserRepository{
    +findById(id:string): Promise<User>
    +save(user:User): Promise<User>
    +update(id:string,user:User): Promise<User>
    +delete(id:string): Promise<void>
}

class User{
    +id: string
    +email: string
    +name: string
    +createdAt: Date
    +updatedAt: Date
    +validate(): boolean
}

class UserInput{
    +email: string
    +name: string
    +password: string
}

UserController --> UserService: uses
UserService --> UserRepository: uses
UserRepository --> User: manages
UserService --> UserInput: validates
```

20.3 多層級架構的 C4 模型

```
┌─────────────────────────────────────────────────────┐
│                   UserController                    │
├─────────────────────────────────────────────────────┤
│                                                     │
├─────────────────────────────────────────────────────┤
│ +getUser(id: string) : : Promise                    │
│ +createUser(userData: UserInput) : : Promise        │
│ +updateUser(id: string, userData: UserInput) : : Promise │
│ +deleteUser(id: string) : : Promise                 │
└─────────────────────────────────────────────────────┘
                          │ uses
                          ▼
┌─────────────────────────────────────────────────────┐
│                    UserService                      │
├─────────────────────────────────────────────────────┤
│ -userRepository: UserRepository                     │
├─────────────────────────────────────────────────────┤
│ +findById(id: string) : : Promise                   │
│ +create(userData: UserInput) : : Promise            │
│ +update(id: string, userData: UserInput) : : Promise│
│ +delete(id: string) : : Promise                     │
│ +validateUserData(userData: UserInput) : : boolean  │
└─────────────────────────────────────────────────────┘
         │ uses                         │ validates
         ▼                              ▼
┌──────────────────────────────┐  ┌──────────────────┐
│       UserRepository         │  │    UserInput     │
├──────────────────────────────┤  ├──────────────────┤
│ +findById(id: string) : : Promise │ │ +email: string   │
│ +save(user: User) : : Promise     │ │ +name: string    │
│ +update(id: string, user: User) : : Promise │ │ +password: string │
│ +delete(id: string) : : Promise   │ └──────────────────┘
└──────────────────────────────┘
         │ manages
         ▼
┌──────────────────────────────┐
│            User              │
├──────────────────────────────┤
│ +id: string                  │
│ +email: string               │
│ +name: string                │
│ +createdAt: Date             │
│ +updatedAt: Date             │
├──────────────────────────────┤
│ +validate() : : boolean      │
└──────────────────────────────┘
```

🎧 圖 20-9 Code Diagram（程式碼圖）

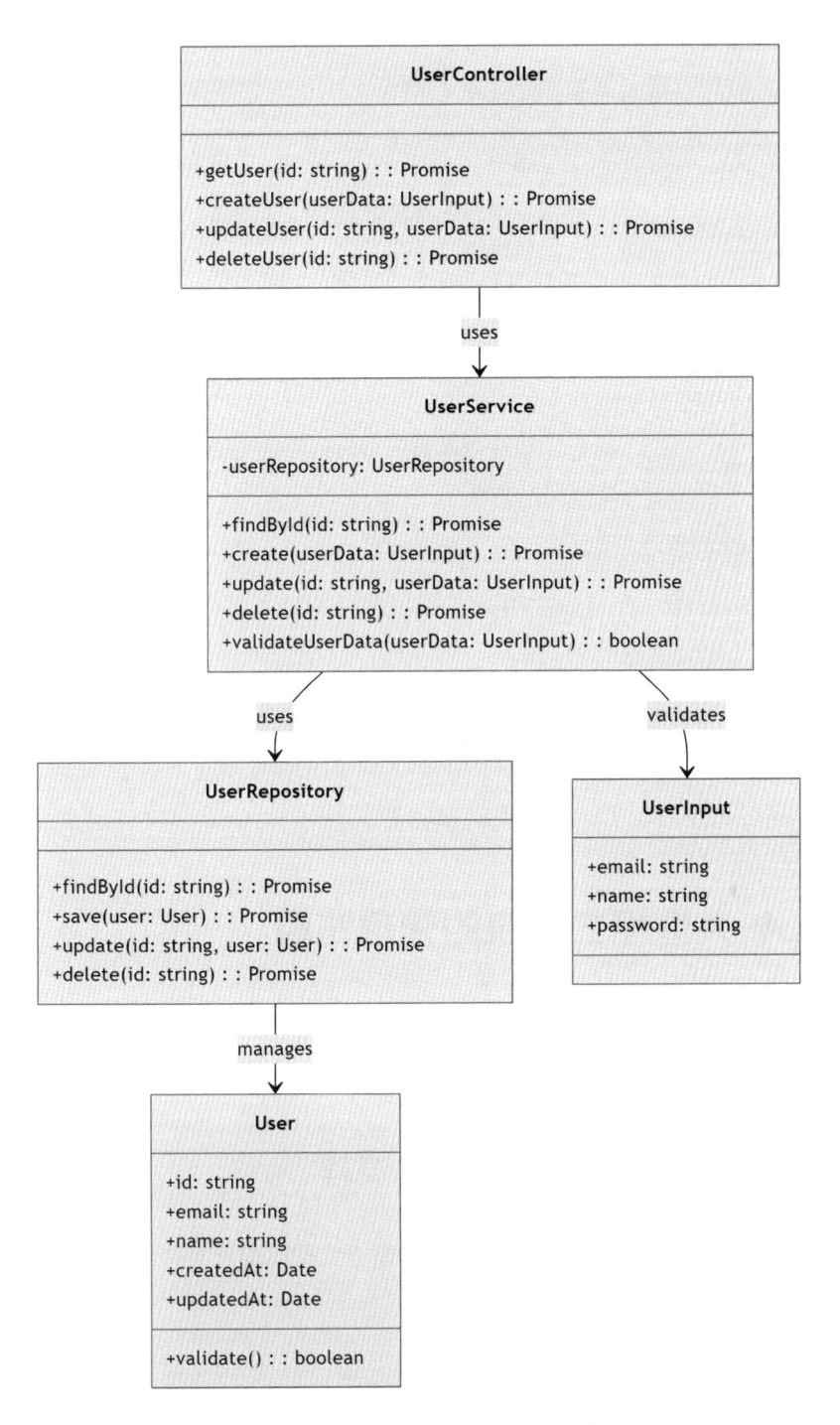

程式碼圖展示了 `UserController` 組件內部的詳細類別結構，包括控制器、服務層、資料存取層和實體類別之間的關係，以及它們各自的方法和屬性定義。

層級	說明	適合讀者
System Context(Level 1)	系統與外界關係，概覽全貌	業務、產品、技術、客戶
Container Diagram(Level 2)	系統內主要執行單元與其互動	產品與開發團隊
Component Diagram(Level 3)	容器內核心模組與介面	架構師與開發工程師
Code Diagram(Level 4)	組件內部類別、函式等實作細節	需要深入瞭解程式邏輯的技術人員

這種模型支援敏捷開發文化，輕量圖示輔佐溝通與設計，而非過度正式的文件。在 Cursor 中，你可以使用 Mermaid 語法來建立這些圖表，AI 能夠理解圖表結構並據此生成相應的程式碼。

建議每張圖包含：標題、圖例說明（顏色、樣式、縮寫等）、清晰標籤和簡短文字描述，以消除歧義。不一定要完整畫出所有四層；若說明上下文與容器結構即可滿足需求，Level 1 與 Level 2 已足夠。

20.4 大型程式碼庫的管理策略

當專案規模擴大時，如何有效管理和理解大型程式碼庫成為關鍵挑戰。Cursor 提供了專門針對大型程式碼庫的管理工具和工作流程。

20.4.1 理解與實作的循環工作流程

對於大型程式碼庫，Cursor 建議採用循環式的工作流程：

20.4 大型程式碼庫的管理策略

```
flowchart LR
    A[ 建立程式碼庫理解 ] --> B[ 定義結果與差異 ]
    B --> C[ 規劃變更 ]
    C --> D[ 實作變更 ]
    D --> A
```

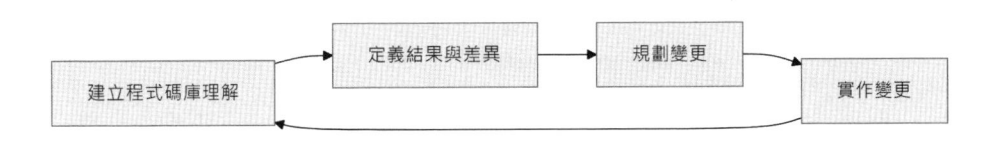

○ 圖 20-10 理解與實作的循環工作流程

這個流程強調了理解程式碼庫、定義目標、規劃變更、實作修改的循環過程。每次迭代都會加深對程式碼庫的理解，提升後續開發的效率。

20.4.2 Ask 與 Agent 模式的協作

在大型專案中，Cursor 的 Ask 模式和 Agent 模式有不同的用途：

```
flowchart LR
    A[ 上下文 ] -- Ask 模式 --> B[ 規劃 ]
    B -- Agent 模式 --> C[ 實作 ]
```

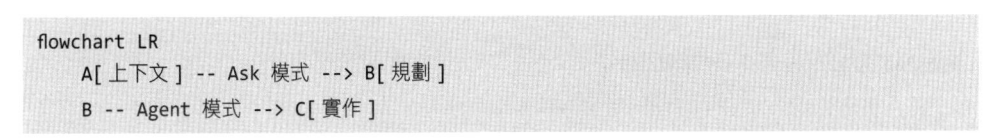

○ 圖 20-11 Ask 與 Agent 模式的協作

Ask 模式適合用於規劃和理解，而 Agent 模式則專注於具體的實作工作。這種分工讓開發者能夠更有效地處理複雜的開發任務。你可以使用 Ask 來建立一個計畫，然後使用 Agent 來實作。

20.4.3 規劃提示的範例

在開始新功能開發時,可以使用以下格式的規劃提示:

```
- 為如何建立新功能建立計畫（就像 @existingfeature.ts 一樣）
- 如果有任何不清楚的地方,請向我提問（最多 3 個問題）
- 確保搜尋程式碼庫

@Past Chats（我之前的探索提示）

這裡有來自專案管理工具的更多背景資訊:
[ 貼上的工單描述 ]
```

這個提示範例展示了如何讓 AI 參考現有功能、提出澄清問題、搜尋相關程式碼,並結合專案管理工具的資訊來制定開發計畫。

20.4.4 VS Code 前端服務的開發準則

對於大型前端專案,Cursor 提供了結構化的開發指南:

```
---
description: 新增 VS Code 前端服務
---

1. 介面定義:
   - 使用 createDecorator 定義新的服務介面,並確保包含 _serviceBrand 以避免錯誤。

2. 服務實作:
   - 在新的 TypeScript 檔案中實作服務,擴展 Disposable,並使用 registerSingleton 註冊為單例。

3. 服務貢獻:
   - 建立貢獻檔案來匯入和載入服務,並在主要進入點註冊。

4. 上下文整合:
   - 更新上下文以包含新服務,允許在整個應用程式中存取。
```

這個準則確保新服務的開發遵循一致的模式，包括介面定義、服務實作、貢獻檔案建立和上下文整合等步驟。

20.4.5 TypeScript 專案的格式化標準

對於大型 TypeScript 專案，統一的程式碼風格非常重要：

```
---
globs: "*.ts"
---
- 使用 bun 作為套件管理器。請參考 package.json 查看指令
- 檔案名稱使用 kebab-case
- 函式和變數名稱使用 camelCase
- 硬編碼常數使用 UPPERCASE_SNAKE_CASE
- 偏好使用 function foo() 而不是 const foo = ()
- 使用 Array<T> 而不是 T[]
- 使用命名匯出而不是預設匯出，例如 (export const variable..., export function )
```

這些標準包括套件管理、命名慣例、函式宣告風格和匯入匯出模式，確保整個專案的程式碼風格一致。

20.5 文件工具的靈活運用

現代開發離不開各種文件和資料的查詢，Cursor 提供了多種文件工具來滿足不同的需求。

20.5.1 文件工具的選擇策略

不同的資訊需求適合使用不同的文件工具：

```
flowchart TD
    A[ 你需要什麼資訊？ ] --> B[ 公開的框架 / 函式庫 ]
    A --> C[ 最新的社群知識 / 疑難排解 ]
    A --> D[ 內部公司資訊 ]
```

第 20 章　Cursor 的實際應用與多語言支援

```
    B --> E[ 需要官方文件嗎？]
    E -->| 是 | F[ 使用 @Docs<br/>
API 參考、指南、最佳做法 ]
    E -->| 否 | G[ 使用 @Web<br/>
社群教學、比較 ]

    C --> H[ 使用 @Web<br/>
最新貼文、GitHub issues]

    D --> I[ 有現有的 MCP 整合嗎？]
    I -->| 有 | J[ 使用現有 MCP<br/>
Confluence、Google Drive 等 ]
    I -->| 沒有 | K[ 建立自訂 MCP<br/>
內部 API、專有系統 ]

    style F fill:#e1f5fe
    style G fill:#e8f5e8
    style H fill:#e8f5e8
    style J fill:#fff3e0
    style K fill:#fce4ec
```

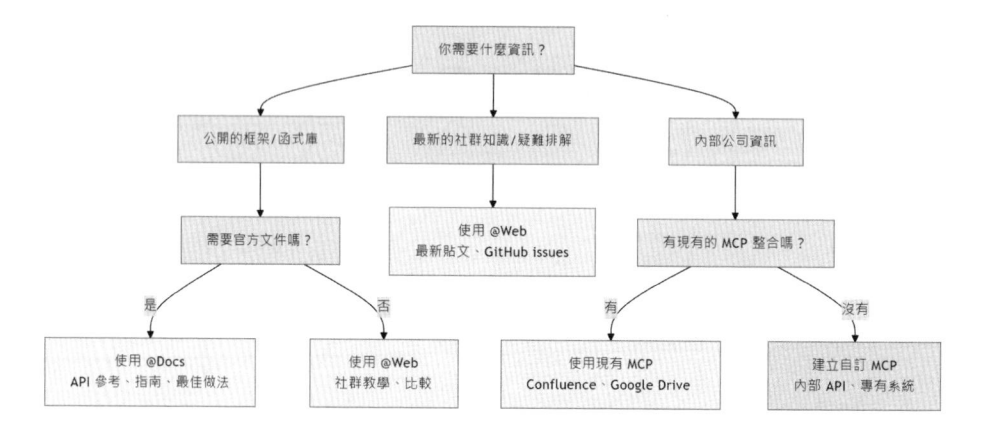

🔊 圖 20-12　文件工具的選擇策略

20.5 文件工具的靈活運用

這個決策樹幫助開發者根據資訊類型選擇最適合的工具：官方文件用 @Docs、社群知識用 @Web、內部資訊用 MCP。

20.5.2 各工具的使用心理模型

每個文件工具都有其特定的使用場景：

工具	心理模型
@Docs	就像瀏覽官方文件
@Web	就像在網路上搜尋解決方案
MCP	就像存取內部文件庫

20.5.3 @Docs 工具的使用範例

當需要查詢官方文件時，可以這樣使用：

```
[
  {"type": "mention","text": "@Docs Next.js"},
  {"type": "text","text": " 如何設定動態路由與萬用路由？ "}
]
```

這個範例展示了如何查詢 Next.js 的動態路由設定方法。

此外，我們既然安裝了 context7 這個 MCP Server，這可以一直維持最新的文件進度。你可以在每次和 Cursor 對話時，都在後面加一句「use context7」，這樣就可以一直維持最新的文件進度。但這樣有點麻煩，你可以將使用 context7 設定為預設值，只要在你的專案中建立一個 Rule，內容如下：

```
[[calls]]
match = "when the user requests code examples, setup or configuration steps,
markdown documents, or library/API documentation"
tool  = "context7"
```

這樣每次都會直接先去搜尋 context7 的文件，然後再進行後續的搜尋。

20.5.4 @Web 工具的搜尋應用

對於最新的社群知識，@Web 工具非常有用：

```
[
  {"type": "mention","text": "@Web"},
  {"type": "text","text":" React 19 的最新效能最佳化 "}
]
```

這可以幫助你找到 React 19 的最新效能最佳化技巧。

20.6 Python 開發環境的設定

Python 是當今最受歡迎的程式語言之一，Cursor 提供了全面的 Python 開發支援，包括程式碼檢查、格式化和類型檢查等功能。

20.6.1 Python 開發工具的安裝

常常碰到 MCP 或 Cursor 無法執行的問題，就是因為沒有安裝相關的工具。Python 之前流行的是 conda，但因為其安裝的相依套件太多了，因此大家現在流行使用 uv 來管理 Python 的套件。Cursor 官方是建議使用 uv 來管理 Python 的套件，因此我們也使用 uv 來管理 Python 的套件。

這些都可以根據個人的喜好來安裝。這些工具各有不同用途：PyLint 用於程式碼品質檢查、MyPy 負責類型檢查、Black 和 Ruff 提供程式碼格式化功能，而 uv 則是更快的套件管理替代方案。

20.6.2 Cursor 中的 Python 設定

如果你希望 Cursor 能在 Python 的開發上更方便，下面就是幾個重要的設定。

設定 PyLint 檢查：

```
{
    "python.linting.enabled": true,
    "python.linting.pylintEnabled": true,
    "python.linting.lintOnSave": true
}
```

設定 MyPy 類型檢查：

```
{
    "python.linting.mypyEnabled": true
}
```

設定 Black 格式化：

```
{
    "python.formatting.provider": "black",
    "editor.formatOnSave": true,
    "python.formatting.blackArgs":[
        "--line-length",
        "88"
    ]
}
```

這些設定確保 Python 程式碼在儲存時自動執行檢查和格式化，維持程式碼品質。

20.6.3 偵錯輸出的使用

在開發過程中，適當的偵錯輸出能幫助理解程式執行狀況：

```
print("偵錯中:...")
```

雖然簡單，但這種偵錯方式在配合 Cursor 的 Agent 功能時特別有效，AI 可以讀取這些輸出並據此調整後續的程式碼建議。

第 20 章　Cursor 的實際應用與多語言支援

20.7　JavaScript 與 Swift、Java 開發支援

除了 Python，Cursor 也為其他主流程式語言提供了開發支援。

20.7.1　Swift 開發環境設定

對於 Swift 開發，需要安裝相關的命令列工具：

```
# 安裝 Xcode Build Server（無需開啟 Xcode 即可建置專案）
brew install xcode-build-server

# 安裝 xcbeautify（美化 xcodebuild 輸出）
brew install xcbeautify

# 安裝 SwiftFormat（進階格式化功能）
brew install swiftformat
```

這些工具讓 Swift 開發更加順暢，特別是在不使用 Xcode 的情況下執行開發。

20.7.2　Java 開發環境驗證

對於 Java 開發，首先需要確認 JDK 安裝正確：

```
# 檢查 Java 版本
java-version

# 檢查 Java 編譯器版本
javac-version
```

手動設定 JDK 路徑：

```
{
  "java.jdt.ls.java.home": "/path/to/jdk",
  "java.configuration.runtimes":[
```

```
  {
    "name": "JavaSE-17",
    "path": "/path/to/jdk-17",
    "default": true
  }
]
}
```

如果 Cursor 無法自動偵測 JDK，可以透過這些設定手動指定路徑。

20.7.3 Chat 工具的多樣化應用

Cursor 提供了多種 Chat 工具來輔助開發：

程式碼庫搜尋：

```
Codebase:
  描述：在你已索引的程式碼庫中執行語意搜尋。
  參數：
    -query( 字串 )：語意搜尋查詢。
```

網路搜尋：

```
Web:
  描述：生成搜尋查詢並執行網路搜尋。
  參數：
    -query( 字串 )：網路搜尋查詢。
```

準確搜尋：

```
Grep:
  描述：在檔案中搜尋準確的關鍵字或模式。
  參數：
    -pattern( 字串 )：要搜尋的關鍵字或模式。
    -file_paths( 字串陣列 , 可選 )：要搜尋的特定檔案。
```

規則擷取：

```
Fetch Rules:
  描述：根據規則類型和描述擷取特定規則。
  參數：
    -rule_type( 字串 , 可選 )：要擷取的規則類型。
    -description_keywords( 字串 , 可選 )：在規則描述中比對的關鍵字。
```

這些工具包括從語意搜尋到準確模式比對的各種需求,讓開發者能夠快速找到相關資訊。

20.8 Rules 自動化與工作流程最佳化

透過 Rules 功能,我們可以建立各種自動化工作流程,提升開發效率。

20.8.1 應用程式分析自動化

```
當我要求分析應用程式時：

1. 使用 npm run dev 執行開發伺服器
2. 從控制台擷取日誌
3. 建議效能改善方案
```

這個規則會在請求分析應用程式時自動執行開發伺服器、收集日誌並提供效能改善建議。

20.8.2 Express 服務範本提供

```
建立新的 Express 服務時使用此範本：

* 遵循 RESTful 原則
* 包含錯誤處理中介軟體
* 設定適當的日誌記錄
```

```
@express-service-template.ts
```

這個規則確保新的 Express 服務都遵循 RESTful 原則、包含錯誤處理中介軟體並設定適當的日誌記錄。

20.8.3 自訂模式的設定

除了內建模式，你還可以建立專門的自訂模式：

```
研究模式設定：
描述：在建議解決方案之前，從各種來源收集廣泛資訊，包括網路搜尋和程式碼庫探索。
工具：
  -Codebase
  -Web
  -Read file
  -Search files
自訂指令：
 - 在建議解決方案之前從多個來源收集全面資訊
```

這個研究模式會在提供解決方案之前先從多個來源收集詳細資訊，適合用於複雜問題的深入分析。

20.9 深度連結與安裝自動化

Cursor 支援深度連結功能，讓 MCP 伺服器的安裝和設定變得更方便。

20.10 上下文管理的進階技巧

有效的上下文管理是 AI 輔助開發成功的關鍵，Cursor 提供了多種上下文管理策略。

20.10.1 上下文流程的理解

```
flowchart LR
    A["意圖（你想要什麼）"] --> C[ 模型 ]
    B["狀態（真實情況）"] --> C
    C-- 預測 --> D["行動（它做什麼）"]
```

這個流程圖說明了上下文如何影響 AI 的決策過程：意圖上下文（你想要什麼）和狀態上下文（實際情況）共同驅動模型產生合適的行動。

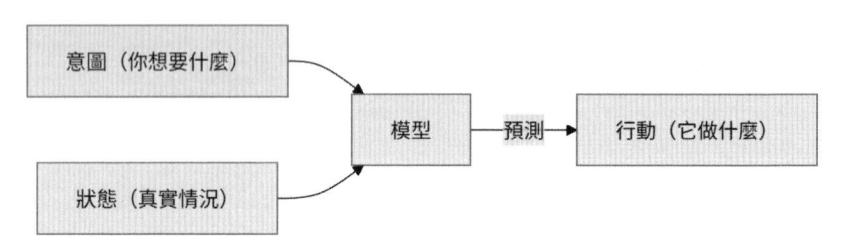

● 圖 20-13 有關上下文的流程圖

20.10.2 `.cursorignore` 的進階用法

除了基本的忽略模式，Cursor 還支援更複雜的忽略規則：

```
# 忽略整個程式碼庫
*

# 但不忽略 app 目錄
!app/

# 忽略任何目錄下的 logs 目錄
/logs
```

這些規則可以準確控制哪些檔案和目錄被 AI 索引和處理。

20.11 本章小結

本章深入探討了 Cursor 在實際開發場景中的進階應用。我們學習了網頁開發的完整流程，包括專案管理工具整合、設計工具協作和 UI 組件開發的最佳做法。

在架構設計方面，我們了解了如何使用 Mermaid 圖表來視覺化系統架構，從序列圖到多層級的 C4 模型都有詳細介紹。對於大型程式碼庫的管理，我們學習了循環式工作流程和規劃策略。

文件工具的運用也是重點內容，包括 @Docs、@Web 和 MCP 的選擇策略，以及如何建立自訂的 MCP 伺服器來存取內部文件。

在多語言支援方面，我們詳細介紹了 Python、Swift 和 Java 的開發環境設定，以及各種程式碼品質工具的整合使用。

最後，我們探索了 Rules 自動化、深度連結功能和進階的上下文管理技巧，這些都是提升開發效率的重要工具。

掌握這些進階技巧後，你就能充分發揮 Cursor 的潛力，無論是小型專案還是大型應用開發，都能得心應手。下一章我們將總結整本書的內容，並展望 AI 輔助開發的未來趨勢。

第 20 章　Cursor 的實際應用與多語言支援

MEMO

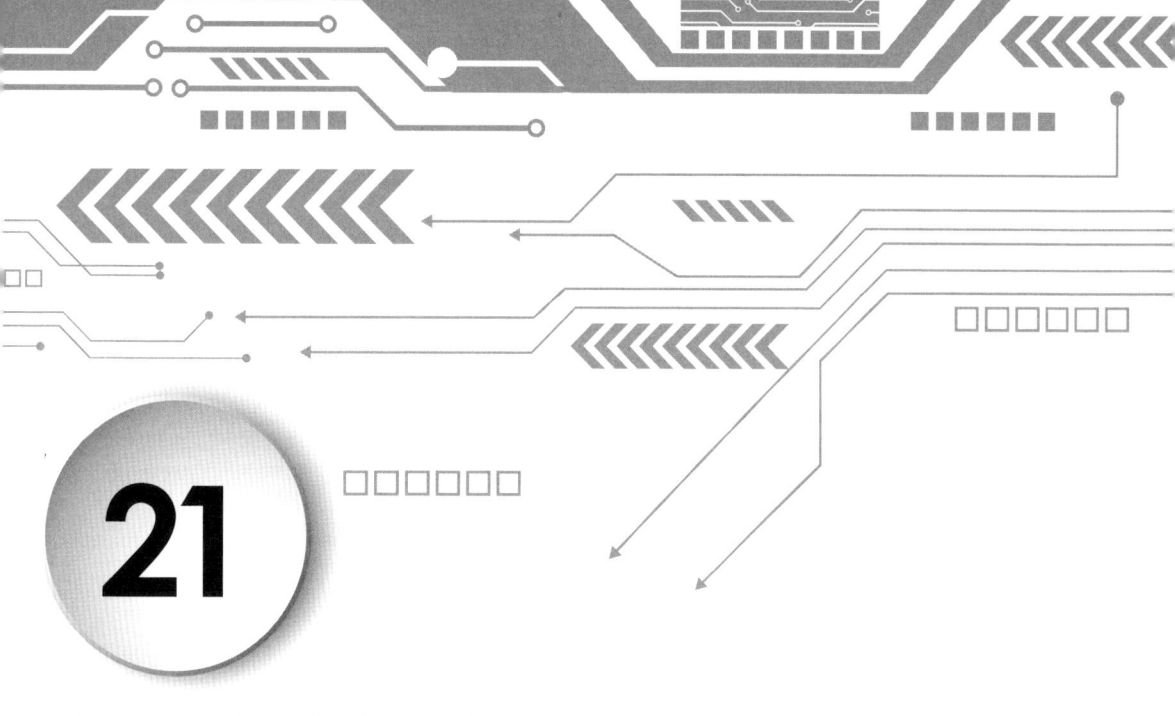

21 極簡快速的開發方式 - Cursor CLI

　　本書付梓在即，正準備開始校稿時，沒想到同一天重磅出現兩個產品，一個是 GPT-5，另一個就是 Cursor CLI 了。事實上自從 OpenAI 推出了第一個 CLI 的產品 OpenAI Codex CLI，大家發現原來軟體工程師真正感到自在的場域，竟是文字介面的 CLI。再加上 Agent 的功能，真正解放了專案開發與 CI/CD 的流程。

第 21 章　極簡快速的開發方式 - Cursor CLI

▶ 圖 21-1　GPT-5 的推出

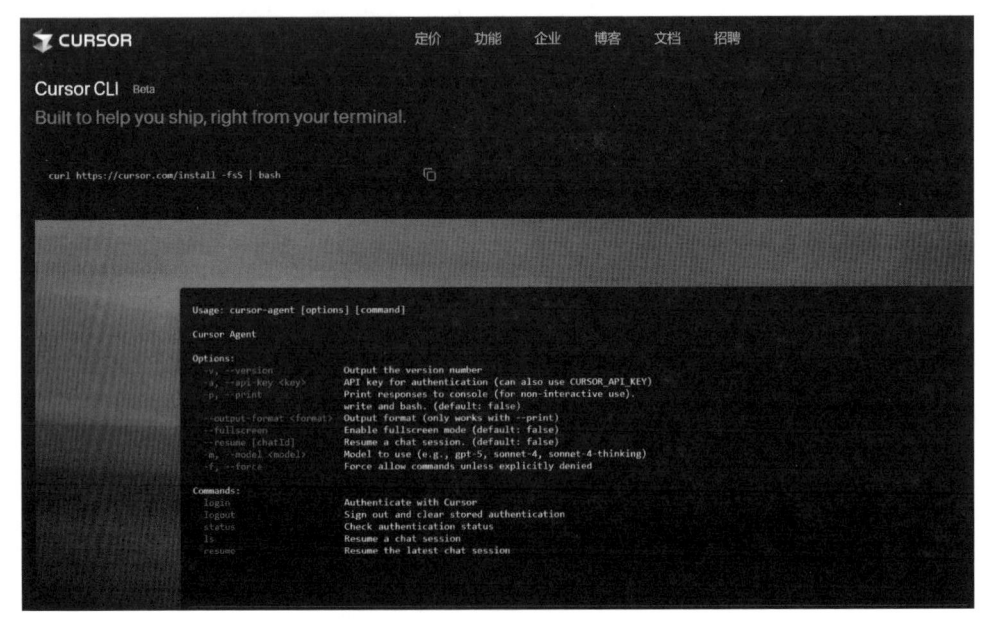

▶ 圖 21-2　Cursor CLI 的推出

隨著各大公司推出極好用的 CLI，如 Claude 的 Claude Code、Google 的 Gemini CLI，在 2025 年的 8 月 8 日，Cursor 也如大家所願推出了最重要的產品 Cursor CLI。

Cursor 不只是圖形化介面的編輯器，也提供了多種方式讓開發者在終端機中使用 AI 輔助功能。本章將介紹如何安裝 Cursor 命令列工具、在終端機中使用 AI 功能，以及如何整合到開發流程中。

21.1 安裝 Cursor CLI

21.1.1 為什麼要用 CLI，用 Cursor 不就好了？

以下整理幾個常見理由，說明為什麼許多開發者偏好使用 AI CLI 而非傳統 IDE：

1. 效率與速度提升：CLI 工具省去視窗切換，動作全靠鍵盤，對熟悉終端的使用者來說效率大增。

2. 資源佔用低、環境簡潔：相較於 GUI，CLI 工具對系統資源需求低，特別適合遠端或資源有限環境使用。

3. 強大的自動化與腳本整合能力：CLI 工具可嵌入 CI/CD、腳本流程中，實現自動化操作，而 GUI 通常較難直接整合。

4. 專注力更強、介面零干擾：沒有圖形介面干擾，CLI 更能保持開發專注度。

5. 模型與供應商可選擇、客製化高：可自由選用不同 AI 模型（如 OpenAI、Anthropic，甚至本地模型），控制隱私與成本。

6. 企業治理與安全性佳：CLI 工具易於本機執行與審計，便於滿足企業對內部部署與安全的需求。

Cursor CLI 目前只支援 Linux 系列的作業系統，包括 Linux 和 macOS。如果是 Windows 11 的使用者，要執行在 WSL 的環境下。不管是 Linux、macOS 或是 WSL，都必須要先安裝 `curl`，才能執行安裝指令：

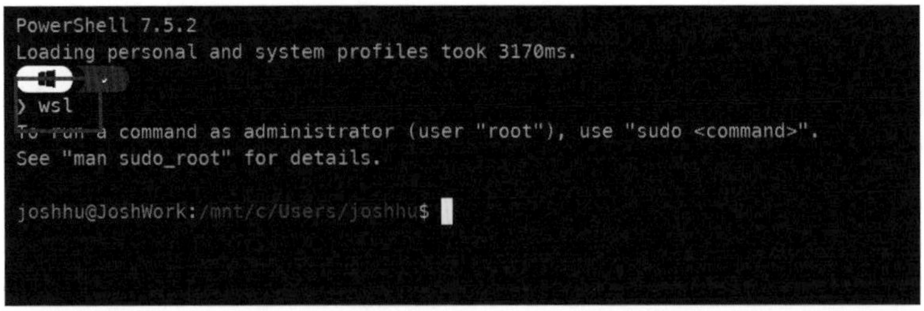

第 21 章　極簡快速的開發方式 - Cursor CLI

○ 圖 21-3　如果是 Windows 11，目前只支援 WSL 環境

21.1.2 安裝指令

Cursor CLI 的執行指令是 `cursor-agent`，下面就是安裝指令：

```
curl https://cursor.com/install-fsS | bash
```

這個指令會：

- 下載最新版本的 Cursor CLI

- 自動安裝到適當的目錄（通常是 `~/.local/bin`）

- 設定必要的執行權限

要在任何目錄下執行，在系統下要設定環境變數路徑才行，下面是方法：

bash 使用者：

```
echo 'export PATH="$HOME/.local/bin:$PATH"' >> ~/.bashrc
source ~/.bashrc
```

zsh 使用者：

```
echo 'export PATH="$HOME/.local/bin:$PATH"'>> ~/.zshrc
source ~/.zshrc
```

21.1 安裝 Cursor CLI

◐ 圖 21-4 開始安裝

◐ 圖 21-5 設定路徑

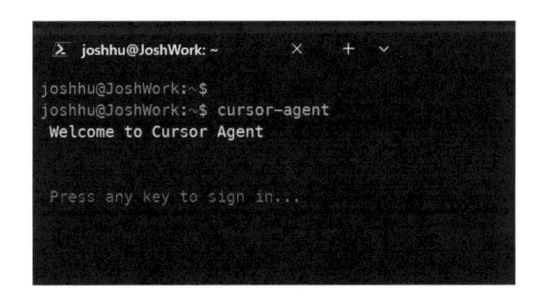

◐ 圖 21-6 執行後需要登入

設定完成後，開啟新的終端機視窗，就可以直接使用 cursor-agent 指令了。

21-5

21.1.3 使用者登入

使用者登入是使用者第一次使用 Cursor CLI 時,需要進行登入的動作。登入後,才能使用 Cursor CLI 的各種功能。只要照著下面的圖來進行即可。

◯ 圖 21-7 啟動瀏覽器登入

◯ 圖 21-8 Cursor 使用者的登入

◯ 圖 21-9 登入完成

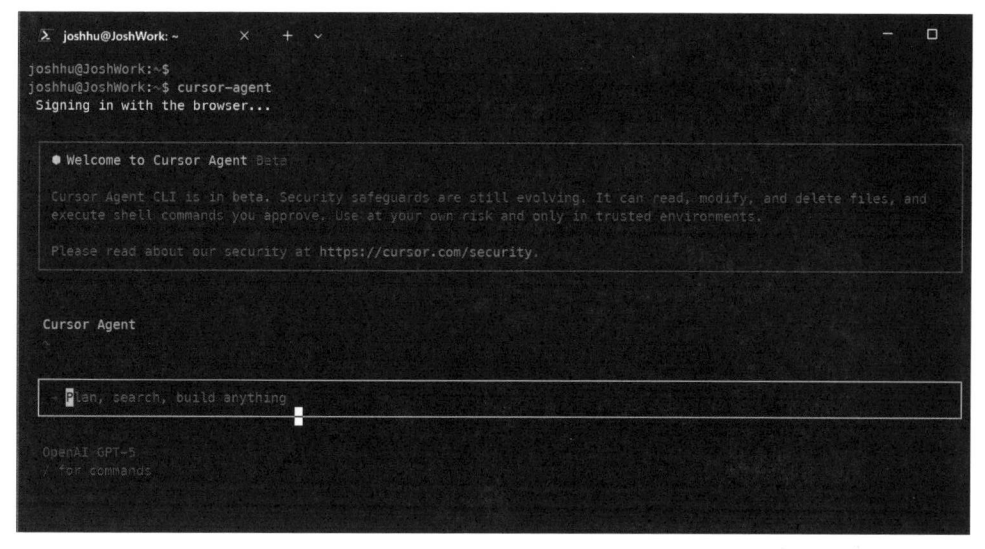

🎧 圖 21-10 可以直接開始互動模式使用了

21.2 基本的使用

Cursor CLI 有兩種使用方式，一種是互動模式，一種是非互動模式。我們就來看看。

21.2.1 非互動模式

使用 -p 參數來指定任務，它不會進入 Cursor CLI 的介面中，而是會在終端機中直接執行指令。下面就是例子：

```
cursor-agent-p "修復目前所在專案的效能問題"
```

你還可以指定特定的 AI 模型：

```
cursor-agent -p "檢查此專案程式碼的安全性問題" --model "gpt-5"
```

第 21 章　極簡快速的開發方式 - Cursor CLI

```
joshhu@JoshWork:~$
joshhu@JoshWork:~$ cursor-agent -p "檢查此專案程式碼的安全性問題" --model "gpt-5"
{"type":"system","subtype":"init","apiKeySource":"login","cwd":"/home/joshhu","sessi
806a5dce","model":"OpenAI GPT-5","permissionMode":"default"}
{"type":"user","message":{"role":"user","content":[{"type":"text","text":"檢查此專案
"1c62a26d-4edf-4bac-aa78-6059806a5dce"}
{"type":"assistant","message":{"role":"assistant","content":[{"type":"text","text":
bac-aa78-6059806a5dce"}
{"type":"assistant","message":{"role":"assistant","content":[{"type":"text","text":
```

∩ 圖 21-11　檢查安全性問題，會有詳細的報告

如果需要將結果用於後續處理，可以指定輸出格式：

```
cursor-agent -p "審查這些變更的安全性問題" --output-format text
```

非互動模式特別適合自動化腳本、CI 流程和批次處理等場景。透過適當的參數設定，可以讓 Cursor CLI 完全自動執行任務。

使用 -p 參數執行單次任務：

```
cursor-agent -p "檢查程式碼品質並產生報告" --output-format text
```

結合輸出格式控制，適合腳本處理：

```
# 產生 JSON 格式的結構化輸出
cursor-agent -p "分析專案結構" --output-format json > analysis.json

# 產生純文字格式的報告
cursor-agent -p "產生測試覆蓋率報告" --output-format text > coverage.txt
```

在 CI 流程中使用的範例：

```
#.github/workflows/code-review.yml
-name: AI 程式碼審查
  run: |
    cursor-agent -p "審查這次提交的變更，檢查安全性和效能問題"\
      --output-format json > review-results.json
```

21-8

21.2 基本的使用

非互動模式的主要優勢是能夠整合到現有的開發工具鏈中，實現完全自動化的 AI 輔助開發流程。

這邊列出所有 Cursor CLI 的指令：

參數	說明	預設值
-v,- -version	顯示版本編號碼	-
-a,- -api-key <key>	用於驗證的 API 金鑰（也可使用 CURSOR_API_KEY 環境變數）	-
-p, --print	將回應列印到主控台（用於腳本或非互動使用）。可存取所有工具，包括寫入和 bash	false
--output-format <format>	輸出格式（僅適用於 --print）：text|json |stream-json	"stream-json"
--fullscreen	啟用全螢幕模式	false
--resume [chatId]	恢復對話會話	false
-m, --model <model>	要使用的模型（例如：gpt-5、sonnet-4、sonnet-4-thinking）	-
-f, --force	強制允許指令，除非明確拒絕	false
-h, --help	顯示指令說明	-

指令	說明
login	向 Cursor 進行身分驗證
logout	登出並清除儲存的身分驗證
status	檢查身分驗證狀態
update|upgrade	將 Cursor Agent 更新到最新版本
ls	恢復對話會話
resume	恢復最新的對話會話
help [command]	顯示指令說明

21.2.2 互動模式

如果輸入 cursor-agent，就會進入互動模式。互動模式下，可以與 AI 進行對話，AI 會根據對話的內容，提供建議。Cursor CLI 的功能太強大，足足可以再寫一本書，因此本書不會多作介紹，基本上你可以在 Cursor CLI 下做任何 Cursor IDE 可以做的事，但 CLI 一定比較簡潔，快速，直覺，但也比較難掌握。

Cursor 為何要推出 CLI？主要還是因應目前 AI Agent 的流行。有了 Cursor CLI，你可以讓他在背景同時進行好幾個工作，例如一邊寫前端一邊寫後端，並且在前端後端完成之後進行自動測試等功能。我們在這邊就不多說，留到下一節進行示範。

互動模式就是一個聊天視窗，就直接進行對話即可。它也有一些指令，我們就先看一下常用指令。

指令	說明
/model <model>	設定或列出模型
/auto-run[state]	切換自動執行（預設）或設定 [on|off|status]
/new-chat	開始新的對話會話
/clear	開始新的對話會話
/vim	切換 Vim 按鍵模式
/help[command]	顯示說明 (/help[cmd])
/feedback <message>	與團隊分享意見回饋
/resume <chat>	根據資料夾名稱恢復先前的對話
/copy-req-id	複製最後的請求 ID
/logout	從 Cursor 登出
/quit	結束

21.2.3 會話管理功能

Cursor CLI 提供了強大的會話管理功能，讓你能夠維持多次互動的上下文關聯性。這對於需要持續開發的專案特別有用，因為 AI 可以記住之前的對話內容。

要查看所有先前的對話記錄：

```
cursor-agent ls
```

這個指令會列出所有的對話會話，包括會話 ID 和簡要描述。

要恢復最近的對話：

```
cursor-agent resume
```

如果要恢復特定的對話會話，需要提供會話 ID：

```
cursor-agent --resume="chat-id-here"
```

其中 `chat-id-here` 是你從 `cursor-agent ls` 指令中看到的會話識別碼。

21.3 進階用法

Cursor CLI 和 IDE 一樣，都支援 Rules、MCP 等重要上下文管理及工具使用，但目前最強大的 CLI 工具應該還是 Claude Code，但 Cursor 已經開始進入這個賽道了，相信在 IDE 上做成第一名的 Cursor，也會馬上趕上來。我們就來看看一些比較基本的用法。

21.3.1 MCP 模型上下文協定支援

Cursor CLI 內建支援 MCP（Model Context Protocol），這個協定讓代理能夠使用擴充功能和外部整合工具。CLI 會自動偵測並套用你在 IDE 中設定的 MCP 組態。

當專案根目錄存在 `mcp.json` 設定檔時，CLI 會自動載入相關設定。如果你是 macOS 或 Linux 的使用者，會共用 `~/.cursor/mcp.json` 的設定檔，如果你是 Windows 的使用者，因為你的 Cursor CLI 是安裝在 WSL 中，因此你的 WSL 必須安裝好該有的 `nodejs` 套件才能使用 MCP。如果你已經安裝了 Docker Desktop，那麼 WSL 的環境下，就可以使用 Docker Desktop 的 MCP 功能。

如果是 Windows 11 的 WSL 使用者，別忘了在 WSL 的指令視窗中，在 WSL 的家目錄 (和 Windows 的家目錄不一樣) 中建立 `.cursor/mcp.json` 這個檔案，然後安裝好 `nodejs` 及確定可以使用 Docker，就可以將 Cursor IDE 中的 `mcp.json` 複製到 WSL 的家目錄下了。

```
#CLI 會自動讀取專案中的 mcp.json
cursor-agent-p " 使用已設定的 MCP 工具來分析資料庫效能 "
```

這表示你在 IDE 中設定的所有 MCP 伺服器和工具，在 CLI 環境中也能直接使用，保持一致的開發體驗。

檢查目前載入的 MCP 工具：

```
cursor-agent-p " 列出目前可用的 MCP 工具和功能 "
```

這邊我們使用一個簡單的例子來示範，我們使用一個簡單的 MCP Server，這個 MCP Server 就是前面提的 `@upstash/context7-mcp`，這個 MCP Server 可以讓你使用 Context7 的模型來進行對話。

◐ 圖 21-12　詢問問題

◐ 圖 21-13　使用 Context7 的模型來進行對話

21.3.2　使用 Rules

和 Cursor IDE 一樣，全域等級的 Rules 放在 ~/.cursor/rules 中，而專案等級的 Rules 放在專案根目錄的 .cursor/rules 中。如果是 Linux 或 macOS 的使用者就和 Cursor IDE 共用了，Windows 的 WSL 使用者還是得自己建立 WSL 家目錄下的全域 Rules。CLI 代理支援與 IDE 相同的規則系統，讓你能夠

為不同的專案部分或檔案類型客製化代理的行為。規則檔案會根據設定自動載入和套用。

CLI 會自動讀取以下位置的規則檔案：

- `.cursor/rules` 目錄中的規則檔案

- 專案根目錄的 `AGENT.md` 檔案

- 專案根目錄的 `CLAUDE.md` 檔案

建立專案規則的範例：

```
# 在專案根目錄建立規則檔案
echo "# 專案開發規則
- 使用 TypeScript 進行開發
- 遵循 ESLint 規範
- 所有函式都要有 JSDoc 註解 " > AGENT.md
```

套用規則後使用代理：

```
cursor-agent -p " 根據專案規則重構這個元件 "
```

代理會自動載入規則並按照規範提供建議。

21.3.3 導覽與歷史記錄

CLI 提供了便利的導覽功能，讓你能夠快速存取先前的對話和指令。透過鍵盤快捷鍵和指令，可以有效管理多個開發會話。

在互動模式中，使用上箭頭鍵可以瀏覽先前輸入的訊息：

```
cursor-agent
# 在提示符號下按上箭頭鍵，會顯示先前的訊息
```

查看所有對話記錄：

```
cursor-agent ls
```

這會顯示類似以下的輸出：

```
會話 ID：chat-abc123 最後更新：2024-01-15 14:30    主題：重構認證模組
會話 ID：chat-def456 最後更新：2024-01-15 13:15    主題：修復資料庫連線
```

恢復最近的對話：

```
cursor-agent resume
```

恢復特定的對話會話：

```
cursor-agent --resume="chat-abc123"
```

21.3.4 指令核准機制

為了確保安全性，CLI 在執行終端機指令前會要求你的核准。這個機制可以防止意外執行可能造成問題的指令，讓你保持對系統的完全控制。

當代理建議執行指令時，會出現類似以下的提示：

```
準備執行指令：npm install lodash
是否核准執行？(Y/n)：
```

你可以選擇：

- 按 Y 或 Enter 來核准執行

- 按 N 來拒絕執行

範例操作流程：

```
cursor-agent -p "安裝專案需要的依賴套件"
# 代理會分析 package.json 並建議安裝指令
# 系統會詢問是否核准執行 npm install
# 確認後才會實際執行安裝程序
```

21.4 Agent 模式的重點：AGENT.md

一般來說，執行 CLI 的一個最重要原因就是自動化，而自動化最強大的就是 Agent 與 SubAgent 模式。Agent 的觀念不難，就是一個 AI 具備相當操作外界事務的能力，再加上 LLM 來統整整個流程，因此如果讓 Agent 具備使用工具的能力 (不就是 MCP Server 嗎？)，例如開啟瀏覽器，檔案操作，安裝套件等，再加上事先的規劃或待辦事項，就可以達到自動化的目的。

21.4.1 AGENT.md 檔案

在 Cursor IDE 中，我們通常使用 PRD 來進行專案的開發，在 Agent 模式也是使用類似的概念。在 Cursor CLI 中，規定使用一個稱為 AGENT.md 的檔案來進行規劃，這個檔案的內容和 PRD 一樣，都是使用 Markdown 格式來撰寫。

AGENT.md 其實就是 Rules 和 PRD 的結合，目前很多專案已經從 PRD 改為使用 AGENT.md 來進行專案的開發。Cursor CLI 在進入互動模式時，會自動讀取 AGENT.md 的內容，並且根據內容進行自動化的開發。

21.4.2 AGENT.md 的範例

下面就是一個 AGENT.md 的範例：

```
# MyApp 專案

MyApp 是一個全端（Full-stack）網頁應用程式，前端使用 TypeScript，後端使用 Node.js。
```

核心功能位於 src/ 資料夾，並將客戶端（client/）與伺服端（server/）元件分開存放。

建置與指令

- 型別檢查與程式碼檢查：pnpm check
- 修正程式碼檢查與格式化問題：pnpm check:fix
- 執行測試：pnpm test --run --no-color
- 執行單一測試檔案：pnpm test --run src/file.test.ts
- 啟動開發伺服器：pnpm dev
- 建置生產版本：pnpm build
- 預覽生產版本：pnpm preview

開發環境

- 前端開發伺服器：http://localhost:3000
- 後端開發伺服器：http://localhost:3001
- 資料庫埠號：5432
- Redis 快取埠號：6379

程式碼風格

- TypeScript：啟用嚴格模式（exactOptionalPropertyTypes、noUncheckedIndexedAccess）
- 縮排使用 Tab（YAML/JSON/Markdown 則使用 2 空格）
- 字串使用單引號，不使用分號，結尾加逗號
- TypeScript 定義文件採用 JSDoc 格式，避免使用 // 註解
- 每行程式碼限制 100 個字元
- 匯入（import）：使用 consistent-type-imports
- 變數與函式命名需具描述性
- 在駝峰式命名（CamelCase）中，使用「URL」（不是「Url」）、「API」（不是「Api」）、「ID」（不是「Id」）
- 優先採用函數式程式設計模式
- 公開 API 採用 TypeScript 介面（interface）
- **絕對不要** 使用 @ts-expect-error 或 @ts-ignore 來忽略型別錯誤

測試

- 單元測試使用 Vitest
- 元件測試使用 Testing Library
- 端對端（E2E）測試使用 Playwright

- 撰寫測試時，一次專注於一個測試案例
- 使用 expect(VALUE).toXyz(...)，而非將結果儲存在變數中
- 測試名稱省略 "should"（例如 `it("validates input")` 而不是 `it("should validate input")`）
- 測試檔案命名：*.test.ts 或 *.spec.ts
- 適當模擬外部依賴（mock）

架構

- 前端：React + TypeScript
- 後端：Express.js + TypeScript
- 資料庫：PostgreSQL + Prisma ORM
- 狀態管理：Zustand
- 樣式：Tailwind CSS
- 建置工具：Vite
- 套件管理器：pnpm

安全性

- 使用適當的資料型別以限制敏感資訊的暴露
- 絕對不要將密鑰或 API Key 提交到版本庫
- 敏感資料使用環境變數儲存
- 在客戶端與伺服端都要驗證使用者輸入
- 生產環境使用 HTTPS
- 定期更新依賴套件
- 遵循最小權限原則（Principle of Least Privilege）

Git 工作流程

- 在提交前 ** 必須 ** 執行 pnpm check
- 使用 pnpm check:fix 修正程式碼檢查錯誤
- 執行 pnpm build 確保型別檢查通過
- 在 main 分支上 ** 絕對不要 ** 使用 git push--force
- 需要時在功能分支上使用 git push--force-with-lease
- 在進行強制操作前，一定要確認目前所在分支

設定

新增設定選項時，需更新所有相關位置：

1. .env.example 中的環境變數
2. src/config/ 中的設定模式（schema）
3. README.md 中的文件說明

所有設定鍵（configuration keys）必須遵循一致的命名規則並加以文件化。

21.5 使用 Agent 模式開發應用程式

接下來我們就用上面的 AGENT.md 來進行 Agent 模式的開發，我們就開發一個 YouBike 的應用程式，這個應用程式會使用你附近的 YouBike 站點資訊。

21.5.1 Cursor CLI 建立專案

前面建立專案目錄、連上 GitHub 這種細節就不再說明。接下來就是和 Cursor CLI 的對話。

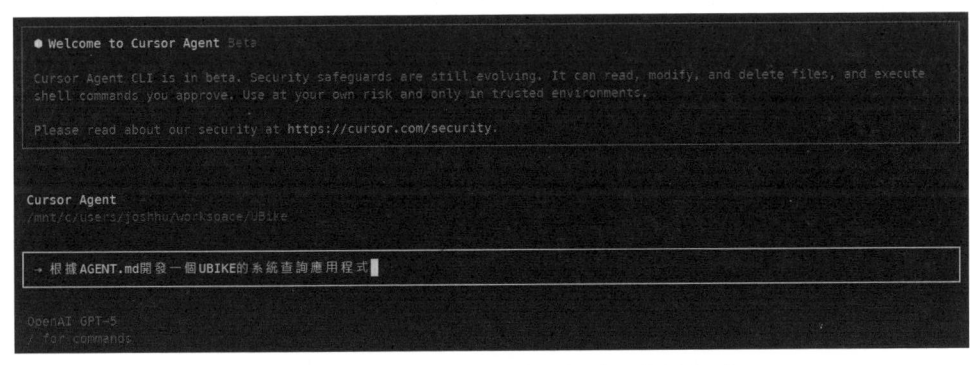

▲ 圖 21-14 使用 Agent 模式開發應用程式

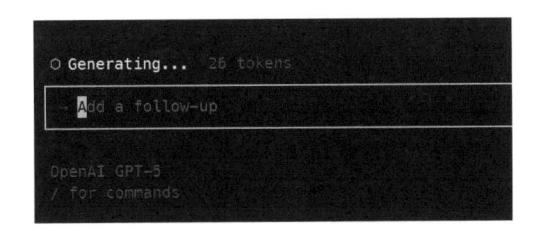

▲ 圖 21-15 開始進行

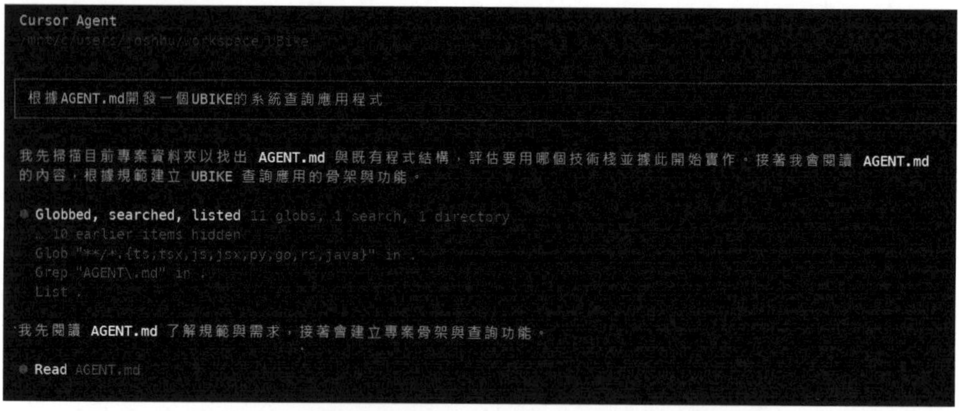

第 21 章　極簡快速的開發方式 - Cursor CLI

▲ 圖 21-16　開始讀取 AGENT.md

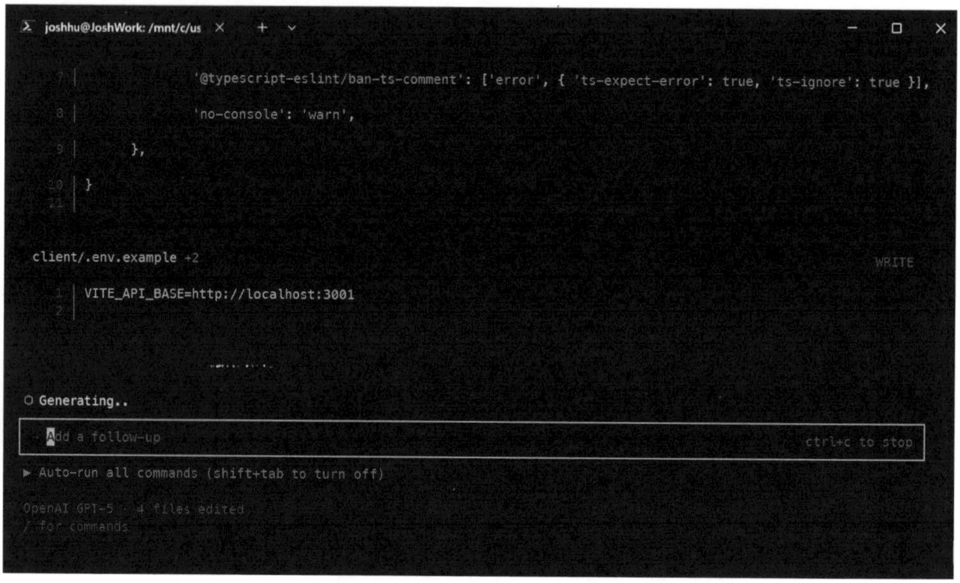

▲ 圖 21-17　開始寫程式碼

21.5 使用 Agent 模式開發應用程式

▲ 圖 21-18 還會自行更新相依套件

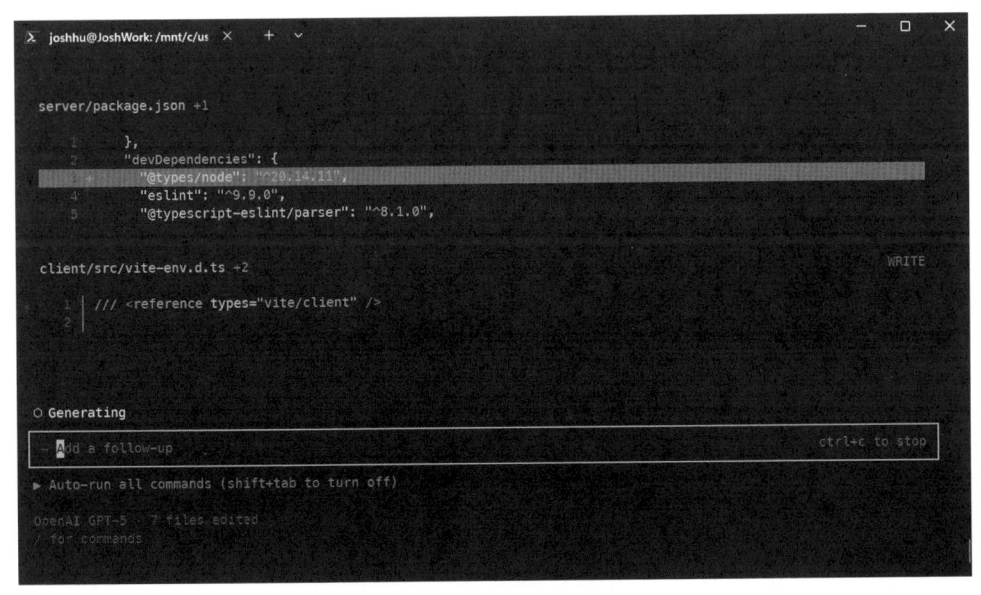

▲ 圖 21-19 修改程式內容

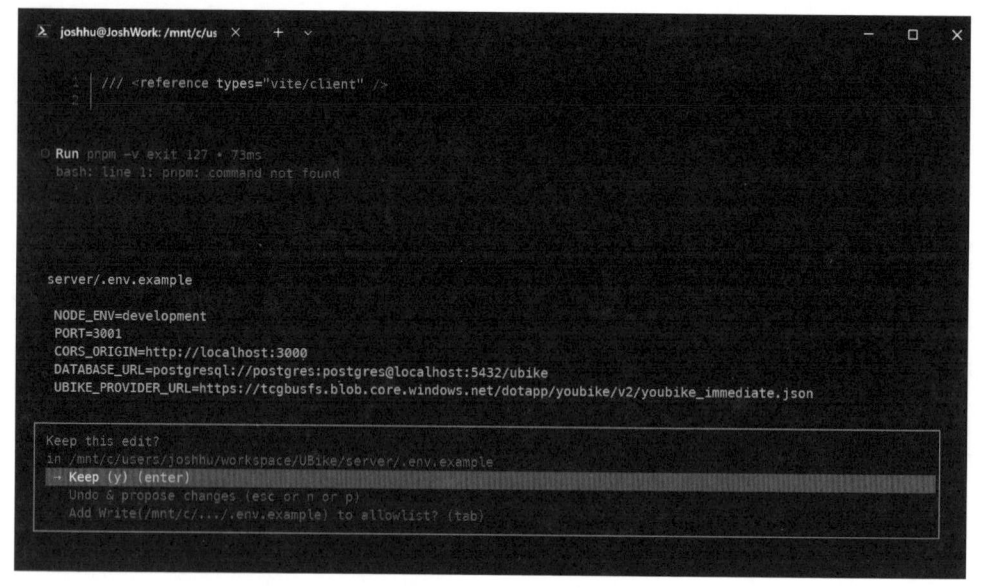

第 21 章　極簡快速的開發方式 - Cursor CLI

　　▲ 圖 21-20　當有寫入動作時，需要使用者確認，
　　你也可以使用 /auto-run 來自動執行

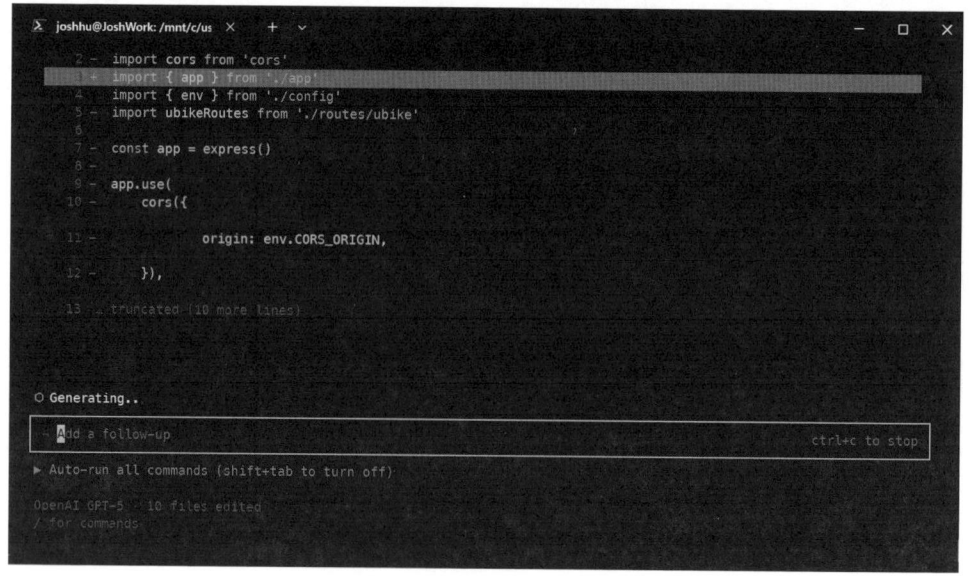

　　▲ 圖 21-21　刪除部分程式碼，都是 Agent 自行判斷的

21.5 使用 Agent 模式開發應用程式

● 圖 21-22 也會列出差異內容

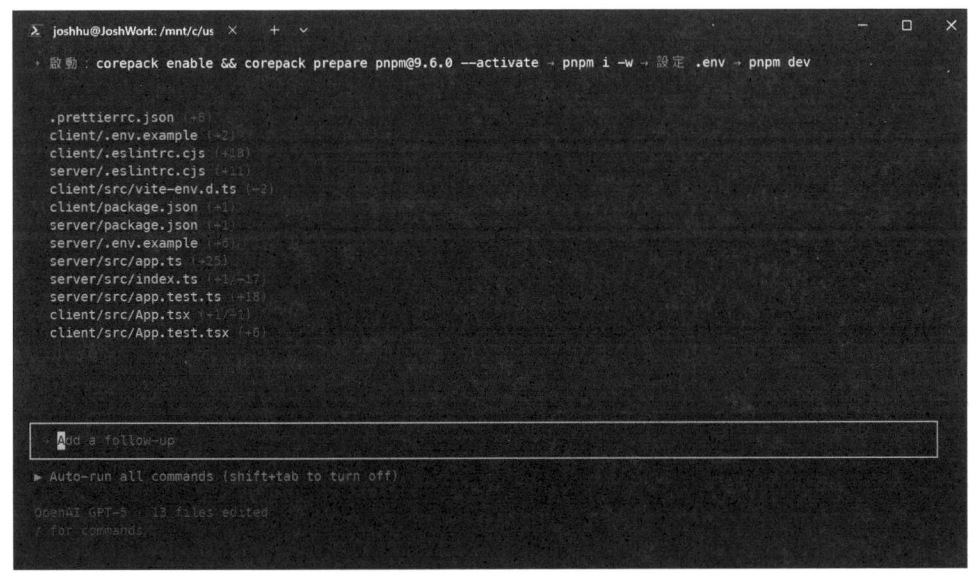

● 圖 21-23 專案完成

第21章 極簡快速的開發方式 - Cursor CLI

```
進度
已依 AGENT.md 建好前後端骨架（React+Vite、Express+TS），完成基本 UI、查詢
API、型別與測試設定，並提供測試資料與錯誤回退。前端以 Zustand 管理狀態與 Tailwind 樣式；後端以
驗證查詢參數，來源採 YouBike v2（臺北市），失敗時改讀本地 server/src/data/mockStations.json。

本機啟動步驟

• 安裝 pnpm
  • Node 18+ 先啟用 Corepack：
    • macOS/Linux: corepack enable && corepack prepare pnpm@9.6.0 --activate
    • Windows PowerShell: corepack enable; corepack prepare pnpm@9.6.0 --activate
• 安裝依賴與設定環境變數
  • 在專案根目錄執行：
    • pnpm i -w
    • 複製 .env.example 為 .env（根目錄與 server/ 可視需求調整）
    • 在 client/.env 設 VITE_API_BASE=http://localhost:3001
• 檢查/測試/開發
  • 型別/規範檢查：pnpm check
  • 單元測試：pnpm test --run --no-color
  • 啟動開發（前端 http://localhost:3000、後端 http://localhost:3001）：pnpm dev

使用方式

• 前端頁面：http://localhost:3000，可選城市（預設 Taipei）與關鍵字搜尋站點名稱/地址/行政區。
• 後端 API：
```

🎧 圖 21-24 會有一個專案總結，指導你安裝及執行

UBIKE 系統查詢

站點	行政區	可借	可還	更新時間
YouBike2.0_捷運科技大樓站	大安區	5/	23	上午2:22:53
YouBike2.0_復興南路二段273號前	大安區	5/	15	上午2:22:53
YouBike2.0_國北教大實小東側門	大安區	25/	0	上午2:22:53
YouBike2.0_和平公園東側	大安區	10/	1	上午2:22:53
YouBike2.0_辛亥復興路口西北側	大安區	16/	0	上午2:22:53
YouBike2.0_復興南路二段280號前	大安區	11/	15	上午2:22:53
YouBike2.0_復興南路二段340巷口	大安區	10/	1	上午2:22:53
YouBike2.0_新生南路三段52號前	大安區	5/	12	上午2:22:53
YouBike2.0_新生南路三段66號前	大安區	4/	11	上午2:22:53
YouBike2.0_新生南路三段82號前	大安區	2/	18	上午2:22:53
YouBike2.0_辛亥路一段30號前	大安區	4/	4	上午2:22:53
YouBike2.0_和平復興路口西北側	大安區	7/	2	上午2:22:53
YouBike2.0_羅斯福路三段311號前	大安區	2/	9	上午2:22:53
YouBike2.0_大安運動中心停車場	大安區	8/	11	上午2:22:53
YouBike2.0_羅斯福路三段245號前	大安區	2/	6	上午2:22:53
YouBike2.0_溫州公園	大安區	4/	1	上午2:22:53
YouBike2.0_和平臥龍街口	大安區	15/	8	上午2:22:53

🎧 圖 21-25 網站開發完成，實際使用都沒有問題

本專案會放在書附程式中。

21.5.2 使用 Agent 建立 3D 應用程式

接下來我們使用 Agent 來建立一個 3D 應用程式，提示詞如下：

> 3D 模擬星球
> 使用 Three.js 建立一個 3D 星系場景，呈現一個繁忙的星系環境，
> 其中包含太陽系八大行星、衛星、流星以及小行星帶，還有飛過的人造太空船。
> 加入會飛行的太空船、太空人和彗星，
> 為星系注入活動的景象。增加在太空中行走的太空人，以增強真實感。
> 利用動態光照模擬太陽光角度的變化，並實現基本的相機控制，
> 讓使用者能夠從不同角度探索這個充滿活力的星系圖。
> 所有程式碼放在一個檔案中。

接下來開始進行程式的開發，我們看過程及結果即可。

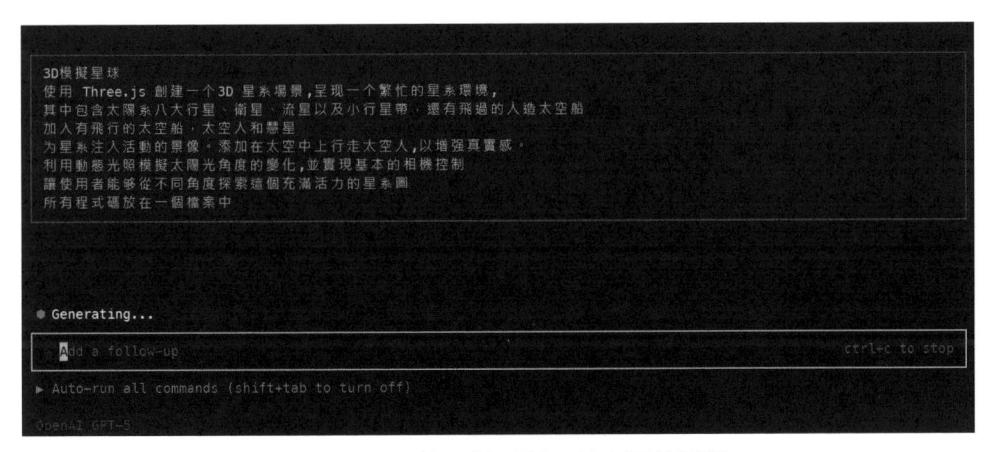

⊙ 圖 21-26 輸入提示詞，就會開始開發

⊙ 圖 21-27 執行之後會輸出 galaxy.html，直接點取

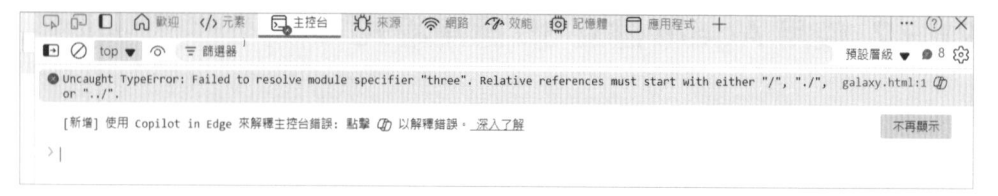

第 21 章　極簡快速的開發方式 - Cursor CLI

🎧 圖 21-28　無法出現內容，我們將錯誤訊息貼給 Cursor CLI

🎧 圖 21-29　接受建議重新執行

🎧 圖 21-30　修改程式碼

🎧 圖 21-31 修改完成重新執行，成功了！

21.6 本章小結

本章介紹了 Cursor CLI 的安裝和基本使用方法，從命令列工具的安裝設定，到各種使用模式和進階功能。透過 CLI 介面，開發者能夠在熟悉的終端機環境中享受 AI 輔助開發的便利。

掌握這些 CLI 功能後，你就能將 AI 代理整合到各種開發流程中，無論是日常的程式開發、自動化腳本，還是 CI/CD 流程，都能發揮 AI 的強大輔助能力。

後記

很奇妙吧！很好玩吧！如果你看到這邊，你必然已經體會到 Cursor 這個工具的強大，相信你在閱讀的過程中，也開發出不少有趣又有用的專案。但這還不是終點，因為你早就穿越到另一個新的時空了。

隨著 LLM 的進步，這個過程只會越來越平滑、精緻、簡單。AI 發展的速度，早就超越傳統的摩爾定律，甚至是 LLM 的終極原則 Scaling Law 也限制不了其發展。從 2022 年底出來的 ChatGPT 只會一本正經說廢話，到現在 GPT-5 已經可以寫出超越人類的論文，具備工具使用能力，具備多模態能力，token 的成本也便宜了上千倍。

人類在這個地球上，很可能第一次迎來自己不是最高等生物的那一天。

不管 AI 會不會成為「天網」到處追殺反抗軍，又或是 AI 幫助人類成為不需勞動或思考就能自給自足的完全自治體，只看近一點的未來，如果你還停留在傳統程式開發的觀念，不需等到 AI 取代你，你已經被自己淘汰了。

來都來了，好好大玩一場吧！

深智數位
股份有限公司

深智數位
股份有限公司